Edmund Lesser

Lehrbuch der Haut- und Geschlechtskrankheiten

Erster Teil - Hautkrankheiten

Edmund Lesser

Lehrbuch der Haut- und Geschlechtskrankheiten
Erster Teil - Hautkrankheiten

ISBN/EAN: 9783743472273

Hergestellt in Europa, USA, Kanada, Australien, Japan

Cover: Foto ©berggeist007 / pixelio.de

Weitere Bücher finden Sie auf **www.hansebooks.com**

LEHRBUCH

DER

HAUT- und GESCHLECHTSKRANKHEITEN.

FÜR STUDIRENDE UND ÄRZTE

VON

Prof. Dr. EDMUND LESSER,

DIRECTOR DER KLINIK FÜR HAUTKRANKHEITEN IN BERN.

ERSTER THEIL.
HAUT-KRANKHEITEN.

MIT 29 ABBILDUNGEN IM TEXT UND 3 TAFELN IN KUPFERÄTZUNG.

ACHTE AUFLAGE.

LEIPZIG,

VERLAG VON F. C. W. VOGEL.

1894.

Vorwort zur achten Auflage.

Ein Jeder, der wie ich lange Zeit mit einem lediglich poliklinischen Material hat arbeiten müssen und der dann in die Lage kam, über ein klinisches Material zu verfügen, wird die grossen Vorzüge des letzteren auf das Lebhafteste empfunden haben. Nicht nur, dass Gelegenheit geboten wird, eine Reihe von Krankheitsfällen zu sehen, welche in der Poliklinik überhaupt völlig fehlen, auch die Beobachtung des Krankheitsverlaufes in jedem einzelnen Fall ist naturgemäss eine ganz andere, als bei der durch so viele Zufälligkeiten und äussere Umstände gestörten ambulanten Beobachtung, die Möglichkeit der Beurtheilung therapeutischer Massnahmen ist in ganz anderer Weise vorhanden, als bei der ausschliesslich poliklinischen Behandlung.

Die günstigen Umstände, unter denen es mir vergönnt war, die Bearbeitung dieser neuen Auflage vorzunehmen, sind denn auch nicht ohne Einfluss auf dieselbe geblieben, und wenn auch der Umfang des Buches nur um einen und einen halben Bogen zugenommen hat, so wird der aufmerksame Leser doch fast in allen Capiteln verbessernde Aenderungen und erweiternde Zusätze finden. Ich habe auch eine Anzahl von Erkrankungen, die nur sehr selten zur Beobachtung kommen, in ganz kurzer Schilderung aufgenommen, weil der Hinweis auf dieselben doch vielleicht manchmal von Nutzen sein kann.

Dank dem freundlichen Entgegenkommen des Herrn Verlegers ist es möglich gewesen, dieser Auflage eine Anzahl neuer Autotypien im Text und drei Tafeln in Kupferätzung hinzuzufügen, welche sämmtlich nach in meiner Klinik aufgenommenen Photographien angefertigt sind.

Ich hoffe, dass auch diese neue Auflage meines Lehrbuches sich einer ebenso freundlichen Aufnahme bei Aerzten und Studirenden erfreuen wird, wie die bisherigen.

Bern, im Juni 1894. **Prof. Dr. E. Lesser.**

Vorwort zur ersten Auflage.

Indem ich hiermit den ersten Theil eines Lehrbuches der Haut- und Geschlechtskrankheiten, die Hautkrankheiten enthaltend, der Oeffentlichkeit übergebe, erscheint es mir nothwendig, einige Abweichungen von den bisher üblichen Darstellungsweisen dieses Stoffes zu motiviren.

Was zunächst die Eintheilung des Stoffes betrifft, bin ich keinem der bisher aufgestellten Systeme der Hautkrankheiten gefolgt, weil ich der Ansicht bin, dass es zur Zeit noch nicht möglich ist, ein wirklich nach allen Richtungen hin befriedigendes System der Erkrankungen des Hautorgans aufzustellen, da uns bei einer ganzen Reihe der wichtigsten Hautkrankheiten die Kenntniss der Aetiologie noch fast vollständig fehlt. Und das ätiologische Princip wird stets bei der Gruppirung der Krankheiten von allerwesentlichster Bedeutung sein.

Ich bin daher eklektisch verfahren und habe, soweit unsere momentanen Kenntnisse dies ermöglichen, das Zusammengehörige in den einzelnen Abschnitten zusammengefasst, habe mich aber andererseits auch nicht gescheut, mehr dem Utilitätsprincip huldigend, in dem ersten Abschnitt eine Reihe der wichtigsten, aber in ihrer Aetiologie grossentheils noch nicht hinreichend aufgeklärten Hautkrankheiten zu vereinigen, die später, nach gewonnener Einsicht der ätiologischen Verhältnisse, sicher in verschiedene Kategorien unterzubringen sein werden. Ich denke, abgesehen hiervon, wird sich bei einem Blick auf das Inhaltsverzeichniss das Eintheilungsprincip von selbst ergeben, und es wird mir nicht verdacht werden, dass ich es vermieden habe, den einzelnen Gruppen besondere Ueberschriften zu geben.

Bezüglich der Auswahl des Stoffes musste es für mich massgebend sein, alles irgend Entbehrliche fortzulassen, um das für ein wirklich practisches Buch Erforderliche in möglichster Ausführlichkeit bringen zu können. Ich habe daher auf historische Erörterungen und Literaturangaben so gut wie völlig verzichtet und nur bei den wichtigsten Entdeckungen und therapeutischen Angaben durch die hinzugesetzten Autorennamen das auch für den Lernenden in dieser Hinsicht Wissenswerthe hervorzuheben mich bemüht. Ich habe ferner, mit Rücksicht auf die wünschenswerthe Kürze des Buches, die sonst übliche allgemeine Einleitung fortgelassen und bin mit der Besprechung des Eczems gleich in medias res eingetreten. Ich habe geglaubt, auf diese Weise den Mangel einer allgemeinen Nosologie der Hautkrankheiten am besten ausgleichen zu können, weil der Leser in dem Capitel über Eczem gleich die Besprechung einer ganzen Reihe der wichtigsten Efflorescenzenformen findet.

Die Besprechung der anatomischen Verhältnisse habe ich auf das allerbescheidenste Maass zurückgeführt, wozu ich mich berechtigt glaubte, da leider unsere bisherigen Kenntnisse in dieser Hinsicht noch vielfach lückenhaft und vor der Hand von nur untergeordneter Bedeutung für das eigentliche Verständniss des Krankheitsvorganges wenigstens bei einer grossen Anzahl von Hautkrankheiten sind. Andererseits habe ich mich bemüht, die vom practischen Standpunkte aus wichtigsten Abschnitte, die Symptomatologie, die Diagnose und die Therapie möglichst ausführlich darzustellen. Daher hoffe ich, dass das Buch, wenn es auch zunächst für den Studirenden als Einführung in das Studium der Hautkrankheiten dienen soll, doch auch vom Practiker, der sich nicht speciell mit Hautkrankheiten beschäftigt, hier und da mit Vortheil wird benutzt werden können. —

Es ist mir ein Bedürfniss, an dieser Stelle noch desjenigen Mannes zu gedenken, dem ich im Wesentlichen die Ausbildung in dem von mir vertretenen Fach zu verdanken habe, des leider so früh verstorbenen Oscar Simon. Manches in diesem Buche muss ich auf die Unterweisung dieses ausgezeichneten Lehrers zurückführen, der es verstand, so anschaulich wie selten ein Anderer zu unterrichten.

Der zweite, die Geschlechtskrankheiten umfassende Theil wird, in ungefähr gleichem Umfange wie der erste Theil, noch im Laufe dieses Jahres erscheinen.

Leipzig, im Mai 1885.   Dr. Edmund Lesser.

EINLEITUNG.

Die objectiv wahrnehmbaren Veränderungen, welche durch einen Krankheitsprocess an der Haut hervorgerufen werden, bezeichnen wir als *Efflorescenzen* und wir unterscheiden weiter zwischen *primären Efflorescenzen*, welche unmittelbar durch die Krankheit hervorgerufen werden, und *secundären Efflorescenzen*, welche entweder durch die weitere Entwickelung oder in Folge äusserer Einwirkungen aus den ersteren hervorgehen.

Die *primären Efflorescenzen* lassen sich in 8 Typen eintheilen:

1. Der Fleck, Macula,
2. Das Knötchen, Papula,
3. Der Knoten, Tuberculum,
4. Der Knollen, Phyma,
5. Die Quaddel, Urtica,
6. Das Bläschen, Vesicula,
7. Die Blase, Bulla,
8. Die Pustel, Pustula.

Als *Fleck (Macula)* wird eine Efflorescenz bezeichnet, welche durch eine umschriebene Farbenveränderung der Haut ohne jede oder jedenfalls ohne stärkere Erhebung der gefärbten Stelle über das normale Hautniveau bedingt ist.

Flecken können durch die allerverschiedensten Vorgänge hervorgerufen werden, so durch *abnorme Füllung der Gefässe*, entweder vorübergehender Natur, durch Hyperämie (Erythem, Roseola), oder durch *bleibende Gefässausdehnung* (Teleangiectasie, Naevus vasculosus), ferner durch *Blutaustritt aus den Gefässen*, Hämorrhagie (Petechien, Vibices, Ecchymosen), durch *Pigmentanhäufung* (Naevus, Lentigo, Ephelis) oder umgekehrt durch *Pigmentschwund* (Leukopathia) oder schliesslich durch die *Anwesenheit fremdartiger Bestandtheile* in der Haut (Parasiten, Tätowirung, Siderosis, Anthracosis).

Knötchen (Papula) wird eine Erhebung über das Hautniveau genannt, von kleinsten Dimensionen bis zu etwa Linsengrösse, welche nicht lediglich durch seröse Durchtränkung der Gewebe, sondern durch eine Zellenanhäufung, Zelleninfiltration zu Stande kommt.

Die Zellenanhäufungen, welche das Knötchen bilden, können in den verschiedenen Hautschichten ihren Sitz haben; so entstehen die Knötchen des Lichen pilaris durch *Anhäufung von Epidermiszellen in den Follikelmündungen,* während andere Knötchen, z. B. die des Lupus und gewisser syphilitischer Exantheme, im Wesentlichen durch *Zellenanhäufungen im bindegewebigen Theile der Haut,* im Corium, gebildet werden.

Der *Knoten (Tuberculum)* unterscheidet sich nur durch seine Dimensionen — bis etwa zu Haselnussgrösse — von dem Knötchen, und ebenso ist *Knollen (Phyma)* lediglich eine Bezeichnung für noch grössere Geschwülste.

Den bisher beschriebenen Efflorescenzen steht nun eine Reihe anderer gegenüber, welche im Wesentlichen durch den *Austritt von Blutserum in die Gewebe* hervorgerufen werden.

Die *Quaddel (Urtica)* wird durch eine seröse Durchtränkung der Gewebe, durch ein ganz circumscriptes Oedem der Haut hervorgerufen und stellt eine mehr oder weniger hohe, rothe oder blasse und dann etwas durchscheinende Erhebung über die normale Hautoberfläche dar, deren wesentlichste Eigentümlichkeit es ist, dass sie nach ganz kurzem Bestande, ohne eine Spur zu hinterlassen, wieder verschwindet. Es erklärt sich dies daraus, dass es bei der Quaddelbildung zu keiner Zerreissung oder Zerstörung von Gewebstheilen kommt, sondern dass die ganze Erscheinung lediglich auf einer serösen Durchtränkung beruht.

Anders liegen die Verhältnisse bei dem *Bläschen (Vesicula).* Hier wird durch die seröse Exsudation die oberste Schicht der Epidermis, die Hornschicht, von den unteren Schichten abgetrennt und emporgewölbt. Das Bläschen stellt demnach eine bis etwa hanfkorngrosse, halbkugelige Emporwölbung dar, bei welcher der wasserklare Inhalt durch die durchsichtige Bläschendecke durchscheint. Nach längerem Bestande wird der Inhalt oft trübe, in anderen Fällen kann er durch Beimengung von Blut schwärzlichroth gefärbt sein.

Als *Blase (Bulla)* wird eine grössere, bis hühnereigrosse Abhebung der obersten Epidermisschichten durch Exsudatflüssigkeit bezeichnet. Auch bei dieser ist der Inhalt zunächst völlig durchsichtig, rein serös, meist von gelblicher Farbe, wird aber oft später durch Zunahme der zelligen Elemente eiterig.

Die *Pustel (Pustula)* endlich unterscheidet sich von dem Bläschen nur dadurch, dass der Inhalt von vornherein eiterig ist.

Die Haupttypen der *secundären Efflorescenzen* sind folgende:

1. Schuppe, Squama,
2. Kruste oder Borke, Crusta,
3. Erosion und Excoriation,
4. Rhagade, Rhagas,
5. Geschwür, Ulcus.

Schuppen (Squamae) sind Anhäufungen verhornter Epidermiszellen auf der Hautoberfläche, die entweder in kleineren Partikeln der erkrankten Haut aufliegen (kleienförmige Abschuppung, *Desquamatio furfuracea*) oder sich in grösseren zusammenhängenden Blättern, Lamellen, ablösen lassen *(Desquamatio membranacea)*.

Krusten, Borken (Crustae) entstehen durch die Eintrocknung von flüssigem Secrete auf der Haut und bilden Auflagerungen von verschiedener, oft sehr erheblicher Dicke, die, je nachdem sie aus rein serösen, eiterigen oder mit Blut vermischten Absonderungen herstammen, durchsichtig und honiggelb, weissgelb oder grünlichgelb und undurchsichtig oder schwärzlich gefärbt sind.

Als *Erosion* oder *Excoriation* werden Substanzverluste der Oberhaut bezeichnet, welche entweder nur die Hornschicht betreffen (Erosion) oder bis auf das Corium reichen (Excoriation) und welche entweder durch äussere Einwirkungen, z. B. Kratzen, oder durch das Bersten von Bläschen, Blasen oder Pusteln zu Stande kommen.

Schrunden oder *Rhagaden* werden Einrisse in die Haut genannt, welche bei der Dehnung einer abnorm spröde gewordenen Haut entstehen und die sich aus diesem Grunde ganz besonders über den Gelenken vorfinden und eine der Bewegungsachse des Gelenks parallele Richtung zeigen.

Als *Geschwür (Ulcus)* endlich wird ein durch Gewebszerfall entstandener, tieferer Substanzverlust der Haut bezeichnet, welcher bindegewebige Theile der Haut, also mindestens den Papillarkörper oder ausserdem noch mehr oder weniger erhebliche Theile des Corium und des subcutanen Gewebes betrifft und daher nur durch Narbenbildung heilen kann.

Aus diesen verschiedenen Efflorescenzentypen setzen sich die *Hautausschläge (Exantheme)* zusammen, und die schon in Folge der Verschiedenartigkeit der Einzelefflorescenzen so grosse Mannigfaltigkeit der Exantheme wird noch dadurch erhöht, dass die Einzelefflorescenzen in verschiedener Gruppirung und Verbreitung auftreten. Entweder sind die Einzelefflorescenzen ganz regellos angeordnet, *disseminirt*, oder sie treten *gruppirt*, in Haufen oder Kreisen auf.

Auch die weitere Entwickelung der Einzelefflorescenzen ist für das
Bild der Ausschläge von grosser Bedeutung. Hier ist ganz besonders
die Eigenthümlichkeit vieler Efflorescenzen hervorzuheben, dass sie
sich in *centrifugaler Richtung vergrössern*. Findet dieses centrifugale
Wachsthum nach allen Richtungen gleichmässig statt, so bilden sich
natürlich aus dem ursprünglich punktförmigen Anfang immer grösser
werdende regelmässig kreisförmige Scheiben. Sind mehrere Efflorescenzen einander benachbart, so berühren sie sich schliesslich und *verschmelzen, confluiren* miteinander. Auf diese Weise werden grössere
Herde gebildet, die an ihrer Peripherie durch convexe Kreissegmente,
die Reste der Einzelkreise, begrenzt sind. Durch immer weitere
Vergrösserung und Verschmelzung der Efflorescenzen kann auf diese
Weise schliesslich ein grosser Theil der Körperoberfläche oder selbst
der ganze Körper von einem Ausschlage überzogen werden.

In vielen Fällen tritt bei diesem peripherischen Wachsthum eine
spontane Heilung im Centrum ein und es werden dadurch *ringförmige, annuläre oder circi-
näre Efflorescenzen* gebildet.
Die Verschmelzung der ringförmigen Efflorescenzen, welcher Krankheitsursache immer
sie ihre Entstehung verdanken
mögen, findet stets nach einem
eigenthümlichen Gesetze statt,
welches daher an dieser Stelle
ein für alle Mal besprochen
werden soll. Wenn zwei Kreise

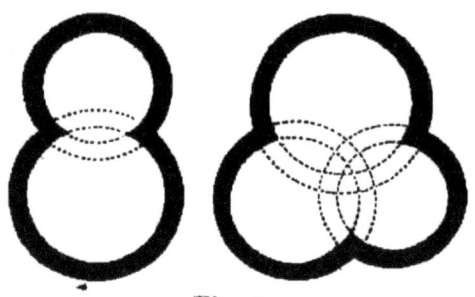

Fig. 1.
Confluenz ringförmiger Efflorescenzen. Schematische
Zeichnung.

durch Grösserwerden sich zunächst berühren und schliesslich in
einander übergreifen, so *verschwinden die Theile eines jeden von
ihnen, die sich auf dem Territorium des anderen* befinden würden,
wie dies die Zeichnung erläutert. Der Krankheitsprocess *erlischt*
auf den Stellen, *die schon einmal von ihm berührt sind*, die Haut
ist an diesen Stellen von der Krankheit gewissermassen schon ab-
geweidet. Es entstehen durch Confluenz zweier Kreise S-Figuren,
dreier Kreise Treffiguren und bei mehreren eigenthümliche guir-
landenartige Zeichnungen, aus lauter nach aussen convexen Bogen-
abschnitten *(Gyrus)* bestehend.

Auch die *Ausbreitung und Anordnung der Exantheme* im Ganzen
zeigt die grössten Mannigfaltigkeiten. In einer Reihe von Fällen
ist eine kleinere oder grössere Partie der Körperoberfläche mit

Efflorescenzen bedeckt, ohne dass für die Begrenzung oder Anordnung derselben irgend eine Regelmässigkeit aufzufinden wäre. In anderen Fällen sehen wir dagegen, dass die Anordnung eine gewisse Regelmässigkeit erkennen lässt, indem die Efflorescenzen entweder auf beiden Körperhälften in völlig gleichmässiger, *symmetrischer Weise* angeordnet sind oder indem sich die Exantheme an gewisse gegebene Grenzen, z. B. die *Grenzen der Hautnervenbezirke,* halten.

Diese Anordnung, die *Localisation* eines Exanthems, ist von grosser Wichtigkeit für die Diagnose, zumal dieselbe bei der Betrachtung eines Hautkranken ohne weiteres in die Augen fällt.

ERSTER ABSCHNITT.

ERSTES CAPITEL.

Eczema.

Das **Eczem** ist für den praktischen Arzt bei weitem die wichtigste Erkrankung der Haut. Einmal ist das Eczem an und für sich entschieden die absolut häufigste Hautkrankheit, andererseits giebt es eine ganze Reihe anderer Hautkrankheiten, die sich ausserordentlich häufig mit Eczem compliciren, welches letztere bei der Behandlung dieser Krankheiten selbstverständlich auch berücksichtigt werden muss; es sind dies vor Allem die Jucken erregenden Hautkrankheiten.

Die Bilder, unter denen das Eczem auftritt, sind von einander so wesentlich verschieden, dass dieselben früher als verschiedene Krankheiten angesprochen und von einander getrennt wurden. Erst HEBRA hat das Gemeinsame dieser verschiedenen Krankheitsbilder zusammenzufassen gewusst und hat so den Krankheitsbegriff *Eczem* eigentlich erst geschaffen. Die wichtigste Erkenntniss in dieser Beziehung war, dass das Eczem *verschiedene Entwickelungsstadien* zeigt, und dass diese Stadien gesondert oder sich in verschiedener Reihenfolge an einander anschliessend auftreten können. Aus dieser Eigenthümlichkeit des Verlaufes erklärt sich ohne Weiteres die grosse Mannigfaltigkeit der daraus resultirenden Krankheitsbilder und ergiebt sich ferner die Nothwendigkeit, erst diese verschiedenen Stadien des Eczems kennen zu lernen, ehe die Besprechung der Krankheit im Einzelnen auszuführen ist.

Das **Eczem** ist eine *Entzündung* der Haut, welche zu starker *Desquamation der Epidermis* führt, und wir finden sowohl anatomisch wie klinisch alle Erscheinungen, welche diesem Krankheitsvorgange entsprechen, beim Eczem wieder.

Als erstes Symptom des Eczems tritt eine Schwellung und Röthung der Haut auf, welche auf Hyperämie, Auswanderung weisser

Blutkörperchen und seröser Durchtränkung der Gewebe beruht und welche zunächst, wenigstens in der Regel, auf ganz kleine, aber fast immer multipel auftretende Herde beschränkt ist. Dementsprechend ist das Eczem in diesem Stadium durch zahlreiche kleine, hirsekorn- bis stecknadelkopfgrosse, selten grössere Knötchen, *Papulae*, von rother Farbe und derber Consistenz charakterisirt. In der Anordnung dieser Knötchen lässt sich eine bestimmte Regelmässigkeit nicht erkennen. Durch Confluenz der einzelnen Efflorescenzen kann es zur Bildung grösserer, flach erhabener Papeln oder Platten kommen. — Subjectiv ist das Anfschiessen dieser Knötchen mit mehr oder weniger starkem *Juckreiz* verbunden, welcher der Zerrung der feinsten Nervenendigungen in der Haut oder dem auf dieselben ausgeübten Druck seine Entstehung verdankt.

Diese Erscheinungen bilden das *erste Stadium des Eczems,* das *Stadium papulosum*.

Nimmt nun die seröse Exsudation in den Eczemknötchen zu, so geben schliesslich die am wenigsten fest aneinandergefügten Theile der Haut, die Zellen des Rete mucosum, in denen sich überdies noch degenerative Vorgänge abspielen, nach, die viel fester zusammengefügte Hornschicht wird von ihnen getrennt und durch das nachdringende flüssige Exsudat emporgehoben, es kommt zur Bildung eines *Bläschens,* einer *Vesicula*. Diese Bläschen sind zunächst auch von der geringen, oben angeführten Grösse, nehmen aber schon häufiger grössere Dimensionen an. Die Art ihrer Entstehung lässt sich oft noch daraus erkennen, dass sie von einem schmalen, über das Niveau der normalen Haut etwas erhabenen, rothen Saum eingefasst sind, dem Rest der früheren Papel. In dem wasserhellen Inhalt lassen sich mikroskopisch spärliche lymphoide Zellen nachweisen.

Dieses *Stadium* des Eczems ist als *zweites,* als *Stadium vesiculosum* zu bezeichnen.

Bei einer weiteren Steigerung der entzündlichen Erscheinungen, z. B. in Folge eines stärkeren äusseren Reizes, nimmt die Auswanderung weisser Blutkörperchen zu und entsprechend dem stärkeren Gehalt an diesen trübt sich der vorher wasserklare Inhalt der Bläschen immer mehr und wird schliesslich vollständig eiterig, es werden aus den Bläschen *Pusteln, Pustulae,* und daher nennen wir dieses *dritte Stadium* des Eczems das *Stadium pustulosum*.

Es mag schon hier angeführt werden, dass die Pusteln im Allgemeinen etwas grösser sind, als die Bläschen, ein Umstand, der sich leicht daraus erklärt, dass ceteris paribus eben nur Pusteln entstehen, wenn ein stärkerer Reiz auf die Haut ausgeübt wird, als zur Bildung der Bläschen erforderlich ist.

Die weitere Entwickelung des Stadium vesiculosum kann aber auch unter gewissen Umständen noch einen anderen Verlauf nehmen. Einmal bei geringer Festigkeit der Bläschendecke, andere Male bei besonders starkem Druck der von unten nachdringenden Flüssigkeit platzen die Bläschen schon nach ganz kurzem Bestande und an ihrer Stelle entstehen kleine runde Substanzverluste der Hornschicht, deren Boden von den tieferen Lagen des Rete mucosum gebildet wird und auf denen sich das aus der Tiefe nachrückende Exsudat in Gestalt eines Tropfens ansammelt. In diesem Stadium präsentirt sich die Haut in der Regel auf grösseren Strecken diffus geschwellt und geröthet und mit zahllosen kleinen runden, oberflächlichen Erosionen besät, die hochroth gefärbt sind und feucht erscheinen. Diese Erosionen stellen lauter kleine Oeffnungen der Hornschicht dar, aus denen fortwährend mehr oder weniger reichliche seröse Flüssigkeit hervorsickert. Dieselben können schliesslich so dicht an einander rücken, dass kaum noch intacte Hornschicht zwischen ihnen vorhanden ist, ja ein ganz gewöhnliches Ereigniss ist es, dass auch diese kleinen Inseln oder Brücken von trockener Hornschicht schliesslich abgelöst werden und so die ganze eczematöse Fläche ihrer Hornschicht entblösst wird und in ihrer ganzen Ausdehnung nässt. Dabei ist die Haut verdickt, zum Theil durch seröse Durchtränkung, mehr noch aber, besonders bei den chronischen Eczemen, durch eine gewaltige Zunahme der zelligen Elemente im bindegewebigen Theil der Haut. — Diese Zustände können sich ebenso auch aus dem pustulösen Stadium entwickeln.

Dieses *vierte Stadium* ist entsprechend seiner am meisten hervortretenden Eigenthümlichkeit, dem *Nässen*, als *Stadium madidans* bezeichnet worden oder von den französischen Autoren nach dem eigenthümlich punktirten Aussehen, so lange noch nicht die ganze Hornschicht zu Grunde gegangen ist, als *état ponctueux*. Es ist insofern das wichtigste Stadium des Eczems, als eine grosse Anzahl von chronischen Eczemen lange Zeit in demselben verharrt.

Falls die aus der Haut aussickernde Flüssigkeit nicht entfernt wird, so trocknet dieselbe bei freiem Luftzutritt natürlich sehr bald ein und giebt zur Bildung von *Krusten* Veranlassung, die je nach der Natur der aussickernden Flüssigkeit ein sehr verschiedenartiges Aussehen haben. Enthält die Flüssigkeit nur wenig zellige Elemente, so sind die sich bildenden Krusten meist intensiv gelb, honiggelb, und dabei durchsichtig oder jedenfalls durchscheinend. Bei stärkerem Gehalt an Zellen werden die Krusten mehr weisslich oder grünlich-gelb und undurchsichtig. — Sehr leicht kommt es in diesem Stadium des Eczems, da die schützende Hornschicht fehlt, zu kleinen Blutungen aus den noch dazu abnorm gefüllten Capillarschlingen der Papillen, und durch die Beimischung des Blutes kann die Farbe der Krusten die verschiedensten Nuancen bis zu fast schwarzen Färbungen zeigen. Entfernen wir aber die Krusten, so finden wir unter denselben immer das oben beschriebene Bild des Stadium madidans in einer seiner Formen, so dass es eigentlich unnöthig ist, ein besonderes *Stadium crustosum* aufzustellen, es ist vielmehr richtiger, diese Krankheits-bilder als eine besondere Erscheinungsform dem *Stadium madidans* hinzuzurechnen.

Nehmen im weiteren Verlauf die entzündlichen Erscheinungen ab, so wird nach und nach die Exsudation und dementsprechend auch die Krustenbildung geringer, allmälig beginnen die Erosionen sich zu überhäuten und schliesslich finden wir die ganze eczematöse Stelle zwar noch mehr oder weniger stark infiltrirt und geröthet, aber nirgends mehr erodirt und nirgends mehr nässend. Dagegen findet immer noch eine übermässige Zellbildung statt, es werden an der Oberfläche mehr verhornte Zellen abgestossen, als dies normaler Weise der Fall ist, und es kommt hierdurch zur Bildung von weiss-lichen, gewöhnlich nicht sehr fest haftenden *Schuppen, Squamae*. Dieser Zustand ist das Endstadium des Eczems, das *Stadium squa-mosum*, aus dem durch allmälige Abnahme der Infiltration und Hyperämie und ebenso der übermässigen Epidermisbildung und der dadurch bedingten Ansammlung von Schuppen auf der Oberfläche die Heilung hervorgeht, durch welche es für die erkrankte Haut-partie zu einer vollständigen *restitutio ad integrum* kommt, niemals, unter keinen Umständen tritt bei Abheilung eines reinen, uncompli-cirten Eczems Narbenbildung auf.

Wir wiederholen noch einmal die verschiedenen Stadien:

1. *Stadium papulosum;*
2. *Stadium vesiculosum;*
3. *Stadium pustulosum;*
4. *Stadium madidans;*
   (Stadium crustosum);
5. *Stadium squamosum.*

Ein Eczem kann nun in der That alle diese fünf Stadien der Reihe nach durchlaufen, und es ist dies, wir möchten sagen, das

ideale Schema für den Verlauf des Eczems. Aber in der Wirklichkeit finden wir, dass in einer grossen Reihe von Fällen dieses Schema
nicht vollständig befolgt wird. Wir finden viele Eczeme, die nur
einzelne dieser Stadien durchlaufen, z. B. Eczeme, die aus dem ersten
gleich in das letzte Stadium übergehen, und in ähnlicher Weise
könnten noch andere Variationen aufgezählt werden.

Schon diese schematische Darstellung lässt erkennen, dass die
Bilder, unter denen das Eczem auftritt, ausserordentlich verschiedene
sein müssen, je nach dem Stadium, in dem die Krankheit gerade
zur Beobachtung kommt, und dies ist wesentlich die Veranlassung
dafür gewesen, dass man früher eine jede dieser verschiedenen Krankheitsformen für eine Krankheit *sui generis* gehalten und dementsprechend benannt hat. Nur die Feststellung, dass diese Krankheitszustände sich auseinander entwickeln, dass der eine in den
anderen übergeht, hat es ermöglicht, dieselben nur als *verschiedene
Phasen einer und derselben Krankheit* zu erkennen, eine Erkenntniss,
die wir in erster Linie HEBRA zu verdanken haben. — Noch zwei
andere Gesichtspunkte sind es, die HEBRA zu dieser Vereinigung
früher getrennter Krankheitsbilder veranlasst haben. Einmal nämlich
lässt sich leicht feststellen, dass durch gleiche äussere Reize bei
dem einen Individuum z. B. ein pustulöser, bei dem anderen nur ein
papulöser Ausschlag hervorgerufen wird, je nach der Empfindlichkeit
des betreffenden Hautorgans. Dann aber lässt sich im einzelnen
Fall beobachten, dass die Haut an einer bestimmten Stelle Krankheitserscheinungen zeigt, die dem einen Stadium angehören, an einer
anderen Stelle dagegen Erscheinungen eines anderen Stadiums, und
es lässt sich auch hier leicht constatiren, dass dieses Verhalten
jedesmal, sei es durch Verschiedenartigkeit der anatomischen Structur
der Haut an den betreffenden Stellen, sei es durch Verschiedenartigkeit der äusseren Bedingungen hervorgerufen ist. Das Haupt-
argument bleibt aber selbstverständlich die Beobachtung, dass an
einer und derselben Stelle die Efflorescenzen in mehr oder weniger
regelmässiger Reihenfolge den oben geschilderten Verlauf durchmachen, eine Beobachtung, die in jedem einzelnen Falle unschwer
zu machen ist.

Die Eczeme lassen sich ihrem Verlauf nach zunächst in zwei
Gruppen eintheilen, in *acute* und *chronische Eczeme*, die auch ab-
gesehen von den zeitlichen Unterschieden des Verlaufes noch andere
Differenzen ihrer Erscheinungsformen zeigen. Selbstverständlich lässt

sich indess eine strenge Trennung schon aus dem Grunde nicht vollständig durchführen, weil die eine Form oft in die andere übergeht,
indem sich ausserordentlich häufig aus dem acuten Eczem ein chronisches entwickelt.

Das **acute Eczem** entspricht am meisten dem oben gegebenen
Schema, und es findet in der That häufig genug ein Durchlaufen-
werden sämmtlicher fünf Stadien statt. Nur eine Erscheinung, welche
bisher noch nicht geschildert ist, tritt besonders beim Beginn des
acuten Eczems in der Regel noch hinzu, es ist dies eine starke diffuse
Röthung und ödematöse Schwellung der Haut.

Der **Verlauf** des acuten Eczems gestaltet sich derartig, dass an
den gleich zu erwähnenden Prädilectionsstellen in acuter Weise eine
Röthung und Schwellung der Haut auftritt, die in der Regel keine
Schmerzen, sondern nur das Gefühl von Jucken und Brennen und
einer gewissen Spannung hervorruft. Weiter kommt es dann entweder zur Bildung von Knötchen, oder es schiessen auf der gerötheten
Haut sofort kleine Bläschen mit zunächst wasserhellem Inhalt auf,
der sich später trübt und eiterig wird. In der oben geschilderten
Weise entwickelt sich nun rasch das nässende Stadium, und zwar
findet beim acuten Eczem sehr häufig die Ablösung der gesammten
Hornschicht statt, so dass die ganze erkrankte Stelle in eine nässende
Fläche umgewandelt wird. Schon in diesem Stadium hat die Schwellung
der Haut gewöhnlich wieder abgenommen. Indem dann die Secretion
spärlicher wird, hat das Secret Gelegenheit, zu festen Krusten ein-
zutrocknen, deren Farbe je nach dem fehlenden oder vorhandenen
Gehalt an Eiterkörperchen und Blut durchsichtig honiggelb, undurchsichtig gelb, grünlich, braun oder bei starkem Blutgehalt ganz
dunkel, fast schwarz sein kann (*Eczema impetiginosum*). Nach wieder
eingetretener Ueberhäutung der nässenden Stellen hört im weiteren
Verlauf die Secretion völlig auf, die immer noch geröthete Haut
schuppt nur noch ab und unter allmäliger Abnahme der Röthung
kehrt die Haut wieder zur Norm zurück. Aber keineswegs alle
acuten Eczeme machen diesen vollständigen Decursus durch, bei vielen
kommt es im Wesentlichen nur zur Entwickelung der diffusen Röthung
und Schwellung und nur an einzelnen beschränkten Stellen schiessen
einige Bläschen auf, nach deren Eintrocknen dann die erkrankte
Haut gleich in das letzte Stadium, das Stadium squamosum, übergeht.

Die *Ausbreitung* des Processes geschieht in der Regel per contiguitatem, indem am Rande die Affection weiter fortschreitet, ausserdem aber entwickeln sich sehr häufig an von den ursprünglich

ergriffenen Partien getrennten Stellen, gewissermassen sprungweise, neue Herde, und hierbei tritt gewöhnlich die auffallende Erscheinung ein, dass die den zuerst ergriffenen Stellen *symmetrischen Körperregionen* erkranken. Es ist schwer, diese „sympathische" Erkrankung correspondirender Hautstellen, die von dem Reize gar nicht getroffen sind und übrigens in der Regel auch eine geringere Intensität der Erkrankung darbieten, als die ursprünglich afficirten Stellen, zu erklären. Es liegt nahe, an eine vermittelnde Wirkung des Nervensystems zu denken, doch sind irgend welche thatsächlichen Beweise hierfür noch nicht beizubringen.

Die *subjectiven Erscheinungen* sind, wie schon gesagt, sehr mässige, wenigstens bei den beschränkten Eruptionen: es ist gewöhnlich nur ein Gefühl der Spannung und ein mässiges Jucken vorhanden. An den Theilen dagegen, die fortwährender Berührung und Reibung mit der Kleidung oder mit der Haut gegenüberliegender Körpertheile ausgesetzt sind, ruft das acute Eczem in der Regel Schmerzen, die gelegentlich sehr heftig sein können, hervor, so besonders in den Gelenkbeugen, an den Genitalien und dem After und unter Hängebrüsten.

Die *Allgemeinerscheinungen* sind in der Regel unbedeutend. Bei einigermassen umschriebenem acutem Eczem ist entweder gar kein Fieber vorhanden, oder es findet unter leichtem Frösteln eine geringe und kurzdauernde Temperaturerhebung statt. Nur bei den über einen grossen Theil der Körperoberfläche oder über den ganzen Körper ausgebreiteten acuten Eczemen kommt es zu stärkerem und länger dauerndem Fieber und den entsprechenden subjectiven Symptomen.

Die *Zeit*, welche das acute Eczem zu seinem Ablauf braucht, wechselt von einer bis zu mehreren Wochen, und als äusserste Grenze lassen sich 4—6 Wochen angeben, nur die universellen acuten Eczeme bedürfen zu ihrer Abheilung gewöhnlich einer noch längeren Zeit. Besonders wird der Verlauf oft durch rasch sich folgende Nachschübe verlängert, andererseits ist derselbe bei der Ausbreitung über grössere Hautgebiete langwieriger, als bei circumscripten Affectionen. Besteht aber ein Eczem länger, oder folgen sich immer wieder neue Nachschübe, so ändert die Krankheit schliesslich ihre Eigenschaften und nimmt den Charakter des chronischen Eczems an. — Eine Eigenthümlichkeit des acuten Eczems ist hier noch zu erwähnen, nämlich, dass dasselbe häufig in ziemlich regelmässigen Intervallen bei demselben Individuum wiederkehrt, ohne dass eine bestimmte äussere Veranlassung dafür aufzufinden wäre. Derartige recidivirende Eczeme halten oft längere Zeit hindurch einen *Typus semiannuus* oder *annuus* inne.

Localisation. Das acute Eczem breitet sich in selteneren Fällen über die Haut der *ganzen Körperoberfläche* aus, häufiger ist es auf einzelne Partien derselben beschränkt und zwar bei weitem am häufigsten auf das *Gesicht, die Genitalien, die Hände und Füsse.* — Das *universelle acute Eczem* ist entsprechend der grossen Ausbreitung des Krankheitsprocesses mit intensiven Störungen des allgemeinen Wohlbefindens, meist auch mit höherem Fieber verbunden. Die Schwellung der Haut ist in der Regel am Kopf, an den Genitalien und an den Händen und Füssen am stärksten, an welchen letzteren Theilen es in Folge der Dicke der Hornschicht zur reichlichsten Ausbildung von Bläschen kommt, am Rumpf dagegen ebenso wie au den übrigen Theilen der Extremitäten überwiegen wenig erhabene, geröthete Hautstellen. Die subjectiven Beschwerden der an universellem Eczem leidenden Kranken sind natürlich sehr erhebliche. Jede Bewegung ist schmerzhaft, die Kranken sind zur Bettlage gezwungen, aber auch im Liegen rufen der nicht zu vermeidende Druck und die Reibung der erkrankten Haut die unangenehmsten Empfindungen hervor. — Das *acute Eczem des Gesichtes* bietet gewisse Aehnlichkeiten mit dem Erysipel dar. Es tritt gewöhnlich eine sehr starke ödematöse Schwellung, besonders der Theile mit lockerem Unterhautbindegewebe ein, so der Augenlider, bis zum vollständigen Verschluss der Augenspalte, und der Wangen. Aber auch andere Partien können beträchtliche Schwellung zeigen, so erscheinen die Ohren stark verdickt, unbeweglich und rothglänzend; gerade an ihnen macht sich auch das Gefühl der Spannung am unangenehmsten bemerklich. Dabei ist die Haut, soweit sie erkrankt ist, stark geröthet und fühlt sich wärmer an, als die normale Haut. Manchmal können Bläschenbildungen gänzlich fehlen, gewöhnlich aber ist eine kleinere Anzahl unregelmässig zerstreuter Bläschen vorhanden. Im weiteren Verlauf kann das Eczem auch im Gesicht in das nässende Stadium übergehen, ganz regelmässig geschieht dies aber, wenn das Eczem sich auf *behaarte Theile* des Kopfes erstreckt. Hier tritt das Nässen stets bald nach dem Beginn der Krankheit auf, und die aussickernde seröse Flüssigkeit trocknet zu Borken ein, welche die Haare mit einander verkleben. — Das *acute Eczem der Genitalien* kommt hauptsächlich bei Männern vor und zwar können sowohl Penis wie Scrotum von demselben ergriffen werden. Am *Penis* tritt entsprechend der lockeren Beschaffenheit des Unterhautgewebes gewöhnlich eine enorme ödematöse Schwellung ein und gleichzeitig erscheinen reichliche Bläscheneruptionen. Am *Scrotum* dagegen

ebenso übrigens auch an der hinteren Fläche des Penis, stellt sich
sehr bald Nässen ein und wird die ganze ergriffene Hautpartie in
eine excoriirte, hochrothe und grosse Quantitäten von Flüssigkeit
absondernde Fläche umgewandelt.

Das *acute Eczem der Hände und Füsse* geht ebenfalls mit beträchtlicher Anschwellung der Haut einher, so dass besonders die
Hände ganz unförmlich erscheinen. Die Finger sind stark geschwollen,
werden gespreizt gehalten, und nur mit Mühe und unter Schmerzen
sind geringe Bewegungen derselben möglich. Eine weitere Eigenthümlichkeit des an diesen Stellen localisirten Eczems ist die sehr
reichliche Bildung von Bläschen, die in Folge der beträchtlichen
Dicke der Epidermis oft einen längeren Bestand haben und grössere
Dimensionen erreichen, als die Eczembläschen an anderen Körperstellen. Dann kommt es gewöhnlich an den Händen zur Bildung
von mehr oder weniger tiefen Einrissen in die Haut, von *Rhagaden,*
die durch die Unnachgiebigkeit der geschwellten und infiltrirten
Haut bei Bewegungen entstehen und die daher hauptsächlich an der
Haut über den Gelenken localisirt sind. Noch häufiger werden wir
diesen Rhagadenbildungen beim chronischen Eczem begegnen.

Die **Aetiologie** der acuten Eczeme soll, um Wiederholungen zu
vermeiden, gemeinschaftlich mit der Aetiologie der chronischen Eczeme
besprochen werden, hier möge nur bemerkt werden, dass eine grosse
Reihe von acuten Eczemen *arteficieller Natur* sind und dass es ferner
für eine andere Reihe nicht möglich ist, irgend ein ätiologisches
Moment aufzufinden. Weder Constitution, noch Alter oder Geschlecht
geben einen Anhaltspunkt, weshalb dieses oder jenes Individuum
plötzlich ein acutes Eczem bekommt. Gerade diese ätiologisch nicht
zu erklärenden Eczeme treten häufig in regelmässigen Intervallen
recidivirend auf.

Die **Diagnose** des acuten Eczems ist im Ganzen genommen eine
leichte, sich auf die oben geschilderten Symptome stützend. Eigentlich
nur eine Affection kann häufiger zu Verwechselungen Anlass geben,
nämlich das *Erysipel.* Besonders das acute Gesichtseczem kann mit
der Gesichtsrose grosse Aehnlichkeit haben. Die wesentlichsten Unterscheidungsmerkmale sind die viel festere, teigige Schwellung, die
schärfere Begrenzung und die Schmerzhaftigkeit der ergriffenen
Theile beim Erysipel, während das Fehlen oder Vorhandensein von
Bläschen nicht immer den Ausschlag giebt, da manche Eczeme völlig
ohne Blasenbildung verlaufen, andere nur ganz wenige Bläschen
aufweisen, und andererseits auch beim Erysipel blasige Abhebungen

der Hornschicht vorkommen. Am meisten und sichersten wird zur Entscheidung die Berücksichtigung des Allgemeinbefindens beitragen. Denn während beim Erysipel regelmässig hohes, meist sogar sehr hohes, mit einem Schüttelfrost einsetzendes Fieber vorhanden ist, verläuft das Gesichtseczem entweder ganz fieberlos oder mit nur geringen Temperatursteigerungen und dementsprechend ohne oder mit nur sehr geringer Beeinträchtigung des Allgemeinbefindens.

Die **Prognose** des acuten Eczems kann in der Regel gut gestellt werden. Gewöhnlich gelingt es, freilich nur bei zweckmässiger Therapie, das acute Eczem in verhältnissmässig kurzer Zeit zur Heilung zu bringen, ohne dass es in die chronische Form übergeht. Doch ist bei der Vorhersage das häufige Recidiviren der acuten Eczeme zu berücksichtigen.

Bei der **Behandlung** des acuten Eczems kommt in erster Linie natürlich die Beseitigung der Reize, welche die Krankheit hervorgerufen haben, in Betracht und dann die Fernhaltung weiterer Irritationen der Haut. Werden diese Erfordernisse erfüllt, so heilt die Mehrzahl der acuten Eczeme schon unter einer ganz indifferenten Behandlung, die in der Application von *Streupulvern* (aus Zincum oxyd. alb., Weizen- oder Bohnenmehl, Talc oder einem ähnlichen Stoffe) besteht. — Bei grösserer Ausbreitung des Eczems werden die Kranken am besten ins Bett gelegt und die erkrankten Hautstellen täglich mehrmals eingepudert, vor Allem aber ist stets die Fernhaltung neuer Reize nothwendig. Als solche müssen in erster Linie die vielfach gegen jeden Hautausschlag sofort angewandten Waschungen mit Theer- oder Schwefelseife oder mit grüner Seife genannt werden. Auch schon die häufigen Waschungen an und für sich können auf ein acutes Eczem einen sehr nachtheiligen Einfluss ausüben. Selbst die einfachste und indifferenteste Salbe wirkt in diesen Fällen oft irritirend. Nur bei ausgebreiteten acuten Eczemen, die stark nässen und bei denen es daher auch zur Bildung grosser Krustenmengen kommt, empfiehlt sich die *Behandlung mit Salben*, mit Wismuth- oder Diachylonsalbe, in der beim chronischen Eczem noch zu besprechenden Weise. Diese Behandlung ist am meisten bei den acuten Eczemen des behaarten Kopfes angezeigt, bei denen ja fast regelmässig von vornherein starkes Nässen eintritt. Recht gute Erfolge giebt bei den acuten nässenden Eczemen auch die Anwendung festerer, *pastenartiger Salben* (Zinc. oxyd. alb., Amyl. Trit. ana 5.0, Vaselin. flav. 10.0, oder noch mit Zusatz von Acid. salicyl. 0.4, Lassar), welche ohne jeden Verband einfach auf die eczematöse Haut

aufgetragen werden. — Von irgend welcher inneren Behandlung der
acuten Eczeme ist ein Erfolg nicht zu erwarten. Stark gewürzte
und schwer verdauliche Speisen, grössere Mengen alkoholischer Getränke sind zu vermeiden; für regelmässigen Stuhlgang ist zu sorgen.

Das **chronische Eczem** ist in seinen Erscheinungen und Localisationen noch viel mannigfaltiger, als das acute. Es lassen sich von
vornherein zwei Gruppen von einander trennen, die wesentliche Verschiedenheiten des Verlaufes zeigen, auf der einen Seite die *trockenen.
nur schuppenden,* auf der andern Seite die *nässenden chronischen Eczeme.*

Die *chronischen Eczeme,* welche während ihres ganzen Verlaufes
im *squamösen Stadium* verharren, sind im Ganzen selten. Sie treten
in der Regel in zahlreichen, unregelmässig zerstreuten, kleineren
Herden auf und nur auf der behaarten Kopfhaut breiten sie sich
öfter in diffuser Weise aus. Die ergriffene Haut ist nur wenig infiltrirt und daher nur wenig über das normale Niveau erhaben, geröthet und mit lockeren, unter einander nicht zusammenhängenden
Schuppen bedeckt. Der Verlauf dieser Eczeme ist ein sehr chronischer.
Nur langsam vergrössern sich die bestehenden Stellen. während an
anderen Punkten neue Eruptionen auftreten.

Um so häufiger sind dagegen diejenigen Eczeme, welche oben
schlechtweg als *nässende* bezeichnet wurden. weil sie jedenfalls zeitweise, sehr häufig bei weitem die längste Zeit ihres Bestehens in
diesem Stadium sich befinden. Die Erscheinungen im Allgemeinen
entsprechen ganz dem in der Einleitung gesagten, häufig kommt der
dort erwähnte état ponctueux zur Beobachtung, ebenso aber auch
in ihrer ganzen Ausdehnung nässende Flächen. Hier mag nur noch
hinzugefügt werden, dass die ödematöse Schwellung im Gegensatz
zu dem Verhalten der acuten Eczeme in der Regel ganz zurücktritt.
dass dagegen um so häufiger sich eine starke. festere Infiltration
der Haut bemerkbar macht, durch welche dieselbe spröde und unnachgiebig wird und durch die Zerrung bei Bewegungen der Glieder
einreisst, wodurch die beim chronischen Eczem so häufigen *Rhagaden*
hervorgerufen werden. In einzelnen Fällen führt diese chronische
Infiltration zu einer bleibenden Vermehrung der festen Bestandtheile.
besonders des Unterhautbindegewebes, zur *Elephantiasis.* Da indess
die Krankheitsbilder je nach der ergriffenen Oertlichkeit sehr verschiedene sind, ist es zweckmässiger. gleich die Hauptlocalisationen
dieser Eczeme und daran anknüpfend die jedesmaligen Krankheitsformen zu besprechen.

Bei dem *chronischen nässenden Eczem* des *behaarten Kopfes* treten entweder einzelne zerstreute kleinere oder grössere, unregelmässig begrenzte und ohne bestimmte Regel angeordnete nässende, resp. mit Borken bedeckte Stellen auf, oder die ganze Kopfhaut wird von dem Erkrankungsprocess ergriffen. Das Bild, welches diese Eczeme darbieten, ist sehr verschieden, je nach der Beschaffenheit der Haare. Bei kurz geschorenen Haaren treten die Borken zu Tage und ebenso nach ihrer Ablösung die nässende, der Hornschicht beraubte Haut. Bei längeren Haaren tritt aber durch das Eintrocknen des Secretes regelmässig eine mehr oder weniger ausgedehnte Verklebung der Haare untereinander ein, bei deren höchstem Grade die gesammten Haare eine unentwirrbare, von eingetrocknetem Secret durchsetzte Masse darstellen, die eine Besichtigung der eigentlichen Kopfhaut vollständig unmöglich macht. Der Eczemflüssigkeit mischen sich die Secrete der Talgdrüsen bei, und da in diesen Fällen, die nur bei Leuten vorkommen, welche die Körperpflege und die Vorschriften der Reinlichkeit sehr vernachlässigen, die abgesonderten Massen nicht vom Kopfe entfernt werden, so treten schliesslich Zersetzungsvorgänge in denselben ein, die einen sehr intensiven, charakteristischen, moderigen oder muffligen Geruch hervorrufen, welcher die Erkrankung oft schon par distance erkennen lässt. Und schliesslich wird das Bild fast regelmässig durch die Anwesenheit von oft unglaublich zahlreichen Kopfläusen vervollständigt, die meist als die ursprünglichen Veranlasser der Erkrankung anzusehen sind. Dieser Symptomencomplex hat früher, ehe man ihn als ein einfaches, durch Läuse hervorgerufenes Kopfeczem zu analysiren verstand, als *Plica polonica — Weichselzopf —* unendlich viel von sich reden gemacht und eine umfangreiche Literatur hervorgerufen. Jetzt kommt er in dieser excessiven Ausbildung in Deutschland nur noch in den östlichen Landestheilen häufiger zur Beobachtung, wo die geistige Bildung und die davon unzertrennliche bessere Pflege des Körpers, vor Allem durch Reinlichkeit, bei den unteren Schichten des Volkes vielfach noch auf einer niedrigeren Stufe steht, öfter noch in unseren östlichen Nachbarländern, in Oesterreich und Russland. — Nach langdauerndem Kopfeczem tritt oft *Defluvium capillorum* ein.

Das *Eczem des Gesichtes* verbreitet sich in einer Reihe von Fällen über die gesammte Gesichtshaut. Es sind dies besonders jene so hartnäckigen, oft allen Bemühungen des Arztes und der Mutter spottenden Gesichtseczeme der Kinder im ersten oder in den ersten Lebensjahren. Die erkrankte Haut ist geschwollen und infiltrirt,

dabei entweder in ihrer ganzen Ausdehnung oder doch grösstentheils
nässend, resp. mit Borken bedeckt, die entweder gelb oder in Folge
der durch das Kratzen und durch die tiefen Rhagadenbildungen, zu
denen die Sprödigkeit der Haut Veranlassung giebt, bedingten
Blutungen dunkel, röthlichschwarz gefärbt sind. Wenn die Gesichtshaut auch manchmal nicht vollständig erkrankt ist, so ist das Bild
im Wesentlichen doch das gleiche, da meist nur kleine, symmetrische
Partien, am häufigsten die Nase und die Umgebung der Augen frei
bleiben. Oft besteht gleichzeitig Eczem der behaarten Kopfhaut, so
dass die gesammte Haut des Kopfes erkrankt ist. Bei Erwachsenen
zeigt das Eczem selten diese universelle Ausbreitung über den ganzen
Kopf, um so häufiger finden sich bei diesen auf einzelne Stellen des
Gesichtes localisirte Eczeme, die übrigens auch bei kleinen Kindern
vorkommen. Die Erscheinungen sind im Allgemeinen denen der
chronischen Eczeme anderer Körpertheile gleich und nur einige
Localisationen erfordern eine besondere Besprechung. Zunächst sind
dies die Stellen, an denen die Haut in die Schleimhaut übergeht,
die also gewissermassen Oeffnungen der äusseren Haut darstellen,
die Augenlider, die Umgebung der Nasenöffnungen und die Lippen.
An diesen treten sehr häufig Rhagadenbildungen auf, an den Augen
meist dem äusseren Winkel entsprechend, an der Nase am häufigsten
am nach hinten gelegenen Ende der Nasenlöcher und in der Nasolabialfurche, am Munde in der ganzen Peripherie vorkommend und
dann radiär gestellt, oft aber auch auf die Mundwinkel beschränkt.
Es liegt auf der Hand, wie diese Rhagadenbildungen durch die
Bewegung der betreffenden Hautpartien zu Stande kommen. Auch
das Lippenroth betheiligt sich oft an der Erkrankung und zeigt
Infiltration, Rhagadenbildung und Schuppenauflagerungen. An den
Lippen kommt es manchmal zu jenen elephantiastischen Formen,
die durch starke Infiltration und Wucherung des Unterhautbindegewebes hervorgerufen werden. Ganz besonders häufig ist die Combination von Eczem der Nasenöffnungen mit Eczem der Oberlippe
bei scrophulösen Kindern und ist hier offenbar das durch die chronische Rhinitis gelieferte Secret der Reiz, welcher das Eczem hervorruft. — An den *Ohren* tritt ebenso wie beim acuten Eczem eine
starke und sehr lästige Schwellung der Haut auf, falls das ganze
Ohr ergriffen ist; sehr häufig beschränkt sich das Eczem aber auf
einzelne Theile, besonders auf die Furchen zwischen Tragus und
Antitragus im Grunde der Ohrmuschel, zwischen der Hinterfläche
der Ohrmuschel und der Haut über dem Warzenfortsatz und an der

Anheftungsstelle des Ohrläppchens. An diesen Punkten stellt sich das Eczem oft in Gestalt einer einzigen der betreffenden Hautfurche entsprechenden Rhagade dar. — An den mit starken Haaren besetzten Theilen der Gesichtshaut, den Augenbrauen und Lidrändern, bei Erwachsenen den inneren Theilen der Nasenöffnungen und dem Barte treten zu chronischen Eczemen sehr häufig tiefere Entzündungserscheinungen in den Follikeln und Pustelbildung hinzu, wodurch der Acne entsprechende Krankheitsbilder hervorgerufen werden. So gesellt sich zum chronischen Eczem der Augenlider sehr häufig eine Blepharadenitis mit theilweisem oder gänzlichem Verlust der Cilien, an ein chronisches Eczem des Bartes kann sich eine Sycosis anschliessen.

Auch am *Rumpf* verdienen zwei Stellen eine besondere Besprechung, die Umgebung *der Brustwarze und des Nabels*. An beiden kommen runde scheibenförmige Eczemherde vor, oft mit Rhagadenbildung, besonders an den Brustwarzen selbst. Das Eczem der Brustwarzen tritt in der Regel nur bei Frauen auf und kommt bei stillenden Frauen, ganz besonders häufig aber als Complication oder als Nachkrankheit des Scabies vor und kann seinerseits manchmal die Ursache für eine Mastitis werden, gewissermassen ein Analogon der oben erwähnten Sycosisformen.

Die chronischen Eczeme *der Genitalien und der Umgebung des Afters* bilden für die davon Befallenen durch das heftige Jucken eine ganz ausserordentliche Plage. Bei Männern erkranken *Penis* und *Scrotum*: am ersteren finden sich häufiger mehr trockene Formen mit Rhagadenbildung, während am Hodensack gewöhnlich starkes Nässen eintritt, nach längerem Bestande starke Verdickung des Unterhautgewebes. Bei Weibern erkranken am häufigsten die *grossen Labien*. Bei der Erkrankung der *Analgegend* finden sich häufig sehr schmerzhafte Rhagaden. Ausser der unmittelbaren Umgebung der Analöffnung erkrankt am häufigsten die nach vorn über das Perineum und die nach hinten in die Analfurche bis zum Kreuzbein sich erstreckende Haut.

Bei weitem häufiger als an den zuletzt erwähnten Körperstellen sind die *chronischen Eczeme der Extremitäten*, die in dieser Richtung den Kopfeczemen mindestens gleich stehen. Die Haut der Extremitäten kann im Ganzen erkranken, viel häufiger ist aber das Eczem an bestimmten Stellen localisirt. Als solche sind zunächst die *Gelenkbeugen* im Allgemeinen zu erwähnen, vor Allem die *Knie- und die Ellenbogenbeuge*. Von diesen Punkten ausgehend verbreiten sich

2*

die Eczeme oft auf grössere Strecken der benachbarten Haut und
treten ausserordentlich häufig in symmetrischer Weise an den beider-
seitigen Extremitäten auf. Es handelt sich meist um nässende,
Borken bildende Eczeme mit starker Rhagadenbildung. Diese Rhagaden, die entsprechend der Dehnung der Haut bei Bewegungen in
querer Richtung über das Gelenk ziehen, sind oft sehr tief, bluten
leicht und sind bei der geringsten Bewegung oft so schmerzhaft,
dass die Patienten bei Erkrankung der Beine geradezu ans Bett
gefesselt sind, weil es ihnen vor Schmerzen ganz unmöglich ist, zu
gehen. Die *Hände* erkranken sehr häufig an Eczem, weil sie gerade
von den mannigfachsten, Eczem hervorrufenden Schädlichkeiten
getroffen werden. Am häufigsten werden die Handrücken oder die
Haut über den Streckseiten mehrerer, oft nur eines Fingers und
die Interdigitalfurchen ergriffen. Die Finger sind dabei stark geschwollen, die Haut geröthet, an vielen Stellen oder im Ganzen
nässend und an den Gelenken von Schrunden und tiefen Rhagaden
durchsetzt. An Stellen beginnender Erkrankung befinden sich einzelne Knötchen- oder Bläscheneruptionen, die dann confluirend das
vorher beschriebene Krankheitsbild hervorrufen. Der Gebrauch der
Hand wird natürlich im höchsten Grade erschwert oder völlig unmöglich gemacht. An den *Flachhänden* und ebenso an den *Fusssohlen*
herrschen die trockenen schuppenden Eczeme, die meist zu tiefen,
den Hautfurchen entsprechenden Rhagadenbildungen führen, vor. —
Und schliesslich sind noch die *Unterschenkel* als besonderer Lieb-
lingssitz der chronischen Eczeme zu erwähnen, eine Localisation,
die durch gewisse ätiologische Momente leicht zu erklären ist. Die
gerade am Unterschenkel so häufigen Varicen und das durch diese
gewöhnlich bedingte Kratzen werden sehr oft die Ursache für die
Entstehung eines Eczems, welches, da das veranlassende Moment
fortbesteht, natürlich ebenfalls chronisch wird. Diese Eczeme sind
gewöhnlich über grössere Strecken der Unterschenkel ausgebreitet
und nässen stark (daher ihr früherer Name: *fluxus salinus, Salzfluss*).
An vernachlässigte Unterschenkeleczeme schliessen sich oft Ulcerationen der Haut, die sogenannten *Unterschenkel- oder Fussgeschwüre*
an, doch sind die letzteren nicht die directe Folge der ersteren,
sondern nur durch dieselben Ursachen hervorgerufen, wie jene. An
den Unterschenkeln tritt in seltenen Fällen, begünstigt durch die
an und für sich schon und noch mehr bei Anwesenheit von Varicen
ungünstigen Circulationsverhältnisse eine Vermehrung des cutanen
und besonders des subcutanen Bindegewebes ein, die schliesslich zur

Elephantiasis führt, natürlich nur nach sehr langem, viele Jahre währendem Bestande des Leidens.

Ich habe dasselbe Ereigniss einmal bei einem chronischen Eczem der Hohlhand und eines Fingers beobachtet, welches durch Jahre als Psoriasis syphilitica mit allen möglichen reizenden und ätzenden Mitteln, ganz abgesehen von den Allgemeinkuren, behandelt war. Eine einfache Eczemtherapie brachte in drei Monaten völlige Heilung des Eczems zu Stande, eine mässige Verdickung des Fingers blieb allerdings zurück.

Schliesslich ist noch die Localisation an den Stellen zu erwähnen, wo die Haut *Falten* bildet, so dass eine unmittelbare Berührung zweier sich gegenüberliegenden Hautflächen eintritt. Es kann dies an den verschiedensten Körperstellen statthaben und einige derartige Fälle sind bereits genannt, so die Eczeme des Nabels, der Genitalien, der Umgebung des Afters. Ferner gehören hierher die so häufigen *Halseczeme* der Kinder im ersten Lebensjahr, überhaupt die Eczeme in den Hautfalten bei gut genährten Kindern und fettleibigen Erwachsenen, die an den verschiedensten Stellen, u. A. in der Achselhöhle, in der Analfurche, in den Inguinalfalten, bei Frauen in der Falte unter den Hängebrüsten so oft zur Beobachtung kommen (*Eczema intertriginosum, Intertrigo*). In allen diesen Fällen verwandelt sich in der Regel in ganz kurzer Zeit, begünstigt durch die Stagnation des Hautsecretes, die ganze erkrankte Partie in eine in toto nässende, hochrothe Fläche. Diese intertriginösen Eczeme zeigen übrigens öfter einen mehr acuten Charakter, so das in der Analfurche localisirte Eczem, der sogenannte Wolf, und bei Kindern sieht man manchmal bei Mangel an Pflege und Reinlichkeit acute Verschlimmerungen eintreten, bei denen die erkrankte Hautpartie sich mit einem festhaftenden grauen, croupösen Exsudat bedeckt.

Eine besondere Besprechung erheischt noch das *parasitäre Eczem* (*seborrhoisches Eczem* — Unna), welches allen Erscheinungen nach zu urtheilen durch pflanzliche Parasiten hervorgerufen wird. Nach endgültiger Erkenntniss dieser parasitären Ursache wird diese Form des Eczems aus dieser Gruppe ganz herausgenommen und den parasitären Hautkrankheiten zugetheilt werden müssen.

Das parasitäre Eczem beginnt meist am behaarten Kopf unter dem Bilde einer Seborrhoea sicca und breitet sich häufig über den ganzen Kopf aus. Gelegentlich entwickeln sich nässende Stellen, verhältnissmässig am häufigsten oberhalb der Ohren. Vom Kopfe schreitet das parasitäre Eczem oft auf die Stirn und die anderen Theile des Gesichtes fort. Auf der Stirn zeigen sich manchmal zarte,

matt rothbräunliche, in Bogenformen fortschreitende, mit dünnen
Krüstchen bedeckte Ringe. Die Nasolabialfalten und die Furchen
hinter den Ohren werden oft ergriffen. Aber auch auf dem Rumpf
und den Extremitäten kommen parasitäre Eczeme häufig genug vor,
meist sind es trockene, schuppende Formen, doch tritt in manchen
Fällen auch Nässen ein. Auf der Brust bei stark behaarten Männern
kommen oft scheiben- oder ringförmige, manchmal mit auffallend
gelbbräunlicher Kruste bedeckte Herde vor. Sehr häufig zeigt Ring-
und Guirlandenform der Efflorescenzen den serpiginösen Charakter
der Krankheit aufs deutlichste. — Grade diese Form des Eczems
zeichnet sich durch lange Dauer oder durch häufiges Recidiviren,
oft während einer langen Reihe von Jahren, aus.

Als wichtigstes *subjectives Symptom* der chronischen Eczeme
tritt ein mehr oder weniger heftiges Jucken auf, welches oft, besonders an den Genitalien und dem After, geradezu unerträglich
werden kann und die Patienten zwingt, sich bis „aufs Blut" zu
kratzen. Selbst die stärkste Energie erlahmt diesem Triebe gegenüber und die verständigsten Kranken, obwohl sie wissen, dass sie
durch das Kratzen das Eczem schliesslich nur verschlimmern, können
es nicht unterlassen, sich hierdurch wenigstens für Momente Ruhe
zu verschaffen. Bei den durch Varicen veranlassten Unterschenkel-
eczemen treten neben dem Jucken oft intensive Schmerzen in der
Haut auf.

Allgemeinerscheinungen ruft dagegen das chronische Eczem nicht
hervor und ebenso wenig übt dasselbe an und für sich irgend welchen
Einfluss auf den allgemeinen Gesundheitszustand aus. Nur in den
Fällen, wo durch starke Rhagadenbildungen die Kranken an Bewegungen verhindert, ans Bett gefesselt werden, könnte in einer
mehr mittelbaren Weise hiervon die Rede sein. Noch mehr aber
tritt eine solche Wirkung bei den stark juckenden, besonders bei
den Genital- und Analeczemen ein. Die an diesen leidenden Kranken
kommen in der That durch die andauernde Schlaflosigkeit oft
körperlich sehr herunter, und nicht minder gerathen sie in Zustände
tiefer psychischer Depression, da ihr Leiden, durch welches sie fortwährend zum Kratzen an wenig ästhetischen Körperstellen gezwungen
werden, bewirkt, dass sie sich aus der menschlichen Gesellschaft
gänzlich zurückziehen, ihre Stellung aufgeben und dass sie schliesslich
jede Lust und Freude am Leben verlieren.

Der **Verlauf** der chronischen Eczeme ist je nach den im einzelnen
Falle massgebenden Umständen ein ausserordentlich verschieden-

artiger und es ist daher schwer, eine allgemeine Darstellung von demselben zu geben. Im Beginn treten die Eczemerscheinungen entweder von vornherein in einer chronischen Weise auf, oder aber — und dies ist ausserordentlich häufig der Fall — es entwickelt sich das chronische Eczem aus einem acuten Eczem besonders in Folge unzweckmässiger Behandlung der Krankheit oder fortdauernder Einwirkung der Reize, welche anfänglich das acute Eczem hervorriefen. Als Eigenthümlichkeit sehr vieler chronischer Eczeme — abgesehen natürlich von den anfangs erwähnten, nur schuppenden Formen — kann angeführt werden, dass sie lange Zeit, ja eigentlich ganz beliebig lange Zeit in ihrem Höhestadium, dem nässenden, verweilen, ohne dass irgend eine wesentliche Aenderung des Krankheitsbildes eintritt oder irgend welche Complicationen auftreten. Nur bei den Eczemen behaarter Theile, besonders des Bartes, kommt es dann manchmal zu Erkrankungen des Drüsenapparates, zur Entwickelung von Sycosis. Niemals aber kommt es bei noch so langer Dauer zu tiefer greifenden Störungen der Haut, zu geschwürigen Processen, und die häufig gleichzeitig mit chronischem Eczem bestehenden Unterschenkelgeschwüre sind nicht die Folge des Eczems, sondern ebenso wie dieses die Folge der in diesen Fällen stets vorhandenen Varicen und einer Reihe von anderen wesentlich durch die Varicen bedingten causalen Momenten. Bei langdauernden Eczemen tritt gewöhnlich *Schwellung der entsprechenden Lymphdrüsen* ein und als Nachkrankheit treten nach der Abheilung von Eczemen manchmal multiple *Furunkelbildungen* auf.

Die Dauer der Krankheit ist eine völlig unbegrenzte und unter Umständen können Eczeme durch Jahrzehnte persistiren. Selbstverständlich ist bei den durch äussere Reize hervorgerufenen Eczemen das Fortbestehen oder Fortfallen des ätiologischen Momentes von entscheidender Bedeutung.

Die **Prognose** des chronischen Eczems ist zunächst durchaus günstig zu stellen. Denn einmal wird die allgemeine Gesundheit in unmittelbarer Weise wenigstens nie beeinträchtigt — nur in mittelbarer Weise in den oben erwähnten Fällen — und dann tritt nach noch so langer Dauer eines Eczems, wenn es eben überhaupt beseitigt wird, stets eine vollständige restitutio ad integrum ein, die Haut kehrt völlig zur Norm zurück. Und schliesslich — es ist dies der wichtigste Punkt in dieser Beziehung — gelingt es fast stets durch die richtige und consequent durchgeführte Therapie ein jedes chronische Eczem zur Heilung zu bringen. Eine Einschränkung

muss hier nun aber doch gemacht werden, es gelingt nämlich in
vielen Fällen nicht, die nothwendige Therapie consequent durch-
zuführen, theils durch den Unverstand der Patienten, so bei kleinen
Kindern, theils aus mehr socialen Gründen, weil die Kranken sich
nicht hinreichend lange in der erforderlichen Weise schonen können.
In diese letztere Kategorie gehören dann auch jene häufigen Fälle,
in denen es aus ähnlichen Gründen nicht möglich ist, die ätiologischen
Momente zu beseitigen, die das Eczem andauernd erhalten oder
immer und immer wieder hervorrufen.

Bei der **Diagnose** des chronischen Eczems kommen, da die Krankheit unter so verschiedenartigen Bildern verläuft, natürlich auch
eine ganze Reihe von anderen Hauterkrankungen in Betracht, und
es ist daher zweckmässiger, die specielle Differentialdiagnose erst
bei der Besprechung der betreffenden Krankheiten zu behandeln.
Nur zwei allgemeine Gesichtspunkte, die bei der Diagnose des chronischen Eczems stets von der allergrössten Bedeutung sind, sollen
an dieser Stelle erörtert werden. Einmal nämlich ist hier der Umstand zu berücksichtigen, dass ein chronisches Eczem fast niemals
auf allen Stellen die gleichen Erscheinungen zeigt, dass wir vielmehr
fast immer gleichzeitig bei demselben Individuum *mehrere Stadien*
des Eczems beobachten, indem dasselbe an einzelnen Stellen nässt,
an anderen bereits in das schuppende Stadium eingetreten ist,
während andererseits an den Stellen frischester Eruption sich vielleicht Knötchen und Bläschen finden. Diese Eigenthümlichkeit, das
gleichzeitige Vorhandensein verschiedener Stadien, lässt das Eczem
selbstverständlich auf das leichteste von den Krankheiten unterscheiden, bei denen überhaupt eine derartige Entwickelung verschiedener Stadien gar nicht vorkommt, sondern die wesentlich stets
gleichartige Erscheinungen der einzelnen Efflorescenzen aufweisen,
so vor Allem von *Psoriasis* und den *Lichenarten,* bei denen nur
Knötchenbildung, Infiltration der Haut, Schuppung und die entsprechenden regressiven Erscheinungen, niemals Bläschenbildung
oder Nässen vorkommen.

Der zweite Punkt von wichtigster differential-diagnostischer
Bedeutung ist die Eigenschaft des Eczems, bei noch so langem
Bestehen *niemals zu tieferen Zerstörungen, zu Ulcerationen* und im
Anschluss daran zu *Vernarbungen* zu führen. Hierdurch wird sofort
die Unterscheidung gegen jene Krankheitsprocesse gegeben, die regelmässig zu Zerstörungen des Corium, zu Geschwüren und dementsprechend zu Narbenbildung führen, und zwar kommen hier wesentlich

die *tertiären Syphilide* und der *Lupus* in Betracht. Hinterlässt ein Krankheitsprocess Narben, so lässt sich eben Eczem mit vollster Sicherheit ausschliessen. — Im Uebrigen sei hier nochmals auf die späteren Besprechungen hingewiesen.

Die **anatomische Untersuchung** der eczematösen Haut giebt natürlich je nach dem Stadium, in welchem sich die Krankheit befindet, sehr verschiedene Bilder. Zunächst findet sich eine Schwellung der Zellen des Rete mucosum und kleinzellige Infiltration der ganzen erkrankten Haut. Dann kommt es zur Exsudatbildung, durch welche das Rete theilweise zerstört und die darüber befindliche Hornschicht als Bläschendecke abgehoben wird. In den späteren Stadien der chronischen Eczeme tritt die kleinzellige Infiltration immer stärker hervor und schliesslich kommt es manchmal zu beträchtlicher Vermehrung der bindegewebigen Theile der Haut.

Die **Aetiologie** des Eczems ist für die richtige Auffassung und Behandlung des einzelnen Falles von der grössten Bedeutung, da natürlich ohne Beseitigung der Ursache die Heilung nicht eintreten kann. — Eine ausserordentlich grosse Anzahl von Eczemen werden durch *äussere Reize* hervorgerufen.

In erster Linie kommen *chemische Irritamente* in Betracht und zwar die verschiedensten, in starker Concentration die organischen Gebilde zerstörenden Stoffe, so die *Säuren und Alkalien*, ferner *Quecksilber* und dessen Verbindungen, *Tartarus stibiatus*, letztere gewöhnlich in Form von Salben applicirt u. A. m. Es sind einerseits besonders die Handwerker, die bei ihren gewerblichen Manipulationen mit diesen Stoffen in Berührung kommen, die ein grosses Contingent zu den *arteficiellen Eczemerkrankungen* stellen, andererseits sind die Fälle recht häufig, wo einer dieser in therapeutischer Absicht angewendeten Stoffe zu einer Eczemeruption führt. Hier mag nur an die so häufigen *Carboleczeme* erinnert werden. — In dieselbe Kategorie von Stoffen gehören die *Seifen*, die besonders dann irritirend wirken, wenn sie viel überschüssiges Alkali enthalten. Aber auch die länger dauernde Einwirkung des *Wassers* an und für sich kann unter Umständen Eczeme hervorrufen; um so mehr die combinirte Wirkung der beiden letztgenannten Agentien bei den Wäscherinnen, die so häufig an Eczem der Hände und Vorderarme erkranken. In ganz analoger Weise ist der *Schweiss* an den Stellen wo er nicht verdunstet und so länger seine macerirende Wirkung auf die Haut ausüben kann, in den Hautfalten, als wesentlichste Ursache für die Entstehung des Eczema intertriginosum anzusehen. *Petroleum* und die aus diesem oder ähnlichen Oelen hergestellten *Schmieröle* führen häufig Erkrankungen der damit hantirenden

Arbeiter herbei. — Von pflanzlichen Stoffen sind als eczemerregende besonders zu nennen: *Arnica, Crotonöl, Senföl, Terpenthinöl, Cardol* (aus der in manchen Gegenden als Amulet gegen Krankheiten getragenen Frucht von Anacardium, Elephantenlaus), überhaupt die verschiedensten *ätherischen Oele,* die besonders in reizenden Salben (Ung. Metzerei. Rosmarini comp., „Nervensalbe") zur Verwendung kommen. Die Einreibung eines dieser Mittel auf einer kleiner Hautstelle genügt unter Umständen, um ein über den ganzen Körper sich verbreitendes Eczem hervorzurufen. Am häufigsten kommt wohl das durch Terpenthin hervorgerufene Eczem zur Beobachtung. bei den vielen mit diesem Stoff hantirenden Arbeitern. Buchdruckern. Setzern. Lithographen, Lackirern u. s. w.

Als zweite Gruppe der eczemerregenden Schädlichkeiten sind die *thermischen Reize* zu nennen und zwar kommen hier weit häufiger übermässig hohe. als niedere Temperaturen in Betracht. So entstehen besonders oft Eczeme bei Arbeitern. die an offenem Feuer arbeiten müssen. bei Bäckern („Bäckerkrätze"), Schmieden. Maschinisten u. s. w., und häufig lässt die scharfe Localisation des Eczems an den offen getragenen, der strahlenden Wärme ausgesetzten Theilen. dem Gesicht und Hals, den Händen und Vorderarmen und dem mittleren Theile der Brust das ursächliche Verhältniss auf das klarste erkennen. Aber auch durch übermässige Einwirkung der Sonne werden Eczeme hervorgerufen. besonders in den Tropen. und tritt hierbei gleichzeitig als weiterer eczemerzeugender Reiz eine stärkere Schweisssecretion in Wirkung (Lichen tropicus. Prickly heat).

Als dritte Gruppe sind dann endlich die *mechanischen Reize* anzuführen. Bei den verschiedensten Handwerkern kommt es durch die bei ihrem Gewerbe nöthigen Manipulationen zu den mannigfachsten mechanischen Insulten der Haut, meist der Hände, daher die massenhaften Handeczeme der Schuster. Schneider, Näherinnen u. A. m. Diesen mechanischen Reizen gesellen sich oft gleichzeitig chemische Reize hinzu. Weiter können aber auch drückende Kleidungsstücke. wie Hosenträger. Leibgurte. Strumpfbänder zur Entstehung von Eczemen Veranlassung geben. Am wichtigsten in dieser Hinsicht sind aber die Läsionen. die der Haut von den Kranken selbst durch das *Kratzen* zugefügt werden. So sehen wir bei allen juckenden Hautkrankheiten. bei denen anhaltend dieselben Stellen zerkratzt werden. Eczeme von oft grosser, ja allgemeiner Ausbreitung auftreten. Es sind dies einmal die Fälle. wo das Jucken durch die *Anwesenheit von Parasiten* bedingt wird. So rufen die Pediculi capitis nach einer gewissen Dauer ihrer Anwesenheit unausbleiblich ein Eczem der Haut des behaarten Kopfes und des Nackens, und ebenso die Phthirii und die Pediculi vestimenti entsprechend lokalisirte Eczeme hervor. Ganz besonders ist hier aber die Scabies zu erwähnen, bei der das „secundäre" Eczem eigentlich immer das am meisten in die Augen fallende objective Symptom ist. Dann aber tritt Eczem in Folge des Kratzens auch bei den an und für sich *juckenerregenden Hautkrankheiten* auf, so bei Prurigo, bei lange anhaltendem Pruritus. Auch die Unterschenkeleczeme bei Varicen gehören hierher, wie schon oben erwähnt ist.

Wenn wir nun auf der anderen Seite auch keine directe *innere Ursache* für die Entstehung von Eczemen kennen, das Eczem also niemals als directes Symptom irgend einer Constitutionsveränderung anzusehen ist, so giebt es doch eine Reihe von Zuständen, die ebenso wie den übrigen Körper, so auch die Haut in ihrem Ernährungszustande und damit in ihrer Widerstandsfähigkeit gegen äussere Reize herabsetzen. Es ist leicht verständlich, dass in solchen Fällen Reize, welche eine normale Haut ohne Weiteres erträgt und welche die betreffenden Individuen, so lange sie gesund waren, ebenfalls ohne Nachtheil ertrugen, nach der Herabsetzung der Widerstandsfähigkeit dieser Individuen Eczeme hervorrufen und so die Allgemeinerkrankung als *mittelbare* Ursache für das Eczem in Wirkung tritt. Solche Allgemeinleiden sind *die Scrophulose, Rachitis, Diabetes, Gicht, durch chronische Verdauungsstörungen hervorgerufene Schwächezustände* und vor allen Dingen das grosse Gebiet der *Anämie*. Auch *Fettleibigkeit* ruft eine gewisse Disposition zu Eczemerkrankung hervor, vielleicht in Folge der bei diesem Zustande oft vorhandenen Hyperidrosis. Die grosse Wichtigkeit dieses, wenn auch nur mittelbaren ätiologischen Zusammenhanges erhellt sofort aus dem Umstande, dass in diesen Fällen eine Heilung des Eczems ohne Rücksichtnahme auf die Allgemeinerkrankung entweder schwer oder gar nicht zu erzielen ist. Aehnlich liegen die Verhältnisse bei den Eczemen, welche nicht selten bei Kindern im Anschluss an die *Vaccination* auftreten, und wohl auch bei den sogenannten *klimakterischen Eczemen* der Frauen, die zur Zeit der Cessatio mensium auftreten und sich durch eine besondere Vorliebe für den behaarten Kopf und die Ohren auszeichnen (BOHN, BULKLEY). Ferner ist noch die gelegentlich beobachtete Combination von *Asthma bronchiale* mit ausgedehnten Eczemen zu erwähnen; einige Autoren berichten über ein alternirendes Auftreten dieser beiden Krankheiten.

Schliesslich bleibt aber noch eine gewisse Anzahl von Eczemen
übrig, bei welchen sich weder eine äussere noch eine innere Ursache
auffinden lässt, deren Aetiologie uns daher zur Zeit noch völlig
unbekannt ist. Es ist wohl anzunehmen, dass manche jetzt noch
als einfache Eczeme betrachtete Krankheitsformen, so vor Allem
das „seborrhoische" Eczem, sich als parasitäre und zwar durch
pflanzliche Parasiten hervorgerufene Erkrankungen answeisen werden.

Bei der **Behandlung** der chronischen Eczeme ist das einzuschla-
gende Verfahren ein sehr wesentlich verschiedenes, je nachdem sich
die Krankheit im nässenden oder schuppenden Stadium befindet.
Bei den nässenden chronischen Eczemen ist trotz aller neuen
Methoden die durch tausendfältige Erfahrung bewährte, besonders
von HEBRA ausgebildete *Salbenbehandlung* die sicherste und bei
weitem empfehlenswertheste Methode, deren Unbequemlichkeiten
durch die Sicherheit des Erfolges viel mehr als aufgewogen werden.
Die Wahl der Salbe ist zunächst von einer untergeordneten Bedeutung und giebt schliesslich jede nicht irritirende Salbe unter
Umständen gute Resultate; trotzdem sind natürlich einzelne Salben
mehr als andere zu empfehlen. Allen anderen voran, bezüglich der
Sicherheit des Erfolges, steht weitaus die HEBRA'sche *Diachylonsalbe*
(Empl. litharg. simpl., Ol. Oliv. opt. — oder besser wegen der weit
grösseren Haltbarkeit der Salbe — Vaselin. flav. ana part. aequ.).
In der Mehrzahl der Fälle wird man mit dieser Salbe allein aus-
kommen. Recht zweckmässig sind ferner die *Wismuthsalbe* (Bismuth.
subnitr. 3,0, Vaselin. flav. 30,0) und die WILSON'sche *Salbe* (Zinc.
oxyd. alb. 6,0, Adip. benzoin. 30,0), und um die oft aus individuellen
Rücksichten theils psychischer, theils somatischer Art nicht zu um-
gehende Abwechselung nicht ausser Acht zu lassen, sind im Recept-
verzeichniss noch einige andere brauchbare Vorschriften mitgetheilt.
Von grosser Bedeutung ist die Bereitung der Salben, die selbstverständlich aus absolut reinem, unverdorbenem Material in sorgfältigster Weise hergestellt sein müssen, so dass eine wirklich
gleichmässige Salbenmasse erzielt wird. Von der allergrössten
Wichtigkeit ist aber die *Art der Anwendung* und gerade hiergegen
wird am allerhäufigsten gefehlt, woher sich die vielen Misserfolge
bei scheinbar richtiger Medication erklären. Die Salben dürfen
nämlich nicht nur eingerieben werden, sondern es muss ein richtiger
Salbenverband in der Weise angelegt werden, dass die auf Leinwand
aufgestrichene Salbenmasse durch eine aus Flanell oder einem ähnlichen Stoffe bestehende Binde auf die Haut aufgedrückt wird. Am

besten wird die messerrückendick mit Salbe bestrichene Leinwand in Streifen geschnitten, die je nach dem zu bedeckenden Körpertheil schmäler oder breiter sind, die für den Finger z. B. nicht über 2 Cm., für voluminösere und weniger bewegliche Körpertheile dagegen breiter sein dürfen. Diese Streifen werden nun, nachdem die etwa vorhandenen Krusten mit reinem Olivenöl erweicht und enfernt sind und die Haut mit trockener Leinwand oder Watte möglichst gereinigt ist, in der Weise aufgelegt, dass jeder Streifen von dem nächstfolgenden noch theilweise überdeckt ist („dachziegelartig"). Nur hierdurch lässt es sich erreichen, dass bei den in Folge der Bewegungen nicht zu vermeidenden Verschiebungen der Streifen nicht einzelne Theile von dem Verband ganz entblösst werden. Nachdem auf diese Weise die ganze erkrankte Hautstelle bedeckt ist, wird lege artis ein Verband mit einer Flanellbinde über die Salbenstreifen gelegt und muss natürlich die Breite der Binde ebenfalls entsprechend der Form des zu verbindenden Theiles gewählt werden. Für das Gesicht werden die Verbände am besten mit entsprechend geschnittenen Flanellmasken fixirt. Für einzelne Stellen, das Innere der Ohrmuschel, die Umgebung des Afters, wird die Salbe am besten auf feste Charpie- oder Wattetampons aufgestrichen und durch geeignete Verbände fixirt. Beim Eczem des Scrotum empfiehlt sich zum Fixiren am meisten das Tragen eines passenden Suspensorium. Der Verband wird bei starkem Nässen oder bei häufigen Verschiebungen in Folge der Bewegungen des verbundenen Theiles zweimal in 24 Stunden, bei geringerem Nässen und besserer Haltbarkeit nur einmal in derselben Zeit erneuert. Die Haut wird dabei am besten nur trocken mit Leinwand oder Watte oder allenfalls mit reinem Olivenöl gereinigt, nur in gewissen, unten zu erwähnenden Fällen gewaschen. Nur bei den nässenden Eczemen des behaarten Kopfes und der Hautfalten, so am Scrotum, Anus, unter den Brüsten u. s. w. ist das regelmässige Waschen mit warmem Wasser nicht zu umgehen, da das an diesen Stellen sonst nicht zu entfernende Secret leicht in Zersetzung übergeht und so die Ursache neuer Irritationen wird.

Die Wirkung dieses Salbenverbandes zeigt sich zunächst darin, dass jede Krustenbildung sofort aufhört, einmal freilich, weil unter dem Verbande ein Eintrocknen des Secretes überhaupt unmöglich ist, dann aber auch, weil die Secretion sehr bald erheblich abnimmt. Die augenfälligste Wirkung zeigt sich aber bei den Eczemen mit starker Rhagadenbildung, z. B. an den Händen oder den Extremitäten überhaupt, bei denen in Folge der Schmerzen, welche die

tief in das Corium eindringenden, blutenden Einrisse verursachten
und in Folge der gewöhnlich bestehenden starken Schwellung die
Patienten die erkrankten Glieder nicht zu bewegen wagten oder sie
effectiv nicht bewegen konnten, so dass sie bei Erkrankung der
Unterextremitäten nicht im Stande waren, auch nur einen Schritt
zu gehen. Nach 24 stündiger Anwendung des Salbenverbandes ist
die Schwellung erheblich zurückgegangen, die Rhagaden sind überhäutet und völlig verschwunden und die Kranken bewegen ihre
Gliedmassen mit vollständiger Leichtigkeit und Schmerzlosigkeit.
Wenn dieser wahrhaft überraschende Erfolg auch nicht immer in
so kurzer Zeit eintritt, so bleibt er doch nie lange aus, wenn die
Verbände in der oben geschilderten Weise gemacht werden. Uebrigens
wird ausser den Schmerzen auch das andere höchst belästigende
subjective Symptom der chronischen Eczeme, das Jucken, wenn auch
nicht ebenso prompt wie jene, durch den Salbenverband in günstiger
Weise beeinflusst. Im weiteren Verlauf nehmen Schwellung und
Nässen immer mehr ab, bei anfangs in toto nässenden Eczemflächen
treten überall Ueberhäutungen auf, so dass dann nur noch einzelne
Stellen Flüssigkeit absondern, die erkrankte Haut also das Bild des
état ponctueux darbietet. Auch diese Stellen schliessen sich eine
nach der anderen durch Regeneration der Hornschicht und schliesslich
ist die ganze Eczemfläche überhäutet. Lässt man jetzt den Verband
fort, so erscheint die erkrankte Haut noch infiltrirt, geröthet und
schuppend, aber nirgends mehr nässend; sie ist in das Stadium
squamosum übergeführt und damit das eigentliche Ziel der Salbenbehandlung erreicht. Denn wenn es auch in vielen Fällen gelingt,
durch fortgesetzte Salbenverbände die Haut völlig zur Norm zurückzuführen, so sind doch andere Methoden hierzu zweckmässiger, weil
schneller wirkend, nämlich dieselben, die bei den von vornherein
schuppenden, niemals nässenden Eczemen anzuwenden sind, und die
weiter unten besprochen werden sollen.

    Ein auch bei chronischen Eczemen sehr gut wirkendes Mittel
ist ferner die *Zinkpaste* (Zinc. oxyd. alb., Amyl. ana 10,0, Vaselin.
flav. 20,0), welche allenfalls auch ohne Verband noch leidliche
Resultate giebt, weil sie der Haut fester anhaftet. Daher ist dieselbe
besonders in Fällen, bei denen der Verband schlecht anwendbar ist,
so oft bei Kindern, zu empfehlen. Ein Zusatz von *Thymol* (1 %)
oder *Menthol* (1 %), der übrigens auch bei den anderen Salben
gemacht werden kann, leistet oft gegen das Jucken gute
Dienste. Auch *Cocainsalben* (2—5 %) werden bei umschriebenen

juckenden oder schmerzenden Eczemen, so am Mund, an den Genitalien und dem After, oft mit Vortheil angewendet. — Gegen die parasitären Eczeme sind *Schwefelsalben* (1—3 : 30) ganz besonders wirksam.

Das etwas umständliche Verfahren des Salbenverbandes ist neuerdings durch die Einführung der Unna'schen *Salbenmulle* in zweckmässiger Weise vereinfacht worden, indem Mull reichlich mit Salbenmasse, der etwas Hammeltalg zugesetzt ist, getränkt, in passend geschnittenen Stücken auf die eczematöse Haut gelegt und durch einen Verband angedrückt wird. Auch die ebenfalls von Unna angegebenen *Guttaperchapflastermulle* — so der Zinkoxydpflastermull — sind bei wenig nässenden oder selbst ganz trockenen Eczemen vortheilhaft zu verwenden, zumal in Folge der ausgezeichneten Klebkraft dieser Mulle ein weiterer Verband überflüssig ist. Auch für die Bedeckung einzelner Rhagaden leisten diese Guttaperchapflastermulle gute Dienste. In ähnlicher Weise kann ferner auf Leinwand gestrichenes *Salicylpflaster* (Acid. salicyl. 1, 5, Empl. sapon. 30,0) verwendet werden (Pick). In vielen Fällen nicht sehr ausgebreiteter chronischer Eczeme, die wenig nässen, wie dies besonders im Gesicht und an den Händen oft vorkommt, leistet die zweimal täglich zu wiederholende Einreibung einer *Carbol-Perubalsamsalbe* (Acid. carbol. 0,05—0,1, Bals. peruv. 2,0, Ung. Glycerin. 20,0) gute Dienste.

Aber nicht bei allen nässenden Eczemen führt diese Methode allein zum Ziel, einige und besonders die schon sehr lange bestehenden Eczeme, bei denen eine starke Infiltration der Haut vorhanden ist, verändern sich selbst bei richtiger Application der Salbenverbände so gut wie gar nicht. In diesen Fällen müssen energischere Mittel in Anwendung gebracht werden, entweder die mehrmals wiederholte, übrigens sehr schmerzhafte Einpinselung mit einer *concentrirten Lösung von Kali causticum* (1 : 2), nach vorheriger Cocainisirung, oder die weniger heroische, langsamer, aber viel sicherer wirkende regelmässige *Waschung* der eczematösen Hautpartie mit *Sapo kalinus* oder *Spiritus saponatokalinus*. Dabei werden die Salbenverbände in gleicher Weise fortgesetzt und bei dem letzteren, empfehlenswertheren Verfahren einmal täglich die Haut mit einem rauhen Lappen und lauwarmem Wasser tüchtig abgeseift, getrocknet und gleich wieder mit Salbe verbunden. Das Arbeiten mit der scharfen Seife ist den Kranken, trotzdem es gewöhnlich dabei zu kleinen Blutungen kommt, sehr angenehm, da es das unerträgliche Jucken lindert.

Ist nun entweder durch die Salbenbehandlung ein nässendes

Eczem in das schuppende Stadium übergeführt worden oder handelt
es sich von vornherein nur ein trockenes Eczem, so ist die *Theerbehandlung* am Platze. Auch bei dieser kommt es sehr auf die
tadellose Beschaffenheit des Medicamentes, weniger auf die Auswahl
unter den hauptsächlich in Betracht kommenden Theersorten. *Pix
liquida* (besonders empfehlenswerth ist der norwegische Theer), *Oleum
Rusci, fagi* und *cadinum,* aus verschiedenen Nadelholzarten, Birken,
Buchen und Wachholder gewonnen, an. Ein guter Theer muss eine
gleichmässige dicke Flüssigkeit sein und darf keinen Bodensatz fester
Bestandtheile fallen lassen. Der Theer wird entweder rein oder in
Alkohol (ana part. aeq.), Aether oder Traumaticin (1 : 10) gelöst,
mit einem Borstenpinsel 1—2mal täglich auf die erkrankten Stellen
aufgetragen und werden dieselben nach dem Eintrocknen ohne jede
weitere Bedeckung gelassen. Sehr zweckmässig ist auch die Verbindung des Theers mit dem *Linimentum exsiccans* PICK (Traganth.
5,0, Glycerin 2,0, Aqu. dest. 100,0), 5—10 %, welche auf die erkrankten
Stellen eingerieben sehr rasch zu einem festen, aber leicht wieder
abwaschbaren Häutchen erstarrt. War der Zeitpunkt der Theerbehandlung richtig gewählt, so schwindet zunächst das Jucken sehr
bald und dann gehen Infiltration der Haut und Schuppung schnell
zurück, was am besten daran ermessen werden kann, dass der Theer
auf der Haut längere Zeit haftet, während er früher mit den Schuppen
schnell wieder abgestossen wurde. Hat die Haut dann ihre normale
Weichheit und Glätte wieder erreicht, so erscheint sie, wenn nun
die Theereinpinselung sistirt wird, nach der Abstossung der Theer-
schicht doch noch röther, als die normale Haut. Die Erscheinung,
die zum Theil wohl auf einer grösseren Dünnheit der neugebildeten
Hornschicht beruht, schwindet ohne jede Therapie in kurzer Zeit.
So schnell einerseits die gute Wirkung des Theers eintritt, wenn
er zur richtigen Zeit angewendet wird, so sehr kann andererseits eine
zu frühe Anwendung desselben schaden. Sowie noch eine sehr
starke Infiltration der Haut und vor allen Dingen sowie noch
nässende Stellen bestehen, wird durch Anwendung des Theers fast
stets eine acute Verschlimmerung hervorgerufen; daher ist es zweckmässig, bei ausgedehnteren Eczemen nicht von vornherein die ganze
Fläche mit Theer zu behandeln, sondern zunächst an einer kleinen
Stelle zu versuchen, ob das Eczem den Theer auch schon verträgt,
um nicht andernfalls die Verschlimmerung auf der ganzen erkrankten
Partie herbeizuführen.

Eine sehr zweckmässige Anwendungsweise des Theers ist die

Combination mit Zinkpaste (Ol. rusci 0.3—3,0, Pasta zinci 30,0), bei welcher die irritirende Wirkung des Theers durch die Zinkpaste gemildert wird und die daher auch bei Vorhandensein einzelner kleiner nässender Stellen schon am Platze ist. In ähnlicher Weise ist der *Theer-Zinkpflastermull* zu verwenden.

Auch bei den trockenen parasitären Eczemen wirkt der Theer gut; in besonders hartnäckigen Fällen sind hier aber noch energischere Mittel nothwendig, unter denen das *Chrysarobin* (s. die Behandlung der Psoriasis) in erster Linie steht.

Von unangenehmen Nebenwirkungen der Theerbehandlung ist zunächst eine locale Erscheinung, die *Theeracne*, zu erwähnen, eine in Folge der Verstopfung der Ausführungsgänge durch Theerpartikelchen hervorgerufene Entzündung der Hautfollikel, die sich am häufigsten auf den — stärker behaarten — Streckseiten der Extremitäten entwickelt (cf. das Capitel über Acne). Wichtiger sind die bei ausgedehnter Anwendung des Theers gelegentlich auftretenden *Intoxicationserscheinungen*, die hauptsächlich auf die Aufnahme der im Theer enthaltenen *Carbolsäure* zu beziehen sind. Die Haupterscheinungen sind Uebelkeit, Erbrechen, Durchfälle, Kopfschmerzen und Schwindelgefühl und die selten fehlende Farbenveränderung des Urins, der olivengrün bis tiefschwarz erscheint, manchmal erst nach längerem Stehen (*Carbolharn*). Beim Eintreten dieser Erscheinungen ist Vorsicht geboten, ganz besonders bei Kindern, um schwere Folgen zu verhüten.

Auf behaarten Stellen wird der Theer am besten mit Oel gemischt (5 : 25) angewendet und ist hierbei zu bemerken, dass die chronischen Kopfeczeme, ähnlich wie die acuten Kopfeczeme die Salbenbehandlung, viel früher die Theerbehandlung vertragen, als die Eczeme der übrigen Haut, nämlich bereits im nässenden Stadium.

Von den *Derivaten des Theers* ist bei der Eczembehandlung nur die *Carbolsäure* erwähnenswerth, die als 2 proc. Carbolöl bei Eczemen behaarter Theile gute Dienste leistet.

Von grosser Wichtigkeit bei der Behandlung des Eczems ist natürlich die *Berücksichtigung der ätiologischen Momente*. So ist bei allen durch äussere Schädlichkeiten hervorgerufenen Eczemen möglichst die Fernhaltung dieser Reize anzustreben, was dadurch oft genug erschwert oder ganz unmöglich gemacht wird, dass die betreffenden Patienten gezwungen sind, sich zur Erwerbung ihres Lebensunterhaltes jenen Schädlichkeiten weiter auszusetzen.

Und ebenso ist auf die oben besprochenen mittelbaren *inneren*

Ursachen für die Entstehung von Eczemen Rücksicht zu nehmen, auf Erkrankungen des Verdauungsapparates, anämische Zustände oder andere Constitutionsstörungen. In jedem Fall von Eczem ist, selbst wenn ein directer Zusammenhang gar nicht nachweisbar ist, eine etwa vorhandene derartige Erkrankung stets mit den jedesmal indicirten Mitteln zu behandeln, selbstverständlich bei gleichzeitiger sorgfältiger Localbehandlung. Daher wird in vielen Fällen von Eczemen die innere Darreichung von *Eisen* oder *Leberthran* und eine entsprechende Diät sehr am Platze sein. Von der inneren Darreichung des *Arsen* ist bei der Behandlung der chronischen Eczeme nicht viel Nutzen zu erwarten und nur in ganz besonders hartnäckigen Fällen dürfte ein Versuch mit diesem Mittel angezeigt sein, unter Umständen in Verbindung mit Eisen. Die Art der Darreichung dieses Mittels wird in den Capiteln über Psoriasis und Lichen ruber besprochen werden.

Es ist nicht überflüssig, wenn hier zum Schluss darauf aufmerksam gemacht wird, dass bei der Behandlung des chronischen Eczems sowohl der Arzt wie der Patient *Geduld* und *Ausdauer* haben muss. Eine grosse Reihe von chronischen Eczemen, die mit an und für sich richtigen Methoden behandelt werden, heilen einfach deswegen nicht, weil der Arzt, der seiner Sache nicht hinreichend sicher ist, in Folge des zögernden Fortschrittes zum Besseren oder auch dem Drängen des Patienten nachgebend, immer und immer wieder neue Salben oder Methoden in Anwendung zieht. Wer seiner Sache sicher ist und die dem richtig erkannten Stadium der Krankheit entsprechende Behandlung eingeleitet hat und dieselbe, unbeirrt durch ein anfängliches, manchmal selbst wochenlanges Ausbleiben einer erheblichen Besserung, consequent fortführt, der wird schliesslich niemals vergeblich auf den Erfolg warten.

—

ZWEITES CAPITEL.

Psoriasis.

Die **Psoriasis** beginnt mit der Eruption kleinster rother Knötchen, die sich sehr bald mit einem aus verhornten Epithelien bestehenden Schüppchen bedecken (*Psoriasis punctata*). Diese zunächst miliaren Efflorescenzen erreichen dann schnell Linsen- bis etwa Zwanzigpfennigstückgrösse und sind entweder von einer Schuppe vollständig bedeckt, oder diese Schuppe bedeckt die Efflorescenz nur in der Mitte, so dass an der Peripherie ein schmaler rother Saum sichtbar wird. Die Haut sieht in diesem Stadium der Psoriasis aus, als „ob sie mit Mörteltropfen bespritzt wäre" (*Psoriasis guttata*). Die Schuppen haften zunächst ziemlich fest auf ihrer Unterlage, sind weisslich oder gelblich, glänzend, besonders wenn sie von selbst oder durch Kratzen etwas gelockert werden, asbestartig erscheinend, und lassen sich bei kleineren Herden gewöhnlich als zusammenhängende Lamelle abnehmen. Hierbei kommt es fast regelmässig zu kleinen, capillären Blutungen. Wenn die Efflorescenzen älter werden, so haften die Schuppen zuweilen nicht mehr so fest und werden leichter durch irgend welche mechanischen Insulte abgestossen. Meist aber finden sich gerade auf den am längsten bestehenden Efflorescenzen die dicksten und festesten Schuppenauflagerungen, besonders an den Unterschenkeln und auf der Streckseite der Kniegelenke und manchmal auf der behaarten Kopfhaut. Werden von einer auf der Höhe der Entwickelung stehenden Efflorescenz die Schuppen entfernt, so kommt darunter eine mehr oder weniger infiltrirte, geröthete und, abgesehen natürlich von den Blutungen, niemals nässende Hautfläche zum Vorschein, die sich als eine flache, papulöse Erhabenheit von der jedesmaligen Form der Psoriasisherde darstellt.

In ganz seltenen Fällen weichen die Efflorescenzen etwas von dem soeben geschilderten typischen Bilde ab. Die Schuppen sind nicht so glänzend, deutlicher gelb gefärbt, die darunterliegende Haut ist etwas feucht, kurz die Herde machen einen mehr eczemartigen Eindruck (*atypische Psoriasis*). Immerhin finden sich in solchen Fällen an einzelnen Orten oder auch zeitweise ganz typische Psoriasis-Efflorescenzen, welche ebenso wie der Verlauf der Krankheit für die Auffassung dieser Fälle als Psoriasis sprechen.

Niemals erscheinen die Psoriasisefflorescenzen einzeln, sondern sie treten gewöhnlich gleichzeitig in grosser Anzahl auf, und während sie sich weiter entwickeln, kommen fortwährend neue Nachschübe, so lange die Krankheit sich noch in einem fortschreitenden Stadium befindet.

Die weiteren Erscheinungen sind nun je nach der Art der Entwickelung der einzelnen Efflorescenzen verschieden. Wir können zwei Arten dieser Entwickelung unterscheiden, die im einzelnen Falle das Bild der Psoriasis bestimmen; allerdings kommen sehr häufig auch beide Arten an demselben Individuum an verschiedenen Stellen der Haut gleichzeitig vor.

In der einen Reihe von Fällen vergrössern sich die Herde
immer mehr, ohne an irgend einer Stelle regressive Vorgänge zu
zeigen. Es kommt so zur Bildung von thalergrossen und grösseren
rundlichen Efflorescenzen (*Psoriasis nummularis*), und da beim
Grösserwerden schliesslich an vielen Stellen die Efflorescenzen sich
mit den benachbarten berühren und mit ihnen verschmelzen, so
kommt es auf diese Weise zur Bildung grösserer Psoriasisflächen,
die durch bogige, nach aussen convexe Linien, entsprechend den
ursprünglichen Einzelherden, begrenzt sind. Diese grossen Flächen
zeigen die oben für die einzelnen Efflorescenzen geschilderten Eigenschaften, sie sind in ihrer ganzen Ausdehnung mit Schuppen bedeckt
und zeigen überall die infiltrirte, geröthete Haut. Durch immer
weitere Vergrösserung der schon bestehenden Herde und Auftreten
immer neuer Efflorescenzen auf den bis dahin freien Hautstellen
kann es schliesslich zur Erkrankung grosser Partien der Körperoberfläche, ja der gesammten Hautdecke kommen (*Psoriasis diffusa,
universalis*).

In der anderen Reihe von Fällen zeigen dagegen die Psoriasisefflorescenzen, sowie sie ein gewisses Alter und demgemäss eine
gewisse Grösse erreicht haben, eine Neigung zur Rückbildung, die
sich zunächst darin zeigt, dass die Schuppen lockerer werden und
schliesslich von selbst abfallen, während die Haut an diesen Stellen
zunächst noch infiltrirt und geröthet bleibt. Da nun die Rückbildung
an dem centralen, ältesten Theil der Efflorescenzen natürlich zuerst
eintritt, so zeigen sich dieselben in diesem Entwickelungsstadium
als Scheiben mit einem infiltrirten, rothen, schuppenlosen Centrum,
welches von einem ringförmigen, mit weissen, glänzenden Schuppen
bedeckten Saum eingefasst ist. Dann aber macht die Rückbildung
im Centrum noch weitere Fortschritte, Röthung und Infiltration
der Haut verschwinden vollständig und hieraus resultirt eine Efflorescenz, bestehend aus einem infiltrirten, schuppentragenden Ring,
der einen kleineren oder grösseren Kreis vollständig normaler Haut
einschliesst (*Psoriasis annularis*). Auch diese Efflorescenzen können
sich nun immer mehr vergrössern, indem sie an der Peripherie nach
allen Richtungen hin fortwachsen, während dementsprechend die nach
innen gelegenen Theile der Ringe wieder zur Norm zurückkehren
(Taf. 1).

Durch das Grösserwerden dieser ringförmigen Efflorescenzen
kommt es nun schliesslich auch zur Berührung und zum Verschmelzen
der benachbarten Herde, und diese Verschmelzung geht nach dem

in der Einleitung besprochenen Gesetz vor sich und führt zur
Bildung der eigenthümlichen guirlandenförmigen Efflorescenzen
(*Psoriasis gyrata et figurata*).

Bei der Psoriasis werden die bisher geschilderten Bilder sehr
häufig durch consecutive Störungen der *Pigmentirung* complicirt.
Besonders an den Unterschenkeln hinterlassen sehr oft die zurück-
gebildeten Psoriasisefflorescenzen dunkle Pigmentirungen, in manchen
Fällen findet sich dieses eigenthümliche Verhalten auch bei den
Herden an den übrigen Körperstellen und wird besonders in Fällen
einer ausgebreiteten Psoriasis annularis et gyrata durch den lebhaften Contrast zwischen dem dunkelbraunen Centrum, dem dieses
umgebenden weissen, glänzenden Schuppensaum der Efflorescenzen
und den dazwischen liegenden hellen Inseln oder grösseren Strecken
normaler Haut ein höchst eigenthümliches Bild hervorgerufen. Die
Pigmentirungen treten gewöhnlich in den mit Arsen behandelten
Fällen stärker auf.

Während die *Haare* nur nach lange dauernder Erkrankung behaarter Theile ausfallen, zeigen die *Nägel* häufiger Veränderungen,
Trübungen, Auflockerung der Nagelsubstanz und schliesslich kann es
zum Abfallen der Nägel kommen.

Localisation. Psoriasisefflorescenzen können sich auf allen Stellen
der Hautdecke bilden, aber gewisse Gegenden zeigen sich als sehr
entschiedene Lieblingssitze dieser Krankheit. Am häufigsten werden
die Haut der *Streckseiten des Ellenbogen- und Kniegelenks, der behaarte
Kopf* und die unmittelbar angrenzenden Theile *der Stirnhaut und die
Ohren* ergriffen. Dann folgen die übrigen Theile der *Extremitäten*,
von denen überhaupt die Streckseiten gewöhnlich stärker ergriffen
werden, als die Beugeseiten und die *Haut des Rumpfes*. Seltener ist
das Gesicht betheiligt, während *Handteller und Fusssohlen* — abgesehen von sehr seltenen Ausnahmen — *frei bleiben*. Diese Vorliebe
für gewisse Körpergegenden zeigt sich bei weitem in der Mehrzahl
der Fälle, so dass entweder nur die obengenannten Lieblingssitze,
meist in symmetrischer Weise, erkrankt sind, oder wenn auch andere
Körpergegenden die Erkrankung zeigen, jene jedenfalls zuerst erkrankten und daher auch die am weitesten fortgeschrittenen Stadien
zeigen. In verhältnissmässig wenigen Fällen und zwar nur bei ganz
frischen Eruptionen fehlt diese regelmässige Anordnung und sind die
Psoriasisherde in ganz regelloser und unsymmetrischer Weise über
den Körper zerstreut. — Die *Schleimhäute* sind stets frei.

Die *subjectiven Symptome* sind in der Regel geringe. Gewöhnlich besteht nur ein mässiges Jucken zur Zeit der acuteren Eruptionen an den frischen Efflorescenzen. Nur in den Fällen von universeller Psoriasis kommt es in Folge der Sprödigkeit der Haut zu schmerzhaften Rhagadenbildungen besonders über den Gelenken und daher zu erheblichen Behinderungen im Gebrauch der Glieder.

Verlauf. Die Psoriasis tritt gewöhnlich im *jugendlichen oder mittleren Lebensalter* auf, seltener im kindlichen, und Psoriasisfälle in den ersten Lebensjahren gehören zu den grössten Ausnahmen. Den Anfang macht entweder eine allgemeine Eruption, oder, was häufiger der Fall ist, es zeigen sich zuerst an den Prädilectionsstellen einzelne Herde, die jahrelang allein bestehen können, nur sehr allmälig grösser werdend, bis dann durch einen mehr acuten Allgemeinausbruch das Bild sehr wesentlich verändert wird. Alle oder die Mehrzahl der Herde bilden sich dann nach gewisser Zeit wieder zurück. Im letzteren Falle bleiben auch wieder die Herde an den Ellenbogen und Knieen und auf dem behaarten Kopf oft zurück, bis dann nach kürzerer oder längerer Zeit wieder ein neuer reichlicher Ausbruch erfolgt. So wechseln Eruptionen und ganz oder wenigstens grösstentheils freie Intervalle, manchmal von jahrelanger Dauer, mit einander ab, und die Krankheit begleitet oft den von ihr Befallenen bis in das höchste Alter und bis zum Tode. — Die Psoriasis verläuft fast stets fieberlos; nur in einzelnen Fällen bei sehr ausgebreitetem Ausschlage treten leichte Fiebererscheinungen auf. Abgesehen hiervon tritt nie eine Einwirkung auf das Allgemeinbefinden ein. Psoriatiker können des höchste Alter erreichen, ohne dass sich je irgend eine mit dem Hautleiden in Verbindung stehende Erkrankung innerer Organe bei ihnen nachweisen liesse. — In äusserst seltenen Fällen entwickeln sich *papilläre, warzenartige Wucherungen* auf den Psoriasisefflorescenzen, ganz ausnahmsweise ist *Entwickelung von Carcinomen* beobachtet.

Die **Prognose** der Psoriasis ist daher — abgesehen von den letzterwähnten Fällen — quoad vitam stets gut. Dagegen kennen wir bis jetzt kein Mittel, welches die Krankheit definitiv heilt, so dass auch nach vollständiger Abheilung einer Eruption das Wiederauftreten eines Recidivs nie mit Sicherheit ausgeschlossen werden kann, im Gegentheil, nach dem gewöhnlichen Verlauf muss das Eintreten desselben als wahrscheinlich angesehen werden.

Die **Diagnose** der Psoriasis macht in den Fällen von Psoriasis nummularis, annularis und gyrata niemals besondere Schwierigkeiten. Dagegen können solche einmal bei den *frischen Fällen* mit über den

ganzen Körper ausgebreiteter Eruption kleiner Psoriasisherde entstehen, besonders wenn die Schuppenbildung nicht sehr stark ist·
oder die Schuppen durch häufiges Waschen oder starkes Schwitzen
grösstentheils entfernt sind. Hier kann vor Allem eine Verwechselung mit einem *papulo-squamösen Syphilid* vorkommen. Bei Psoriasis
gelingt es in der Regel, ältere, grössere Herde an den erwähnten
Prädilectionssitzen aufzufinden, bei Syphilis sind die Grössenunter-
schiede der einzelnen Papeln überhaupt nicht so erhebliche, wie bei
Psoriasis, an jenen Stellen finden sich nie besonders grosse Herde.
Bei Psoriasis sind im Allgemeinen die Streckseiten mehr ergriffen,
beim papulösen Syphilid mehr die Beugeseiten, besonders die Beugen
des Ellenbogen- und Handgelenks. Bei Psoriasis sind bei diesen
Fällen, bei denen eine Verwechselung überhaupt möglich ist, so gut
wie nie Handteller und Fusssohlen ergriffen, bei dem erwähnten
Syphilid dagegen sehr häufig in Form der sogenannten Psoriasis
palmaris et plantaris syphilitica. Bei Psoriasis finden sich auf dem
behaarten Kopf gewöhnlich umfangreichere, schuppende, niemals
nässende Stellen, bei Syphilis gewöhnlich kleinere, mit Borken und
Krusten bedeckte und nach deren Entfernung nässende Stellen. Bei
Psoriasis fehlt eine Erkrankung der Schleimhaut, bei Syphilis ist
sie sehr häufig vorhanden. — Ferner kommt die *acute, disseminirte
Form des Herpes tonsurans* in Betracht. Auch hier ist natürlich
wieder zuerst die Localisation zu berücksichtigen. Dann ist die
Schuppenbildung beim Herpes tonsurans eine andere. Die Schuppen
sind viel zarter, lassen sich nie in grossen Lamellen ablösen, und da
sie an der Peripherie in die normale Oberhaut übergehen, so lassen
sie sich von der Peripherie her gar nicht, sondern nur durch Kratzen
oder Einschieben eines Instrumentes vom Centrum her ablösen. Die
Ausbreitung des Herpes tonsurans disseminatus ist eine viel acutere
und gleichmässigere, als die der Psoriasis, dabei von einem Punkt
zum anderen fortschreitend, so dass in der Regel zuerst der Rumpf,
dann die Oberarme und Oberschenkel und zuletzt Vorderarme und
Unterschenkel befallen werden, was bei Psoriasis niemals eintritt.
Die sicherste Entscheidung würde natürlich das Auffinden von Pilzelementen gewähren, welches aber gerade in diesen Fällen von Herpes
tonsurans seine Schwierigkeiten hat, wie in dem betreffenden Capitel
erörtert werden wird. — Schliesslich kommen, wenn auch selten,
schuppende Eczeme in einzelnen zerstreuten Herden vor, die nirgends
nässende Stellen zeigen, und bei denen, wenn die Localisation keine
bestimmten Anhaltspunkte gewährt, die Entscheidung schwierig

werden kann. Ganz besonders das oben geschilderte parasitäre
Eczem kann grosse Aehnlichkeit mit Psoriasis haben, zumal bei demselben nicht selten ebenfalls ring- und guirlandenförmige Efflorescenzen
vorkommen. Hier können anamnestische Angaben von Wichtigkeit
sein, indem öfteres Verschwinden und Wiederauftreten des Ausschlages im Laufe der Jahre dann mehr für Psoriasis spricht.

Zweitens kann dann die Diagnose in Fällen von *universeller
oder fast universeller Psoriasis* schwierig werden, bei denen entweder
gar keine oder nur noch wenige normale Hautstellen aufzufinden sind.
Vor der Verwechselung mit ausgebreiteten *Eczemen* schützt immer
der Umstand, dass bei letzterem stets nässende Stellen, wenn auch
vielleicht manchmal von geringer Ausdehnung an gewissen Orten,
z. B. an den Gelenkbeugen zu finden sind, während Psoriasis nie
nässende Stellen producirt. Die oben geschilderten Fälle von aty-
pischer Psoriasis können allerdings in dieser Hinsicht grosse diagnostische Schwierigkeiten bereiten. Dann kommen *Lichen ruber*
und *Pityriasis rubra* in Betracht und verweise ich hier auf die betreffenden Krankheitsbeschreibungen.

Die **anatomische Untersuchung** der psoriatischen Herde bestätigt zunächst, dass die Schuppen lediglich aus verhornten Epidermiszellen bestehen. Ferner findet sich regelmässig eine beträchtliche Veränderung des
Papillarkörpers. Die Papillen sind ausserordentlich verlängert, erscheinen
dabei wie gequollen, ödematös und hyperämisch, dementsprechend sind die
interpapillären Zapfen des Rete Malpighii stark verlängert. Bei älteren
Herden findet sich eine Zunahme des epidermidalen Pigmentes und Pigmentirung der obersten Schichten des Corium.

Aetiologie. Nur ein ätiologisches Moment lässt sich wenigstens
für eine Anzahl von Psoriasisfällen mit Sicherheit angeben, das ist
die *Heredität*. In vielen Fällen erkranken Geschwister, in anderen
wird die Krankheit von Eltern auf Kinder, auch von Grosseltern
auf Enkel übertragen, oder es bestehen noch entferntere Grade der
Blutverwandtschaft zwischen den Psoriatischen in einer Familie.
Alle anderen angeführten ätiologischen Momente, äussere Schädlichkeiten oder Constitutionsanomalien, haben sich bei näherer Untersuchung als nicht stichhaltig erwiesen. In letzterer Beziehung ist
besonders hervorzuheben, dass es gerade in der Regel kräftige, robuste
Individuen sind, die an Psoriasis erkranken. — Ein Punkt giebt uns
wenigstens nach einer Richtung einen gewissen Aufschluss über das
Wesen der Krankheit, nämlich die Beobachtung (KÖBNER, WITZDORFF),
dass bei einem Psoriasiskranken durch irgend welche Verletzung der
Haut, z. B. durch einen Pferdebiss, durch Tätowiren, durch Schröpf-

kröpfe, Psoriasisefflorescenzen hervorgerufen werden, die in ihrer Form genau den verletzten Stellen entsprechen. Wir müssen daher annehmen, dass die Psoriasis auf einer *vererbten Prädisposition* der Haut zu jenen *Infiltrationen des Papillarkörpers* und *übermässigen Verhornungen* der darüberliegenden Epidermis beruht, und erklärt sich zum Theil wenigstens hieraus auch die oben erwähnte Prädilection für bestimmte Localitäten. Denn gerade Ellenbogen und Kniee und in geringerem Grade die Streckseiten überhaupt sind am meisten und intensivsten der fortdauernden Reibung durch Kleidungsstücke und anderen Insulten ausgesetzt.

Schliesslich ist noch hervorzuheben, dass trotz mancher gegentheiligen Behauptungen die Psoriasis sicher *nicht ansteckend* ist. Das Vorkommen der Krankheit bei mehreren Geschwistern ist hierfür nicht beweisend, da dasselbe ebensogut auf erblicher Veranlagung beruhen kann, und noch nie ist die Uebertragung der Krankheit von einem Ehegatten auf den anderen nachgewiesen worden, die bei der grossen Häufigkeit der Psoriasis gelegentlich doch vorkommen müsste. Trotzdem ist nicht zu leugnen, dass manche Eigenthümlichkeiten der Krankheit, vor Allem Form und Entwickelungsweise der Efflorescenzen, den Gedanken nahe legen, dass die Psoriasis doch möglicher Weise eine *parasitäre Affection* ist, und das Fehlen der Ansteckungsfähigkeit spricht nicht absolut hiergegen, denn z. B. die Pityriasis versicolor ist, obwohl Pilze die Ursache der Krankheit sind, auch in der Regel nicht ansteckend. Die bisher in dieser Richtung veröffentlichten Befunde haben allerdings noch nicht die allgemeine Anerkennung gefunden und müssen wir diese Frage als eine vor der Hand noch unentschiedene ansehen. Sollte sich die parasitäre Natur der Psoriasis bestätigen, so würde die Heredität als Uebertragung der Disposition aufzufassen sein.

Bei der **Behandlung** sind zunächst die Mittel zu nennen, die wesentlich nur eine Entfernung der Schuppen bewirken. Obenan steht das *Wasser* in seinen verschiedenen Applicationsweisen, als nasse Umschläge, Bäder, Dampfbäder. Sehr wesentlich kann die Wirkung des Wassers als schuppenentfernenden Mittels durch gleichzeitige Anwendung von *alkalischen Substanzen* unterstützt werden, welche die aus Hornmassen bestehenden Psoriasisschuppen erweichen und so ihre Ablösung erleichtern. Das wichtigste dieser Mittel ist die *Kali-* oder *Schmierseife*. Entweder die Seife als solche oder *Spiritus suponato-kalinus* wird mit etwas warmen Wassers auf ein rauhes Läppchen aufgetragen und hiermit werden die Schuppenauflagerungen tüchtig

bearbeitet. Bei sehr festhaftenden, alten psoriatischen Schuppen ist
es oft nöthig, die Kaliseife wie eine Salbe in Gestalt eines Umschlages
anzuwenden. — In ähnlicher Weise, nämlich die Schuppen erweichend
wirken die mehr *indifferenten Salben* (Diachylonsalbe, Wismuthsalbe)
und die wohl eher schon günstig auf die Resorption einwirkende
weisse Präcipitatsalbe. Letztere ist vor Allem bei Psoriasis des behaarten Kopfes und des Gesichtes zu empfehlen, leistet aber auch
an anderen Stellen oft gute Dienste. Die Behandlung mit diesen
Salben ist besonders bei ganz frischen Eruptionen und dann in den
Fällen von inveterirter Psoriasis mit starker Rhagadenbildung indicirt. Bei ausgedehnter Anwendung der weissen Präcipitatsalbe ist
stets der Mundpflege eine gewisse Aufmerksamkeit zu widmen, denn
wenn auch die Quecksilberresorption nur eine sehr unbedeutende
sein dürfte, so habe ich doch einige Male Mercurialstomatitis, ja in
einem Falle Mercurialdysenterie auftreten sehen.

Wichtiger sind nun aber die Mittel, die wirklich einen *resorbirenden Einfluss* auf die Psoriasisherde ausüben, der *Theer* und das
Chrysarobin, während die ursprünglich ebenfalls gegen Psoriasis
warm empfohlene Pyrogallussäure bei dieser Krankheit nicht den ge-
hegten Hoffnungen entsprochen hat. Der Theer wird in derselben
Weise wie beim trockenen Eczem angewendet, und ist auch hier
das Abnehmen und schliessliche Verschwinden der Schuppenbildung
das Kriterium der erreichten Wirkung, welches sich dadurch zeigt,
dass der aufgetragene Theer haften bleibt und nicht durch nachrückende neue Schuppen abgestossen wird. Dann schwinden auch
Infiltration und Röthung, so dass die Haut wieder völlig normal wird
Hierzu ist stets eine Behandlung von mehrwöchentlicher Dauer erforderlich. Von den Theerderivaten ist nur die *Carbolsäure* zu empfehlen, die als 2 proc. Carbolöl, besonders bei Psorasis des behaarten
Kopfes, gute Verwendung findet. — Bei weitem das vorzüglichste
und in der grossen Mehrzahl der Fälle in schnellster Weise zum
Ziel führende Mittel ist aber das *Chrysarobin* (früher fälschlich Chry-
sophansäure genannt), der Hauptbestandtheil des Goa- oder Araroba-
pulvers. Die Anwendung desselben ist folgende: Die durch Waschen
mit gewöhnlicher Seife oder Kaliseife von ihren Schuppen möglichst
befreiten Psoriasisstellen werden mit einem harten Borstenpinsel (oder
einer Zahnbürste) ein- bis zweimal täglich mit einer 25 proc. Chrysarobinsalbe eingerieben. Die sehr bald sich einstellende Wirkung
zeigt sich in schneller Abnahme der Schuppung und Blasswerden
der Efflorescenzen, während die umgebende, normale Haut mehr oder

weniger stark geröthet wird und später eine braunrothe, schliesslich braune Farbe annimmt. Manchmal steigert sich dieser Zustand zu einer recht unangenehmen allgemeinen Entzündung der Haut, die sich ganz diffus auch auf Stellen, die gar nicht mit dem Chrysarobin in Berührung gekommen sind, ausdehnt. Besonders gern betheiligt sich das Gesicht an dieser Entzündung, selbst wenn die Chrysarobinanwendung gar nicht in der Nähe des Gesichtes stattgefunden hat. die Heilung ist erreicht, wenn die Psoriasisherde als weisse, völlig glatte und schuppenlose, nicht erhabene Flecke sich darstellen, die lebhaft mit der braunrothen Umgebung contrastiren. Hierzu gehören in einzelnen Fällen nur 3—4, in anderen weit mehr, 10, 12 und noch mehr Einreibungen, je nach der Intensität und besonders nach dem Stadium der Psoriasis. Dann ist nur unter der Anwendung von Streupulvern der gewöhnlich unter einer mässigen allgemeinen Abschuppung der Haut sich vollziehende Rückgang der entzündlichen Erscheinungen abzuwarten, und nachdem dann auch die Pigmentirung verschwunden ist, wozu gewöhnlich einige Wochen erforderlich sind, ist die Haut völlig zur Norm zurückgekehrt. So lange stärkere Entzündungserscheinungen der Haut bestehen, ist die Anwendung von Bädern zu vermeiden. Die Chrysarobinsalbe kann durch *Linimentum exsiccans* mit *Chrysarobin* oder *Chrysarobintraumaticin* (1 : 10) ersetzt werden, deren Anwendung sehr viel bequemer als die Salbenbehandlung ist, deren Wirkung aber auch gewöhnlich etwas langsamer und mit geringeren Reactionserscheinungen von Seiten der Haut eintritt. Aehnlich verhält sich der ebenfalls recht zweckmässige *Chrysarobinpflastermull*. — Bei der Chrysarobinbehandlung müssen nun einige unangenehme *Nebenwirkungen* berücksichtigt werden. Zunächst kann jene *Entzündung der Haut*, von der schon oben die Rede war, manchmal so heftig werden, dass sie die weitere Anwendung des Mittels unmöglich macht. Im Allgemeinen pflegt dies bei Personen mit zarter Haut leichter einzutreten, ebenso wie auch bei dem einzelnen Patienten die Körperstellen mit zarter Haut, die Beugen, die Genitalien, stärker gereizt werden, als die anderen Hautstellen. Eine zweite sehr unangenehme Nebenwirkung des Chrysarobins ist das Hervorrufen intensiver *Conjunctivitiden*, die sogar in den schlimmsten Fällen zu Hornhautverschwärungen führen können. Dieselben entwickeln sich besonders dann, wenn Partikelchen des Medicaments in den Conjunctivalsack gelangen, wie es scheint, aber auch ohne dieses Ereigniss durch Fortschreiten der allgemeinen Dermatitis auf die Conjunctivalschleimhaut. Die Patienten müssen daher sorgfältig jede Berührung

der Augen mit dem Medicament vermeiden und Nachts am besten
Handschuhe tragen, damit sie nicht im Schlaf unbewusst hiergegen
fehlen. Andererseits ist die Application des Chrysarobins in der
Nähe der Augen überhaupt zu vermeiden, die Psoriasis des Gesichts
und des behaarten Kopfes ist im Allgemeinen überhaupt nicht mit
Chrysarobin, sondern mit den anderen Mitteln zu behandeln. — Und
schliesslich ist wenigstens insofern, als die Patienten vorher darauf
aufmerksam gemacht werden müssen, zu berücksichtigen, dass das
Chrysarobin unaustilgbare, bräunlichviolette Flecken in die Wäsche
macht. — Dagegen sind auch bei ausgedehntester Anwendung des
Mittels keine *Intoxicationserscheinungen* zu befürchten.

In dieser Weise, bei Anwendung des Chrysarobins am Körper,
des Theers oder der weissen Präcipitatsalbe am Kopfe, gelingt es
in den meisten Fällen, besonders den schon länger bestehenden, eine
vollständige Heilung zu erzielen, freilich nur eine momentane, denn
auf etwaige spätere Recidive hat diese Behandlung keinen Einfluss.
Aber auch dieser, sonst zuverlässigen Methode trotz eine kleine Reihe
von Fällen hartnäckig. Die Erfahrung zeigt, dass dies besonders
Fälle von frischer, über den ganzen Körper verbreiteter Psoriasis
sind, bei denen die Krankheit sich noch im Stadium der acuten
Eruption befindet. Hier ist es besser, zunächst indifferentere Verfahren. häufige Bäder, Salbeneinreibungen anzuwenden und erst später
zu den energisch wirkenden Mitteln zu greifen.

Die *Psoriasis* ist eine von den wenigen Hautkrankheiten, bei
welchen das *Arsen* einen entschieden günstigen Einfluss ausübt, und
es empfiehlt sich neben der zwar auch allein zum Ziel führenden
äusseren Therapie innerlich dieses Mittel zu geben, am besten in
Form der FOWLER'schen Solution, zunächst 6 Tropfen pro die, dann
allmälig steigend bis 10—20 Tropfen pro die (Liqu. Kal. arsenic.,
Aq. dest. ana 10,0 2 mal tägl. 6—10—20 [!] Tropfen). An Stelle des
Liquor Kalii arsenicosi kann der etwa fünfzehnmal schwächere Liquor Natrii arsenicici (Liquor arsenicalis Pearsonii) oder das Acidum
arsenicosum in Form der asiatischen Pillen (cf. das nächste Capitel)
angewendet werden. Der Gebrauch des Arsen ist nach vollständiger
Abheilung der Efflorescenzen noch fortzusetzen; jedenfalls muss dasselbe einige Monate genommen werden, da es das einzige Mittel ist,
durch welches wir, wenn auch nicht eine Verhütung, so doch eine
Abschwächung und Hinausschiebung der Recidive erhoffen dürfen.

DRITTES CAPITEL.

Lichen ruber.

HEBRA hat zuerst (1860) unter dem Namen *Lichen ruber* eine seltene und wegen des letalen Ausganges, den sämmtliche zuerst beobachteten Fälle nahmen, wichtige Hautkrankheit beschrieben. Spätere Beobachtungen haben gezeigt, dass zwei verschiedene Formen dieser Krankheit zu unterscheiden sind. *Lichen ruber acuminatus* (die ersten Fälle HEBRA's) und *Lichen ruber planus* (zuerst von WILSON, unabhängig von HEBRA, beschrieben).

1. **Lichen ruber acuminatus.** Es entstehen unregelmässig zerstreute derbe, conische Knötchen von rother oder rothbrauner Farbe, die sich alsbald an ihrer Spitze mit einem festen Epidermisschüppchen bedecken. Haben die Knötchen etwa Hanfkorngrösse erreicht, so tritt eine weitere Vergrösserung nicht ein, ebensowenig irgend eine andere Veränderung, etwa Bläschen- oder Pustelbildung, sondern die Knötchen persistiren als solche bis zu ihrer Involution. Zwischen den zuerst entstandenen Efflorescenzen treten im weiteren Verlauf immer neue Knötchen auf und zwar zeigen dieselben eine besondere Vorliebe für die Anordnung in Reihen, entsprechend den normalen Hautfurchen. Indem nun die Knötchen zunächst einer solchen Reihe zu einer erhabenen Leiste confluiren, weiterhin aber auch eine Anzahl solcher Leisten wieder unter sich verschmilzt, kommt es zur Bildung grösserer Infiltrate, an denen die einzelnen Knötchen als solche nicht mehr kenntlich sind, wohl aber noch die reihenförmige Anordnung deutlich sichtbar ist, wodurch nach HEBRA's treffendem Vergleich eine gewisse Aehnlichkeit mit Chagrinleder zu Stande kommt. Die in dieser Weise in toto infiltrirte Hautfläche ist rothbraun, mit spärlichen festen Schüppchen bedeckt und fühlt sich wegen ihrer Härte und der den ursprünglichen Knötchen und Leisten entsprechenden Hervorragungen wie ein Reibeisen an. Wird der weitere Verlauf der Krankheit nicht gestört, so werden immer mehr bis dahin freie Hautstellen ergriffen, während an den älteren Herden keine weitere Veränderung oder Rückbildung eintritt, und schliesslich kann die gesammte Hautdecke, ohne dass auch nur die geringste freie Stelle übrig bleibt, in den Bereich der Erkrankung gezogen werden, die Haut ist durch die starke Infiltration starr und unnachgiebig geworden und an den Beugestellen entstehen tiefe, schmerzhafte Einrisse. An den Flachhänden und Fusssohlen ist gewöhnlich

die Schuppung stärker und bilden hier die Schuppen grosse zusammenhängende Lamellen. Die *Nägel* sind in diesen hochgradigsten Fällen
stets verändert, die Nagelplatte ist verdickt, undurchsichtig und
brüchig, die *Haare* fallen aus. Auch auf der *Mund- und Zungen-
schleimhaut* zeigen sich Veränderungen in Gestalt weisslicher Knötchen
oder umfangreicherer Epithelauflagerungen mit geröthetem Rande.

2. **Lichen ruber planus.** Auf der normalen Haut treten kleinste,
nadelstichgrosse, farblose Pünktchen auf, die mit blossem Auge überhaupt nur durch ihren spiegelnden Glanz, besonders bei schräger
Beleuchtung erkennbar sind. Indem sich diese Pünktchen vergrössern,
werden sie zu kleinen, wenig erhabenen, runden oder polygonalen, hell-
gelblichen oder röthlichen Knötchen, die, ohne die geringste Spur von
Schuppung zu zeigen, in derselben Weise wie die ursprünglichen
Pünktchen glänzen, und da sie etwas durchscheinend sind, wie aus
Wachs bestehend erscheinen. Indem die einzelnen Knötchen sich
weiter, höchstens bis etwa Linsengrösse ausdehnen, nehmen sie eine
entschieden rothe Farbe an, werden aber nur selten so dunkel, wie
die Knötchen des Lichen ruber acuminatus, sondern zeigen meist
ein mehr rosarothes Colorit. Die Knötchen sind im ganzen nicht
regelmässig angeordnet, abgesehen von den gleich zu erwähnenden
Kreisbildungen; die reihenweise Anordnung, wie bei der anderen
Form, kommt zwar in den meisten Fällen hier und da vor, aber
keineswegs in allgemeinerer Ausbreitung. Sehr häufig tritt dagegen
eine Veränderung der Knötchen durch regressive Vorgänge ein. Sowie dieselben nämlich eine gewisse Grösse, etwa die eines Hanfkorns
erreicht haben, bildet sich im Centrum eine rundliche kleine Delle,
die anfänglich so aussieht, als ob sie von einem Stich mit einer feinen
Nadel herrührt, aber mit dem Wachsen des Knötchens an Grösse
zunimmt und auf deren Grunde die Haut nach einiger Zeit eine
braune oder graubraune Verfärbung zeigt. So kommt es zur Bildung
kleiner cocardenartiger Figuren mit dunklem Centrum und peripherischem, rothen glänzenden Wall. Schliesslich kommt es auch zur
Involution dieses äusseren Walles und Pigmentirung der Haut an
seiner Stelle, aber inzwischen haben sich an der äusseren Grenze
wieder frische Lichenknötchen entwickelt und indem weiterhin auch
diese mit Hinterlassung von Pigment sich involviren und am Rande
die Eruption fortschreitet kommt es zur Bildung runder oder rundlicher grösserer, zwanzigpfennigstück- bis thalergrosser Scheiben mit
dunkler centraler Partie und schmalem, aus einzelnen oder mit einander verschmolzenen Lichenknötchen bestehenden Saum. Die äussere

Contour der Efflorescenzen ist entsprechend dieser Entstehung aus einzelnen Knötchen zackig, „zahnradartig". In einzelnen Fällen zeigen die Knötchen keine Neigung zu centraler Rückbildung, sondern verschmelzen zu kleineren und grösseren meist unregelmässig gestalteten infiltrirten Platten, die in ausgezeichneter Weise den oben erwähnten chagrinlederartigen Zustand zeigen, und die nach aussen von einem Schwarm kleiner und kleinster glänzender Knötchen umgeben sind. Nach meiner Erfahrung ist grade diesen Fällen eine rasche Ausbreitung über grosse Strecken oder die ganze Körperoberfläche eigenthümlich. — In einem Falle beobachtete Kaposi eine Anreihung der Knötchen zu dicken, mit einander verflochtenen, korallenschnurartigen Strängen (Lichen ruber monileformis). — Bei der Involution der Knötchen tritt übrigens auch hier und da Abschuppung auf, aber nie in dem Masse, wie beim Lichen ruber. acuminatus. — Die ab und zu bei Lichen ruber, besonders an den Füssen, beobachteten Blasenbildungen gehören nicht zum eigentlichen Krankheitsbilde, sondern verdanken dem ausgiebigen Arsengebrauch ihren Ursprung.

Wenn auch die Knötchen des Lichen ruber planus im Beginn der Eruption in der Regel keine irgendwie regelmässige Anordnung erkennen lassen, so tritt doch bei weiterer Entwickelung gewöhnlich eine mehr oder weniger ausgesprochene *symmetrische Anordnung* und eine Prädilection für gewisse Stellen hervor. Am stärksten sind der Rumpf und die Beugeseiten der Extremitäten, besonders Ellenbogen- und Handgelenkbeuge, ferner die männlichen Genitalien ergriffen, weniger die Streckseiten, die Flachhände und Fusssohlen und das Gesicht, doch kommen besonders bei Fällen mit ausgebreiteter Eruption auch an diesen Stellen zahlreiche Efflorescenzen vor. Sind Flachhände und Fusssohlen ergriffen, so zeigen sich hier gewöhnlich nicht distincte Knötchen, sondern diffuse, rothe Infiltrate oder schwielenartige Verdickungen der Epidermis. Eine ebenfalls etwas abweichende Erscheinung zeigen die Knötchen an den Genitalien und den Handrücken, indem sie, ohne eigentlich zu schuppen, vielmehr einen Silber- oder Perlmutterglanz zeigen, nicht den Wachsglanz der durchscheinenderen Efflorescenzen der übrigen Hautpartien. An der Streckseite der Unterschenkel haben wir einige Male eigenthümliche, an der Oberfläche rauhe, etwa warzenartige Efflorescenzen bei Lichen planus beobachtet; in seltenen Fällen bilden sich an dieser Stelle umfangreiche Infiltrate von Thalergrösse und darüber, die das normale Hautniveau erheblich überragen und deren Oberfläche rauh, wie von kleinen Poren durchsetzt, siebartig

erscheint (verrucöse Form des Lichen ruber). Meistens finden sich
neben diesen warzigen Efflorescenzen an den Unterschenkeln gewöhnliche Licheneruptionen am übrigen Körper, dieselben können
aber auch als alleinige Krankheitserscheinungen auftreten. Jedenfalls leisten die verrucösen Efflorescenzen der gewöhnlichen Therapie
einen sehr hartnäckigen Widerstand und weichen erst einer mit der
Allgemeinbehandlung combinirten sehr energischen Localtherapie.
— Dann ist noch zu erwähnen, dass ganz in derselben Weise wie
bei Psoriasis an excoriirten oder sonstwie verletzten Stellen Lichenknötchen sich entwickeln, genau entsprechend der Form und Ausdehnung der Hautverletzung, welche letztere also in diesen Fällen
als die occasionelle Ursache für das Auftreten der Knötchen gerade
an diesen Stellen anzusehen ist. — Eine derartige allgemeine Ausbreitung über die ganze Körperoberfläche, wie beim Lichen ruber acuminatus, ist beim Lichen ruber planus jedenfalls selten. — Auch bei
Lichen planus kommen *Schleimhautaffectionen* vor, einzelne weissliche Knötchen, grössere, sich rauh anfühlende Plaques, die z. B.
einen grossen Theil der Zungenoberfläche in continuo einnehmen
können, und manchmal, wie es scheint bei der Rückbildung der
Affection, eigenthümliche netzwerkartig angeordnete graue Streifen.

Beiden Formen gemeinsam ist ein wichtiges *subjektives Symptom*,
das *Juckgefühl*, welches in manchen Fällen schwächer, in anderen
stärker ist, manchmal sogar anhaltende Schlaflosigkeit bewirken
kann und häufig zum Zerkratzen der Efflorescenzen führt, die sich
demgemäss mit kleinen Blutbörkchen bedecken. Sind Infiltrate der
Fusssohlen vorhanden, so ist gewöhnlich das Auftreten schmerzhaft,
auch die Schleimhautinfiltrate verursachen manchmal Schmerzen. —
In vielen Fällen finden sich *Anschwellungen verschiedener Lymphdrüsen*, so der Inguinaldrüsen, die wohl ebenso, wie die Prurigobubonen, auf die durch das Kratzen hervorgerufenen Verletzungen
zurückzuführen sind.

Dass diese in mancher Hinsicht verschiedenen Formen wirklich
derselben Krankheit angehören, zeigen neben anderen Thatsachen
vor allen Dingen jene Fälle, die gewissermassen Mittelglieder darstellen, bei denen auf einzelnen Stellen des Körpers Efflorescenzen,
entsprechend dem Lichen ruber acuminatus, auf anderen Stellen
solche nach dem Typus des Lichen ruber planus sich vorfinden.

Der **Verlauf** beider Formen ist ein chronischer, denn wenn auch
besonders im Beginn die Ausbreitung der Efflorescenzen oft in einer
mehr acuten Weise stattfindet, so erstreckt sich der weitere Verlauf

doch stets über eine Reihe von Monaten und, wenn die Therapie nicht dazwischentritt, von Jahren. Während nun im Beginn der Erkrankung, abgesehen etwa von der durch das Jucken hervorgerufenen Schlaflosigkeit, keine Störung des Allgemeinbefindens eintritt, so macht sich bei dem Lichen ruber acuminatus bei der Ausbreitung der Erkrankung über einen erheblichen Theil der Körperoberfläche ein Einfluss auf dasselbe geltend, indem eine immer mehr zunehmende *Abmagerung* sich einstellt, die schliesslich, wenn die gesammte Hautdecke ergriffen ist, zu dem hochgradigsten *Marasmus* und, ohne dass eine bestimmte Erkrankung innerer Organe hinzuzutreten braucht, zum *Tode* führt. — Bei Lichen planus sind derartig schwere Erscheinungen nur selten beobachtet, und zwar in den Fällen von universeller oder fast universeller Ausbreitung. In der Mehrzahl der Fälle wird eine directe Störung der allgemeinen Gesundheit nicht beobachtet und nicht selten sehen wir Fälle von Lichen ruber planus, welche jahrelang nicht oder nicht richtig behandelt werden und bei denen das Exanthem an der einen Stelle spontan in Resorption übergeht, um an anderen Punkten wieder aufzutreten, ohne dass üble Folgen für den Organismus sich einstellen.

Die **Prognose** würde daher bei Lichen acuminatus und bei den schweren Fällen von Lichen planus eine schlechte oder jedenfalls sehr zweifelhafte sein — die nicht behandelten 14 ersten Fälle Hebra's gingen sämmtlich zu Grunde —, wenn wir nicht durch die von Hebra angegebene Therapie in der Lage wären, einen jeden Fall von Lichen ruber acuminatus sowohl wie planus mit vollster Sicherheit zu heilen, abgesehen von den Fällen, die in den letzten Stadien, schon im Zustande des höchsten Marasmus erst in Behandlung kommen. In diesen Fällen kann der ungünstige Ausgang eintreten, ehe es möglich war, die Wirkung der Medication zur Entfaltung zu bringen. Im Uebrigen ist die Prognose also bei richtiger Behandlung stets eine absolut gute. Nur in sehr seltenen Fällen sind nach Abheilung Recidive beobachtet.

Die **Diagnose** ist eigentlich nur schwierig durch die Seltenheit der Affection und die dadurch bedingte Unbekanntschaft vieler Aerzte mit den an und für sich ausserordentlich charakteristischen Symptomen der Krankheit. Wirkliche diagnostische Schwierigkeiten machen eigentlich nur jene seltenen Fälle von allgemeiner Ausbreitung des Lichen ruber acuminatus, bei denen nirgends eine freie Stelle geblieben ist. Denn ist das letztere, bei sonst fast allgemeiner Ausbreitung, der Fall, so finden sich stets am Rande der confluirenden

Infiltrate in die normale Haut einzelne Lichenknötchen mit ihren charakteristischen Eigenschaften und in der oben geschilderten typischen Anordnung eingesprengt. In jenen ersterwähnten Fällen wäre zunächst eine Verwechselung mit einer *Psoriasis universalis* möglich. Einmal aber kommt eine solche Ausbreitung bei Psoriasis nur äusserst selten vor, selbst bei den ausgebreitetsten Fällen finden sich gewöhnlich noch einzelne freie Hautinseln, und dann sind allerdings die anamnestischen Angaben über den Verlauf von grosser Bedeutung. Während Lichen ruber acuminatus ohne zeitweilige Unterbrechungen in stetig zunehmender Weise die Hautdecke überzieht, kommen bei Psoriasis im Laufe mehrerer Jahre stets Schwankungen, theilweise Abheilungen, andererseits wieder Exacerbationen vor. Bei über den ganzen Körper ausgebreiteten *Eczemen* finden sich stets hier und da nässende Stellen, die eine Verwechselung unmöglich machen, bei einer anderen mit Röthung und Schuppung der gesammten Haut einhergehenden Erkrankung, der *Pityriasis rubra*, fehlt die beim Lichen stets beträchtliche Infiltration. Demgegenüber machen die Fälle von Lichen ruber planus und von nicht allgemeinem Lichen ruber acuminatus in Folge der ausserordentlich charakteristischen Merkmale der einzelnen Efflorescenzen eigentlich keine diagnostischen Schwierigkeiten. Lichen planus könnte mit *Lichen scrophulosorum* und dem *kleinpapulösen Syphilid* verwechselt werden. Doch zeigen bei ersterer Krankheit die in rundlichen Gruppen oder in Kreisen angeordneten Knötchen meist eine leichte Schuppung, bei dem Syphilid kommen manchmal an einzelnen Stellen auch grössere Papeln vor, im Uebrigen sind alle Papeln annähernd gleich gross, es fehlen die verschiedenen Entwickelungsstufen von dem punktförmigen Anfang bis zur ausgebildeten Papel, es fehlt ferner — abgesehen von seltenen Ausnahmen — der Juckreiz. Beiden Krankheiten fehlen vollständig die beim Lichen so ausserordentlich charakteristischen centralen Depressionen und Pigmentirungen, bei peripherischem Weiterschreiten der Knötcheneruptionen. Auch die Farbe der Efflorescenzen ist von Wichtigkeit, indem die Knötchen des Lichen ruber meist eine entschiedener rothe Farbe gegenüber der mehr braunen Färbung des Syphilids und der viel matteren Farbe der Knötchen des Lichen scrophulosorum zeigen. Die oben erwähnten ringförmigen Efflorescenzen mit pigmentirtem Centrum haben grosse Aehnlichkeit mit den Ringen des *circinären papulösen Syphilides*, doch macht in der Regel die Berücksichtigung der Localisation und das Vorhandensein jüngerer Lichenefflorescenzen die Unterscheidung möglich. Wenn aller-

dings die Licheneruption auf die Genitalien beschränkt ist, kann die
Entscheidung recht schwierig sein und die sorgfältigste Untersuchung
auf anderweite Syphilissymptome nöthig machen. — Bei Ergriffensein der Mundschleimhaut ist die Verwechselung mit Syphilis natürlich noch leichter möglich, doch unterscheidet sich der Lichen ruber
der Schleimhaut von den Plaques opalines durch das Vorhandensein
einzelner kleiner Knötchen, durch unregelmässigere Begrenzung der
Lichenplaques gegenüber den rundlichen Formen der syphilitischen
Infiltrate, und durch die geringe Neigung zur Bildung von Erosionen.

Die **anatomischen Untersuchungen** haben bisher keine Erklärung für
die Pathogenese der Krankheit zu erbringen vermocht und ich übergehe
daher die Mittheilung der verschiedenen, übrigens keineswegs übereinstim-
menden Angaben.

Die **Aetiologie** des Lichen ruber ist vor der Hand noch völlig
unaufgeklärt. Meist werden Individuen in den mittleren Jahren,
zwischen dem 20. und 50. Lebensjahr, befallen, doch kommt auch in
jüngeren Jahren die Erkrankung vor, Kaposi hat sogar einen Fall
bei einem 8 monatlichen Kinde beobachtet; nach den statistischen Zu-
sammenstellungen kommen etwa 2/3 der Erkrankungen auf das männliche, 1/3 auf das weibliche Geschlecht. Bemerkenswerth ist, dass der
Lichen ruber häufiger bei besser situirten, als bei armen Leuten
vorkommt. — Ebenso fehlt uns jeder Anhaltspunkt für das Verständniss der Ursachen, aus denen im einen Falle die schwere Form (Lichen
acuminatus), im anderen die leichtere (Lichen planus) zur Entwickelung kommt. Bezüglich der relativen Häufigkeit der beiden Formen
stimmt die Mehrzahl der Beobachter dahin überein, dass der Lichen
planus bei weitem häufiger vorkommt, und auch meine eigenen Erfahrungen bestätigen dieses Verhalten in vollem Masse; bei uns in
Deutschland gehört der Lichen ruber acuminatus jedenfalls zu den
allergrössten Seltenheiten.

Die durch Hebra eingeführte **Behandlung** besteht in der inneren
Darreichung von *Arsenik* (Acid. arsenicosum), doch müssen, um die
Heilung sicher zu erzielen, einmal hohe Dosen gegeben werden und
zweitens muss der Gebrauch des Mittels hinreichend lange fortgesetzt
werden. Am bequemsten geschieht die Darreichung in Form der *asia-
tischen Pillen* (Acid. arsenicos. 0,5 [!], Pip. nig. 5,0, Pulv. Liquir. 3,0,
Mucil. Gumm. q. s. ad pil. No. 100). Um zu der erforderlichen hohen
Dosis zu gelangen, ist eine allmälige Steigerung nothwendig, in der
Weise, dass die erste Woche 2 Pillen (z. B. nach obiger Vorschrift
à 5 Mgr. Acid. arsen.) täglich genommen werden, die zweite Woche 3

und so fort jede Woche um eine Pille steigend, zunächst bis zu der
Anzahl von 6 Pillen (0,03 Acid. arsen.). Die Pillen werden jedesmal
unmittelbar nach der Mahlzeit genommen und die tägliche Dosis am
besten auf 2 oder 3 Zeiten vertheilt, so dass z. B. von der fünften
Woche an 2 mal 3 oder 3 mal 2 Pillen genommen werden. In der Regel
treten bei dieser Anwendungsart keine unangenehmen Nebenwirkungen
auf, höchstens dass die Kranken ab und zu über leichte Magenschmer-
zen und über Beschleunigung des Stuhls klagen. Die Wirkung auf
den Ausschlag zeigt sich in der Regel nicht vor Ablauf der ersten
4 bis 6 Wochen, im Gegentheil, in dieser Frist kommt häufig noch
eine Vermehrung der Licheneruptionen zu Stande. Dann aber beginnen
in der Mehrzahl der Fälle die Knötchen und Infiltrate Erscheinungen
der Rückbildung zu zeigen, indem sie flacher werden und weniger
derb erscheinen. Immerhin kommen auch zu dieser Zeit noch einzelne
frische Nachschübe vor. Während die Knötchen weiter sich abflachen,
nehmen sie ein heller oder dunkler braunes Colorit an und verschwinden schliesslich ganz mit Hinterlassung pigmentirter Stellen, welche
manchmal längere Zeit persistiren. Wie lange Zeit die vollständige
Resorption der Efflorescenzen erfordert, ist je nach der Ausbreitung
der Eruption in den einzelnen Fällen sehr verschieden, in den weniger
ausgebreiteten Fällen ist dieselbe schon nach 3—4 Monaten erfolgt,
in anderen Fällen allgemeiner Eruption kann ein Jahr und mehr
darüber vergehen. Stets soll das Arsen nach der vollständigen Resorption noch 1—2 Monate gegeben werden und dann ebenso allmälig,
wie beim Beginn der Behandlung die Steigerung, auch jetzt die Ver-
ringerung der Dosis bis zum gänzlichen Aufhören der Medication
geschehen. In besonders hartnäckigen Fällen kann mit der Tages-
dosis bis 0,04 und 0,05 gestiegen werden, ohne dass, wenn dies vorsichtig geschieht, Intoxicationserscheinungen zu befürchten sind.[1])
Treten dieselben aber trotzdem auf, fangen die Patienten an, über
Trockenheit im Halse, über Magenbeschwerden und stärkeren Durchfall zu klagen, so soll die Arsendarreichung nicht plötzlich unter-
brochen werden, sondern die Dosis ist allmälig zu verringern, da
eine vollständige Gewöhnung des Körpers an das Medicament eintritt, ähnlich etwa wie bei Morphiumgebrauch. Allerdings habe ich
in einigen Fällen, in denen die Patienten aus eigenem Antriebe die
Medication plötzlich unterbrachen, üble Folgen hiernach nicht ein-

---

1) Ich habe einen Patienten beobachtet, bei dem die tägliche Dosis allmälig
bis 0,09 gesteigert war und bei dem nach mehrwöchentlichem Gebrauch dieser
Dosis allerdings leichte Intoxicationserscheinungen auftraten.

treten sehen. — Die bei lange fortgesetztem Arsengebrauch manchmal auftretenden *Arznei-Exantheme* sollen in einem späteren Capitel
angeführt werden; hier ist noch die nicht selten auftretende diffuse
oder fleckweise Pigmentirung und die Exfoliation der Oberhaut, besonders an den Flachhänden und Fusssohlen, zu erwähnen (ROMBERG).
— Durch *subcutane Einspritzung von Solutio Fowleri* ist nach dem
Verbrauch verhältnissmässig sehr geringer Mengen des Mittels und
nach viel kürzerer Zeit Heilung beobachtet worden (KÖBNER). — Bei
heftigem Juckreiz ist es nothwendig, im Beginn der Behandlung,
ehe die Arsenwirkung hervortritt, äusserlich *Carbol- oder Thymol-
lösungen* oder ähnliche Mittel, welche das Jucken lindern, anzuwenden; später verschwindet der Juckreiz unter der Einwirkung des
Arsens vollständig. — Bei sehr festen Infiltraten, so bei den schwie-
ligen Efflorescenzen auf den Flachhänden und Fusssohlen und den
derben und hochragenden Infiltraten an den Unterschenkeln lässt
sich die Resorption durch Auflegen von *Salicylguttaperchapflaster-
mull* (10 %) beschleunigen. — Auch *warme Douchen* sind empfohlen
worden (JACQUET).

<hr>

VIERTES CAPITEL.
Lichen scrophulosorum.

Der **Lichen scrophulosorum** ist durch das Auftreten kleiner, höchstens hanfkorngrosser, oft aber nur punktförmiger Knötchen charakterisirt, die entweder in ihrer Farbe von der normalen Haut sich
nicht unterscheiden, oder hell gelblichbraun oder röthlich gefärbt
sind und theils einen leichten Glanz, theils eine unbedeutende oberflächliche Abschuppung zeigen. Diese Knötchen sind stets entweder
in rundlichen Gruppen bis zu mehreren Centimetern im Durchmesser
oder in oft auffallend regelmässigen Kreisen angeordnet. In einer
Reihe von Fällen lässt sich constatiren, dass ein jedes Knötchen im
Beginn der Entwickelung einem vergrösserten Follikel entspricht,
so dass die Knötchen an und für sich völlig denen des Lichen pilaris
gleichen. Die Knötchengruppen kommen am häufigsten auf dem Stamm,
seltener im Gesicht und auf den Extremitäten vor. Ausser einer
mässigen, oberflächlichen Abschuppung treten in dem weiteren, sehr
trägen Verlauf bis zur Involution keine Veränderungen der Knötchen
ein. Im Gesicht und auf den Handrücken und Vorderarmen kommen
manchmal gleichzeitig acneartige Efflorescenzen mit lividem Hof
vor. — Subjective Empfindungen werden durch das Exanthem nicht

hervorgerufen, ausser einem ab und zu auftretenden, ganz unbedeutenden Juckreiz. — Der **Verlauf** ist ein sehr chronischer, die Knötchen
können monatelang bestehen, ohne spontan resorbirt zu werden.

In fast allen Fällen finden sich gleichzeitig mit diesem Exanthem deutliche Zeichen der *Scrophulose*. Schwellungen und Vereiterungen von Drüsen, oder die von diesen zurückgebliebenen Narben,
scrophulöse Augen- oder Knochenerkrankungen u. dgl., so dass hieraus mit Sicherheit geschlossen werden kann, dass die scrophulöse
Diathese das wichtigste **ätiologische Moment** dieser Hauterkrankung
ist. In den wenigen Fällen, wo sichere Anzeichen der Scrophulose
fehlen, weisen manchmal langdauernde Lungenaffectionen auf jedenfalls
ähnliche ätiologische Verhältnisse hin. Hiermit steht nun auch im Zusammenhang, dass der Lichen scrophulosorum fast ausschliesslich bei
Kindern und jugendlichen Personen, sehr selten jenseits der zwanziger Jahre auftritt, also gerade in dem Alter, welchem so recht
eigentlich die scrophulösen Erkrankungen angehören. Immerhin müssen
noch andere, uns unbekannte ätiologische Momente vorhanden sein,
da der Lichen scrophulosorum trotz der grossen Häufigkeit der Scrophulose eine nur sehr selten vorkommende Hautkrankheit ist.

Die **anatomische Untersuchung** hat übereinstimmend mit den klinischen
Erscheinungen in der That eine wesentlich um die Follikel stattfindende
Infiltration nachgewiesen. — Diese Zellenanhäufungen zeigen, auch durch
das Vorhandensein von Riesenzellen, eine gewisse Aehnlichkeit mit miliaren
Tuberkelknötchen, aber die ohne jede eingreifende Behandlung in kurzer Zeit
erfolgende Heilung und das constante Fehlen jeder tieferen Gewebsstörung
und Narbenbildung lassen sich nicht mit der Auffassung in Einklang bringen,
dass der Lichen scrophulosorum eine wirkliche Tuberculose der Haut sei.

Die **Diagnose** ist im Ganzen leicht, nur die Seltenheit der Krankheit und die daraus resultirende Unbekanntschaft mit den Symptomen
kann sie schwierig machen. Vor Verwechselung mit *Lichen pilaris*
schützt das Auftreten der Knötchen in rundlichen Gruppen oder
Kreisen meist am Stamm, während bei jener Krankheit die Knötchen
ohne regelmässige Anordnung vorzugsweise auf den Streckseiten der
Extremitäten sich vorfinden. Bei dem *kleinpapulösen Syphilid*, welches
überdies doch nur ausnahmsweise bei so jugendlichen Personen zur
Beobachtung kommen dürfte, finden sich manchmal an einzelnen Stellen
auch grössere Papeln — sonst kann allerdings unter Umständen die
Aehnlichkeit des Exanthems an sich eine sehr grosse sein —, jedenfalls aber wird mit Berücksichtigung der concomitirenden Erscheinungen einerseits der Syphilis, andererseits der Scrophulose die Unterscheidung kaum erhebliche Schwierigkeiten machen. *Lichen ruber.*

sowohl *acuminatus* wie *planus*, unterscheidet sich hinlänglich durch die charakteristischen Eigenschaften des Exanthems.

Die **Prognose** ist, abgesehen natürlich von der Prognose der Scrophulose im Allgemeinen und nur mit Bezug auf den Ausschlag, eine gute, denn bei geeigneter **Behandlung,** die in der Ueberführung in gute hygienische und diätetische Verhältnisse, falls solche nöthig ist, und in der inneren Darreichung des Leberthrans besteht, am besten in Verbindung mit gleichzeitigen regelmässigen Einreibungen der Haut mit demselben Mittel, tritt stets nach einer Reihe von Wochen eine vollständige Resorption des Ausschlages ein.

FÜNFTES CAPITEL.

Pityriasis rubra.

Hebra hat zuerst das Bild dieser ganz ausserordentlich seltenen Krankheit gezeichnet. Bei den in frühen Stadien zu Beobachtung gekommenen Fällen beginnt an umschriebenen Stellen, an den Gelenkbeugen oder auch an anderen Punkten die Haut sich zu röthen und mässig abzuschuppen, so dass diese Stellen sehr grosse Aehnlichkeit mit einem chronischen trockenen Eczem haben, abgesehen von dem Fehlen der Hautinfiltration bei Pityriasis. Allmälig breiten sich diese schuppenden Flächen weiter aus und überziehen grosse Körperstrecken oder die ganze Hautoberfläche. Nach längerem Bestande tritt eine weitere Veränderung der Haut hinzu, nämlich eine *Atrophie*, in Folge deren die Haut dünn, glänzend und straff gespannt erscheint. Ihre Farbe ist lebhaft roth, an den Unterextremitäten livideroth und in Folge der Dünnheit der Haut scheinen kleinere und grössere Gefässe überall mit grösster Deutlichkeit durch. In Folge der Spannung kommt es zu *schmerzhaften Rhagadenbildungen* an den Gelenken, ja es sind umschriebene *Gangränescirungen* der Haut beobachtet. — Anfänglich empfinden die Kranken nur mässiges Jucken, später kommen in Folge der Spannung Functionsbehinderungen der Glieder hinzu. Die Krankheit verläuft zunächst fieberlos und anfänglich leidet auch das Allgemeinbefinden in keiner Weise. Später aber tritt *allgemeine Abmagerung* ein und unter einem sich immer steigernden *Marasmus* gehen die Kranken nach jahrelanger Dauer des Leidens zu Grunde, welcher Ausgang oft durch intercurrente Erkrankungen beschleunigt wird. In einzelnen Fällen kann indessen auch Heilung eintreten (Kaposi, Jadassohn).

Die **Diagnose** ist stets schwierig, da die Pityriasis rubra wenig charakteristische Symptome zeigt. Anfänglich macht nur die Unterscheidung von *chronischem Eczem* Schwierigkeiten, später aber bei Ausbreitung über den ganzen Körper oder den grössten Theil desselben ist eine Verwechselung mit den universell ausgebreiteten Formen des *Eczems*, des *Lichen ruber* und der *Psoriasis* möglich. Abgesehen von dem Fehlen der für diese Krankheiten typischen Erscheinungen, dem wenigstens stellenweise auftretenden Nässen bei Eczem, den charakteristischen Einzelefflorescenzen bei den beiden anderen Krankheiten, die sich in der Regel auf kleinen, von dem allgemeinen Erkrankungsprocess noch verschonten Hautstellen erkennen lassen, ist hier das Hauptgewicht auf den *Mangel einer Infiltration* oder die im Gegentheil vorhandene *Atrophie der Haut* mit deutlich durchscheinenden Venen zu legen, während bei jenen Krankheiten die Haut stets infiltrirt, verdickt ist.

Weder die *klinischen Erscheinungen* noch die *anatomischen Untersuchungen* haben über die **Aetiologie** dieses seltenen Leidens bisher einen Aufschluss zu bringen vermocht. Es ist hier lediglich anzuführen, dass bei weitem die Mehrzahl der Erkrankten dem männlichen Geschlecht und den mittleren Jahren angehörte. — Auch die **Therapie** muss sich leider nach unseren heutigen Kenntnissen auf eine *symptomatische Behandlung*, Linderung der subjectiven Beschwerden der Kranken durch Anwendung lauwarmer Bäder und indifferenter Salben beschränken. KAPOSI hat in einem Fall unter dem internen Gebrauch der *Carbolsäure* Heilung eintreten sehen.

Als *Pityriasis pilaris* ist zuerst von DEVERGIE eine Affection der Haut beschrieben worden, deren Eigenartigkeit nach den neueren Arbeiten, ganz besonders von C. BOECK und BESNIER, nicht mehr angezweifelt werden kann. Der letzterwähnte Autor hat auch in zweckmässiger Weise die ursprüngliche Benennung der Krankheit erweitert, indem er sie **Pityriasis rubra pilaris** nannte. — Wenn auch eine gewisse Aehnlichkeit einzelner Symptome mit den Erscheinungen des *Lichen ruber acuminatus* nicht in Abrede gestellt werden kann, so handelt es sich auch nach unserer Meinung sicher um zwei verschiedene Krankheiten, die nicht identificirt werden dürfen.

Nach BESNIER lassen sich drei Gruppen von Symptomen unterscheiden. Das am meisten charakteristische Symptom der Krankheit sind kleine, stets von den Hautfollikeln ausgehende Verhornungen — erste Gruppe BESNIER's —, welche zur Bildung kleiner, harter

spitzer oder flacher Erhabenheiten führen, die, wenn sie reichlich auftreten, einen reibeisenartigen Zustand der Haut hervorrufen. Dieselben entsprechen stets den Follikeln, sind weiss oder grau, seltener
röthlich oder bräunlich, sie sind oft von einem Haar durchbohrt, welches
ganz kurz abgebrochen ist und so einen kleinen centralen dunklen
Punkt bildet. Manchmal confluiren die einander benachbarten Hornbildungen zu grösseren Schuppen, an denen aber mit der Loupe die
Centren der einzelnen Herde deutlich kenntlich sind. Diese kleinen
Hornbildungen treten meist symmetrisch auf, befallen mit besonderer
Vorliebe die Streckseiten der Extremitäten, zumal der Vorderarme,
der Hände und der ersten Phalangen, können aber am ganzen Körper
vorkommen mit Ausnahme des behaarten Kopfes. Auch auf Flachhänden und Fusssohlen kommen sie nach BESNIER vor, wenn auch
nur selten und vorübergehend, hier entsprechen sie den Mündungen
der Schweissdrüsen.

Das zweite Symptom ist eine *Abschuppung der Haut,* die theils
kleienförmig ist (Pityriasis im früheren Sinne des Wortes), theils zur
Bildung grösserer Schuppenmengen führt, so auf dem behaarten Kopf
oder — auf den Flachhänden und Fusssohlen — zusammenhängende,
lamellöse Auflagerungen bildet. Manchmal sind die erkrankten Hautstellen mit einem dünnen, weisslichen, gypsartigen Ueberzug bedeckt.

Das dritte Symptom endlich ist die *Hyperämie, Röthung der Haut,*
welche anfänglich an die Umgebung der einzelnen Hornbildungen gebunden, im weiteren Verlauf mit der Ausbreitung dieser auch grössere
Strecken überzieht und schliesslich zu einer Röthung und mässigen
Infiltration der Haut ganzer Körperregionen und der ganzen Körperoberfläche führen kann.

Die *Haare* bleiben in manchen Fällen intact oder zeigen sogar
ein gesteigertes Wachsthum, in anderen tritt mehr oder weniger starke
Alopecie ein. — Die *Nägel* zeigen longitudinale oder transversale
Furchen oder werden durch Bildung lockerer Hornmassen emporgehoben.

Das klinische Bild der Krankheit in den einzelnen Fällen ist
ein sehr wechselndes, je nach dem Vorwiegen des einen oder des
anderen dieser Symptome, jedenfalls dürften aber die folliculären
Hornbildungen und die Abschuppung als die constantesten Symptome
anzusehen sein.

Die *subjectiven Symptome* bestehen in Hautjucken, das in einzelnen Fällen sehr unbedeutend, in anderen sehr heftig sein kann,
und einer gewissen Empfindlichkeit der Haut gegen Berührungen.

die sich besonders an Händen und Füssen manchmal bis zu intensiver Schmerzhaftigkeit steigert. — Das *Allgemeinbefinden* leidet direct niemals, welcher Umstand sehr für die Selbständigkeit des Leidens gegenüber dem Lichen ruber acuminatus spricht; nur in den Fällen mit starkem Pruritus wird es durch diesen natürlich beeinträchtigt.

Die Krankheit kann in jedem Lebensalter auftreten, beginnt aber gewöhnlich im kindlichen oder jugendlichen Alter; sie ist häufiger beim männlichen Geschlecht, als beim weiblichen beobachtet.

Der **Verlauf** der Pityriasis rubra pilaris ähnelt in mancher Hinsicht dem der Psoriasis. Meist beginnt die Erkrankung an einzelnen circumscripten Stellen, am häufigsten im Gesicht oder an den Händen. um sich dann später in subacuter oder auch mehr chronischer Weise über grössere Strecken oder den ganzen Körper auszubreiten. Auf diesem Höhestadium verharrt die Krankheit dann stets längere Zeit. Monate und selbst Jahre, um dann allmälig zu verschwinden. Aber von einer definitiven Heilung kann eigentlich nicht die Rede sein. in der Regel tritt nach längerer oder kürzerer Zwischenzeit ein Recidiv auf.

Die **Aetiologie** ist noch völlig unaufgeklärt und auch die **Therapie** lässt noch zu wünschen übrig. Während Besnier sich über die Erfolge der inneren Behandlung (Arsen, Leberthran) mit grosser Reserve ausspricht, berichtet C. Boeck über einen günstigen Erfolg nach längerem *Arsengebrauch*. Auch ich habe in zwei ganz typischen Fällen eine entschieden günstige Beeinflussung der Krankheit durch lange fortgesetzten Gebrauch von Arsen in hohen Dosen beobachtet. doch warnt Besnier vielleicht nicht mit Unrecht vor einer zu raschen Schlussfolgerung in dieser Richtung bei einer Krankheit, die unter Umständen auch spontan abheilt. — Aeusserlich sind im acuteren Stadium *indifferente Salben* und *warme Bäder*, später *Salicylsäure, Schwefel, Theer* in geeigneter Form anzuwenden. In einem Fall habe ich Schwefelbäder mit ganz gutem Erfolg angewendet. Bei starkem Pruritus sind *Carbolsäure, Thymol* oder *Menthol* in Lösungen oder Salben anzuwenden.

SECHSTES CAPITEL.

Prurigo.

Die **Prurigo** *(Juckblattern)* beginnt fast ausnahmslos in frühester Kindheit, in der Regel *im Laufe des zweiten Lebensjahres*. Die ersten Erscheinungen bestehen lediglich in fort und fort sich wiederholenden

Eruptionen von *Urticariaquaddeln* und den durch das hiermit verbundene Jucken veranlassten *Kratzeffecten*. Sind schon diese unauf-
hörlichen Urticaria-Eruptionen an und für sich auffallend, so beginnt
nach gewisser Zeit, nach einigen Monaten auch bereits eine *bestimmte
Localisation* der Quaddeln und der Kratzeffecte bemerkbar zu werden,
die ganz der Localisation der späteren, typischen Prurigo-Erschei-
nungen entspricht, und allmälig stellen sich, immer deutlicher werdend,
die für die Prurigo charakteristischen Symptome ein.

Das erste Symptom ist das eigentliche *Prurigo-Exanthem*, welches
aus *kleinen, stecknadelkopfgrossen, blassen oder blassrothen Knötchen*
besteht, die nur wenig über das normale Hautniveau hervorragen
und sich besonders durch die Erregung *heftigen Juckens* auszeichnen.
Die Folge hiervon ist, dass die Knötchen bald nach ihrem Entstehen
zerkratzt werden und sich daher an ihrer Spitze mit einem Blutbörkchen bedeckt zeigen. Aber immer und immer wieder bilden sich
neue Knötchen, die ebenfalls nach kurzem Bestande stets wieder zerkratzt werden. Die Prurigoknötchen stellen sowohl ihrer Erscheinung
wie dem anatomischen Befunde nach nichts als kleinste Urticariaquaddeln dar und in der That lässt sich der allmälige Uebergang der
anfänglichen Quaddeln zu den Prurigoknötchen beobachten (RIEHL).

Diese Knötcheneruptionen und demgemäss auch deren Folgeerscheinungen, von denen bisher nur die Kratzeffecte erwähnt sind,
zeigen eine sehr ausgesprochene Neigung zu einer ganz bestimmten
Localisation, indem stets zuerst und am stärksten die *Streckseiten der
Unterextremitäten*, besonders der *Unterschenkel*, die *Kreuzbeingegend*
und die Haut der *Nates*, in geringerem Grade die *Streckseiten der
Arme* und die *seitlichen und vorderen Partien des Abdomen* befallen
werden. Das *Gesicht*, die *Knie- und Ellenbogenbeugen* bleiben dagegen
stets frei.

Im weiteren Verlaufe treten eine Reihe von *Folgeerscheinungen*
auf, die in ihrer Gesammtheit das Bild der Prurigo erst zu einem
recht charakteristischen machen. Zunächst sind hier die *Pigmentirungen* zu nennen, die überall da zurückbleiben, wo durch das
Kratzen ein kleines Blutextravasat im Corium hervorgerufen war,
welches sich nach gewisser Zeit in einen kleinen Pigmentherd oder
in eine kleine Narbe mit pigmentirter Umgebung umwandelt. Da nun
die Kratzeffecte sich immer an denselben, vorhin genannten Stellen
wiederholen, so nehmen diese eine allmälig immer dunkler werdende
Färbung an, während die verschonten Theile, die Beugen und das
Gesicht, ihre normale Farbe behalten, ja das letztere sich gewöhnlich

durch eine blasse, fahle Färbung auszeichnet. In den schwersten Pru-
rigofällen wird die Haut fast des ganzen Körpers tief braun pigmentirt.

Eine zweite Folgeerscheinung sind die *Anschwellungen der Lymphdrüsen*, die *Prurigobubonen*, die schon in den ersten Jahren der Krankheit sich zu entwickeln beginnen, aber erst nach einem mehrjährigen
Bestande zu beträchtlicher Ausdehnung gelangen. Die Entstehung
derselben beruht darauf, dass in die Excoriationen fort und fort Infectionskeime von aussen hineingelangen, die von den Lymphbahnen
aufgenommen, bis zu den nächstgelegenen Lymphdrüsen transportirt
werden und hier Entzündungszustände hervorrufen. Es scheint dies
nur selten in acuter Weise vor sich zu gehen, wenigstens gehört die
Vereiterung der Prurigobubonen zu den Ausnahmen, gewöhnlich findet
eine langsame, schmerzlose Vergrösserung der Drüsen statt, die in
den hochgradigsten Fällen die Drüsen zu *faustgrossen Tumoren* anschwellen lassen kann. Da die Unterextremitäten fast stets am intensivsten ergriffen sind, so zeigen selbstverständlich die *Inguinaldrüsen*, besonders aber die unterhalb der eigentlichen Inguinaldrüsen
gelegenen Schenkeldrüsen diese Veränderung am stärksten, doch
schwellen auch die Axillardrüsen, wenn auch in geringerem Grade, an.

Eine weitere Folge der sich immer wieder an verschiedenen
Punkten derselben Territorien abspielenden, durch das Kratzen hervorgerufenen circumscripten Entzündungsvorgänge ist eine allmälig
zunehmende *Infiltration und Verdickung der Haut,* die an den Unterschenkeln stets am stärksten ist und hier das Aufheben einer Falte
beinahe oder völlig unmöglich macht; in absteigender Reihe sind
dann Oberschenkel und Arme von dieser Veränderung ergriffen. An
den Streckseiten der Gelenke zeigt sich diese Hautverdickung in
einer sehr erheblichen *Vertiefung der normalen Hautfurchen,* die
besonders am Knie- und Fussgelenk hervortritt. — Auch von diesen
Veränderungen bleiben dagegen die Knie- und Ellenbogenbeugen frei,
deren Haut auch in hochgradigen und lange bestehenden Prurigo-
fällen stets weich und von normaler Dicke bleibt.

Die durch das Kratzen bedingte *oberflächliche, kleienförmige Abschilferung* der verdickten Hautpartien und das *Fehlen der Lanugohärchen,* die meistens dicht über dem Austritt aus der Haut durch
die kratzenden Nägel abgebrochen werden, vervollständigen das ausserordentlich charakteristische Krankheitsbild.

Während die bisher geschilderten Veränderungen nothwendige
und regelmässige Begleiterscheinungen bilden, treten andere Erscheinungen nur in manchen Fällen oder nur zeitweise auf, so vor Allem

das *Eczem*, welches sich, wie zu allen chronischen juckenden Krankheiten, so auch zur Prurigo gesellen kann. Es sind gewöhnlich nässende und borkenbildende Eczemformen, die nicht nur an den Prädilectionsstellen der Prurigo auftreten, sondern auch auf die von der Prurigo verschonten Gebiete, auf Gesicht und Gelenkbeugen übergreifen können. Als seltenere Complication ist eine in den späteren Stadien der Krankheit bei den Exacerbationen auftretende typische *Urticaria* zu nennen.

Verlauf. Nachdem die Krankheit, wie schon oben gesagt, meist vor Ablauf des zweiten Lebensjahres in einer zunächst insignificanten Weise begonnen hat, treten dann in den nächsten Jahren die der Prurigo eigenthümlichen Symptome immer deutlicher hervor und schon nach wenigen Jahren ist der ganze charakteristische Symptomencomplex vollständig ausgebildet. Ist die Krankheit erst bis zu diesem Stadium vorgeschritten, so ist sie nach unseren heutigen Kenntnissen unheilbar und begleitet die Kranken bis zum Tode, welcher in den schwereren Fällen die Erlösung von einem elenden und qualvollen Leben ist. Indess ist der *Intensitätsgrad*, welchen die Krankheitserscheinungen in den verschiedenen Fällen erreichen, keineswegs derselbe, wohl aber bleibt derselbe im einzelnen Falle während des ganzen Verlaufes annähernd sich gleich, so dass bei denjenigen Pruriginösen, bei denen sich in den ersten Jahren nur mässige Erscheinungen zeigen, auch im späteren Verlauf eine wesentliche Verschlimmerung nicht zu befürchten ist, während in den schweren Fällen schon nach einem Bestande von wenigen Jahren sehr intensive Krankheitserscheinungen zu constatiren sind. Hiernach hat man zwei Unterarten, *Prurigo mitis* und *Prurigo ferox* oder *agria* aufgestellt, deren Trennung aber eben nur auf einem graduellen Unterschied beruht. Der Verlauf ist ferner kein gleichmässiger, sondern es wechseln *Remissionen*, die oft an den Wechsel der Jahreszeiten gebunden sind, mit *Exacerbationen* ab, und besonders die milderen Fälle haben auch ohne Behandlung häufig, zumal in der warmen Jahreszeit, vollständig freie Intervalle, abgesehen natürlich von den bleibenden Veränderungen, den Pigmentirungen, der Hautverdickung und den Drüsenschwellungen. — Das schwerwiegendste Symptom bildet stets der *unaufhörliche heftige Juckreiz*, und schon die durch denselben bedingte Schlaflosigkeit schädigt die Kranken körperlich aufs schwerste. Aber weiter werden sie durch denselben in der Schule, in ihrer Stellung im socialen Leben fortwährend beeinträchtigt, der Pruriginöse ist, wie Kaposi treffend bemerkt, *verrehmt*. Niemand will mit ihm zu thun haben, und so ist es nicht zu verwundern, dass die Mehrzahl der

Pruriginösen auch ohne Hinzutreten anderweitiger Erkrankungen frühzeitig zu Grunde geht.

Das Leiden ist daher, wenn es erst einmal zu einer stärkeren Entwickelung gediehen ist, ein sehr schweres und verhängnissvolles für den damit Behafteten und die **Prognose** ist in diesen Fällen bezüglich der dauernden Heilung durchaus schlecht. Nur im Beginn der Erkrankung ist die Möglichkeit einer vollständigen Heilung vorhanden, und bei den milderen Fällen vermögen wir wenigstens durch die Therapie den Zustand der Kranken erträglich zu machen, während wir bei den schweren Fällen gewöhnlich nur kurzdauernde Remissionen zu erzielen im Stande sind.

Die **Diagnose** macht in ausgesprochenen Fällen niemals die geringsten Schwierigkeiten: die *typische Localisation*, die eigenthümlichen *Folgeerscheinungen* schützen vor jeder Verwechselung. Vor allen Dingen ist die Verwechselung mit *Scabies* — die oft genug vorkommt und zum grossen Theil die Schuld an der „Vervehmung" der Pruriginösen trägt — auch bei oberflächlicher Untersuchung eigentlich undenkbar. Zu berücksichtigen ist indess, dass Pruriginöse selbstredend gelegentlich Scabies acquiriren können und dass bei der Combination der Symptome beider Krankheiten bei ungenauer Untersuchung die Prurigo wohl übersehen werden kann, woraus unangenehme Täuschungen hinsichtlich der Prognose entstehen. Ebenso kann auch durch stärkere Entwickelung eines complicirenden Eczems die Diagnose manchmal erschwert werden. Dagegen ist es *im Beginn der Krankheit* stets schwierig und oft sogar unmöglich, eine sichere Diagnose zu stellen, da die ersten Erscheinungen nichts charakteristisches haben und Folgeerscheinungen selbstverständlich noch fehlen. So können die manchmal sich längere Zeit immer wiederholenden *Urticaria-artigen Eruptionen*, die durch das *Zahnen* bedingt sind, einen unbegründeten Verdacht auf beginnende Prurigo wachrufen. Immerhin ist bei allen hartnäckigen Urticaria-Eruptionen bei 1—2-jährigen Kindern, ohne dass andere Ursachen vorhanden sind, stets an die Möglichkeit einer sich entwickelnden Prurigo zu denken und daher die Prognose vorsichtig zu stellen.

Die **anatomischen Untersuchungen** der Prurigohaut haben bisher nur Befunde, wie sie auch bei anderen chronisch entzündlichen Hautkrankheiten vorkommen, geliefert; auch die bei Prurigo vorkommenden Ausbuchtungen der Haarwurzelscheiden und die Hypertrophie der Arrectores pilorum sind keineswegs für diese Krankheit charakteristisch und geben keinen wesentlichen Anhaltspunkt für die Erklärung der Symptome. Die

Untersuchung der Prurigoknötchen hat ergeben, dass die Veränderung nicht die Epidermis, sondern die oberen Schichten der Cutis, besonders den Papillarkörper betrifft und in geringer zelliger Infiltration, Erweiterung der Gefässe und Auseinanderdrängung der Bindegewebsbündel, wahrscheinlich durch seröse Durchtränkung — Oedem — des Gewebes besteht, Erscheinungen, welche in ähnlicher Weise bei den gewöhnlichen Urticariaquaddeln gefunden sind.

Ueber die **Aetiologie** lässt sich zur Zeit nur wenig Bestimmtes sagen. Sicher ist, dass die *Vererbung* von wesentlicher Bedeutung ist, denn einmal spricht hierfür das constante Auftreten der Krankheit in einer *bestimmten Periode des frühesten Kindesalters* und das oft vorkommende *Erkranken von Geschwistern*. HEBRA hat besonders auf das Bestehen eines Zusammenhanges zwischen *Tuberculose der Eltern* und *Prurigo der Kinder* aufmerksam gemacht, doch ist dieses Verhältniss keineswegs ein constantes. Im Ganzen scheinen die ärmeren Schichten der Bevölkerung häufiger von der Krankheit befallen zu werden, als die besser situirten Klassen und jedenfalls stellt das männliche Geschlecht ein grösseres Contingent von Pruriginösen als das weibliche.

Bei der **Behandlung** der Prurigo ist zunächst die *allgemeine Pflege der Haut* vor Allem durch *Bäder* und überhaupt durch *Reinlichkeit* von der grössten Bedeutung. Dies wird am besten durch den Umstand bewiesen, dass Prurigokranke, die, wie es so häufig der Fall ist, aus elenden socialen Verhältnissen in eine geordnete Hospitalpflege kommen, auch ohne jede besondere äussere oder innere Behandlung, nur durch die ihnen zu Theil werdende allgemeine Pflege der Haut und daneben wohl auch durch die in jeder Richtung besseren hygienischen Verhältnisse nach einiger Zeit von den subjectiven Beschwerden der Krankheit viel weniger oder gar nicht mehr geplagt werden, während auch objectiv die Prurigosymptome sehr erheblich zurückgehen. Wir vermögen aber durch locale Anwendung einiger Mittel diesen Rückgang der Krankheitserscheinungen in hohem Grade zu beschleunigen. Zunächst sind hier *Theer, Schwefel* und *grüne Seife* zu nennen. Die Application des Theers geschieht in ganz derselben Weise, wie beim schuppenden Eczem und wird bei Prurigo sehr zweckmässig mit der Anwendung der Bäder combinirt, indem die Kranken, bevor sie in das möglichst protahirte (½—1 Stunde) Bad gesetzt werden, an allen mit Prurigo-Eruptionen bedeckten Stellen eingetheert werden (Theerbäder). Von sehr gutem Erfolge sind ferner die methodischen Einreibungen mit WILKINSON'scher Salbe, welche eine Combination der obengenannten drei Mittel darstellt (Ol.

Rusci, Flor. sulf. ana 10,0, Sap. virid., Vaselin. flav. ana 20,0). Weniger empfehlenswerth ist die Anwendung des Schwefels allein, die besonders früher in Gestalt der VLEMINXK'schen Schwefelcalciumlösung vielfach in Gebrauch war. Dagegen hat in neuerer Zeit KAPOSI in dem *Naphtol* ein auch gegen Prurigo sehr wirksames Mittel kennen gelehrt, das am besten als 5 proc. Salbe angewendet wird. Bei Anwendung des Naphtols ist aber, zumal wenn zahlreiche Excoriationen vorhanden sind, Vorsicht wegen der unter Umständen durch die Resorption des Medicamentes entstehenden *Nephritis* geboten. Alle diese Mittel müssen bei intensiveren Fällen eine Reihe von Wochen, etwa 4—6, angewendet werden, ehe eine wenigstens einige Zeit vorhaltende Heilung erzielt werden kann. Aber dieselbe ist sicher zu erwarten, die Nachschübe der Prurigoknötchen werden spärlicher und hören schliesslich ganz auf, damit schwindet der Juckreiz, die Bildung frischer Kratzeffecte hört auf und die bestehenden heilen ab. Auch die Infiltration der Haut wird geringer, während selbstredend die Pigmentirungen bestehen bleiben und auch die Drüsenschwellungen entweder gar nicht oder nur wenig zurückgehen. Das Allgemeinbefinden wird bei heruntergekommenen Kranken stets erheblich gebessert. Aber leider hält dieser Erfolg gewöhnlich nicht lange vor. Kommen die Kranken nach ihrer Entlassung wieder in ihre in hygienischer und diätetischer Beziehung ungünstigen häuslichen Verhältnisse zurück, so stellt sich regelmässig nach kürzerer oder längerer Zeit ein Recidiv ein, welches sie wieder zwingt, das Krankenhaus aufzusuchen.

Schliesslich haben wir durch O. SIMON in dem aus den Folia Jaborandi dargestellten *Pilocarpin* ein Mittel kennen gelernt, welches in günstigster Weise die Prurigo zu beeinflussen vermag. Dasselbe wird am besten subcutan Erwachsenen in der täglichen Dosis von 0,01—0,02 gegeben und bewirkt gewöhnlich schneller, als die oben erwähnten Methoden einen vollständigen Rückgang. Nach der Einspritzung werden die Kranken in wollene Decken eingehüllt und müssen 1—2 Stunden schwitzen. Bei Kindern ist die subcutane Anwendung mit etwas kleineren Dosen in der Regel auch durchführbar, sonst ist an ihrer Stelle der *Syrupus Jaborandi* zu verwenden, bei kleinen Kindern mit einem Theelöffel beginnend und bis zu der Dosis, die reichlichen Schweiss hervorruft, steigend, und empfiehlt sich dieses Mittel auch für die ambulante Behandlung. Unangenehme Nebenwirkungen, übermässige Steigerung der zwar meist in geringerem Grade sich einstellenden Salivation und Erbrechen, treten im Ganzen selten auf, das letztere relativ am häufigsten noch bei der internen Darreichung, während Collapserscheinungen bei den obigen Dosirungen nicht zu befürchten sind. Wenn nun auch das Pilocarpin in Fällen, die schon länger bestehen, nicht viel mehr leistet, als die anderen Mittel, indem auch bei dieser Behandlung die Recidive nicht ausbleiben, wenn sie auch, wie es scheint, später erfolgen, als sonst, so ist doch einmal die Behandlung eine viel einfachere und angenehmere, als die bisherigen Methoden, dann aber scheint in den Fällen, die frühzeitig in Behandlung kommen, also in den ersten Jahren der Krankheit, manchmal wenigstens eine vollständige, dauernde Heilung durch dieselbe erzielt werden zu können. Neben einer jeden dieser Methoden ist aber unter allen Umständen stets mit der grössten Sorgfalt und Ausdauer die *allgemeine Pflege der Haut* zu berücksichtigen, nicht nur während der Exacerbationen, sondern auch in den freien Intervallen. In erster Linie stehen hier unbedingt die möglichst täglich anzuwendenden *Bäder.* Nur wenn die sociale Stellung des Patienten diese Massnahmen ermöglicht, wird es gelingen, ihn wenn auch nicht dauernd von seinen Beschwerden zu befreien — abgesehen von den wenigen, frühzeitig genug in Behandlung gekommenen Fällen — so doch wenigstens dieselben niemals die unerträgliche Höhe erreichen zu lassen, die schliesslich seinen weniger günstig situirten Leidensgefährten in der Regel ein frühes Ende bereitet.

SIEBENTES CAPITEL.

Pemphigus.

Unter dem Namen **Pemphigus** werden mehrere Krankheiten zusammengefasst, von denen nur zwei, der *Pemphigus vulgaris* und der *Pemphigus foliaceus,* wirklich zusammengehörig sind, während zwei andere Krankheiten, der *Pemphigus neonatorum* und der *Pemphigus acutus,* ätiologisch von jenen völlig zu trennen sind. Da aber die Aetiologie dieser Krankheitszustände überhaupt erst zum kleinsten Theile aufgeklärt ist, so wollen wir, der alten Eintheilung folgend, diese Krankheiten vor der Hand noch zusammen besprechen.

Der **Pemphigus neonatorum** *(Schälblattern)* befällt, wie schon der Name sagt, nur *Neugeborene* und tritt in der Regel in der zweiten Hälfte der ersten Lebenswoche, selten früher oder einige Tage später auf. Es erscheinen auf sonst normaler Haut *kleine Bläschen oder flache Blasen* bis Linsengrösse, mit wasserhellem, später eiterig werdendem Inhalt, die sich rasch vergrössern und die Grösse eines Zehn-

pfennigstückes und darüber erreichen können. Gewöhnlich platzt aber
die sehr zarte Blasendecke schon vorher und bleibt entweder als
weisses dünnes Häutchen an ihrem Ort liegen oder wird abgestossen
und nun erscheint die Efflorescenz als runde rothe, wenig oder gar
nicht nässende Scheibe, deren Rand von den Resten der Blasendecke,
die unmittelbar in die normale Epidermis übergehen, gebildet wird.
Oft hängen auch unregelmässige Fetzen vertrockneter Epidermis diesem
Rande noch an. Derartige Abhebungen der oberen Epidermisschichten
finden sich auch manchmal auf grösseren Flächen, während auf der
übrigen Haut kleinere ebensolche Herde oder Blasen vorhanden sind.
Die **Localisation** ist ganz unregelmässig, es kann jede Körperstelle
ergriffen werden. Im weiteren **Verlauf** überhäuten sich die erstbe-
fallenen Stellen sehr rasch wieder vollständig, nur erscheinen sie
eine Zeit lang noch etwas roth, später livide und bräunlich. Inzwischen erfolgen aber gewöhnlich an bis dahin freien Stellen frische
Nachschübe und so kann sich die Krankheit über 1—3 Wochen hinziehen. Das *Allgemeinbefinden* leidet in der Regel gar nicht, es besteht weder Fieber noch eine sonstige Störung. In ganz vereinzelten
Fällen brachten die Kinder schon einige Blasen mit zur Welt und
ebenso sind abweichend von dem gewöhnlichen Verhalten manchmal
schwere Allgemeinerscheinungen, hohes Fieber und selbst ein tödt-
licher Verlauf beobachtet worden. Es ist indess mindestens frag-
lich, ob diese Fälle zu dem eigentlichen Pemphigus neonatorum zu
rechnen sind. Die **Diagnose** ist nicht zu verfehlen. An eine Verwechselung mit dem sogenannten *Pemphigus syphiliticus neonatorum* ist
nicht zu denken, da bei letzterem, abgesehen von den übrigen Zeichen
der congenitalen Syphilis, entweder die einzigen blasigen Efflorescenzen, neben einem maculösen oder papulösen Exanthem am übrigen
Körper, sich stets symmetrisch auf beiden *Handtellern oder Fusssohlen*
finden, oder die letztgenannten Punkte bei bullösen Efflorescenzen
auch am Körper jedenfalls am reichlichsten damit besetzt sind, während der gewöhnliche Pemphigus der Neugeborenen nur ganz ausnahmsweise auf diesen Stellen überhaupt vorkommt.

   Die **Aetiologie** ist noch nicht genügend aufgeklärt. Einerseits
spricht das epidemieartige Auftreten in Findelhäusern, in geburts-
hülflichen Kliniken, in der Praxis einzelner Hebammen und ferner
das wenn auch selten beobachtete Auftreten von Blasen auf den
Brüsten der Mütter, welche die an Pemphigus neonatorum leidenden
Kinder säugen, für eine *contagiöse Ursache* der Krankheit. Andererseits ist bei dem in der Regel zu constatirenden Fehlen der Allge-

meinerscheinungen, bei dem fast stets günstigen Verlauf an eine Erkrankung nach Art der acuten Infectionskrankheiten nicht zu denken, sondern vielmehr an eine *rein äusserliche, parasitäre Ursache* der Krankheit. In dieser Hinsicht ist der bisher allerdings erst einmal erbrachte Nachweis von Pilzelementen, die dem Pilze des *Herpes tonsurans*, dem *Trichophyton tonsurans* glichen, bei einer nach Art eines Pemphigus verlaufenden Krankheit bei einem neugeborenen Kinde von Wichtigkeit (RIEHL). Ich möchte noch auf eine gewisse Aehnlichkeit zwischen Pemphigus neonatorum und *Impetigo contagiosa* hinweisen.

Die **Prognose** ist gut und die **Therapie** hat lediglich in reichlicher Anwendung von *Streupulver* zu bestehen, um die Irritation durch Reibung und das Festkleben der Wäsche an den excoriirten Hautstellen zu verhüten.

Der **Pemphigus acutus** (*Febris bullosa*) ist eine ausserordentlich seltene Erkrankung, welche ganz nach Art der *acuten Infectionskrankheiten* verläuft. Nach einem kurzen Prodromalstadium tritt mit einem Schüttelfrost eine Temperatursteigerung bis zu 40° und darüber auf, mit den entsprechenden Allgemeinerscheinungen. Gleichzeitig zeigt sich auf der Haut ein aus rothen, etwas erhabenen Flecken bestehendes Exanthem, welches keinerlei bestimmte Anordnung zeigt, sondern unregelmässig über den ganzen Körper zerstreut ist. Nach kurzer Zeit bilden sich in der Mitte der Flecken kleine, mit wasserheller Flüssigkeit gefüllte *Bläschen,* die sich ausserordentlich rasch vergrössern und in einigen Tagen *tauben- bis hühnereigross* werden können, wenn sie nicht vorher platzen. Die nach dem Platzen der Blasendecken zurückbleibenden excoriirten Stellen bedecken sich mit Krusten, unter denen bald eine Regeneration der Epidermis stattfindet. Ein gelblichrother, später bräunlicher Fleck bezeichnet noch einige Zeit die Stelle der Blase. Inzwischen erfolgen unter continuirlichem hohen Fieber fortwährend *frische Exanthemnachschübe*, die denselben Verlauf durchmachen. Gleichzeitig treten auf den sichtbaren *Schleimhäuten* ähnliche Eruptionen auf, die sich sehr schnell in leicht blutende, bei jeder Bewegung schmerzende, eiterig belegte Erosionen und Rhagaden umwandeln. Bronchitis und Durchfälle lassen ferner auf eine Betheiligung der Bronchial- und Intestinalschleimhaut an dem Krankheitsprocess schliessen. Ohne besondere Complicationen oder nach Auftreten einer Lungenentzündung kann dann der Tod auf der Höhe des Krankheitsprocesses eintreten. In den günstig verlaufenden

Fällen hören nach 8—14 Tagen die weiteren Nachschübe auf, das Fieber nimmt an Intensität ab und zeigt starke Morgenremissionen. um dann völlig zu verschwinden, während auch an den zuletzt von Blaseneruptionen befallenen Stellen Ueberhäutung eingetreten ist. Nach einem längeren Reconvalescenzstadium, gerade wie nach den schweren acuten Infectionskrankheiten, tritt dann völlige Genesung ein; gerade wie nach den letzteren ist auch Defluvium capillorum beobachtet. — In einzelnen Fällen ist im Anschluss an die Blaseneruptionen das Auftreten von umfangreichen *gangränösen Schorfen* beobachtet, die eine Tendenz zu serpiginöser Ausbreitung zeigten *(Pemphigus acutus gangraenosus)*. Diese Fälle scheinen die prognostisch ungünstigsten zu sein, doch ist in jedem Fall von acutem Pemphigus die **Prognose** zweifelhaft.

Ueber die **Aetiologie** lässt sich zur Zeit nur sagen, dass der *Pemphigus acutus* nichts mit dem eigentlichen „*Pemphigus*" *(Pemphigus chronicus)* zu thun hat, sondern sicher den *acuten Infectionskrankheiten* zuzurechnen ist. Ob und welche Zusammengehörigkeit mit einer dieser Klasse angehörenden bekannten Krankheit etwa besteht oder ob der Pemphigus acutus eine ganz *eigenartige Krankheit* ist, lässt sich zur Zeit noch nicht sicher entscheiden.

Die **Behandlung** ist zunächst natürlich nach den bei den acuten Infectionskrankheiten geltenden Principien einzuleiten. Die Hautaffection erfordert nur den Schutz der excoriirten Stellen durch reichliches *Einstreuen mit Streupulver* nach *Entleerung des Inhaltes* der grössten Blasen. Zur Linderung der Schmerzen bei Affection der Mundschleimhaut lässt man Eisstückchen im Munde schmelzen. Für die Fälle von gangränösem Pemphigus dürfte sich die Anwendung des permanenten *Wasserbades* empfehlen, die aber nur unter den allergünstigsten äusseren Bedingungen oder im Krankenhause durchführbar sein wird.

Pemphigus chronicus. Unter diesem Namen sind diejenigen Krankheitsformen zusammenzufassen, welche den eigentlichen *Pemphigus* repräsentiren, und es lassen sich nach HEBRA's Vorgange weiter zwei Hauptgruppen unterscheiden, der *Pemphigus vulgaris* und der *Pemphigus foliaceus.*

Pemphigus vulgaris. Auf normaler oder geröteter Haut erheben sich prall gespannte *Blasen* mit wasserklarem oder gelblichem Inhalt von Linsen- bis Hühnereigrösse und ebenso von sehr verschiedenen Formen, wenn auch im Allgemeinen rundliche Formen vorherrschen. Die **Localisation** der Blasen ist eine ganz *unregelmässige*, es kann jede Körperstelle befallen werden und ebenso kann eine irgendwie regelmässige Gruppirung der einzelnen Blasen untereinander vollständig fehlen. In anderen Fällen wieder finden sich die Blasen in *Kreislinien* angeordnet, und es lässt sich ein *serpiginöses Fortschreiten* der Efflorescenzen constatiren. Die schon hierdurch bedingte Verschiedenheit der einzelnen Krankheitsbilder wird noch dadurch erhöht, dass in dem einen Fall nur einige wenige Blasen zur Ausbildung kommen, während im anderen der ganze Körper damit übersäet ist. Der *weitere Entwickelungsgang* der einzelnen Efflorescenzen gestaltet sich so, dass der Inhalt sich trübt; bei ruhiger Lage des Patienten sammeln sich die eiterigen Massen zunächst immer im abhängigsten Theile der Blasen an, während die oberen Schichten des Blaseninhaltes noch klar bleiben, gleichzeitig verdunstet etwas von dem Inhalt, so dass die Blasendecken schlaffer werden. Ab und zu ist dem Blaseninhalt auch Blut beigemischt. Dann kommt es gewöhnlich durch irgend eine äussere Einwirkung zum Bersten der Blasen, der Inhalt fliesst aus, die Blasendecken trocken mit dem spärlichen Secret der excoriirten Flächen zu einer dünnen Kruste ein und in kurzer Zeit erfolgt vollständige *Restitution der Epidermis*, stets ohne Narbenbildung. Eine Zeit lang bleiben an Stelle der Blasen noch pigmentirte Flecken zurück, später aber verschwindet jede Spur derselben. Ausnahmsweise ist nach dem Abheilen der Pemphigusblasen die Eruption zahlreicher *Milien* an den befallen gewesenen Hautstrecken beobachtet worden. — Auf der *Schleimhaut* der Lippen, der Zunge, des Gaumens kommen ganz ähnliche Eruptionen vor, nur dass hier wegen der viel zarteren Beschaffenheit des Epithels die Blasen als solche kaum zur Beobachtung gelangen, sondern nur die nach ihrem Bersten zurückgebliebenen, mit Epithelfetzen und einer gelben eiterigen Masse bedeckten *Erosionen.* Die im Verlauf des Pemphigus manchmal auftretende *Stimmlosigkeit,* ferner *Suffocationserscheinungen* beweisen, dass ähnliche Veränderungen sich bis zum Kehlkopf fortsetzen können. — Der ebenfalls vorkommende *Pemphigus Conjunctivae* hinterlässt ausgedehnte Trübungen der Cornea und führt zu Verwachsungen der Conjunctiva palpebrarum und der Conjunctiva bulbi *(Symblepharon)* oder zu Verwachsung der Augenlidränder selbst bis zum vollständigen Verschluss der Lidspalte *(Ankyloblepharon).* — In seltenen, prognostisch ungünstigen Fällen sind die ersten Eruptionen nur an den Schleimhänten localisirt, erst später treten Eruptionen auch an der Haut auf. Die Diagnose dieser Fälle ist anfänglich sehr schwierig.

In sehr seltenen Fällen weichen die Erscheinungen von dem bisher geschilderten Verlauf insofern ab, als der Blaseninhalt nach kurzem Bestande zu einer grauen croupösen Masse gerinnt, die flache sich peripherisch noch vergrössernde Auflagerungen auf der Haut bildet, während die centralen Partien sich in braune Borken umwandeln, unter denen Ueberhäutung oder in anderen Fällen ein Zerfall der oberen Schichten der Cutis eintritt *(Pemphigus crouposus und diphtheriticus).*

Subjective Empfindungen an den ergriffenen Hautstellen können, besonders bei nur geringer Entwickelung des Exanthems, ganz fehlen: bei Vorhandensein grösserer excoriirter Stellen empfinden die Kranken natürlich bei Berührungen, durch Zerrung der anklebenden Wäsche Schmerzen. Die Schleimhautaffectionen sind stets schmerzhaft. In manchen Fällen von Pemphigus besteht heftiges Hautjucken *(Pemphigus pruriginosus).* — Manche Pemphigusfälle mit nicht sehr ausgebreitem Exanthem verlaufen ganz *fieberlos*, dagegen sind umfangreichere Eruptionen und ebensolche Nachschübe in der Regel von *Fieber* begleitet.

Verlauf. Auch dem Verlaufe nach sind die einzelnen Pemphigusfälle ausserordentlich von einander verschieden. In den mildesten Fällen folgen sich einige Wochen hindurch eine Reihe wenig ausgebreiteter Blaseneruptionen ohne jede Störung des Allgemeinbefindens. Es tritt völlige Genesung ein und allerdings oft, manchmal erst nach Jahren, folgen Recidive, die denselben günstigen Verlauf nehmen können *(Pemphigus vulgaris benignus).* Dem gegenüber steht eine Reihe anderer Fälle, in denen ausgedehnte Eruptionen sich dauernd unter mehr oder weniger intensiven Fieberbewegungen folgen. Während anfänglich auch in diesen Fällen das *Allgemeinbefinden* im Ganzen ein gutes ist, so treten im weiteren Verlaufe dauernde Appetitlosigkeit und Diarrhöen — nach HEBRA stets ein schlechtes Zeichen — und Abmagerung ein. Auch die Erscheinungen des Exanthems verändern sich insofern, als die Stellen, an denen Blasen aufgeplatzt sind, sich nicht mehr so schnell oder gar nicht mehr überhäuten, so dass schliesslich immer grössere Körperstrecken excoriirt werden und ein eiteriges, sich leicht zersetzendes Secret absondern. Diese Fälle können schliesslich ganz ähnliche Erscheinungen darbieten, wie der weiter unten zu besprechende Pemphigus foliaceus. Die Kranken befinden sich in diesem Stadium in einem wirklich bejammernswerthen Zustande. Abgesehen von den oben erwähnten Erscheinungen leiden sie ausserordentlich an *Schlaflosigkeit*, da sie bei jeder Lage

Schmerzen haben. Jede Bewegung ruft eine schmerzhafte Zerrung
oder Reibung excoriirter Hautstellen hervor und die Zersetzung der
Secrete, welche nur durch die peinlichste Sorgfalt und die oft wegen
der am ganzen Körper in zahlloser Menge zerstreuten Excoriationen
schwer durchführbare antiseptische Localbehandlung vermieden werden kann, belästigt den Kranken und die Umgebung aufs höchste.
Im weiteren Verlauf treten dann *Erscheinungen* von Seiten des *Centralnervensystems* auf, soporöse Zustände wechseln mit Aufregungen,
manchmal mit geradezu maniakalischen Anfällen ab, und nachdem
auch dieses Endstadium sich über Wochen ausgedehnt haben kann,
erlöst der Tod die Kranken von ihrem qualvollen, oft jahrelangen
Leiden *(Pemphigus vulgaris malignus)*.

Die **Prognose** des Pemphigus muss im Anfang zweifelhaft gestellt
werden, da sich die gutartig verlaufenden Fälle anfänglich in gar
nichts von den malignen unterscheiden. Je länger die Eruption an-
dauert, ohne eine Neigung zum Erlöschen zu zeigen, um so schlechter
wird die Prognose und bei einer Dauer von mehreren Monaten, zumal wenn nicht mehr vollständige Ueberhäutung eintritt, wenn sich
eine deutliche Verschlechterung des Allgemeinbefindens einstellt, ist
die Prognose als schlechte zu bezeichnen.

Bei der **Diagnose** sind diejenigen Hautkrankheiten, bei denen in
seltenen Fällen auch Blasenbildungen vorkommen, *Urticaria*, *Erythema exsudativum*, *Erysipel* zu berücksichtigen, indess werden sich
in diesen Fällen stets ausserdem andere, für jene Krankheiten charakteristische Efflorescenzen finden. Die in seltenen Fällen bei *Impetigo contagiosa* auch auf dem Rumpf vorkommenden grösseren Blasen
könnten zu Verwechselungen mit Pemphigus Veranlassung geben. Doch
kommt es bei der ersteren Krankheit wegen der Zartheit der Blasendecken nie zur Bildung so grosser, prall gefüllter Blasen, wie bei
Pemphigus, die Krankheit befällt hauptsächlich Kinder, und meist
lässt sich die Uebertragung von Anderen oder auf Andere nachweisen. Auch bei *Scabies* entwickeln sich manchmal, wenn auch
sehr selten, an Stelle der Pusteln grössere Blasen, doch ist natürlich bei nur einiger Aufmerksamkeit eine Verwechselung unmöglich.
Gelegentlich ist auch an die bei *Lepra* vorkommenden Blasenbildungen
zu denken. Ferner kommen Blasenbildungen, die durch *äussere Einwirkungen, Verbrennungen, chemische Irritantien (Canthariden, ätzende
Stoffe)* entstanden sind, in Betracht. Manchmal verdanken diese Bildungen der Absicht der *Simulation* ihre Entstehung, was wohl bei
manchen Fällen von Pemphigus bei Hysterischen (sogenanntem *Pem-

phigus hystericus) zutreffen dürfte. Auch das bei *Jodkalium- oder Sali-cylgebrauch* in seltenen Fällen vorkommende *bullöse Exanthem* könnte einen Pemphigus vortäuschen. Die Unterscheidung von *Pemphigus acutus* macht bei Berücksichtigung des Verlaufes keine Schwierigkeiten.

Die **anatomischen Untersuchungen** haben bisher nur ergeben, dass die Blasenbildung durch Trennung der Epidermis in den oberen Schichten des Rete mucosum zu Stande kommt. Die Pemphigusblasen sind stets einkammerig. Der Blaseninhalt enthält anfangs spärliche, später reichliche lymphoide Zellen. Auch die *chemischen Untersuchungen des Blaseninhaltes*, der sich als eiweisshaltige, meist neutral oder alkalisch reagirende Flüssigkeit erwiesen hat, haben bisher keine für die Erkenntniss der Krankheit werthvollen Beiträge geliefert. — Irgend welche sicher mit dem Hautleiden in Verbindung zu bringende Veränderungen innerer Organe haben sich bei den Sectionen nicht gefunden.

Die **Aetiologie** des Pemphigus ist noch völlig unaufgeklärt und mag die grosse Seltenheit der Krankheit bis zu einem gewissen Grade die Ursache unserer Unkenntniss sein. Die *mittleren Lebensjahre* stellen ein grösseres Contingent von Erkrankungen, als die jugendlichen und die Greisenjahre, und ausserdem scheint eine gewisse Prävalenz des *männlichen Geschlechtes* zu bestehen.

Mit der **Therapie** stehen wir leider der Krankheit ganz ohnmächtig gegenüber, indem kein Mittel bekannt ist, welches auch nur den geringsten Einfluss auf den Verlauf der Krankheit ausübt, und wir uns daher beschränken müssen, die örtlichen Beschwerden der Kranken zu lindern. In den Fällen mit wenig ausgebreitetem Exanthem gelingt dies leicht durch *Einpudern* oder *trockene Watteverbände*. Bei starkem Juckreiz sind *Eintheerungen* von günstiger Wirkung. Je mehr sich aber das Exanthem ausbreitet, desto schwieriger wird die Erfüllung auch dieser Aufgabe, indem das dann nöthig werdende häufige Verbinden selbst eine grosse Qual für die Patienten wird. Um die Zersetzung des Secretes möglichst zu verhindern, ist dem Streupulver *Salicylsäure* zuzufügen. Ist schliesslich der grösste Theil der Körperoberfläche ergriffen, so giebt es nur noch ein Mittel, welches den Zustand der Kranken einigermassen erträglich macht, das von HEBRA zuerst für die Behandlung von manchen Hautkrankheiten eingeführte *permanente Wasserbad*. Ehe man aber zu dieser ultima ratio seine Zuflucht nimmt, muss man sich darüber klar geworden sein, dass einmal die Kranken dann nicht ohne ausserordentliche Verschlechterung ihres subjectiven Befindens wieder aus dem Bade genommen werden können, und dass andererseits sich die Krankheit oft in ganz unberechenbarer Weise noch über lange Zeit hinzieht, che der in diesen Fällen wirklich ersehnte Tod dem traurigen Zustande ein Ende bereitet. — Selbstverständlich wird man besonders anfänglich bemüht sein müssen, durch Diät und Medicamente dem Herabgehen des allgemeinen Ernährungszustandes vorzubeugen und ebenso wird zumal in den späteren Stadien der ausgiebigste Gebrauch der *Narcotica* indicirt sein.

Pemphigus foliaceus. Reine Fälle dieser Art sind noch ungleich seltener, als die vorher beschriebenen. Schon im Beginn macht sich in der *Form der Blasen* ein Unterschied bemerklich, indem dieselben nicht so prall erscheinen, wie beim Pemphigus vulgaris, sondern ein matsches Aussehen darbieten. Der Hauptunterschied besteht aber darin, dass an den Hautstellen, wo sich einmal Blasen gebildet haben, keine Ueberhäutung eintritt, sondern die Haut in einen excoriirten Zustand übergeht und mit Epidermisfetzen und Krusten bedeckt ist. Die Affection zeigt ein peripherisches Fortschreiten, indem am Rande sich neue Blaseneruptionen zeigen oder ein förmlicher Blasenwall gegen die normale Haut fortschreitet. Auf diese Weise werden immer grössere Hautstrecken ergriffen, die geröthet sind, stark secerniren und sich mit Krusten oder lamellösen Epidermisschuppen bedecken. Die Schuppen werden in reichlichster Menge abgestossen, so dass die Betten der Kranken ganz mit denselben bedeckt sind. Treffend ist die Aehnlichkeit der Schuppen mit *Blätterteig* hervorgehoben und stammt auch daher die von CAZENAVE zuerst gebrauchte Bezeichnung *Pemphigus foliaceus*. Manchmal kommt es an bereits erkrankten Stellen zu einer scheinbaren Heilung durch Ueberhäutung, doch ist die neugebildete Epidermis von ausserordentlich geringer Haltbarkeit, schon das Reiben mit dem Finger genügt, um sie zu entfernen und den Zustand der Excoriation wieder herzustellen.

Im weiteren **Verlauf** werden die normalen Hautinseln immer kleiner durch das Vorrücken der erkrankten, überall confluirenden Stellen, damit werden auch die eigentlichen Blaseneruptionen spärlicher und schliesslich ist die gesammte Hautdecke vom Scheitel bis zu den Fusszehen in den Erkrankungsprocess einbegriffen. Hiermit hat die Eruption von Blasen, die sich stets nur auf noch mit Hornschicht bedeckter Haut bilden können, völlig aufgehört. — In ausserordentlich seltenen Fällen entwickeln sich nach dem Platzen der Blasen auf den excoriirten Flächen papilläre nässende Wucherungen, die sich unter gleichzeitigem Fortschreiten des an der Peripherie noch erhaltenen Blasenwalles serpignös ausbreiten. Die Erkrankung beginnt in der Regel in der Anal- oder Genitalgegend, an den Lippen, in der Achselhöhle, überzieht aber im weiteren Verlauf auch andere Körperstellen (*Pemphigus vegetans*, NEUMANN). Diese Form des Pemphigus führt stets in relativ kurzer Zeit zum Tode. — Die *Haare* fallen aus, die *Nägel* werden bröckelig und durch die Schrumpfung der Haut kommt es zur Bildung von *Ectropium*. An hierfür geeigneten Stellen treten *schmerzhafte Rhagaden, Ulcerationen* und manchmal umfangreichere *Verschorfungen* auf. — Die *Allgemeinerscheinungen* sind dieselben, wie in den schweren Fällen von Pemphigus vulgaris.

Der Zustand der Patienten ist in den letzten Stadien einer der denkbar schrecklichsten, indem sie in der That wie geschunden am ganzen Körper sind und die geringste Bewegung irgend eines Körpertheiles die heftigsten *Schmerzen* verursacht. Aber auch in diesen Fällen zeigt der Pemphigus seine chronische Natur und die Kranken können noch Monate in diesem Zustande am Leben bleiben. — Die **Prognose** des Pemphigus foliaceus ist von vornherein als schlechte anzusehen.

Es soll hier noch einmal daran erinnert werden, dass eine strenge Trennung zwischen den beiden Formen des Pemphigus chronicus nicht besteht und dass es sich ganz sicher nur um *zwei verschiedene Modificationen derselben Krankheit* handelt, denn in einzelnen Fällen entwickelt sich aus ursprünglich unter dem Bilde des vulgären Pemphigus verlaufenden Fällen ein typischer Pemphigus foliaceus, ja es ist sogar beobachtet, wie ein Pemphigus vulgaris die Form des Pemphigus foliaceus annahm, um dann bei eintretender Besserung des Allgemeinbefindens wieder die Erscheinungen des Pemphigus vulgaris zu zeigen (O. SIMON). Bezüglich der **Aetiologie** und **Therapie** ist auf das oben Gesagte zu verweisen und nur betreffs der **Diagnose** ist noch zu erwähnen, dass in den Fällen, wo die *gesammte Hautdecke* ergriffen ist und jede Blasenbildung fehlt, dieselbe sehr schwierig sein kann, wenn man nicht die vorhergegangenen Stadien der Krankheit beobachtet hat. Besonders kann mit *Dermatitis exfoliativa* und einem *universellen Eczem* grosse Aehnlichkeit vorhanden sein, doch fehlt bei Pemphigus die beim Eczem in einer derartigen Ausbreitung stets vorhandene beträchtliche Infiltration der Haut. — Die Fälle von Pemphigus vegetans sind mehrfach fälschlich als Syphilis (Framboesia syphilitica) aufgefasst worden.

Im Anschluss hieran soll noch eine mit dem Pemphigus allerdings in gar keinem Zusammenhang stehende, sehr eigenthümliche und bisher nur selten beobachtete Erkrankung erwähnt werden, die auf einer *angeborenen*, von der Jugend bis zum höchsten Alter bestehenden *Neigung der Haut zu Blasenbildungen* beruht. Reibung oder Druck der Haut rufen bei den mit dieser *hereditären Neigung zur Blasenbildung (Epidermolysis bullosa hereditaria*, KÖBNER) behafteten Individuen Blasen hervor, beim Gehen bekommen sie Blasen an den Fusssohlen, ebenso an den Stellen, wo Kleidungsstücke die Haut drücken. Diese Neigung zur Blasenbildung ist *exquisit erblich* und in den bekannten Fällen durch mehrere Generationen verfolgt worden. — Die *anatomische Untersuchung* der Haut hat ergeben, dass die Ablösung der Epidermis in der Stachelschicht erfolgt.

Ferner mag hier die von DUHRING aufgestellte *Dermatitis herpetiformis* kurze Erwähnung finden. Das Krankheitsbild ist ein sehr wechselndes, die Exantheme werden durch hyperämische Flecken oder Papeln, gruppirte oder in Kreisen stehende Bläschen, Pusteln oder Blasen gebildet, zeigen keine bestimmte Localisation, sondern sind unregelmässig über den ganzen Körper ausgebreitet. Stets ist sehr heftiger Juckreiz oder brennendes Gefühl vorhanden, manchmal auch während der freien Intervalle. Die Krankheit zeigt einen sehr langwierigen Verlauf, bei welchem längere oder kürzere freie Intervalle mit acut sich entwickelnden Recidiven abwechseln. Das Allgemeinbefinden wird gewöhnlich in directer Weise nicht beeinträchtigt.

ACHTES CAPITEL.
Dermatitis exfoliativa.

Als **Dermatitis exfoliativa infantum** hat v. RITTER eine schon früher mehrfach beschriebene eigenthümliche Erkrankung der Neugeborenen bezeichnet, die mit einer *Abschälung der obersten Epidermislagen* an irgend einer Körperstelle, meist am Kopfe beginnend und oft mit unregelmässig zerstreuten *Bläschen- und Blaseneruptionen* einhergehend in kurzer Zeit die ganze *Körperoberfläche* oder einen grossen Theil derselben überzieht. Die Haut erscheint meist trocken, nur selten wenig nässend, glatt, hochroth und hier und da hängen derselben noch vertrocknete Epidermisfetzen an. Die Kinder sehen aus, als ob sie verbrüht wären. Gleichzeitig stellt sich Injection der Mund-, Nasen- und Conjunctivalschleimhaut ein. Die Krankheit tritt in der ersten oder den nächstfolgenden Lebenswochen auf und hat einen kurzen, wenige Wochen dauernden Verlauf. Das *Allgemeinbefinden* der Kinder leidet in der Regel gar nicht und nach Regene-

ration der Epidermis tritt *vollständige Genesung* ein. Nur bei schwäch-
lichen Kindern kann der Ausgang auch ein ungünstiger sein, doch
scheint die Hautaffection an und für sich nie die Todesursache zu
sein. — Ueber die **Aetiologie** lässt sich nur sagen, dass ein epidemie-
artiges Auftreten mehrfach beobachtet ist. Ferner ist auf die Analogien mit dem Pemphigus neonatorum hinzuweisen und wird die
Dermatitis exfoliativa ebenso wie der Pemphigus der Neugeborenen
mit der normalen Epidermisabschilferung in den ersten Lebenswochen,
gewissermassen als excessive, vielleicht durch äussere, parasitäre Ursachen bedingte Steigerung derselben, in Verbindung gebracht. —
Die *Behandlung* braucht in der Regel nur im *Einstreuen mit Streupulver* zu bestehen.

Bei *Erwachsenen* ist in sehr seltenen Fällen eine chronische
Hauterkrankung beobachtet und ebenfalls als **Dermatitis exfoliativa**
bezeichnet worden, deren wesentlichstes Symptom eine *übermässige
Bildung von Epidermis* und deren Abstossung in Gestalt grösserer
und kleinerer lamellöser Schuppen ist. Besonders auffällig wird diese
Abschuppung an den *Flachhänden und Fusssohlen,* überzieht aber
schliesslich den *ganzen Körper* und das daraus resultirende Bild
ähnelt sehr dem Endstadium des Pemphigus foliaceus, so dass die
Unterscheidung, wenn nicht die vorhergehenden Phasen der Krankheit beobachtet sind, ausserordentliche Schwierigkeiten bieten kann.
Mit der Dermatitis exfoliativa infantum sind diese Fälle jedenfalls
gar nicht in Zusammenhang zu bringen. — Die **Prognose** dieser Fälle
ist ungünstig, indem unter allmäliger Zunahme der Krankheitserscheinungen der Haut *Marasmus* und schliesslich der *Tod* eintritt.
— Eine andere als eine symptomatische *Behandlung* ist zur Zeit
nicht bekannt.

Hier anzuschliessen ist eine ebenfalls als *Dermatitis exfoliativa*
— auch mit anderen Namen (*Dermite aigue grave primitive,* QUIN-
QUAUD) — beschriebene, nach Art einer acuten Infectionskrankheit
unter Fieber verlaufende Affection, bei welcher rasch eine Röthung
der gesammten Haut mit nachfolgender starker Abschuppung sich
einstellt. Die Krankheit kann nach einem Verlauf von einigen Monaten in Genesung enden, in einer geringeren Anzahl von Fällen
tritt indess der Tod ein. — Vielleicht gehören die von SAVILL als
Dermatitis exfoliativa epidemica beschriebenen Fälle — 163, von
denen 18 starben — hierher.

NEUNTES CAPITEL.

Lupus erythematodes.

Der **Lupus erythematodes** beginnt mit der Bildung von rothen, flachen Papeln, deren Centrum sich nach einiger Zeit mit einem fest haftenden weissen Schüppchen bedeckt. Wird dieses Schüppchen abgelöst, so zeigen sich an seiner der Haut aufliegenden Fläche ein oder mehrere Zäpfchen, die erweiterten Follikelmündungen entsprechen. Im weiteren Verlaufe lassen sich *zwei Varietäten* unterscheiden, die KAPOSI zuerst in zweckmässiger Weise von einander getrennt hat.

1. **Lupus erythematodes discoides.** In sehr langsamer Weise vergrössern sich die vorhin geschilderten, gewöhnlich einzeln oder in nur geringer Anzahl an den gleich zu nennenden Prädilectionssitzen vorhandenen Primärefflorescenzen und wachsen so im Laufe von Monaten oder Jahren zu Scheiben bis etwa Thalergrösse heran. Inzwischen sind aber Veränderungen der centralen Partie eingetreten, indem an diesen die Infiltration geschwunden ist und eine flache glatte *Narbe* sich entwickelt hat, die meist zahlreiche *Teleangiectasien* enthält, oft von so feinen Gefässen gebildet, dass sie diffus roth erscheint, oft sind auch die erweiterten Gefässe mit blossem Auge deutlich wahrnehmbar. Die Peripherie dagegen bildet ein derber, infiltrirter, rother, ringförmiger Wall, der mit sehr fest haftenden, weisslichen Schuppen mehr oder weniger bedeckt ist und erweiterte Follikelmündungen, die oft mit dunklen Massen erfüllt sind und daher comedonenartig erscheinen, besonders an den äusseren Theilen zeigt. Nach der normalen Haut zu findet sich manchmal noch eine *Anhäufung von Pigment*, so dass sich ein äusserer brauner Ring um die Lupusefflorescenzen herumzieht. — Durch Confluiren benachbarter Kreise können bis flachhandgrosse Herde entstehen, die nach aussen convexe Grenzlinien zeigen, wie alle aus der Confluenz von Kreisen hervorgegangenen Efflorescenzen, und deren innere Partie vollständig von vernarbter Haut eingenommen wird. — *Ulcerationen* treten an den Efflorescenzen spontan *niemals* auf. — Manchmal sind die Entzündungserscheinungen und die Infiltration nur sehr gering, der periphere Wall nur ganz wenig erhaben und blassroth, selbst die Schuppung kann fehlen, aber stets ist die charakteristische narbige Atrophie der centralen Theile vorhanden. In anderen, ebenfalls seltenen Fällen kommt es dagegen zu einer mächtigen Infiltration der Haut und des subcutanen Gewebes (*Lupus erythematodes hypertrophicus*).

Die **Localisation** dieser *Scheibenform des Lupus erythematodes* ist eine ausserordentlich typische, indem am häufigsten das *Gesicht* und auch hier wieder mit besonderer Vorliebe die *Nase* und die *angrenzenden Partien der Wangen* ergriffen werden. Oft geschieht dies in ganz *symmetrischer Weise*, so dass dadurch die schon von HEBRA hervorgehobene Schmetterlingsform zu Stande kommt, indem die Nase den Körper des Schmetterlings, die Herde auf den Wangen die Flügel darstellen. Nächstdem werden am häufigsten die *Ohrmuscheln*, besonders die inneren Partien derselben ergriffen. In einer sehr grossen Anzahl von Fällen finden sich hier neben Herden an anderen Stellen des Gesichtes kleine Efflorescenzen. Dann folgen die *anderen Theile des Gesichtes* und der *behaarte Kopf*, wo im Bereich der Herde vollständiger und dauernder Verlust der Haare eintritt. Auch das *Lippenroth* und einige Male die *Mundschleimhaut* sind erkrankt befunden worden. Sehr selten ist die Localisation der Scheibenform auf anderen Stellen, am Rumpf, an der Glans penis, an den Extremitäten, den Streckseiten der Finger und Zehen.

2. Die ungleich seltenere Form ist der **Lupus erythematodes disseminatus.** Die gewöhnlich in grösserer Zahl auftretenden Efflorescenzen von der im Eingange geschilderten Beschaffenheit erreichen nur Linsen- oder Bohnengrösse und bilden sich dann, ohne weitere Veränderungen durchzumachen, nach einiger Zeit wieder zurück, während inzwischen auf anderen Stellen neue Efflorescenzen zum Vorschein gekommen sind. Die Eruption kann auch auf das *Gesicht* beschränkt bleiben, doch kommt es viel häufiger, als bei der ersten Form, zu Ausbrüchen auch auf *anderen Körpertheilen*, oder selbst zur *universellen* Ausbreitung über den ganzen Körper. Auch *Flachhände und Fusssohlen* werden befallen. In seltenen Fällen entwickeln sich im Gesicht oder an den Händen frostbeulenartige Knoten. — Manchmal sind im späteren Verlauf eines Lupus erythematodes discoides Eruptionen der zweiten Form beobachtet worden.

Subjective Empfindungen werden durch die Efflorescenzen des Lupus erythematodes in keiner Weise hervorgerufen, es bestehen weder Schmerzen noch Jucken an denselben. Die erste Form, der Lupus erythematodes discoides, verläuft auch ohne jede Allgemeinerscheinung, die Gesundheit der von dem Uebel Ergriffenen leidet in keiner Weise. Ganz anders verhält sich in dieser Hinsicht die zweite Form, wie gleich ausgeführt werden soll.

Der **Verlauf** des Lupus erythematodes ist in der Mehrzahl der Fälle, und zwar bei der ersten Form stets, ein *äusserst chronischer*.

Die Efflorescenzen persistiren Jahre und oft 15—20 Jahre auf derselben Stelle, nur ganz langsam in der Peripherie fortschreitend. Bei
der disseminirten Form treten dagegen die Eruptionen viel häufiger
von vornherein und bei späteren Nachschüben in *acuter Weise* auf
und ganz besonders ist dies bei den Eruptionen über den ganzen Körper
der Fall. Hier sind diese Eruptionen dann auch stets von *Fieber* und
entsprechenden *Störungen des Allgemeinbefindens* begleitet. Oefter treten gleichzeitig auch heftige Knochenschmerzen, schmerzhafte Drüsenschwellungen, erysipelartige Entzündungen der Haut auf und in einer
Anzahl dieser schweren Fälle hat die Krankheit einen tödtlichen
Ausgang genommen.

Die **Prognose** ist demgemäss, abgesehen von diesen letzterwähnten
Fällen, *quoad vitam* stets gut, dagegen zeigt sich der Lupus erythematodes unserer Therapie gegenüber oft sehr rebellisch und ist die
völlige Heilung im einzelnen Falle nicht mit Sicherheit vorherzusagen.

Diagnose. Die Verwechselung der *discoiden Form* mit *Herpes tonsurans* ist nur bei allerflüchtigster Betrachtung denkbar, da, abgesehen von allen anderen Unterschieden, bei dieser letzteren Affection
niemals die geringste Narbenbildung auftritt. Gegen eine Verwechselung mit *tertiären serpiginösen, nicht ulcerirenden Syphiliden* schützt
das Fehlen zahlreicherer Teleangiectasien bei den letzteren, ferner das
Fehlen von erheblichen Schuppenbildungen und vor Allem der verhältnissmässig rasche Verlauf gegenüber dem äusserst langsamen Verlaufe des Lupus erythematodes. An eine Verwechselung mit dem *Lupus
vulgaris* kann bei der discoiden Form gar nicht gedacht werden, da
ausser der oft gleichen Localisation keine Aehnlichkeit zwischen
diesen beiden Krankheiten besteht. Sehr viel grössere diagnostische
Schwierigkeiten macht die disseminirte Form. So könnten die auf
das Gesicht beschränkten Eruptionen mit Lupus vulgaris verwechselt
werden, doch sind die eigenthümlichen Schuppenbildungen, das vollständige Fehlen ulceröser Vorgänge und meist auch die Farbe der
Efflorescenzen hinreichend charakteristische Unterscheidungsmerkmale. Die allgemein ausgebreiteten Fälle der *disseminirten Form*
können dagegen Aehnlichkeit mit *papulösen Syphiliden* oder frischen
Psoriasiseruptionen haben, indess, selbst wenn nicht von vornherein
an einzelnen Stellen vorhandene ältere Herde die Diagnose erleichtern, wird stets im weiteren Verlauf das Fehlen der für die Psoriasis
charakteristischen weiteren Entwickelungen der Efflorescenzen die
Unterscheidung ermöglichen und bei den papulösen Syphiliden finden
sich ja gewöhnlich noch andere Zeichen der Syphilis.

Ueber die **Aetiologie** dieser nicht häufigen Hautkrankheit ist nur wenig sicheres bekannt. Auch die *anatomischen Befunde* haben bisher keine wesentliche Aufklärung in dieser Richtung zu geben vermocht. Die Krankheit befällt am häufigsten Personen in den *mittleren Jahren*, etwa vom 20.—40. Jahre, frühere oder spätere Erkrankungen sind selten. Dann ist der überwiegende Theil der Erkrankten *weiblichen Geschlechtes* und ganz besonders gilt dies für die acute disseminirte Form (KAPOSI). In manchen Fällen ist das Auftreten von Lupus erythematodes nach *Seborrhoe*, so nach Seborrhoe der Nase im Gefolge von Variola, ferner nach *Acne rosacea* beobachtet. Ein irgendwie regelmässiger Zusammenhang mit Constitutionsanomalien, Chlorose, Anämie, scheint nicht zu bestehen. — Vom *Lupus vulgaris* ist der *Lupus erythematodes* jedenfalls *vollständig zu trennen*, da er nicht zur Gruppe der durch die Invasion der Tuberkelbacillen hervorgerufenen Krankheiten gehört.

Bei der **Behandlung** ist zunächst zu berücksichtigen, dass die Efflorescenzen des Lupus erythematodes bei ihrer spontanen Rückbildung sehr oberflächliche, glatte Narben hinterlassen und dass daher Mittel, welche eine stärkere Narbenbildung hervorrufen, wenn möglich vermieden werden müssen. In der That kommt man in manchen Fällen auch mit sehr wenig energischen Mitteln zum Ziel. Manchmal genügen längere Zeit fortgeführte Waschungen mit *Sapo kalinus* oder *Seifenspiritus*, um die Efflorescenzen zur Heilung zu bringen. Von sehr günstiger Wirkung ist ferner das Auflegen von *Empl. Hydrargyri*. Auch Pinselungen mit *Jodglycerin*, *Jodoform* als Salbe oder in Traumaticin suspendirt sind empfohlen. Ferner habe ich von starken *Resorcinsalben* (Resorciu. resublim. 5,0. Lanolin. 10,0 — zuerst empfohlen von A. BERTARELLI) gute Erfolge gesehen und ebenso leistet *Ichthyolsalbe* (10—20%) manchmal gute Dienste. Nur in besonders widerspenstigen Fällen wird man von dem beim Lupus vulgaris so sehr indicirten stärkeren Aetzmitteln, *Arsenikpaste*, *Pyrogallussäure*, Gebrauch machen. Die *Auskratzung* mit dem scharfen Löffel *ist nicht empfehlenswerth*, dagegen giebt die *multiple Scarification* und darauffolgendes *Einstreuen mit Jodoform* günstige Resultate (TH. VEIEL). LASSAR empfiehlt die oberflächliche Kauterisation mit dem Thermokanter. — In jedem Falle von Lupus erythematodes muss die Vorhersage in Bezug auf die Zeit der Heilung vorsichtig gestellt werden, da es sich gar nicht vorausbestimmen lässt, welches der vorhererwähnten Mittel im einzelnen Falle die Heilung bewirkt und in wie langer Zeit dieses geschehen wird. — Während die verschiedenen, früher angewendeten internen Mittel einen directen Einfluss auf den Krankheitsprocess nicht haben, scheint dem von BULKLEY empfohlenen *Phosphor* ein solcher zuzukommen.

Im Anschluss soll eine mit dem Lupus erythematodes manche Analogien zeigende Affection kurz erwähnt werden, die unter verschiedenen Namen — *Xérodermie dépilante* (DOYON, BESNIER), *Ulerythema ophryogenes* (UNNA, TÄNZER), *Folliculitis decalvans* — mehrfach beschrieben ist. In den Augenbrauenbögen, an den Wangen, im Bart, auf dem behaarten Kopf, aber auch an anderen Stellen ragen die Follikel als derbe rothe Knötchen hervor, abgesehen von der rothen Färbung, ähnlich wie bei Lichen pilaris. Im weiteren Verlauf kommt es zu narbiger Atrophie und zum Ausfall einzelner oder sämtlicher Haare an den betroffenen Stellen. Auf dem behaarten Kopf zeigen sich einzelne oder zahlreiche rundliche Herde, an denen die Haut kahl, glatt, atrophisch ist und in deren Peripherie die Follikel die oben geschilderte Veränderung zeigen. In den schwersten Fällen kann sich die Krankheit über die ganze Kopfhaut ausbreiten. Da die Haarfollikel durch den Krankheitsprocess zerstört werden, ist die Kahlheit natürlich eine bleibende. — Die Unterscheidung von *Alopecia areata* ist leicht, da bei letzterer Krankheit die narbige Atrophie und die Veränderungen der Follikel fehlen.

ZWEITER ABSCHNITT.

ERSTES CAPITEL.

Combustio.

Je nach der *Intensität* der Wärme, welche auf den Körper eingewirkt hat, und nach der *Dauer,* in welcher diese Einwirkung stattgefunden hat, entstehen verschiedenartige Veränderungen der Haut, die gewöhnlich in *drei Kategorien* eingetheilt werden. Diese Trennung entspricht natürlich nur den Haupttypen der Erscheinungen und ferner kommen selbstredend oft die verschiedenen Verbrennungsgrade im einzelnen Falle neben einander vor, je nach der Intensität der Hitzewirkung an den verschiedenen Stellen.

1. *Verbrennung ersten Grades, Combustio erythematosa.*

Die Haut ist geröthet, etwas geschwollen und der Sitz lebhaften Brennens. Im weiteren Verlauf verschwindet die Röthe ziemlich rasch und unter geringer Abschuppung der Epidermis kehrt die Haut wieder *völlig zur Norm zurück.* Dieser Grad der Verbrennung entsteht durch kurze Einwirkung mässig heisser Flüssigkeiten oder Dämpfe, momentane Einwirkung einer Flamme oder durch strahlende Wärme (z. B. offenes Feuer).

2. *Verbrennung zweiten Grades, Combustio bullosa.*

Auf der gerötheten Haut erheben sich entweder unmittelbar oder einige Stunden nach der Verbrennung Bläschen oder Blasen bis zu sehr beträchtlichen Dimensionen, mit wasserklarem Inhalt, der an den Stellen, wo die Epidermis dünner ist, gelblich durchscheint, während an den Stellen mit dicker Epidermis (Beugefläche der Finger, Handteller, Fusssohlen), die dann meist flacheren Blasen mehr weisslich erscheinen. Manchmal gerinnt der Inhalt der Blasen. Unter günstigen Umständen tritt nach Entleerung des Inhaltes unter der Blasendecke oder nach deren Entfernung unter einer dünnen, durch Eintrocknung der von der Oberfläche secernirten Flüssigkeit entstandenen Kruste vollständige Heilung ein, oder es kommt erst nach stärkerer Eiterung zur Heilung, hier und da mit Bildung ganz flacher Narben.

Die *Schmerzen* bei Verbrennungen zweiten Grades sind erhebliche, ganz besonders wenn nach der Abstossung der Blasendecke der nur noch von einer ganz dünnen Reteschicht bedeckte oder an einzelnen Stellen vielleicht ganz unbedeckte Papillarkörper frei zu Tage liegt.

3. *Verbrennung dritten Grades, Combustio escharotica.*

In Folge intensiverer Hitzeeinwirkung kommt es zur *Verschorfung* in grösserem oder geringerem Umfange, sowohl in Bezug auf die Flächenausdehnung, wie auf die Tiefe, so dass in den schwersten Fällen nicht nur die Haut, sondern auch die darunterliegenden Theile, subcutanes Gewebe, Muskeln, selbst die Knochen betheiligt sein können und gelegentlich ein ganzer Körpertheil verschorft wird. Die Schorfe erscheinen je nach der Art der Verbrennung gelblichweiss, wie auch bei anderen Formen der Hautgangrän, oder dunkelbraun oder schwarz. Die Schorfe selbst sind vollständig empfindungslos, trotzdem leiden die Kranken, sofern sie bei Besinnung sind, an den heftigsten Schmerzen bei Berührungen oder Bewegungen der verbrannten Theile. Nach einigen Tagen bildet sich rings um den Schorf eine *demarkirende Entzündung* und in einem der Ausdehnung der Verschorfung entsprechenden Zeitraum kommt es zur *Abstossung der Schorfe durch Eiterung.* Die *Heilung* erfolgt durch *Narbenbildung* von der Peripherie und oft von kleinen, sich innerhalb der

granulirenden Flächen bildenden Epidermisinseln, die von unzerstört
gebliebenen Epidermiszapfen, besonders von den Hautdrüsen und
Haarbälgen, herrühren, und kann dieselbe bei sehr ausgedehnten
Verbrennungen viele Monate und selbst Jahre in Anspruch nehmen.
— Dieser Grad der Verbrennung kommt durch längere Einwirkung
von heissen Flüssigkeiten oder Flammen oder von glühendem oder
geschmolzenem Metall zu Stande.

Von grösster Wichtigkeit sind die *Allgemeinerscheinungen,* welche
bei den leichteren Verbrennungen nur eintreten, wenn sie über grössere
Körperstrecken ausgedehnt sind, bei den schweren aber auch schon
bei geringerer Ausbreitung, und sich in der Regel innerhalb der
ersten zweimal 24 Stunden nach der Verbrennung, manchmal auch
später zeigen. Die *Temperatur* sinkt anfänglich unter die Norm,
manchmal erheblich; erst später kommen Steigerungen vor. *Soporöse
Zustände* wechseln mit *Aufregung, Unruhe und Delirien ab.* Der
Kranke entleert keinen oder wenig Urin, der manchmal Eiweiss, auch
Blut enthält. Auch Blutungen aus verschiedenen Schleimhäuten sind
beobachtet. In den schwersten Fällen erfolgt in diesem Stadium,
also innerhalb der ersten Tage, der Tod und ist als Todesursache
der *Untergang grosser Mengen von rothen Blutkörperchen* und die
Ueberfüllung des Blutes mit den Zerfallsproducten derselben angesehen worden (PONFICK). Von anderer Seite wird dagegen eine *reflectorische Herabsetzung des Gefässtonus* (SONNENBURG) oder überhaupt
der *Nervenshok* (KAPOSI) für das wesentliche Moment gehalten. Auch
in einem späteren Stadium, nachdem sich die reactive Eiterung ein-
gestellt hat, tritt oft noch der tödtliche Ausgang ein, entweder durch
Erschöpfung oder durch Thrombosen, Embolien, accidentelle Wund-
krankheiten, so durch Tetanus, oder durch intercurrente Affectionen.

Auch nach der Heilung bleiben bei ausgedehnten Verbrennungen,
ganz abgesehen von der Entstellung bei Betroffensein des Gesichtes,
des Halses und der Hände, oft genug schwere Schädigungen zurück
in Folge des Mangels an Elasticität und der starken Retraction gerade der Verbrennungsnarben. Es kommt zu Verunstaltungen der
Körperöffnungen, zur Bildung von Ectropium, an den Extremitäten
werden einzelne Gelenke mehr oder weniger immobilisirt und die
schwersten Folgezustände werden durch abnorme Verwachsungen
hervorgerufen. So werden die Oberarme an den Thorax, das Kinn
an die Brust angeheftet, die Finger und Zehen werden durch schwimm-
hautartige Narbenbrücken verbunden u. A. m.

Die bisher geschilderten Erscheinungen treten annähernd in der-

selben Weise auf bei Einwirkung *stark ätzender Stoffe (Mineral-*
säuren, starke alkalische Lösungen, gelöschter Kalk), abgesehen natürlich von den durch die chemische Natur des betreffenden Stoffes
bedingten Verschiedenheiten.

Die **Prognose** ist bei leichten Verbrennungen von geringer Ausbreitung gut. Bei den ausgedehnteren, bei denen der Natur der
Sache nach die Verbrennung in der Regel an verschiedenen Stellen
verschiedene Grade erreicht hat, ist die Prognose stets zweifelhaft
und bei den Fällen, wo eine Verbrennung dritten Grades ein Drittel
oder mehr der Körperoberfläche einnimmt, ist dieselbe von vornherein
schlecht zu stellen.

Die **Behandlung** hat in den leichtesten Fällen am besten in Anwendung *kühlender Umschläge* zu bestehen. Bei Verbrennungen mit
Blasenbildung werden *Streupulver*, die mit der aussickernden Flüssigkeit zusammentrocknen und eine schützende Decke bilden, oder
Einhüllung des verbrannten Theiles mit *Verbandwatte* angewendet.
Grosse Brandblasen werden am abhängigsten Punkte angestochen,
dagegen ist die Blasendecke möglichst zu erhalten. Bei schweren
Verbrennungen sind, falls die Localisation dies ermöglicht, *antiseptische Verbände* mit Salicyllösungen anzulegen; sehr zweckmässig sind
auch *Umschläge mit Oleum Lini und Aqua Calcariae* zu gleichen
Theilen, in grösserer Ausdehnung ist das *permanente Wasserbad* die
bequemste und für den Patienten weitaus angenehmste Behandlung,
welche im Eiterstadium besser wie jede andere Methode die Reinhaltung der Wunden ermöglicht. Nach Abstossung der Schorfe sind
Verbände mit *Bor- oder Jodoformsalbe, Argentum nitricum* in Salbe
oder Lösung, oder Aetzungen mit Höllenstein in Substanz anzuwenden — bei grosser Ausdehnung der Verbrennung ist an die Möglichkeit einer durch Resorption von der Wundfläche entstehenden
Argyrie zu denken — und ist an den betreffenden Stellen durch
Einlegen von Wattetampons der abnormen Verwachsung zweier
Theile vorzubeugen. Bei ausgedehnten Verbrennungen sind zur Beschleunigung der Heilung Hauttransplantationen vorzunehmen. —
Innerlich sind starke *Alcoholica* oder andere *Excitantien* und bei
grosser Aufregung *Morphium* in kleinen Dosen zu geben.

ZWEITES CAPITEL.

Congelatio.

Ganz ähnlich den durch hohe Wärmegrade hervorgerufenen Veränderungen der Haut sind die durch übermässig niedrige Temperaturen bewirkten Erscheinungen. Auch hier lassen sich drei Grade, die **Congelatio erythematosa, bullosa** und **escharotica** unterscheiden. Bei den *Erfrierungen ersten Grades* treten an den der Kälte am meisten ausgesetzten Theilen, *den Ohren, der Nase, den Händen und Füssen,* an welchen letzteren noch ungünstige Circulationsverhältnisse das Zustandekommen der Erfrierung erleichtern, hyperämische, blaurothe, gegen die Umgebung nicht scharf abgesetzte Stellen auf, welche der Sitz eines sehr lebhaften Brennens und Juckens oder selbst schmerzhafter Empfindungen sind, besonders bei Erwärmung der erfrorenen Theile. Die Haut ist an diesen Stellen geschwollen, es tritt, wenn es sich um chronische Zustände handelt, schliesslich eine ziemlich derbe Infiltration ein, so dass die erfrorenen Stellen als flache, nicht scharf begrenzte Knoten erscheinen *(Perniones, Frostbeulen)*. Sehr häufig treten in der Mitte dieser Knoten *Ulcerationen* von äusserst torpidem Charakter auf, die, wenn die Knoten über Gelenken oder zwischen zwei Fingern sitzen, sich gern in tiefe, sehr schmerzhafte *Rhagaden* umwandeln.

Die *Temperaturen,* bei welchen Frostbeulen entstehen, sind für verschiedene Menschen sehr verschieden. Während viele Menschen selbst bei der stärksten bei uns für gewöhnlich vorkommenden Kälte überhaupt keine Erfrierungen bekommen, genügen bei sehr dazu Disponirten bereits Temperaturgrade, die noch oberhalb des Nullpunktes liegen. Es sind ganz besonders *jugendliche* und dann *anämische Individuen,* welche das Hauptcontingent stellen und diese Zustände sind als constitutionelle Ursachen für die Erfrierung anzusehen. In wie hohem Grade ungünstige Circulations- und Ernährungsverhältnisse das Zustandekommen der Erfrierung begünstigen, zeigen am besten Fälle von einseitiger Lähmung, bei denen die Erfrierung nur an der gelähmten Extremität aufgetreten ist, obwohl die andere Extremität doch der gleichen Kälte ausgesetzt war. Selbstverständlich hat auch die Beschäftigung einen grossen Einfluss und besonders das *Hantiren mit kalten oder sonst irritirenden Flüssigkeiten* wirkt in dieser Richtung begünstigend ein. Bekannt sind die fast regelmässigen Erfrierungen der Hände bei Kaufmannslehrlingen, die viel mit Heringslake in Berührung kommen, bei Fleischern u. A. m. Hat Jemand aber einmal Erfrierungen davongetragen, so pflegen dieselben sich eine Reihe von Jahren regelmässig wieder einzustellen.

Bei den *schwereren Erfrierungen* bilden sich entweder auf der gerötheten Haut Blasen mit serösem oder blutigem Inhalt oder es tritt eine vollständige Necrotisirung der Haut, der unterliegenden Theile bis zu den Knochen, welche auch noch betheiligt sein können, ein. Bei den Verschorfungen bestehen oft gleichzeitig Blasenbildungen. Am harmlosesten sind diese Grade der Erfrierung an den *Ohren*, wo besonders leicht in Folge der straffen Beschaffenheit des Unterhautgewebes intensive Ernährungsstörungen eintreten können und wo kleinere oder grössere Theile der Ohrmuschel gar nicht so selten necrotisch abgestossen werden. Ernster liegen die Verhältnisse an den *Extremitäten*, wo bei der ausserordentlich langsamen Ablösung der necrotischen Theile die Gefahr der Aufnahme putrider Stoffe in die Blutbahn und der hierdurch bedingten Pyämie nahe liegt. Diese schweren Erfrierungen kommen nur nach langem Aufenthalt im Freien bei sehr niedriger Temperatur vor, bei vom Wege Verirrten, die im Schnee stecken geblieben sind, oder bei sinnlos Betrunkenen.

Für die leichtesten Grade der Erfrierung sind ganz besonders *Hand- resp. Fussbäder* mit Abkochung von *Eichenrinde* (1—2 Handvoll auf ein Bad), mit heissem, mit Essig (2—3 Esslöffel) angesäuertem Wasser oder unter Zusatz von *Chlorkalk* (ein Esslöffel auf ein Handbad) zu empfehlen. Ferner sind Einreibungen mit *Petroleum*, Einpinselungen mit *Collodium* oder *Jodtinctur* von guter Wirkung. Bei Ulcerationen und Rhagadenbildungen sind Aetzungen mit *Arg. nitricum* oder *Salben* mit diesem Mittel und *Perubalsam* anzuwenden. Von der grössten Wichtigkeit ist aber einerseits die *Berücksichtigung des Allgemeinzustandes* und andererseits die *Prophylaxe*. Daher sind vor Allem die anämischen Zustände durch eine entsprechende Therapie zu behandeln. Die Vorbeugung wird am besten durch *Abhärtung in der wärmeren Jahreszeit*, kalte Waschungen und Abreibungen, und durch *Schutz*, durch *Warmhalten in der kalten Jahreszeit* erreicht. — Bei den *schweren Erfrierungen* ist zunächst für eine *allmälige Erwärmung* durch Transport in einen kalten, langsam zu erwärmenden Raum, durch Abreibungen mit Schnee zu sorgen. Bei schweren Erfrierungen der Extremitäten ist die *Suspension* empfohlen, um die Wiederherstellung der Circulation zu erleichtern, ist es aber zu einer die Finger oder Zehen überschrei-

tenden Necrotisirung gekommen, so wird nach eingetretener Demarcation am besten an entsprechender Stelle die *Amputation* vorgenommen.

DRITTES CAPITEL.
Gangraena cutis.

Die **Gangrän der Haut** kann entweder durch *äussere Einwirkungen* hervorgerufen werden, so durch *Verbrennung*, durch *Erfrierung*,
durch *Trauma*, welche entweder durch unmittelbare Zerstörung oder
durch Sistirung der Circulation das Absterben der Haut veranlassen,
oder es können *krankhafte Vorgänge in der Haut oder in unmittelbarer Nähe derselben* die Ursache der Gangrän werden, so bei den
verschiedensten schweren, meist „infectiösen" Erkrankungen der Haut
oder des subcutanen Gewebes, bei dem *Carbunkel*, bei *Phlegmone*,
bei *Erysipel*, bei *Wundinfectionen*, bei gewissen Formen des *Ulcus
molle* u. A. m. Auch in diesen Fällen kann es sich entweder um
eine Desorganisation des Hautgewebes durch den Krankheitsvorgang
selbst handeln oder es kann die Gangrän in indirecter Weise durch
die Aufhebung der Circulation in Folge der Schwellung und Infiltration der Gewebe zu Stande kommen. — In einer dritten Reihe
von Fällen sind es schliesslich *innere Ursachen*, welche die Gangrän
der Haut bedingen, nämlich entweder die Aufhebung der Blutcirculation in Folge des *Verschlusses einer grösseren Arterie* durch
Embolie oder *Thrombose*, in welchen Fällen natürlich nicht nur die
Haut, sondern auch alle anderen von den betreffenden Gefässen versorgten Theile gangränös werden, oder Einflüsse, welche vom *Nervensystem* ausgehen. Zu der ersterwähnten Gruppe ist auch die
senile Gangrän zu rechnen, wenn es sich auch bei derselben anfangs
meistens nicht um völlige Aufhebung der Circulation, sondern nur
um mehr oder weniger starke Beeinträchtigung derselben durch
Sclerose der Arterienwandungen handelt und zum Zustandekommen
der Gangrän noch eine äussere Schädigung, Druck oder eine an sich
geringfügige Verletzung der in ihrer Ernährung gestörten Theile
nöthig ist. Ueber die Natur der in zweiter Linie erwähnten Nerveneinflüsse, über die hierbei in Betracht kommenden Nervencentren
und Nervenbahnen ist es zur Zeit noch nicht möglich, eine bestimmte
Ansicht auszusprechen. aber an der Thatsache ist nicht zu zweifeln,
dass durch bestimmte nervöse Einflüsse oder vielleicht durch den
Fortfall gewisser Nervenfunctionen. welche für die Erhaltung der

Haut und anderer Theile nothwendig sind, ein Absterben dieser
Theile eintritt. Wir wollen an dieser Stelle die so verschieden be-
antwortete Streitfrage nach dem Vorhandensein *trophischer Nerven*
nicht weiter discutiren, für das Verständniss der obigen Vorgänge
ist es ja auch zunächst von geringer Bedeutung, ob die betreffenden
Nervenimpulse auf besonderen oder auf den gewöhnlichen Bahnen
— und dann wahrscheinlich auf den Bahnen der sensiblen Nerven —
verlaufen.

Es würde zu weit führen, wenn wir an dieser Stelle alle die
verschiedenen Formen der Hautgangrän besprechen wollten, die übrigens theilweise in anderen Capiteln dieses Lehrbuches gelegentlich
erwähnt werden, theilweise gar nicht mehr in das Gebiet der Hautkrankheiten hineingehören, und wir wollen uns daher auf einige
wenige Bemerkungen beschränken.

Zunächst ist zu erwähnen, dass in manchen Fällen bestimmte
constitutionelle Veränderungen das Auftreten der Gangrän bedingen
oder jedenfalls begünstigen. Die wichtigste hier zu nennende Erkrankung ist der *Diabetes mellitus,* bei welchem Leiden so häufig
Furunkel, Carbunkel oder *umfangreichere Gangränescirungen* der
Haut beobachtet werden, welche letztere gelegentlich ein serpiginöses Fortschreiten zeigen. — In dieselbe Kategorie gehört auch die
Noma (Wasserkrebs) der kleinen Kinder, welche gewöhnlich von der
Mundschleimhaut ausgehend die Lippen, Wangen und die weiteren
benachbarten Theile zerstört, gelegentlich auch an den Genitalien
auftritt und sich stets an Schwächezustände anschliest, welche durch
mangelhafte Ernährung oder Erkrankungen des Intestinaltractus,
acute Infectionskrankheiten, Syphilis u. dgl. mehr bedingt sind. —
Und schliesslich ist hier noch die *multiple cachectische Hautgangrän*
(O. SIMON) zu erwähnen, bei welcher bei kleinen Kindern in Folge
ähnlicher prädisponirender Momente, wie bei der Noma, am ganzen
Körper zerstreute Gangränherde auftreten, die sich aus Pusteln oder
Blasen entwickeln und die Haut und das Unterhautgewebe und selbst
das Periost zerstören können. Am reichlichsten bilden sich diese
Gangränherde gewöhnlich auf den beim Liegen gedrückten Stellen
— Rücken, Hinterkopf — und es liegt nahe, an die Analogie mit
dem gewöhnlichen *Decubitus (Druckbrand)* zu denken, bei welchem
ja auch die durch irgend welche Erkrankung bedingte Cachexie
das constitutionelle, der Druck das occasionelle Moment für die Gangrän bildet. — In allen diesen Fällen hat die *Behandlung* möglichst
beiden Indicationen gerecht zu werden und so muss versucht werden,

einerseits die inneren Ursachen zu beseitigen, andererseits alle äusseren Schädlichkeiten, welche das Auftreten der Gangrän begünstigen können, zu vermeiden. Die speciellen Indicationen der Allgemeinbehandlung richten sich natürlich nach den jedesmaligen Verhältnissen und bezüglich der Localbehandlung möge nur hervorgehoben werden, dass bei der multiplen cachectischen Hautgangrän Bäder, Verbände mit Borvaseline, Chlorzinklösung (¼ Proc.) oder Jodoform bei Besserung des Allgemeinbefindens schnell die Abstossung der Schorfe und die Heilung der Wunden bewirken.

Von ganz besonderem Interesse ist die durch Nerveneinflüsse zu Stande gekommene Gangrän, die *spontane,* besser *neurotische Gangrän.* Bei der Besprechung des *Herpes zoster* werden wir eine derartige Krankheitsform kennen lernen, eine fernere ist der *Decubitus acutus* bei gewissen Rückenmarkserkrankungen, besonders bei schweren Verletzungen, der nach der Meinung einiger der erfahrensten Autoren eine Folge dieser nervösen Erkrankung, nicht allein des Druckes ist. Etwas ausführlicher wollen wir aber nur zwei seltenere Erkrankungen besprechen, die *symmetrische Gangrän* und das *Malum perforans pedis.*

Die **symmetrische Gangrän** (RAYNAUD) steht in nahen Beziehungen zu zwei anderen Krankheitszuständen, der *localen Syncope* und der *localen Asphyxie.* Bei weitem am häufigsten sind die Finger und Zehen ergriffen, sehr viel seltener die Nase, die Ohren oder andere Körpertheile. Bei der localen Syncope erscheint die Haut vollständig blass, leichenartig, kühl, dabei bestehen Parästhesien und Anästhesie, während bei der localen Asphyxie die Haut tief cyanotisch, blauroth bis geradezu schwarz erscheint und dabei anschwillt. Beide Erscheinungen treten plötzlich nach irgend einem äusseren Reiz oder einer psychischen Erregung auf. Die offenbar durch *Arterienkrampf* bedingte Syncope verschwindet auch wieder plötzlich, während die *venöse Stase,* welche die Asphyxie bedingt, allmälig wieder ausgeglichen wird. Während es in einer Reihe von Fällen zu keinen weiteren Erscheinungen kommt, tritt in anderen *Gangrän* hinzu, die übrigens auch ohne jene Vorboten als erstes Symptom auftreten kann. Die Gangrän kommt fast nur an den Fingern und Zehen und zwar gewöhnlich an den Endphalangen vor und führt entweder zu oberflächlichen Verschorfungen, die nur die Haut betreffen, oder zu einer Mumification eines Theiles des Fingergliedes oder der ganzen Phalanx. Blasige Abhebungen der Oberhaut gehen öfters der Gangrän voraus. Schon vor dem Eintreten derselben bestehen oft heftige

Neuralgien in den betreffenden Theilen. -- Es ist nicht anzunehmen, dass die vasomotorischen Störungen allein die Ursache der Gangrän sind, doch giebt möglicher Weise die durch Arterienkrampf bedingte „spastische Ischämie", indem sie in ihrer Nutrition gestörte, eine Opportunität zur Necrose (VIRCHOW) zeigende Gewebe betrifft, den schliesslichen Anlass zum Absterben der Theile. Die Veränderungen treten gewöhnlich, aber keineswegs immer, *symmetrisch* auf. Ausser diesen typischen Erscheinungen sind noch *Gelenkergüsse, ödematöse Schwellungen* und *Atrophien der Muskeln* und des *Fettgewebes* beobachtet. Meist wiederholen sich die Anfälle lange Zeit hindurch immer wieder, seltener erlischt die Krankheit nach einem oder nach wenigen Anfällen.

Die symmetrische Gangrän ist meist bei *neuropathisch belasteten Individuen* beobachtet worden, die zum Theil auch noch an anderen nervösen Störungen litten, seltener kam dieselbe nach dem Ueberstehen schwerer Krankheiten (Typhus, Pneumonie u. s. w.) vor. Es ist nicht daran zu zweifeln, dass nervöse Störungen, höchst wahrscheinlich centraler Natur, die Ursache der symmetrischen Gangrän sind, wenn uns auch bis jetzt eine nähere Erkenntniss derselben noch abgeht. HOCHENEGG fand in einem Fall Hydrocephalus und Syringomyelie und es ist hier an die verschiedenartigen nervösen und trophischen Störungen, die bei *Syringomyelie* beobachtet werden, zu erinnern. Ein bestimmter, sich meist auf die oberen Extremitäten beschränkender Symptomencomplex, Analgesie und Thermanästhesie bei erhaltener tactiler Empfindung, ödematöse Schwellung, indolente Panaritien und durch diese bedingte Verstümmelungen der Hände, scheint ebenfalls durch Syringomyelie veranlasst zu sein (MORVAN'*sche Krankeit*). Nicht unwichtig ist auch der Vergleich mit der *Kriebelkrankheit (Ergotismus, Intoxication mit Secale cornutum)*, deren Erscheinungen in mancher Hinsicht denen der symmetrischen Gangrän analog sind, denn auch hier treten neben den Erscheinungen des arteriellen Krampfes zweifellose nervöse Störungen, Parästhesien, Anästhesien u. A. m. und ferner ebenfalls meist die Extremitätenenden betreffende Gangränescirungen auf.

Die *Behandlung* muss in erster Linie eine allgemeine sein und je nach den Umständen ist eine zweckmässige *Electrotherapie*, die Anwendung von Roborantien, die Anordnung einer entsprechenden körperlichen und auch psychischen Diät im allgemeinsten Sinne des Wortes indicirt. Local scheint gegen die vasomotorischen Störungen (Syncope, Asphyxie) die *Massage* eine sehr günstige Wirkung zu

zeigen (WEISS), auch die Anwendung der *Wärme* (Watteverband)
wird empfohlen. bei eingetretener Gangrän ist vor der Demarcation
vor jedem chirurgischen Eingriff zu warnen.

Im Anschluss an die symmetrische Gangrän sind die bisher nur
einige wenige Male beobachteten Fälle von *spontaner Gangrän* zu
erwähnen, bei welchen ohne irgend welche äussere Ursache bald
hier bald dort kleinere und grössere Gangränescirungen der Haut
auftreten, nach deren Demarcation und Abstossung Narben, manchmal hypertrophische Narben zurückbleiben. Auch in diesen Fällen
sind höchst wahrscheinlich nervöse Störungen die Ursache der Hautgangrän. In einem von DOUTRELEPONT beschriebenen Falle trat der
erste gangränöse Herd am Daumen nach einem Nadelstich auf, dann,
etwa einer Neuritis ascendens entsprechend, breiteten sich die Herde
über den betreffenden Arm aus und erst später wurden auch andere
Körperstellen ergriffen. Der Verlauf erstreckte sich über mehrere
Jahre. Dieser und ähnliche Fälle sind als *atypische Zosterfälle*
bezeichnet worden und in der That ist bezüglich der Pathogenese
der Hautaffection die Analogie mit dem Herpes zoster nicht zu bezweifeln.

Das **Malum perforans pedis** *(Mal perforant du pied)* ist weniger
sicher als eine Folge nervöser Störungen zu bezeichnen, von verschiedenen Autoren wird die neurotische Natur des Leidens direct in
Abrede gestellt und eine durch die mehrfach bei Mal perforant gefundene *Endarteriitis obliterans* bedingte Ernährungsstörung für das
wesentlichste ätiologische Moment gehalten (DUPLAY, ENGLISCH). Auffallend ist andererseits das häufige Vorkommen des Mal perforant
bei Tabes, aber freilich kann dasselbe nach beiden Richtungen ge-
deutet werden, da die Tabes so ausserordentlich häufig bei Syphilitischen auftritt und die Syphilis wieder eine der wichtigsten Ursachen für die Endarteriitis obliterans ist. Auch bei *Lepra anaesthetica* kommt Mal perforant vor. Jedenfalls handelt es sich auch
hier wohl um eine Combination mehrerer ursächlicher Momente, vor
Allem der Wirkungen des Druckes und einer durch Nerveneinfluss
oder anderweitig zu Stande gekommenen Ernährungsstörung. Am
häufigsten an der Beugefläche der grossen Zehe, über dem Meta-
tarso-Phalangealgelenk, seltener an anderen Stellen der Fusssohle,
z. B. an der Ferse, entwickelt sich meist aus einer Schwiele durch
einen unter derselben sich bildenden Eiterungsprocess ein krater-
förmiges, von schwieliger Haut umgebenes Geschwür, welches durch
seine Neigung, in die Tiefe fortzuschreiten und hier zur Zerstörung

der Weichtheile und schliesslich zur Necrose des Knochens zu führen, ausgezeichnet ist. Bemerkenswerth ist noch die meist beobachtete auffallend geringe Empfindlichkeit der Geschwüre. Die Affection kann einseitig sein, tritt aber häufiger symmetrisch auf. Der *Verlauf* ist äusserst chronisch und oft treten Recidive auf. — Der *Behandlung* setzen diese torpiden Geschwüre einen hartnäckigen Widerstand entgegen; und ist es erst zur Necrose des Knochens gekommen, so ist natürlich nur durch Abnahme der Zehen, Resection oder selbst Amputation des Fusses die Heilung zu erzielen.

VIERTES CAPITEL.
Ulcera cutanea.

Als **Hautgeschwüre** werden durch *Gewebszerfall* entstandene *Substanzverluste* bezeichnet, welche *bindegewebige Theile der Haut*, also mindestens den Papillarkörper oder ausser diesem noch tiefere Theile und schliesslich das Corium in seiner ganzen Dicke betreffen, und an ihrer Oberfläche eine *eiterige Secretion* zeigen. Die Heilung des Hautgeschwürs geht nur durch *Narbenbildung* vor sich, indem der einmal zerstörte Papillarkörper nicht als solcher, sondern nur durch einfaches Bindegewebe wieder ersetzt wird, und dementsprechend ist auch die bei der vom Rande und von einzelnen im Innern erhalten gebliebenen Epidermisinseln ausgehenden Ueberhäutung sich bildende Epidermis gewissermassen verkümmert und besteht nur aus wenigen Zellschichten.

Die *Ursachen*, welche die Bildung von Hautgeschwüren hervorrufen können, lassen sich am einfachsten in drei Kategorien eintheilen, indem einmal *äussere, traumatische Einflüsse*, zweitens *durch innere Ursachen bedingte Ernährungsstörungen der Haut* und schliesslich *in der Haut selbst stattfindende Krankheitsprocesse* die Entstehung eines Hautgeschwürs veranlassen können.

Zur ersten Kategorie sind die mannigfachen *mechanischen Insulte*, Verletzungen durch äussere Gewalten oder durch Kratzen, Verbrennungen, Erfrierungen, Aetzungen u. A. m. zu rechnen. — Zur zweiten Kategorie gehören diejenigen im Körperinnern vor sich gehenden Processe, welche zum Absterben von Theilen der Haut führen, so *Gefässverschliessungen* oder *nervöse Störungen*, wie bei der spontanen Gangrän und beim Herpes zoster. — Bei der dritten Kategorie kommen eine Reihe *infectiöser Erkrankungen*. *Lupus* oder überhaupt

Tuberculose im Allgemeinen, *Lepra, Syphilis, Ulcus molle* u. A. m. und auf der anderen Seite gewisse zum Zerfall neigende *Geschwülste*, besonders die *Sarcome* und *Carcinome,* in Betracht. Aber zwischen diesen beiden Reihen von Krankheiten besteht rücksichtlich der Geschwürsbildung eigentlich kein wesentlicher Unterschied, denn der durch atypische, heterologe Gewebswucherung gebildete Carcinomknoten ist für das normale Hautgewebe ebenso ein fremder Eindringling, wie der durch von aussen stammende Parasiten hervorgerufene Lupusknoten.

Von einer Schilderung der einzelnen durch diese verschiedenen Ursachen hervorgerufenen Geschwürsformen können wir an dieser Stelle ganz absehen, da dieselben in den betreffenden Capiteln dieses Lehrbuches besprochen sind. Nur eine Geschwürsform wollen wir hier noch etwas ausführlicher schildern, das *Ulcus cruris*.

Das **Fussgeschwür** *(Ulcus cruris, Unterschenkelgeschwür)* wird, wie übrigens auch so manche der anderen Geschwürsformen, meist durch eine Combination mehrerer ursächlicher Momente hervorgerufen, nämlich durch *mechanische Insulte,* vor Allem durch das Kratzen, und andererseits durch gewissermassen vorbereitende *Ernährungsstörungen der Haut,* durch ungünstige Circulationsverhältnisse, besonders bei Anwesenheit von *Varicen* und da diese wiederum das zum Kratzen führende Jucken hervorrufen, so sind sie die eigentliche, letzte Ursache der Geschwürsbildung (daher der etwas zu complexe Name; *variköses Geschwür).* Es ist wohl anzunehmen, dass auch *Infectionskeime,* welche in die Excoriationen hineingelangen, durch Anregung länger dauernder Entzündungen eine gewisse Rolle bei der Entstehung dieser Geschwüre spielen.

Aus diesen Gründen sehen wir ausserordentlich häufig bei Frauen, die in Folge mehrfacher Schwangerschaften variköse Erweiterungen der Unterschenkelvenen zeigen, aber auch bei Männern mit Varicen, besonders bei solchen, die im Stehen schwere Arbeit verrichten, diese Geschwüre auftreten, die meist am *unteren Drittel des Unterschenkels,* sehr häufig in der Gegend der Malleolen, besonders des Malleolus internus, localisirt sind. Anfänglich sind diese Geschwüre von kleineren Dimensionen, der Grund ist nicht besonders tief, von mässig secernirendem Granulationsgewebe gebildet. Bei Fortdauer der Schädlichkeiten und Vernachlässigung der Geschwüre durch Unreinlichkeit vergrössern sich dieselben, es kommt weiterhin zur Confluenz der oft zu mehreren sich bildenden Ulcerationen, der Geschwürsgrund vertieft sich und bedeckt sich mit schmutzig graugrünlichen, geradezu necrotischen Massen. Die Ränder werden stärker infiltrirt, aufgeworfen, callös. Die *Form* der Geschwüre ist unregelmässig, manchmal aber auch ziemlich regelmässig rundlich. *Subjectiv* sind oft schon bei kleinen Geschwüren heftige Schmerzen vorhanden, bei den grösseren steigern sich dieselben natürlich, die Kranken sind nicht im Stande, eine festanliegende Fussbekleidung zu tragen und können nur mit Mühe oder gar nicht gehen. Bei vollständiger Vernachlässigung können die Geschwüre schliesslich circulär um den ganzen Unterschenkel herumgehen.

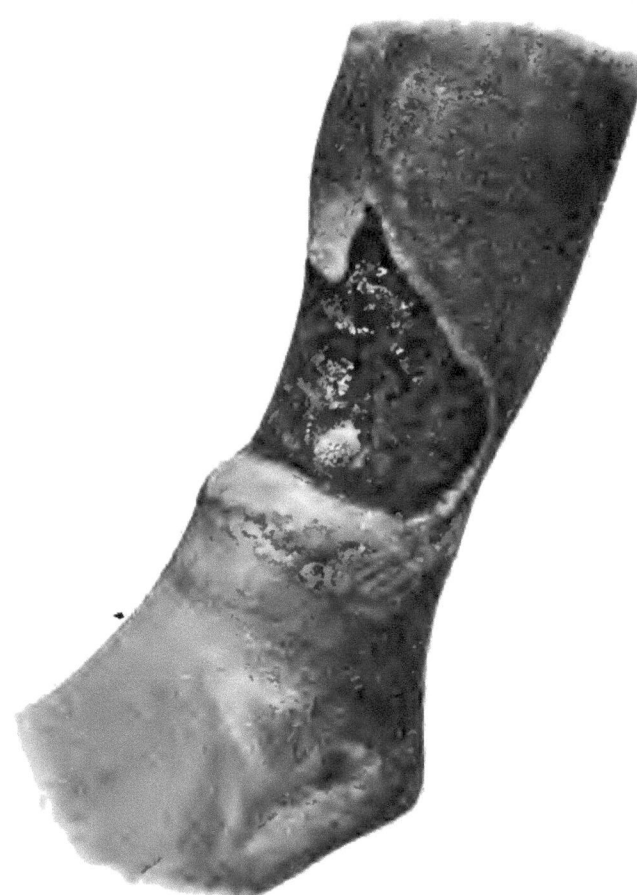

Als *Begleit- und Folgeerscheinungen* finden sich ausserordentlich häufig *Eczeme*, die theils von demselben ursächlichen Moment, wie die Geschwüre, den *Varicen*, abhängig sind, theils durch das Secret der Geschwüre und wohl auch durch irritirende Verbände hervorgerufen sind und *ödematöse Schwellungen*. Nach sehr langer Dauer der Unterschenkelgeschwüre führt die chronische entzündliche Infiltration der Gewebe schliesslich zu einer nicht mehr rückgängig zu machenden Schwel-

Fig. 2.
Ulcus cruris.

lung, die theils auf seröser Durchtränkung, theils auf Bindegewebsneubildung beruht, zur *Elephantiasis*. Auch das *Periost* kann in Mitleidenschaft gezogen werden und es treten Verdickungen des Knochens, *Exostosenbildungen*, meist an der Tibia, auf.

Der **Verlauf** ist stets ein sehr chronischer, selbst kleine Geschwüre bestehen oft lange Zeit, vor allen Dingen deswegen, weil sich die Patienten nicht den fortwirkenden schädlichen Einflüssen entziehen können. Bei zweckmässigem Verhalten tritt indess doch die Heilung ein, mit Hinterlassung einer von stark pigmentirter Haut umgebenen Narbe. Die Gefahr des Wiederaufbruchs, des Recidivirens ist allerdings sehr gross, denn die Narbe zerfällt leichter als die normale Haut, und die ursächlichen Momente — Arbeiten im Stehen, Varicen — bestehen gewöhnlich unverändert fort. Bei grossen Geschwüren berechnet sich die Dauer meist nach Jahren und manchmal Jahrzehnten; selbst wenn in diesen Fällen durch zweckmässige Behandlung eine Heilung erreicht ist, tritt leider oft genug, nachdem der Patient aus dem Spital entlassen und wieder den erwähnten Schädlichkeiten ausgesetzt ist, ein Recidiv ein. Besondere Complicationen fehlen in der Regel, nur *Blutungen* und gelegentlich von den Geschwüren ausgehende *Lymphangitiden* und *Erysipele,* die dann meist häufig recidiviren und zur Elephantiasisbildung führen, sind hier zu erwähnen.

Bei der **Diagnose** ist die Möglichkeit einer Verwechselung mit *syphilitischen Geschwüren* zu berücksichtigen, wenn auch meistens die letzteren sich durch den steilen, scharf geschnittenen Rand und die serpiginösen Formen von den gewöhnlichen Fussgeschwüren unterscheiden lassen. Immerhin ist die Unterscheidung manchmal nicht ganz leicht. In zweifelhaften Fällen bringt die nicht zu versäumende versuchsweise eingeleitete Jodkaliumdarreichung bald sicheren Aufschluss.

Die **Therapie** sollte in erster Linie für die *Entfernung der causalen Momente* Sorge tragen, aber leider müssen wir uns in dieser Hinsicht meist mit der Erfüllung geringer Ansprüche begnügen. Die durch Varicen bedingten Circulationsstörungen lassen sich nur bis zu einem gewissen Grade durch comprimirende Verbände (*Gummistrümpfe, Gummibinden*) ausgleichen und die in der socialen Stellung des Patienten liegenden Schädlichkeiten können gewöhnlich überhaupt nicht auf die Dauer ferngehalten werden. In sehr zweckmässiger Weise ist die Erfüllung der eben angedeuteten Indicationen mit der *Localbehandlung* durch den zuerst von Martin und Bruns empfohlenen Verband mit Binden aus reinem Gummi (Martin'sche *Binden*) vereinigt, indem ohne jedes weitere Verbandmittel die Gummibinde direct über das gut gereinigte Geschwür vom Fuss bis zum Knie hinauf angelegt wird. Abends wird die Binde abgenommen und sorgfältig gereinigt und Nachts ein einfacher Verband angelegt. Unangenehm ist, besonders wenn die Patienten die Binde nicht ganz sorgfältig reinigen, der höchst widerwärtige Geruch, den das Gummi durch die dauernde Berührung mit Secret und Schweiss entwickelt. In ähnlicher Weise wirkt der früher viel gebrauchte *Heftpflasterverband*, indem durch kreuzweise angelegte und sich dachziegelartig deckende Heftpflasterstreifen die Geschwürsränder einander genähert werden und gleichzeitig auf die Geschwürsfläche eine Compression ausgeübt wird. Auch mit *desinficirenden* oder die *Narbenbildung anregenden Mitteln* lassen sich gute Erfolge erzielen, so mit Verbänden mit *Jodoform*, pulverisirter *Borsäure*, *Argentum nitricum* (Arg. nitr. 0,2, Bals. peruv. 2,0, Vaselin. flav. 20,0) und ¼ proc. *Chlorzinklösung*. Umschläge mit der letztgenannten Lösung wirken ganz besonders günstig bei Geschwüren mit necrotischem Grund, bei denen sie schnell die Bildung guter Granulationen veranlassen. Ferner sind auch die früher sehr beliebten Umschläge mit *Infusen aromatischer Kräuter* oft von guter Wirkung (Herba Thymi, Herba Marubii ana part. aequ.). Bei nicht zu grossen Geschwüren lässt sich mit diesen Behandlungsmethoden — gewöhnlich wirkt ein öfterer, dem Aussehen des Geschwüres angepasster Wechsel des Verbandmittels günstig — meist die Heilung erzielen, selbst wenn die Patienten, natürlich stets mit einem regulären Verbande des Unterschenkels bis zum Knie mit einer elastischen Binde, dabei herumgehen. Die Heilung erfolgt selbstverständlich schneller bei Bettlage der Kranken, da vor Allem die Hochlagerung des Beines ein sehr wesentlicher Factor für die Herabsetzung der Circulationsstörung ist. Wenn aber die Behandlung im Krankenhaus möglich ist, so ist allen anderen Verfahren die *Transplantation* nach THIERSCH vorzuziehen, durch welche selbst sehr grosse Geschwüre in relativ kurzer Zeit zur Heilung zu bringen sind, so dass nur noch ausnahmsweise ein Fussgeschwür die Indication zur Amputation abgeben wird.

DRITTER ABSCHNITT.

ERSTES CAPITEL.

Striae atrophicae.

Als **Striae atrophicae** werden ein bis mehrere Centimeter lange, schmale, gewöhnlich leicht gebogene oder geschlängelte Streifen bezeichnet, an denen die Haut gegen die Umgebung etwas vertieft, glänzend weiss erscheint, die daher dem Aussehen nach eine gewisse Aehnlichkeit mit *Narben* haben, keineswegs aber dem Gefühl nach, da sie sich völlig weich anfühlen. Sie kommen in der Regel in grosser Zahl an demselben Individuum vor, und die einander benachbarten zeigen einen annähernd parallelen Verlauf. Am Rumpfe stehen sie in mehr oder weniger spitzen Winkel zur Mittellinie, an den Extremitäten verlaufen sie meist circulär. Die Entstehungsursache dieser Streifen ist eine *Ausdehnung der Haut*, die schneller stattgefunden hat oder übermässiger war, als dass die Haut derselben hätte folgen können. Hierdurch erklärt sich einmal das Auftreten der Striae atrophicae bei *schnellem Wachsthum*, bei *starker Fettleibigkeit*, bei *Oedem*, bei *Schwangerschaft* (sogenannte *Schwangerschaftsnarben*) und bei Ausdehnung des Abdomens durch *Tumoren* oder *Ascites*, bei schnell wachsenden *Geschwülsten* an anderen Stellen, und andererseits ergeben sich daraus von selbst die *Hauptlocalisationen* und die *Richtungsverhältnisse*. Daher finden sich weiter diese atrophischen Streifen am häufigsten bei *Frauen*, hauptsächlich in Folge vorhergegangener *Graviditäten*, aber auch abgesehen hiervon noch häufiger als bei Männern in Folge der grösseren Neigung des weiblichen Geschlechtes zur *Fettablagerung*. Ebenso erklärt es sich, dass die atrophischen Streifen am häufigsten am *Abdomen*, an den *Nates* und *Oberschenkeln* und etwa noch an der *Schulter* vorkommen. Bei anderweiter Localisation wird stets ein besonderer Grund für dieselbe leicht nachweisbar sein. Die Richtung der Striae entspricht den LANGERschen *Spaltlinien* und wird durch die *Spannungsverhältnisse* der Haut bestimmt, die ihrerseits durch die anatomische Beschaffenheit, Hauptrichtung der Bindegewebszüge u. s. w. und durch *Form und Lage* der unter der Haut befindlichen Theile bedingt sind. Diese Verhältnisse sind für grössere Hautbezirke annähernd gleich und ergiebt sich daher die parallele Anordnung der Striae. — Die *anatomische Untersuchung* (KAPOSI) hat in der That ein Auseinanderweichen der Bindegewebszüge, Verstreichen des Papillarkörpers und dementsprechend auch Verschwinden der Retezapfen erkennen lassen. Diese rein mechanische Entstehung der Striae wird weiter bestätigt durch die bei der Bildung oft entstehenden *Hämorrhagien*, durch welche die Streifen anfangs blauroth erscheinen; erst nach Resorption des Blutfarbstoffs nehmen sie dann ihre weisse Farbe an.

ZWEITES CAPITEL.

Atrophia cutis.

Zunächst möge hier an die *consecutive Atrophie* der Haut erinnert werden, die sich als *Endstadium* verschiedener Krankheitsprocesse der Haut einstellt, so bei *Sclerodermie*, bei *Pityriasis rubra*,
ferner an die im *Greisenalter* an der Haut ebenso wie an anderen
Organen auftretende *Atrophie*. Dem gegenüber stehen die seltenen
Fälle von *idiopathischer Hautatrophie*, die nicht Folgeerscheinungen
einer anderen Hauterkrankung sind, und die entweder *erworben* oder
congenital auftreten können.

1. **Atrophia cutis acquisita.** An beliebigen Stellen der Körperoberfläche erscheint die Haut manchmal in beträchtlicher Ausdehnung
dünn, unter das normale Niveau etwas eingesunken, von eigenthümlich hell bräunlichvioletter oder weisslicher Farbe. Kleinere Herde
erscheinen glatt, bei grösseren legt sich die ausserordentlich verdünnte Haut in Falten, die durch Streckung ausgeglichen werden
können. Sehr auffallend ist das durch die Dünnheit der Haut bedingte deutliche Durchscheinen aller kleineren und grösseren Blutgefässe. Die grösseren Venen erscheinen besonders bei Stauung (bei
Ergriffensein der Unterextremität beim Stehen) als dicke, das Hautniveau erheblich hervorwölbende dunkle Stränge. Die Grenze gegen
die normale Haut ist scharf, bildet eine unregelmässige Linie und
ist zum Theil vollständig unvermittelt; das Durchscheinen der Gefässe hört gleichzeitig mit den übrigen Veränderungen plötzlich auf.
An einzelnen Stellen findet sich aber zwischen die atrophische und
die normale Haut ein bis zu 1 Cm. breiter *Grenzwall* eingeschoben,
an dem die Haut sehr derb, weissglänzend und das normale Niveau
etwas überragend erscheint. Die Haut dieses Grenzwalles zeigt eine
nicht zu verkennende Aehnlichkeit mit den durch die *Sclerodermie*
im Stadium der eigentlichen Sclerosirung gesetzten Veränderungen.
An diesen Stellen findet das *sehr langsame Fortschreiten* des Processes statt, indem der Grenzwall sich gegen die normale Haut vorschiebt, hinter sich atrophische Haut zurücklassend. Indessen sind
auch Fälle beobachtet, bei welchen dieser Grenzwall fehlte.

Die *Functionen* der atrophischen Haut können normal sein, die
Schweisssecretion ist in einzelnen Fällen erhalten, in anderen herabgesetzt, die *Sensibilität* ist intact, im Gegentheil geben die Patienten
sogar an, dass sie an diesen Stellen feiner und intensiver empfinden,
als an den normalen Hautstellen, eine Erscheinung, die durch die

Verdünnung der Haut bei normalem Nervenapparat ohne Weiteres ihre Erklärung findet. — Das *Wesen* des Krankheitsprocesses, dessen Schwerpunkt in dem sclerosirten Grenzwall zu suchen ist, ist völlig unanfgeklärt, und es wäre möglich, dass es sich hier, wenigstens in einzelnen Fällen, eigentlich auch nur um eine *consecutive Atrophie* handelt und die Krankheit vielleicht der *Sclerodermie* zuzurechnen ist, mit deren Erscheinungen, wie schon erwähnt, die Veränderungen an den Stellen, wo der eigentliche Krankheitsprocess sich abspielt, grosse Aehnlichkeit haben.

Ferner ist hierher die als **Glossy skin** beschriebene Hautveränderung zu rechnen, bei der im Anschluss an eine *Nervenverletzung* (ohne völlige Trennung des Nerven vom Centralorgan) in der von dem betreffenden Nerv versorgten Haut atrophische Veränderungen, Schrumpfung, Glattwerden der Oberfläche, auftreten. Auch hier wird die rothe oder livide Färbung in Folge des Durchscheinens der Gefässe erwähnt. An den Händen kommt es durch die Schrumpfung zu Contracturen.

Schliesslich ist hier an die **Hemiatrophia facialis progressiva** zu erinnern, bei welcher im jugendlichen Alter eine Atrophie nicht nur der Haut, sondern auch der tieferen Gebilde, des Unterhautgewebes und der Knochen der einen Gesichtshälfte, sehr selten beider Seiten auftritt. Auf manche Aehnlichkeiten dieser Form der Gesichtsatrophie mit Sclerodermie ist kürzlich von EULENBURG hingewiesen worden und in der That sind Fälle beobachtet, bei denen halbseitige Gesichtsatrophie mit Sclerodermie vereint auftrat.

2. Atrophia cutis congenita. Die Haut zeigt ganz die Erscheinungen, wie sie oben für die acquirirte Hautatrophie geschildert sind, geht aber unmittelbar, ohne Dazwischentreten eines Grenzwalles in die normale Haut über und es tritt kein Grösserwerden der atrophischen Stellen ein, abgesehen natürlich von der dem Wachsthum des Organismus entsprechenden Vergrösserung. Liegen behaarte Stellen im Bereich der Atrophie, so können die Haare fehlen. Diese Form der Atrophie scheint sich — die Kenntnisse über dieselbe sind zur Zeit noch sehr unzureichende — an die Ausbreitungsgebiete der Hautnerven zu halten.[1]

---

[1] Ich beobachtete einen Fall von angeborener Atrophie im Gebiet des *Ramus frontalis* vom *N. trigeminus.*

DRITTES CAPITEL.

Cicatrix.

Ein Substanzverlust der Haut, welcher nur die oberen Schichten der Epidermis betrifft, wird stets mit vollständiger *Restitutio ad integrum* ersetzt, so dass *keine bleibende Veränderung* an der betreffenden Stelle hinterlassen wird. Sowie aber ein Theil des Papillarkörpers zerstört ist oder durch noch tiefer reichende Defecte Theile des Corium verloren gegangen sind, tritt der Ersatz der zerstörten Theile durch einfaches *Bindegewebe*, welches nur mit einem dünnen Epidermisüberzug versehen ist, durch eine *Narbe*, ein.

Die Narben erscheinen unter den mannigfachsten Formen, die einmal natürlich durch Form und Umfang der sie bedingenden Substanzverluste, dann aber auch durch dem Narbengewebe selbst innewohnende Eigenschaften bedingt werden. Die einfache, fertig ausgebildete Narbe erscheint als eine unter das Niveau der Haut eingesunkene (*Cicatrix atrophica*) oder im Niveau der Haut liegende oder dasselbe überragende (*Cicatrix hypertrophica*), dementsprechend dünnere oder dickere, feste Membran von weisser Farbe und glänzendem Aussehen. Drüsen und Follikelmündungen, Haare und die Linien und Furchen der Haut fehlen vollständig auf der Narbe. Frische Narben sehen hyperämisch aus und sind oft von starken *Pigmenthöfen* umgeben oder erscheinen selbst *pigmentirt*, besonders an den Unterschenkeln, wo diese Pigmentirungen oft sehr lange bestehen bleiben. Allmälig wird das Pigment resorbirt, die Hyperämie verschwindet, nur bleiben oft Gefässectasien in den Narben zurück. In Folge der fehlenden Schweiss- und Fettsecretion sind die Narben stets *vollkommen trocken*. Die *Sensibilität* ist auf grösseren Narben herabgesetzt, dabei bestehen manchmal neuralgische Schmerzen, die offenbar durch Zerrung der in die Narbe eingeheilten Nervenfasern hervorgerufen werden.

Durch die dem Narbengewebe innewohnende *Neigung zur Retraction* kommt es häufig zur Bildung sternförmiger oder andere Theile ganz oder theilweise überbrückender Narben. Ferner werden die Formen der Narben dadurch modificirt, dass sie oft mit tieferen Gebilden, eben nach tiefgreifenden Substanzverlusten, verwachsen sind, ganz besonders mit den Knochen, und es kommt hierdurch zur Bildung trichterförmig eingezogener Narben. Manche Individuen haben eine gewisse Prädisposition zur Bildung hypertrophischer Narben.

Die Nachtheile der Narben bestehen einmal in der durch dieselben gesetzten *Entstellung* und betrifft dies natürlich hauptsächlich die Narben im Bereich des Gesichtes. Von noch schwererer Bedeutung ist aber die vorhin schon erwähnte *Neigung zur Retraction*. Es kommt durch dieselbe je nach der Localisation zu den mannigfachsten und oft schwersten Functionsstörungen. So wird durch Narben in der Gegend der Augenlider Ectropium mit seinen weiteren Folgen veranlasst, es kann andererseits durch Verschmelzung der Lider zur Verkleinerung, ja zum völligen Verschluss der Lidspalte kommen. Aehnliche Erscheinungen kommen am Mund und an den Genitalien vor. Entwickeln sich Narben über Gelenken, so kommt es durch die Retraction zu einer *Contractur* und oft zu einer völligen *Pseudankylose der Gelenke in Contracturstellung*. Am häufigsten tritt dieses Ereigniss an den Fingern ein. Ebenso wie an den Körperöffnungen kommen auch an anderen Theilen *abnorme Verwachsungen* durch Narbenbildung zu Stande, am häufigsten an den Fingern und Zehen, indessen sind auch Anheftungen des Oberarms an den Thorax, des Kinnes an die Brust beobachtet worden.

Die *Bildung der Narben* geschieht in der Weise, dass der irgendwie gesetzte Substanzverlust der Haut sich zunächst mit *Granulationsgewebe*, einem dem embryonalen Bindegewebe ähnlichen, sehr blutgefässreichen Gewebe füllt, welches dauernd an seiner Oberfläche Eiter secernirt. Im weiteren Verlauf nimmt die Eiterung ab, die Granulationen werden trockener und nun beginnt die *Ueberhäutung*, entweder nur vom Rande her, indem sich von der erhaltenen Epidermis ausgehend ein graubläulicher Epidermissaum immer weiter vorschiebt, bis die ganze granulirende Fläche überzogen ist, oder es geht die Ueberhäutung gleichzeitig auch von Epidermisinseln, die sich in der Mitte der Granulationen bilden, aus. Diese Epidermisinseln verdanken einzelnen stehengebliebenen Resten des Rete mucosum oder Hautdrüsen oder Haarbälgen, jedenfalls stets epidermidalen Gebilden ihre Entstehung. Die Dauer der Vollendung der Ueberhäutung schwankt je nach der Grösse des Defectes von ganz kurzer Zeit bis zu Jahren. — Die *fertige Narbe* besteht aus faserigem, blutgefäss- und zellenarmem Bindegewebe mit einzelnen Pigmenteinlagerungen, welches an seiner glatten Oberfläche von einer dünnen, nur wenige Zellschichten enthaltenden Epidermis überzogen wird. Jede Andeutung des Papillarkörpers und natürlich ebenso auch der sich zwischen die Papillen einsenkenden Retezapfen fehlt vollständig.

Behandlung. In erster Linie kommt hier die *Fürsorge für eine regelmässige Narbenbildung* in Betracht, besonders die Verhütung des Zusammenwachsens sich gegenüberliegender granulirender Flächen durch regelmässige *Aetzungen* mit Arg. nitricum oder *Einlegen von Wattebäuschen*, die mit Argentumsalbe bestrichen sind. Sind die Narben einmal fertig ausgebildet, so kann es sich einmal um Beseitigung der Entstellung, besonders durch hypertrophische Narben, und zweitens um Beseitigung der durch die Narbenretraction gesetzten Functionsstörungen handeln. Am besten wird bei kleineren Narben der erste Zweck durch sorgfältig ausgeführte *Excisionen* erreicht, doch wird dies um so schwieriger, je grösser die Narbe ist, da hiermit die Aussicht auf Heilung per primam intentionem geringer und demgemäss auf etwa sich wieder einstellende Hypertrophie der neuen Narbe grösser wird. Bei narbigen Verwachsungen ist das *operative Verfahren* natürlich das einzig mögliche. — Ist eine Operation aus dem einen oder dem anderen Grunde nicht rathsam oder nicht durchführbar, so gelingt es wenigstens bis zu einem gewissen Grade, die Narben durch Auflegen von *Empl. Hydrargyri* und durch *protrahirte warme Wasserbäder* geschmeidiger und weicher zu machen. Den von H. v. Hebra gegen Lupus empfohlenen subcutanen Injectionen von *Thiosinamin* scheint eine gewisse erweichende Einwirkung auf Narbengewebe zuzukommen.

VIERTES CAPITEL.

Scleroderma.

Von der eigentlichen *Sclerodermie* ist zunächst das **Sclerema neonatorum** vollständig abzutrennen. Diese letztere Krankheit tritt stets wenige Tage nach der Geburt auf und manifestirt sich durch eine zunächst teigig ödematöse Schwellung des Unterhautbindegewebes, die aber bald in eine harte Infiltration übergeht, meist an den Unterextremitäten beginnend sich schnell über die Haut des ganzen Körpers ausdehnt und unter Abnahme aller vitalen Functionen fast regelmässig in kurzer Zeit zum *Tode* führt.

Die der eigentlichen *Sclerodermie* angehörigen Krankheitsformen lassen sich in *zwei Gruppen*, das *Scleroderma diffusum* und das *Scleroderma circumscriptum* (*Sclérodermie en plaques* der Franzosen, *Morphaea* der Engländer) trennen, die sich nicht nur durch die im Namen angedeutete Verschiedenheit der Ausbreitung, sondern auch noch durch andere Eigenthümlichkeiten der Krankheitserscheinungen und des Verlaufes unterscheiden.

Scleroderma diffusum. Die Haut erscheint im *ersten Stadium*, welches übrigens nur selten zur Beobachtung kommt, da die Fälle meist erst in voller Ausbildung zur Cognition des Arztes kommen ödematös, doch unterscheidet sich dieses Oedem bereits durch seine auffallende Festigkeit von der einfachen ödematösen Schwellung des Unterhautbindegewebes.

Sehr bald, manchmal nach auffallend kurzer Zeit, treten die Veränderungen ein, welche dem *zweiten Stadium,* dem der *eigentlichen Sclerosirung der Haut* angehören. In diesem Stadium erscheint die Haut verdickt, durch Ausgleichung der normalen Furchen glänzend und vor Allem fest und hart, so dass es fast oder ganz unmöglich ist, dieselbe in eine Falte zu erheben. Es kann dabei anfänglich noch ein geringer Rest der ödematösen Durchtränkung des Gewebes zurückbleiben, so dass auch in diesem Stadium noch Eindrücke, die mit einem harten Körper (Messerrücken, Fingernagel) in die Haut gemacht werden, lange Zeit stehen bleiben. — Regelmässig tritt ferner eine *Veränderung der Pigmentirung* ein, indem eine *starke Zunahme des Pigmentes* der Haut ganzer Körperregionen stattfindet. Während nun in einigen Fällen diese Pigmentzunahme ausschliesslich in den Vordergrund tritt, zeigt sich in der Regel gleichzeitig an anderen Stellen eine *Abnahme des Pigmentes,* so dass auffallend braune mit auffallend weissen, alabasterartig erscheinenden Stellen abwechseln. Die *Grenzen* zwischen beiden sind ganz unregelmässig und oft sind an der Grenze kleine, regellos oder strichweise angeordnete braune Flecken in die weissen Partien eingestreut.

Die Krankheit ergreift am häufigsten und jedenfalls meist am stärksten die *oberen Theile des Körpers, Gesicht, Hals, die oberen Partien der Brust und des Rückens, die Hände und Arme,* während die Beine in der Regel verschont bleiben oder doch weniger stark ergriffen sind. An den Stellen, wo die Haut dem Knochen dicht aufliegt, so über den Jochbögen und über den Handgelenken, tritt die eigenthümliche Härte am stärksten hervor. Hier erscheint die Haut wie auf die Unterlage „aufgelöthet" und es ist absolut unmöglich, sie auf derselben zu verschieben oder eine Falte aufzuheben. Aber auch an den anderen Theilen werden durch die Schwellung und Starrheit der Haut die auffallendsten Erscheinungen hervorgerufen. In den ausgebildeten Fällen erscheint das Gesicht starr und unbeweglich, das Mienenspiel ist völlig erloschen, der Mund kann nur wenig

geöffnet, die Augenlider können nicht völlig geschlossen werden, die
Nase ist spitz und verschmächtigt. Ist der Hals ergriffen, so ist
Drehung und Beugung des Kopfes behindert. Ebenso ist an den Gelenken der Extremitäten die Bewegung aufs äusserste erschwert oder
unmöglich gemacht. Die Finger werden gespreizt und in geringer
Beugestellung gehalten, die vollständige Streckung ist unmöglich,
ebenso die weitere Beugung. Die Handgelenke sind unbeweglich
und ebenso die Ellenbogengelenke, falls die Affection über dieselben
hinausgeht. Die Patienten empfinden selbst in unangenehmster Weise
diese Spannung der Haut, sie haben das Gefühl, als ob die Haut ihnen
„zu eng geworden wäre". Jeder Versuch, die Glieder passiv zu bewegen, ruft Schmerzen hervor.

Eine weitere Erscheinung wird offenbar durch die *Beeinträchtigung der Blutcirculation* in den Hautgefässen hervorgerufen, die
Kälte der Haut, die sich subjectiv bemerkbar macht und auch objectiv nachweisbar ist. Schon bei gewöhnlichen Temperaturverhält-
nissen frösteln die Kranken und ihre Haut fühlt sich kalt an, sie
fühlen sich an *„wie ein gefrorener Leichnam".* Ganz geringe Er-
niedrigung der Aussentemperatur genügt, um *Cyanose* hervorzurufen,
besonders an den Händen, die dann wohl mit in Folge des Glanzes
der Haut ein eigenthümlich irisirendes Farbenspiel zeigen.

Die *übrigen Functionen* der Haut scheinen aber durch die Krankheit, in der Mehrzahl der Fälle wenigstens, nicht wesentlich beeinflusst zu werden. Die *Sensibilität* der Haut ist erhalten und auch die
Schweisssecretion ist in vielen Fällen vorhanden, in anderen freilich
ist das völlige Fehlen derselben an sclerosirten Partien beobachtet.

Aus diesem Stadium, welches die *Acme* des Processes darstellt,
kann nun die Krankheit, wie in einzelnen Fällen sicher constatirt ist,
in *vollständige Heilung* übergehen, indem Härte und Pigmentirung
verschwinden und die Haut wieder vollständig ihre normalen Eigenschaften annimmt. In der Mehrzahl der Fälle aber geht die Krankheit, wenn auch erst nach jahrelangem Bestande, in das *dritte Stadium,* das als *atrophisches Stadium* zu bezeichnen ist, über, aus dem
eine Rückkehr zur Norm nicht mehr möglich ist.

In diesem Stadium der Krankheit, im *Stadium atrophicum,* wird
die vorher verdickte Haut allmälig immer *dünner,* so dass sie schliesslich papierdünn werden kann. Dabei tritt natürlich die eigenthümliche Härte mehr und mehr zurück, doch bleibt die Haut an den
Stellen, wo sie dicht über dem Knochen liegt, fest auf die Unterlage
aufgeheftet, so dass es hier nicht gelingt, eine Falte anzuheben. Die

übrigen Eigenschaften, die Pigmentirung oder umgekehrt die alabaster-
artige Weisse, der Glanz, die Kälte und Cyanose bleiben bestehen oder
treten noch deutlicher hervor. — Es treten nun aber weitere Veränderungen hinzu, zunächst eine *Atrophie der Muskeln*, die in der
Regel schon im zweiten Stadium beginnt und die wesentlich wohl
durch den Nichtgebrauch der Muskeln bedingt ist. Nach jahrelangem
Bestande kann diese Atrophie, besonders an den Extremitäten, die
höchsten Grade erreichen. Auch *Muskelcontracturen* sind beobachtet.
Die Finger werden flectirt und sind schliesslich nahezu unbeweglich
in die Hohlhand eingeschlagen oder sie können in Klauenstellung
fixirt sein, wobei ähnlich wie bei anderen Schrumpfungsprocessen der
Haut Subluxationen einzelner Gelenke beobachtet sind (*Sclerodactylie*).
An den Streckseiten der Finger kommt es häufig zu kleinen *Ulcerationen*, die erst nach langer Zeit unter Narbenbildung heilen. Ob
diese Ulcerationsprocesse lediglich durch die localen ungünstigen Ernährungsverhältnisse der Haut und durch die stets vorkommenden
zufälligen kleinen Verletzungen bedingt sind, oder ob hierbei noch
ein anderes, durch *Störungen der Innervation* bedingtes Moment mit-
wirkt, muss vorläufig noch dahingestellt bleiben, doch ist das letztere
wahrscheinlich. Ebenso ist die manchmal auftretende *Atrophie der
Phalangen*, durch welche die Finger verkürzt und verschmächtigt
werden und die Hände erwachsener Patienten den Eindruck von
Kinderhänden machen, wahrscheinlich auch eine durch nervöse Einflüsse bedingte Ernährungsstörung. Es mag freilich bei den oben erwähnten Ulcerationen gelegentlich wohl auch zu *Erkrankungen des
Periostes* und *Exfoliationen von Knochentheilen* kommen, doch findet
sicher auch abgesehen hiervon ein wirklicher Schwund von Knochen-
masse statt. Das Vorkommen von *spontaner Gangrän* der Endphalangen bei Sclerodermie, analog der symmetrischen Gangrän, an welche
übrigens auch schon die Erscheinungen der Cyanose erinnern —
locale Asphyxie — sowie die früher erwähnte Combination von Sclerodermie mit halbseitiger Gesichtsatrophie, ferner die Fälle, bei denen
die Veränderungen der Haut sich an die Ausbreitungsgebiete peripherischer Nerven hält, geben der Annahme, dass die Ursache der
Sclerodermie in einer Erkrankung nervöser Theile zu suchen sei,
eine weitere Stütze.

In einer ganzen Anzahl von Sclerodermiefällen sind *Gelenkaffectionen* beobachtet worden, seltener dem Rheumatismus acutus ähnelnd
und in mehrfachen Wiederholungen auftretend, häufiger chronisch verlaufend und zu Verdickungen der Gelenkenden, besonders der Finger-

knochen, führend. Wohl mit Recht ist auf die Aehnlichkeit dieser
Gelenkaffectionen mit den trophoneurotischen Arthropathien bei
Rückenmarkserkrankungen — so den spinalen Arthropathien der
Tabiker — hingewiesen worden (AUSPITZ, MELLER).

Der **Verlauf** der Sclerodermie ist nur in seltenen Fällen ein rascher
und zwar scheinen gerade die in Heilung übergehenden Fälle diesen
rascheren Ablauf zu zeigen. In der Mehrzahl der Fälle ist er *sehr
chronisch* und erstreckt sich über *Jahre und Jahrzehnte*. — Während
im Anfang der Krankheit das *Allgemeinbefinden* nicht wesentlich
beeinträchtigt ist, tritt nach längerem Bestande regelmässig eine *allgemeine Abmagerung* ein, die schliesslich in einen *hochgradigen Marasmus* übergeht, dem die Kranken entweder direct erliegen oder
mehr mittelbar durch irgend eine intercurrente Krankheit.

Die **Prognose** ist im Beginn des Leidens eine zweifelhafte, da die
Heilung, wenn auch selten, so doch nicht unmöglich ist. Je länger die
Krankheit dagegen besteht, desto schlechter wird die Prognose, und
in den Fällen, wo die Sclerodermie bereits in das atrophische Stadium
eingetreten ist, muss dieselbe als absolut ungünstig bezeichnet werden.

Die **Diagnose** der Sclerodermie macht in Folge der ausserordentlich charakteristischen Erscheinungen der Krankheit niemals Schwierigkeiten. Mehrfach sind Fälle von Sclerodermie mit starker Pigmentirung der Haut für *Morbus Addisonii* gehalten worden; die
Unterscheidung ist leicht, denn bei letzterer Krankheit fehlt die Sclerosirung der Haut. Nur in den Fällen, die schon vollständig in das
atrophische Stadium übergegangen sind, könnte an eine Verwechselung mit *Xeroderma pigmentosum* gedacht werden. Doch fehlen bei
der Sclerodermie die für das Xeroderma charakteristischen Teleangiectasien, die wenigstens häufigen Carcinombildungen, das Auftreten
bei mehreren Geschwistern.

Die **anatomischen Untersuchungen** haben bisher keine Ergebnisse,
welche für das Verständniss der Krankheit wesentlich sein könnten, zu
Tage gefördert. Auf Durchschnitten durch die sclerosirte Haut findet
sich eine *Vermehrung der Bindegewebszüge* im subcutanen Gewebe, vor
Allem eine *Vermehrung der elastischen Fasern* und eine *Verengerung der
Gefässe* durch perivasculäre Infiltration.

Auch über die **Aetiologie** der Sclerodermie haben die klinischen
Erfahrungen bisher nicht die wünschenswerthe Aufklärung gebracht,
wenn es auch aus den schon oben erwähnten Gründen wenigstens als
sehr wahrscheinlich angesehen werden kann, dass die Sclerodermie
in das Gebiet der *Trophoneurosen* gehört. Zum Theil ist unsere Un-

kenntniss jedenfalls durch die grosse Seltenheit der Krankheit bedingt. Meist trat die Krankheit in den *mittleren* Lebensjahren auf,
doch sind auch im *jugendlichen und kindlichen Alter* Erkrankungen
vorgekommen. Sehr auffallend ist das *Ueberwiegen der weiblichen
Patienten,* indem etwa ³/₄ der bekannten Fälle Personen weiblichen
Geschlechtes betreffen. Es mag nicht unerwähnt bleiben, dass in
manchen Fällen eine *sehr intensive Erkältung,* Liegen im Schnee
u. dgl. der Erkrankung voraufging, wenn auch vorläufig ein ursächlicher Zusammenhang hierbei mit Sicherheit noch nicht nachweisbar ist.

Leider ist es mit der **Therapie** zur Zeit noch dürftig bestellt,
indem wir kein Mittel kennen, welches nachweisbar einen günstigen
Einfluss auf die Krankheit hat. Mit Rücksicht auf den vorhandenen
oder zu befürchtenden Marasmus werden stets *Roborantia, Leberthran, Eisen* und *entsprechende Diät* indicirt sein. Die subjectiven,
durch die Spannung der Haut hervorgerufenen Beschwerden können
durch häufige *warme Bäder* oder *Dampfbäder* und durch Anwendung
indifferenter Salben etwas gelindert werden. Von einigen Seiten ist
eine günstige Wirkung des *constanten Stromes* behauptet worden, doch
fehlt auch hierfür noch der sichere Nachweis, dagegen ist vor Eintritt des atrophischen Stadiums vielleicht die Anwendung der *Massage* von Nutzen. Auch der Gebrauch des *Natrium salicylicum* ist
empfohlen worden.

Scleroderma circumscriptum. Diese Krankheit scheint noch seltener zu sein, als die diffuse Sclerodermie, und es liegen erst aus
neuerer Zeit genaue Beobachtungen über den klinischen Verlauf des
Leidens vor; bezüglich der **Aetiologie** lässt sich nur sagen, dass auch
für diese Form der Sclerodermie gelegentlich die Abhängigkeit von
der Nervenausbreitung constatirt ist (BESNIER und DOYON). Im Beginn des Leidens treten an verschiedenen Körperstellen zerstreute
rundliche oder ovale, eigenthümlich mattbräunliche oder violette
Flecken auf, bei deren Grösserwerden im weiteren Verlauf in den
centralen Partien die *Sclerosirung* der Haut sich einstellt. Die ausgebildete Efflorescenz präsentirt sich daher als thaler- bis flachhand-
grosser Herd mit ziemlich schmalem, nicht indurirtem, hellbräunlich
oder matt violett gefärbtem Saum, während die Haut im Centrum
hart, unverschieblich, weiss und glänzend wie eine Verbrennungsnarbe
erscheint. Die verhärtete Partie hat ein eigenthümlich durchschei-
nendes Ansehen, so dass der gewählte Vergleich mit einer *Speck-
schwarte* nicht unzutreffend ist. Die Follikelmündungen in der so

veränderten Haut sind nicht mehr sichtbar, ebenso fallen die Haare
an diesen Stellen vollständig aus. In der Mitte dieser weissen centralen Partien kommen manchmal auch wieder kleine *Pigmentanhäufungen* in Gestalt von hellbräunlichen Punkten und Strichen vor.
Ferner sind *oberflächliche Ulcerationen* dieser mittleren Theile beobachtet. In einzelnen, länger beobachteten Fällen trat eine *vollständige Rückkehr zur Norm* an den veränderten Stellen ein, indess kann
auch bei der circumscripten Sclerodermie schliesslich *Atrophie* der
befallenen Hautstellen eintreten. Das *Allgemeinbefinden* leidet nicht,
so dass in dieser Hinsicht wenigstens die **Prognose** als günstige angesehen werden kann. — Die **Diagnose** ist leicht. Eine Verwechselung ist nur bei oberflächlicher Betrachtung mit *Vitiligo* möglich,
denn die abgesehen von der Entfärbung vollständig normale Beschaffenheit der Haut bei letzterer Krankheit gegenüber der narbenartigen
Härte bei Scleroderma circumscriptum lässt bei einigermassen genauer
Untersuchung diese Verwechselung, die freilich mehrfach vorgekommen ist, mit Leichtigkeit vermeiden. — Ueber *therapeutische Erfahrungen* ist kaum etwas zu berichten; ich habe in einem Fall durch
Massage der indurirten Stellen einen leidlich günstigen Erfolg erzielt.

FÜNFTES CAPITEL.

Elephantiasis.

Als Elephantiasis ist die *erworbene Vergrösserung einzelner Körpertheile* zu bezeichnen, die im Wesentlichen auf einer *ödematösen
Durchtränkung der Gewebe* und *Vermehrung der bindegewebigen Bestandtheile* beruht, und zwar in der Weise, dass in den späteren Stadien die erstgenannte Veränderung hinter der letzterwähnten immer
mehr zurücktritt. In wenigstens bei uns selteneren Fällen tragen
Erweiterungen der Lymphgefässe auch noch wesentlich zu der Vo-
lumsvergrösserung bei.

Nach dieser Definition sind von der Elephantiasis die bisher meist
als *Elephantiasis teleangiectodes und lymphangiectodes congenita* bezeichneten Zustände zu trennen, die in der That richtiger als *angeborene Angiome*, resp. *Lymphangiome* zu benennen sind. Und ebenso
sind die in ihrer Anlage ebenfalls *stets angeborenen*, oft colossalen
geschwulstartigen Bindegewebshypertrophien, die meist mit *multiplen
kleineren und kleinsten Fibromen* gleichzeitig bestehen und sich wenigstens in vielen Fällen ursprünglich aus den Scheiden der peripheri-

schen Nerven entwickeln (v. RECKLINGHAUSEN: *Elephantiasis neuro-matosa, Pachydermatocele*), vollständig von der eigentlichen Elephantiasis, einem stets *erworbenen Zustande* zu trennen und den Fibromen zuzurechnen. Massgebend hierfür ist die *ätiologische Differenz* beider Krankheitsformen, während allerdings das schliessliche Product seiner Form wie seiner feineren Zusammensetzung nach ein sehr ähnliches oder sogar das gleiche Bild geben kann.

Nicht unerwähnt darf hier der Umstand bleiben, dass unglücklicher Weise mit dem Namen „Elephantiasis" *zwei toto coelo verschiedene Krankheiten* bezeichnet und hierdurch die mannigfachsten Verwechselungen hervorgerufen sind. Die Uebersetzer der Arabisten nahmen nämlich die Bezeichnung *Dâ-al fil, Elephantenkrankheit*, für die hier zu schildernden Krankheitszustände auf und übersetzten sie mit *Elephantiasis*, während die griechischen medicinischen Schriftsteller diesen Namen schon viel früher einer ganz anderen *constitutionellen Krankheit, dem Aussatz*, zuertheilt hatten, welche von den Araberübersetzern als *Lepra* bezeichnet wurde. Daher standen sich also *Elephantiasis Arabum* (i. e. scriptorum) = *Dâ-al fil, Vergrösserung einzelner Körpertheile, rein locale Erkrankung*, und *Elephantiasis Graecorum* = *Lepra Arabum, Aussatz, allgemeine Infectionskrankheit*, gegenüber. Am zweckmässigsten ist es, wie es jetzt auch fast allgemein geschieht, die Bezeichnung Elephantiasis Graecorum für *Aussatz* ganz fallen zu lassen und für dieses Leiden ebenfalls die Benennung der Arabisten, *Lepra*, zu adoptiren, während es *nicht angezeigt* erscheint, die so treffende Benennung *Elephantiasis* für die *Volumszunahme einzelner Körpertheile* durch einen anderen Namen, etwa wie vorgeschlagen wurde, „*Pachydermie*" zu ersetzen.

Die Elephantiasis tritt *niemals als primäre Krankheit auf*, sondern sie bildet den *Folgezustand* -einer ganzen Reihe verschiedener Krankheiten, die bei der Aetiologie näher besprochen werden und die natürlich im einzelnen Falle den Verlauf zu einem sehr verschiedenartigen gestalten. Weiter wird das Krankheitsbild sehr wesentlich durch die *Localisation* des Processes modificirt und es erscheint daher zweckmässiger, hier die an den verschiedenen Körpertheilen auftretenden Veränderungen zu besprechen.

Elephantiasis cruris. Der *Unterschenkel* ist der am häufigsten ergriffene Theil. Den *Beginn* der Erkrankung bezeichnet eine *ödematöse Schwellung*, die unter vielfachen Exacerbationen und Remissionen schliesslich zu einer *stationären Verdickung* des Unterschenkels führt, welche zum Theil allerdings auch noch auf einem Oedem des Unterhautbindegewebes beruht. Auch der Umstand, dass dieses Oedem sich durch die geeigneten Massregeln, Compression, Hochlagerung, nur noch zu einem geringen Theil beseitigen lässt und dass ferner die verdickten Theile dem Gefühle nach viel härter erscheinen, als bei einem gewöhnlichen Oedem, beweist, dass hier schon eine *Vermehrung des subcutanen Bindegewebes* stattgefunden hat. Bei völliger Ausbildung des Krankheitsprocesses erscheint der Unterschenkel um das zwei- und dreifache verdickt, dabei von gleichmässig *walzenartiger*

Fig. 3.
Elephantiasis cruris.[1)]

Form in Folge der Ausgleichung der Wadenanschwellung. Der gleichfalls *verdickte Fuss* setzt sich direct an das untere Ende der Walze an, die dem Sprunggelenk entsprechende Verschmächtigung fehlt, so dass hierdurch in der That die Aehnlichkeit mit einem *Elephantenbein* eine sehr grosse wird. Dabei erscheint die Haut gespannt, glänzend, glatt *(Elephantiasis laevis)* oder unregelmässig höckerig *(Elephantiasis tuberosa)* oder mit zahlreichen, dicht aneinander gereihten, oberflächlich verhornten papillären Wucherungen bis zur Höhe mehrerer

Millimeter bedeckt, so dass das Krankheitsbild an eine Ichthyosis hystrix erinnert *(Elephantiasis papillaris, verrucosa)*. Zwischen Fuss und Unterschenkel gehen oft Falten tief in das Gewebe hinein, in denen es zur Anhäufung und zur Zersetzung der Hautsecrete kommt. Die Haut ist dabei entweder blass oder cyanotisch, im späteren Stadium oft stark pigmentirt, ganz abgesehen natürlich von den Verände-

---

1) Die Photographie, nach welcher die obenstehende Abbildung angefertigt wurde, verdanke ich der Freundlichkeit des Herrn Dr. Epenstein in Berlin.

rungen, Infiltraten, Ulcerationen, Narben, welche im speciellen Falle der ursächlichen Krankheit angehören.

In der Mehrzahl der Fälle überschreitet die Verdickung das Knie nicht, selten ist der *Oberschenkel* auch noch angegriffen und dann gewöhnlich in geringerem Grade als der Unterschenkel. Meistens ist nur das *eine Bein* erkrankt, doch kommen Fälle einer *doppelseitigen Elephantiasis* auch vor, wie die Abbildung zeigt. — Diese Verunstaltung hat natürlich nicht unerhebliche *Functionsstörungen* im Gefolge, indem einmal durch die Last der vergrösserten Extremität und durch die Beschränkung der Beweglichkeit der Gelenke, dann aber auch durch eine *secundäre Atrophie der Musculatur* den Kranken der Gebrauch der Extremität mehr oder weniger erschwert ist. Doch ist diese Behinderung meist nicht so gross, als man von vornherein erwarten sollte, und es ist oft erstaunlich, wie die Kranken trotz enormer Vergrösserung eines Unterschenkels durch Elephantiasis noch im Stande sind, verhältnissmässig weite Wege zu Fuss zurückzulegen.

Elephantiasis genitalium. Nächst dem Unterschenkel sind die *Genitalien* am häufigsten betroffen und zwar *häufiger das Scrotum und die grossen Schamlippen, seltener Penis, Clitoris und die kleinen Schamlippen.* Das *Scrotum* vergrössert sich bis zu einem über die Knie herabhängenden Tumor, der bis über 100 Pfund schwer werden kann. Der Penis verschwindet dabei vollständig, indem die Haut desselben zur Bedeckung des sich immer mehr vergrössernden Scrotum mit einbezogen wird. An seiner Stelle bleibt eine trichterförmige Einziehung, aus welcher der Urin natürlich nicht mehr im Strahle entleert werden kann, sondern an der vorderen Fläche der Geschwulst herunterfliesst und hier zur *Reizung der Haut,* zur Bildung von *Eczemen* Veranlassung giebt. Zu ähnlichen Tumoren können die *grossen Labien* heranwachsen und dann natürlich ebenso wie das vergrösserte Scrotum den Patienten sehr beschwerlich fallen. In unserem Klima kommen diese in den Tropen häufigen, excessiven Elephantiasisbildungen der Genitalien kaum vor, dagegen sind elephantiastische Vergrösserungen der grossen Labien etwa bis zu Faustgrösse nicht so selten und werden am häufigsten bei Prostituirten angetroffen. Oft werden bei Elephantiasis der grossen Labien nicht diffuse Vergrösserungen, sondern in grösserer Anzahl auftretende polypöse oder papillomatöse Wucherungen beobachtet.

An den *Genitalien* ist häufig das neugebildete Bindegewebe nicht so straff und fest, wie bei der Elephantiasis des Unterschenkels, die vergrösserten Gebilde erscheinen daher weich (*Elephantiasis mollis* im Gegensatz zur *Elephantiasis dura*). Häufig kommt es ferner an den

Genitalien, in selteneren Fällen übrigens auch an den Extremitäten, zu *Ausdehnungen der Lymphgefässe*, die, wenn sie oberflächlich gelegen sind, als kleine, mit klarer, an der Luft gerinnender Flüssigkeit erfüllte Bläschen auf der Haut erscheinen, welche leicht platzen und dann zu einem Ausfluss von Lymphe, bei dem oft ganz colossale Mengen entleert werden, Veranlassung geben (*Lymphscrotum, Elephantiasis lymphorrhagica*). Derartige mit *Lymphorrhoe* einhergehende *Lymphangiectasien* treten ganz besonders häufig bei den *tropischen Elephantiasisformen* auf, bei denen oft auch die von derselben, gleich zu besprechenden Ursache abhängige *Chylurie* beobachtet wird.

Fast stets sind bei Elephantiasis sowohl des Unterschenkels als auch der Genitalien mehr oder weniger erhebliche *Schwellungen der Inguinaldrüsen* zu constatiren, die entweder als *Folgezustand* der die Elephantiasis hervorrufenden Krankheit zu betrachten sind, in anderen Fällen aber als directes als *ursächliches Moment* der Elephantiasisbildung eine Rolle spielen können.

An *anderen Körpertheilen* kommen elephantiastische Verdickungen im Ganzen selten zur Beobachtung, doch treten auch an der *oberen Extremität* partielle oder umfangreichere Verdickungen im Gefolge einiger Erkrankungen (*Eczem, Lupus, Syphilis*) auf und kommen im Gesicht, besonders an den *Ohrläppchen*, an der *Wangengegend* und an den *Lippen*, ferner an den *weiblichen Brüsten* ebenfalls manchmal Elephantiasisbildungen vor. Ein Theil des Gesichtes ist nun allerdings noch häufiger betroffen, die *Nase*, denn die im Verlauf der *Acne rosacea* auftretenden Verdickungen dieses Organs entsprechen in der That völlig den Elephantiasisbildungen anderer Körpertheile.

Die **anatomischen Untersuchungen** ergeben, dass bei der Elephantiasis die *eigentliche Haut* am allerwenigsten verändert ist. Oft finden sich starke *Pigmentirungen*, ferner bei den warzigen Formen auch erhebliche *Hypertrophien des Papillarkörpers*. Natürlich ist hierbei ganz von den Veränderungen der Haut abgesehen, welche den die Elephantiasis hervorrufenden Krankheitsprocessen angehören. Dagegen finden sich die Hauptveränderungen im *Unterhautbindegewebe*, die im Wesentlichen in einer *enormen Zunahme des Bindegewebes* bestehen. Im Beginn des Processes und bei manchen Formen auch später noch (Elephantiasis mollis) ist dieses neugebildete Bindegewebe locker, die Zwischenräume sind mit lymphatischer Flüssigkeit gefüllt, in der Mehrzahl der Fälle aber wird im Verlaufe der Krankheit das Bindegewebe immer fester und derber, so dass es schliesslich in eine dicke, auf dem Durchschnitt wie Speck erscheinende, feste Schwarte umgewandelt wird. Häufig finden sich *Erweiterungen der Venen* und — ganz besonders bei den tropischen Elephantiasisformen — der *Lymphgefässe*. Schliesslich werden auch die tieferen Gebilde, vor Allem *Muskeln* und *Knochen* in Mitleidenschaft gezogen.' An den Muskeln tritt eine *Wucherung des interstitiellen Bindege-webes* und *Atrophie der eigentlichen Muskelsubstanz*, an den Knochen treten *Neubildung der Knochensubstanz, osteophytische Auflagerungen* in Gestalt oft sehr zahlreicher und mannigfach geformter *Exostosen* auf.

Aetiologie. Die Elephantiasis tritt als *Folgezustand* einer ganzen Reihe von verschiedenen Krankheiten auf, als deren wesentlichste ge-meinsame Eigenschaft anzuführen ist, dass sie zu *chronischen Stau-ungen*, besonders im Gebiete des *Lymphgefässsystems* führen. Am klarsten tritt dieses Verhältniss in den Fällen hervor, wo nach *ganz besonders umfangreichen Vereiterungen der Inguinaldrüsen* und dem entsprechend tiefgreifenden, einen mehr oder weniger vollständigen Verschluss der Lymphbahnen bedingenden *Narbenbildungen* Elephan-tiasis der Genitalien auftritt. In dieselbe Kategorie gehören jene Fälle von tropischer Elephantiasis, bei denen die Lymphwege durch *Para-siten*, durch die Embryonen oder die ausgebildeten Thiere der *Filaria sanguinis*, verstopft sind, jene Fälle, bei denen häufig gleichzeitig Lymphorrhoe und Chylurie vorkommen, ferner Fälle von Elephan-tiasis genitalium nach *carcinomatöser Entartung* der Inguinaldrüsen. Vor Allem sind hier aber die Fälle, die bei uns ein sehr grosses Contingent stellen, anzuführen, in denen die Elephantiasis fortdau-ernd sich wiederholenden *Lymphangitiden* und *Erysipelen* folgt. Denn wie die neueren Erfahrungen zeigen, tritt auch beim Erysipel eine *Verlegung der Lymphbahnen* durch Microorganismen ein und noch ein-facher liegen die Verhältnisse bei der Lymphangitis. Es ist verständ-lich, wie nach den ersten Attaquen die Haut völlig zur Norm zu-rückkehrt, während bei den sich immer und immer wiederholenden weiteren Erysipelen oder Lymphangitiden und der durch nicht voll-ständige Rückbildung sich immer mehr steigernden Einschränkung der Wegsamkeit des Lymphgefässsystems, besonders bei nicht ge-nügender Behandlung und Pflege, schliesslich die ödematöse Schwellung dauernd wird und sich nun aus dieser in ganz allmäliger Weise die durch die Bindegewebshypertrophie bedingte Elephantiasis ausbildet. Hierher dürften auch wohl jene im Ganzen nicht häufigen Fälle von *Lupus hypertrophicus* mit elephantiastischen Bildungen gehören, in denen die lupösen Infiltrate, die mit Vorliebe den Blut- und Lymph-bahnen folgen, die Ursache der Stauung abgeben. Auch nach *Phleg-masia alba dolens* entwickelt sich manchmal Elephantiasis.

Ueberhaupt sind aber schliesslich *chronische Entzündungsprocesse*, gleichgültig ob specifischer oder nicht specifischer Natur, im Stande, ganz besonders an der unteren Extremität Elephantiasisbildungen her-

vorzurufen. So sehen wir im Gefolge von *chronischen Eczemen, vari-*
kösen Geschwüren, lange Zeit durch Fontanellen unterhaltenen *Eite-*
rungen, sich wiederholenden *Erfrierungen*, umfangreichen und langdauernden *syphilitischen Ulcerationen, leprösen Affectionen, Knochen-*
erkrankungen in Folge von *Tuberculose* oder *Syphilis*, Elephantiasis
der unteren Extremität, in sehr seltenen Fällen auch anderer Körpertheile, der Oberextremität, der Lippen, auftreten.

An dieser Stelle ist noch ganz kurz der *geographischen Verbrei-*
tung der Elephantiasis zu gedenken, da dieselbe auch in Hinsicht
auf die Aetiologie uns manche Aufschlüsse giebt. Während bei uns
und überhaupt in der gemässigten Zone die Elephantiasis nur spo-
radisch und im Ganzen genommen als seltene Krankheit auftritt,
kommt dieselbe in vielen tropischen Gegenden endemisch und theilweise ausserordentlich häufig vor. Hauptsächlich betrifft das endemische Vorkommen *Vorderindien* und die *Inseln des indischen Archi-*
pels, Arabien, viele *Provinzen des afrikanischen Continents* und eine
Anzahl der zugehörigen Inseln und *Centralamerika* (HIRSCH). Nach
manchen stark befallenen Orten sind der Krankheit besondere Namen
gegeben worden, so Barbadosbein, Drüsenkrankheit von Barbados,
Cochinbein, Mal de Cayenne, Rosbeen von Surinam u. A. m. Hauptsächlich werden Orte befallen, die an der Küste, an grossen Strom-
läufen oder an stagnirenden Wässern gelegen sind, und es ist nicht
unwahrscheinlich, dass wenigstens vielfach der Beschaffenheit des
Trinkwassers eine gewisse Mitwirkung für die Entstehung der Elephantiasis zuzuschreiben ist, indem durch dasselbe die Infection mit
Filarien zu Stande kommt. Aber sicher ist dies nicht das einzige
ätiologische Moment, da viele Fälle auch der tropischen Elephantiasis überhaupt nicht auf der Anwesenheit der Filarien beruhen.

Der **Verlauf** der Elephantiasis richtet sich natürlich in erster
Linie nach dem im einzelnen Falle vorhandenen Grundleiden. Im
Allgemeinen ist über denselben zu bemerken, dass er stets *ausser-*
ordentlich chronisch ist, dass daher die Elephantiasis fast *nie in der*
Jugend zur Ausbildung gelangt, weil hierzu viele Jahre erforderlich
sind, überdies fällt der Beginn der Krankheit mit seltenen Ausnahmen
erst in die Zeit nach der Pubertätsentwickelung. Am häufigsten
entwickelt sich die Elephantiasis, wie schon erwähnt, aus einer
Reihe von *attaquenweise* auftretenden, mit Fieber verbundenen *ent-*
zündlichen Localerkrankungen (Erysipel, Lymphangitis) und begleiten diese immer häufiger werdenden, aber damit auch immer
weniger typische Charaktere zeigenden Attaquen auch den weiteren

Verlauf. Ist dann die Elephantiasis zur vollen Ausbildung gelangt, so können weitere Veränderungen vollständig fehlen.

Die **Prognose** ist *quoad vitam* im Allgemeinen gut, da für den Organismus gefahrbringende Erscheinungen durch die Elephantiasis nicht bedingt werden. Dagegen ist bei einmal fertig ausgebildeter Elephantiasis die *Prognose quoad sanationem* ungünstig, da eine Rückbildung des neugebildeten Bindegewebes nur in einem geringen Grade möglich ist. Nur die einer operativen Behandlung leicht zugänglichen Fälle, besonders die Fälle von Elephantiasis genitalium, geben die Möglichkeit einer völligen Heilung durch Entfernung der Tumoren auf chirurgischem Wege.

Die **Therapie** hat in erster Linie in *prophylactischem Sinne* zu wirken, indem an gefährdeten Theilen chronische Stauungen möglichst beseitigt oder überhaupt vermieden werden müssen. So sind bei habituellem Erysipel oder stets recidivirenden Lymphangitiden die Eingangspforten, durch welche die Infectionskeime eindringen, Ulcerationen, Rhagaden, möglichst zu schliessen und das Wiederaufbrechen derselben ist zu verhüten. Bei sehr langwierigem Eczem, bei varikösen Ulcerationen der Unterextremität sind stets *regelmässige comprimirende Einwickelungen* und *Hochlagerung* anzuwenden. Auch bei schon bestehender Elephantiasis wird die Durchführung dieser Massregeln immer noch günstig wirken, indem der Umfang des Gliedes verkleinert und ein weiteres Anschwellen verhindert wird. Sehr empfohlen wird die *Massage*, welches Mittel sowohl auf die Blut- und Lymphcirculation, als auf die Zertheilung und Resorption der Flüssigkeitsansammlungen und entzündlichen Infiltrate günstig einwirkt. — Bei völlig ausgebildeter Elephantiasis hat man versucht, durch *Unterbindung der Hauptarterien* des betreffenden Theiles die Blutzufuhr einzuschränken und dadurch einen Gewebsschwund herbeizuführen. Indess sind die Resultate dieser Versuche nicht sehr ermuthigende gewesen, dagegen hat die *Compression der Arterien* bessere Erfolge gebracht. Von der *Amputation* des elephantiastischen Unterschenkels kann im Allgemeinen nur abgerathen werden, da einmal die Behinderung durch die Krankheit meist verhältnissmässig gering ist, andererseits die *Gefahren* dieser Amputation für das *Leben* der Patienten sehr grosse sind, indem in Folge der Veränderung der Gewebe Blutungen und Unregelmässigkeiten der Wundheilung häufig auftreten. Dagegen ist bei den Fällen von Elephantiasis genitalium die nach einer den jedesmaligen Verhältnissen angepassten Methode vorzunehmende *chirurgische Entfernung* der Wucherungen zu empfehlen.

VIERTER ABSCHNITT.

ERSTES CAPITEL.

Pruritus cutaneus.

Als **Pruritus** werden diejenigen Krankheitszustände der Haut bezeichnet, bei denen ein *Juckreiz* besteht, ohne dass derselbe durch irgend welche *äussere Ursachen*, durch Parasiten, oder durch Bildung von Efflorescenzen, Quaddeln, Knötchen u. s. w. hervorgerufen wäre. *Objectiv* ist daher an der Haut der an Pruritus leidenden Menschen zunächst gar nichts abnormes zu constatiren, sehr bald allerdings zeigen sich dann *secundäre Erscheinungen*, nämlich *Excoriationen*, entstanden durch das in Folge des Juckreizes stattfindende Kratzen. Diese meist striemenförmigen Excoriationen heilen mit Hinterlassung von *Pigmentirungen* oder von *Narben mit pigmentirter Umgebung*, und da der Pruritus meist in chronischer Weise auftritt, so findet man gewöhnlich alle Stadien von den frischen Excoriationen bis zu den schliesslich bleibenden Veränderungen nebeneinander vor. Ausserdem gesellen sich manchmal zu einem ursprünglich reinen Pruritus *Eruptionen* von *Urticaria* hinzu. Ferner kommt es in Folge des Kratzens, wenn der Juckreiz längere Zeit auf einer und derselben Stelle besteht, oft zur Bildung von *Eczemen*.

Die **Localisation** dieser *secundären Efflorescenzen* richtet sich selbstverständlich nach der *Localisation des Juckreizes*, und da dieser in vielen Fällen ganz unregelmässig bald hier, bald da am Körper auftritt, so zeigen in diesen Fällen auch die Excoriationen keine bestimmte Anordnung. In vielen Fällen ist aber eine bestimmte Localisation vorhanden, indem *nur die Streckseiten der Extremitäten* oder *nur die Handteller und Fusssohlen*, häufiger noch *letztere allein* oder *nur die Genitalien und die Umgebung des Afters* betroffen sind. Die letzteren Fälle, die für die Kranken einen äusserst peinlichen Zustand bilden, compliciren sich sehr häufig mit Eczemen.

Am wichtigsten ist natürlich das *subjective Symptom*, der *Juckreiz*. Dieser besteht gewöhnlich nicht continuirlich, sondern tritt in einzelnen Anfällen auf, die entweder durch irgend eine bestimmte Ursache, durch die Bettwärme, durch psychische Erregungen, durch das die Patienten peinigende Gefühl, sich eigentlich nicht kratzen zu dürfen, z. B. in Gesellschaften, ausgelöst werden, oder die auch ohne jede nachweisbare Veranlassung auftreten. Der Juckreiz nimmt

sehr bald eine derartige Heftigkeit an, dass es den Kranken schlechter-
dings unmöglich ist, selbst bei vorhandener grösster Energie, demselben zu widerstehen. Sie kratzen sich mit den Nägeln oder, wenn
ihnen dies nicht genügt, mit anderen Dingen, mit Bürsten u. dgl., in
der That „bis aufs Blut", bis das Jucken in Brennen und schliesslich in wirklichen Schmerz übergegangen ist. Erst dann empfinden
sie eine gewisse Beruhigung, bis beim nächsten Anfall dasselbe Spiel
von Neuem beginnt.

Dass hieraus erhebliche *Störungen des allgemeinen Wohlbefindens*
resultiren, ist leicht verständlich. Zunächst besteht in schwereren
Fällen eine mehr oder weniger hochgradige *Schlaflosigkeit*, die besonders durch den die Anfälle begünstigenden Einfluss der Bettwärme
gesteigert wird. Und von keineswegs geringer Bedeutung ist die
psychische Einwirkung dieses Zustandes. Die Kranken, ganz besonders die an Pruritus genitalium et ani Leidenden, sehen sich mehr
und mehr genöthigt, sich von jeder Gesellschaft und von jedem Be-
rufsgeschäft zurückzuziehen, da die wieder und immer wieder auftretende Nothwendigkeit des Kratzens es ihnen unmöglich macht,
mit Fremden zusammen zu sein, denen sie sonst widerwärtig und
ekelhaft erscheinen müssten, und ihnen ferner jede Ruhe zu irgend
einer Thätigkeit raubt. So kommen diese Kranken körperlich und
geistig immer mehr herunter und können, wenn eine Besserung des
Zustandes nicht herbeigeführt wird oder nicht herbeigeführt werden
kann, schliesslich in einen ganz desolaten Zustand gerathen.

Die **Ursachen** des Pruritus sind sehr mannigfaltige und nur zum
Theil unserer Erkenntniss zugänglich. Am leichtesten verständlich
sind diejenigen Fälle, bei denen ein in das Blut und die Gewebe
gelangender *fremder Stoff* den Juckreiz, höchst wahrscheinlich durch
directe Irritation der Nervenenden in der Haut hervorruft. Das bekannteste derartige Vorkommniss ist der Pruritus bei *Icterus*, der
in der Regel nur bei intensiverem Icterus, aber keineswegs in allen
Fällen, auftritt, und ebenso gehört in dieselbe Kategorie wohl zweifellos der Pruritus bei *Diabetes mellitus* und bei *chronischen Nierenleiden*. Besonders das häufige Vorkommen von Pruritus bei Diabetes
mellitus, welche Krankheit oft so wenige ohne Weiteres auffallende
Symptome zeigt, macht es dem Arzte zur Pflicht, in jedem Fall von
Pruritus den Urin genau zu untersuchen. Auf diesem Wege kommen
in der That eine Reihe von Diabetesfällen überhaupt erst zur Kenntniss des Arztes. — Hieran schliessen sich die Fälle, in denen Pruritus nach Aufnahme *medicamentöser Stoffe* eintritt, besonders bei

Morphinumgebrauch. — *Chronische venöse Stauungen* geben ferner
eine häufige Ursache für Pruritus ab und daher ist bei Varicen der
Unterschenkel Pruritus und durch denselben bedingtes Kratzeczem
eine gewöhnliche Erscheinung. Ebenso ist Pruritus ani eine häufige
Begleiterscheinung der *Hämorrhoiden*.

Eine sehr häufige und prognostisch natürlich ganz ungünstige
Ursache des Pruritus sind die *senilen Veränderungen der Haut*
(*Pruritus senilis*), denen sich vielleicht die Ernährungsstörungen der
Haut, wie sie bei *vorgeschrittener Krebscachexie* eintreten, zur Seite
stellen lassen, indem auch in diesen Fällen oft Pruritus auftritt.
Vollständig dunkel dagegen sind die Beziehungen, welche zwischen
gewissen *physiologischem und pathologischen Veränderungen der weiblichen Genitalorgane* und dem Auftreten von Pruritus bestehen. So
sehen wir in manchen Fällen bei *Gravidität* Pruritus auftreten, der
sich bei späteren Graviditäten wiederholt, ferner im *Klimakterium*
und bei verschiedenen *krankhaften Störungen des weiblichen Genital-
systems.* — Dann zeigt sich eine Abhängigkeit des Pruritus von der
äusseren Temperatur, ganz besonders giebt es Fälle, bei denen in
jedem Winter Pruritus auftritt (*Pruritus hiemalis*), um im Sommer
wieder zu verschwinden, in selteneren Fällen beginnt der Pruritus
mit *Eintritt der wärmeren Jahreszeit* und verschwindet im Beginn
des Winters (*Pruritus aestivus*). — Schliesslich bleibt noch eine Reihe
von Fällen übrig, in denen es nicht möglich ist, irgend eine Ursache
zu eruiren. — Dem *Lebensalter* nach sind, selbst ganz abgesehen
vom Pruritus senilis, die *mittleren und höheren Jahre* bevorzugt, im
jugendlichen Alter ist das Auftreten eines reinen Pruritus äusserst
selten. — Die **Prognose** richtet sich zunächst nach dem ätiologischen
Moment und ist bei dem stets chronischen Verlauf des hartnäckigen
Uebels vorsichtig zu stellen, wenn es nicht möglich ist, die Ursache
zu beseitigen. Eine Heilung des Pruritus senilis ist natürlich ganz
unmöglich.

Die **Diagnose** ist keineswegs leicht, da nur nach sorgfältigster
Ausschliessung aller übrigen juckenerregenden Krankheiten dieselbe
auf Pruritus gestellt werden kann. So müssen vor Allem *Anwesenheit von Parasiten, Läusen, Wanzen*, von *Oxyuris vermicularis* bei
Pruritus ani, ferner *Scabies, Urticaria* zunächst ausgeschlossen werden.
An eine Verwechselung mit *Prurigo* ist am allerwenigsten zu
denken bei dem in die Zeit der frühesten Jugend fallenden Beginn
dieser Krankheit und den so typischen Symptomen in den späteren
Jahren.

Therapie. Zunächst ist, wenn irgend möglich, die *Ursache des Pruritus* zu beseitigen, aber wie aus dem oben gesagten schon hervorgeht, werden wir uns in der Mehrzahl der Fälle auf eine *palliative Behandlung* des Hautjuckens beschränken müssen. Dies ist um so bedauerlicher, als wir kaum ein wirklich stets zuverlässiges Mittel kennen und daher meist nichts übrig bleibt, als eine Reihe von Mitteln durchzuprobiren und dann das am besten wirkende beizubehalten. Von günstiger Wirkung sind oft *kühle Bäder oder Umschläge*, bei Pruritus ani et genitalium *Sitzbäder*, Ausspülungen der Vagina mit Alaunlösungen. *Douchen, Abreibungen.* Dann wären zu nennen Befeuchtung der Haut mit Lösungen von *Carbolsäure* (2 Proc.) oder *Thymol* (1 auf 100 Spiritus), Einreibungen mit *Carbolsalbe* (2:50), *Creosotsalbe* (0,5:50), *Mentholsalbe* (2,5:50,0) oder *Cocainsalbe* (4 Proc.) besonders bei Pruritus des Anus und der Genitalien, Einpinselungen von *Chloralhydrat und Campher* zu gleichen Theilen. Die Application des *Theers* ist auch zu versuchen, gewährt indess selten erheblichen Vortheil. — Intern sind ausser vielen anderen Mitteln *Atropin* und *Pilocarpin* versucht worden und ist die Anwendung des ersteren Mittels in der That ab und zu von einigem Erfolg begleitet. Die Anwendung der *Narcotica* ist *möglichst zu vermeiden*, da auch diese einem heftigen Pruritus gegenüber ziemlich machtlos sind und die Gefahr der Gewöhnung an die Mittel sehr nahe liegt. Am ehesten ist noch die Anwendung des *Chloralhydrat* zu empfehlen.

ZWEITES CAPITEL.

Herpes zoster.

Das Exanthem des **Herpes zoster** (*Gürtelrose, Zona*) besteht aus gruppenförmig angeordneten Bläschen, die sich in sehr acuter Weise aus kleinen rothen Knötchen entwickeln. Die Gruppen sind von sehr variabler Grösse und Form und enthalten dementsprechend auch eine sehr verschieden grosse Anzahl von einzelnen Bläschen, von einigen wenigen bis zu beträchtlichen Mengen. Die Haut, welche die Basis einer Bläschengruppe bildet, ist in den ersten Tagen der Eruption hyperämisch und zwar noch eine kleine Strecke über die Bläschen hinaus, so dass die Ränder dieser rothen, gegen die normale Haut scharf abgegrenzten Stellen stets die auf ihnen befindlichen Bläschengruppen nach allen Richtungen hin etwas überschreiten. Die zu einer Gruppe gehörigen Bläschen entwickeln sich stets *gleichzeitig*, sind

etwa stecknadelkopf- bis hanfkorngross und enthalten in den ersten
Tagen ihres Bestehens eine wasserklare Flüssigkeit, welche sich, falls
das Bläschen nicht schon vorher platzt und an seiner Stelle sich eine
kleine Kruste bildet, eitrig trübt, so dass aus den Bläschen kleine
Pusteln werden. Nach einigen Tagen trocknet der Pustelinhalt dann
zu einer Kruste ein und nach kurzer Zeit fällt dieselbe ab, eine überhäutete, zunächst noch rothe, später braun werdende Stelle zurücklassend, die nach einigen Wochen wieder vollständig normal erscheint.

Das auffälligste Merkmal ist die *Anordnung der Bläschengruppen*,
welche stets dem *Verbreitungsgebiet eines Hautnerven* und zwar in
der Regel eines ganzen Nervenstammes, seltener eines einzelnen Astes
oder andererseits eines ganzen Nervenplexus entspricht. Nur der
Trigeminus macht insofern eine Ausnahme hiervon, als gewöhnlich
nur ein Ast oder nur ein Nervenzweig und seltener bereits zwei
Aeste ergriffen sind. Die Eruption tritt, abgesehen von ganz verschwindenden Ausnahmen, *stets einseitig* auf; wenn das Gebiet mehrerer Nervenstämme ergriffen ist, so sind dies fast ausnahmslos auf-
einanderfolgende Nerven derselben Seite, fast niemals durch
Zwischengebiete getrennte Nerven oder Nerven der einen und der
anderen Seite. Hieraus ergiebt sich, dass für alle diejenigen Nervengebiete, welche bis an die *Mittellinie des Körpers* heranreichen, diese
sowohl vorn wie hinten auch die Grenze der Zostereruption gegen
die normale andere Seite bildet. Die *doppelseitigen Zosteren* gehören
in der That zu den allerseltensten Vorkommnissen, zumal bei den
noch verhältnissmässig am häufigsten beobachteten doppelseitigen
Gesichtszosteren die Vermuthung nicht ganz von der Hand zu weisen
ist, dass es sich um ausnahmsweise ausgebreitete Eruptionen von
Herpes facialis gehandelt hat. Einen sehr interessanten Fall von
doppelseitigem Zoster im Gebiet des 4. und 5. Intercostalnerven hat
HENOCH bei einem Tabiker beobachtet; die Doppelseitigkeit des Zoster
erklärt sich hier leicht, da das ursächliche Nervenleiden, die Tabes,
natürlich beide Hälften des Rückenmarks betroffen hatte. In vielen
Fällen überschreiten allerdings die Efflorescenzen an einzelnen Stellen
die Medianlinie um ein geringes, indess erklärt sich dieser Umstand
leicht dadurch, dass die Nervengebiete einmal sich nicht an mathe-
matische Grenzlinien halten und andererseits vielfache Anastomosen
zwischen den Nerven von Grenzgebieten bestehen.

Während man früher die Zosteren je nach ihrer Localisation
besonders benannte als *Herpes zoster faciei, capillitii, nuchae u. s. f.*
erscheint es uns zweckmässiger, hiervon ganz abzusehen und den

Sitz des Herpes zoster jedesmal nur durch Hinzufügung des Nerven, in dessen Bereich die Eruption stattfindet, zu bezeichnen und so von einem Zoster im Bereich des ersten, zweiten oder dritten Trigeminusastes, eines bestimmten Intercostalnerven u. s. w. zu sprechen. Hierdurch wird die jedesmalige Localisation des Exanthems am allerbestimmtesten bezeichnet.

Für das Gesicht und die vordere Partie des behaarten Kopfes ist es der *N. trigeminus*, dessen Ausbreitung sich die Zostereruption anschliesst, und zwar ist gewöhnlich das Gebiet eines, seltener zweier Aeste desselben und am seltesten das des ganzen Nerven ergriffen. Im Gebiet des ersten Trigeminusastes scheint der Zoster häufiger vorzukommen als in dem der beiden anderen Aeste. — Der Zoster im Bereich des Ausbreitung des *Cervicalplexus* befällt, entsprechend dem Gebiet des zweiten, dritten und vierten Cervicalnerven, die hinteren Partien des behaarten Kopfes, den Nacken, den Hals, die Schultergegend und die obersten Theile der Brust und des Rückens. — Es folgen dann die Gebiete der Hautnerven des *Plexus brachialis* an der oberen Extremität, mit denen sich der vordere Ast des *ersten Intercostalnerven* vereinigt. — Die Gebiete des *zweiten* bis *zwölften Intercostalnerven* umgeben als schmale Halbgürtel den Thorax von der hinteren bis zur vorderen Medianlinie. Der zweite und öfters auch der dritte Intercostalnerv betheiligen sich an der Versorgung der inneren und hinteren Fläche des Oberarmes. — Die Gebiete der Hautnerven des *Plexus lumbalis* nehmen dann die unteren Theile des Rückens, die Nates, das Abdomen, die Haut einiger Theile der Genitalien und die oberen Theile der inneren, vorderen und äusseren Oberschenkelfläche und die vom *N. cruralis* versorgten Theile des Unterschenkels ein. — Und schliesslich nehmen die Hautnervenbezirke des *Plexus sacralis* die Haut des Dammes und der Genitalien, die Haut der hinteren Oberschenkelfläche von der Hinterbacke an und die noch übrigen Theile der Unterextremität ein.

Die *Zahl* und *Anordnung* der einzelnen Bläschengruppen innerhalb dieser Bezirke ist den mannigfachsten Schwankungen unterworfen. In den ausgebildetsten Fällen ist die Haut des gesammten Nervengebietes geröthet und mit Bläschen bedeckt, ohne dass die kleinste normale Hautstelle innerhalb desselben sichtbar ist. Demgegenüber stehen jene Fälle, wo nur einzelne Gruppen das Gebiet gewissermassen *markiren*. So kommen Fälle von Intercostalzoster zur Beobachtung, bei denen überhaupt nur drei Bläschengruppen vorhanden sind, eine hinten neben der Wirbelsäule, die zweite in der

Axillarlinie und die dritte vorn neben der Medianlinie. Zwischen
diesen beiden Extremen kommen die verschiedensten Abstufungen vor.[1])
Wenn nun schon diese eigenthümliche Localisation des Exanthems
mit Sicherheit auf eine *Abhängigkeit der Krankheit von dem Nervensystem* schliessen lässt, so kommt ein weiteres, sehr wichtiges Symptom,
welches diesen Zusammenhang bestätigt, hinzu, nämlich die in keinem
Fall von Zoster fehlende *Neuralgie* des oder der Nerven, in deren
Gebiet die Eruption stattfindet. Die *neuralgischen Schmerzen*, die
der Eruption entweder um einige Tage, manchmal um Wochen, vorausgehen oder gleichzeitig mit ihr auftreten, sind von sehr wechselnder
Intensität, indem in den leichtesten Fällen nur ein mässiges Brennen
in der Haut vorhanden ist, während in anderen die intensivsten
Schmerzen die Patienten Tag und Nacht quälen, ihnen den Schlaf
rauben und so die Krankheit auch das allgemeine Wohlbefinden im
höchsten Grade stört. Dabei besteht gleichzeitig fast stets eine *Hyperästhesie der Haut* an den Stellen der Bläschengruppen, so dass durch
Berührungen, durch die Reibung der Kleidungsstücke die Schmerzen
sehr gesteigert werden. Im Allgemeinen entspricht die Schmerzhaftigkeit der Entwickelung des Exanthems, so dass bei reichlicher Eruption starke Schmerzen, bei der Entwickelung nur weniger Bläschengruppen auch nur unbedeutende subjective Empfindungen vorhanden
sind. Indess kommen auch ausgebreitete Zosteren mit relativ unbedeutenden Schmerzen und ganz circumscripte Eruptionen mit heftigen Neuralgien zur Beobachtung. — Nur bei Kindern fehlen in
der Regel die Neuralgien, aber hierbei ist zu beachten, dass bei
Kindern sensible Störungen überhaupt selten auftreten (HENOCH).
Ein ganz constantes und bisher nur wenig gewürdigtes Symptom
des Zoster ist eine *acute schmerzhafte Schwellung derjenigen Lymphdrüsen*, welche die Lymphgefässe des betroffenen Hautgebietes auf-
nehmen. Selbst bei den circumscriptesten Zostereruptionen fehlt diese
sich fast gleichzeitig mit dem Exanthem einstellende Drüsenschwellung niemals. Bei den Eruptionen im Gebiet des Trigeminus sind
es die Lymphdrüsen vor dem Ohr, unter dem Kieferwinkel und unter
dem Kinn, für die Cervicalzosteren die Jugular- und Cervicaldrüsen,
für die Zosteren des Armes und des Thorax die Axillardrüsen, und
für die Zosteren der unteren Körperhälfte die Inguinaldrüsen, welche
diese Schwellung zeigen. Die Drüsen können bis zu Taubeneigrösse
angeschwollen sein, sind spontan und auf Druck schmerzhaft, bilden

---

[1]) Tafel II stellt einen Zoster im Gebiet des dritten Intercostalnerven dar.

sich aber regelmässig schnell wieder zurück, wenigstens habe ich
niemals eine Vereiterung beobachtet. Diese Drüsenschwellungen sind
offenbar symptomatischer Natur und entstehen durch die Aufnahme
entzündungserregender Stoffe an den erkrankten Hautstellen.

Von diesen so zu sagen *typischen Erscheinungen* kommen nun
manche Abweichungen vor. Zunächst kommt es in manchen Fällen
nicht zur vollen Ausbildung der Efflorescenzen, dieselben verharren
im *Knötchenstadium*, es kommt nirgends zur Entwickelung von Bläschen. Auch bei sonst typisch ausgebildeten Zosteren findet man oft,
besonders am Rande der Eruption, derartige, gewissermassen *abortive*
Knötchengruppen. In anderen Fällen übersteigt wieder die seröse
Exsudation das gewöhnliche Mass, es kommt durch Confluenz zahlreicher Bläschen zur Bildung grosser Blasen bis zu Taubeneigrösse
(*Herpes zoster bullosus*). In diesen Fällen ist das Exanthem stets
sehr reichlich, das ganze Nervengebiet ist in continuirlicher Weise
ergriffen. Eine andere Abweichung zeigt der *Blaseninhalt*, indem
derselbe häufig in Folge kleiner Blutungen aus den Capillarschlingen
der Papillen blutig ist (*Herpes zoster haemorrhagicus*) und demgemäss
auch die beim Eintrocknen sich bildenden Krusten eine dunkle,
braun- oder schwarzrothe Farbe zeigen. In vielen Fällen von ausgebreiteter Zostereruption finden sich einzelne Bläschengruppen mit
blutigem Inhalt neben einer grossen Mehrzahl von Bläschen mit
serösem Inhalt.

An diese hämorrhagischen Zosteren schliesst sich eine andere
Reihe von Zosteren an, bei welchen aus den meist mit sanguino-
lentem Inhalt gefüllten Bläschen *gangränöse Schorfe* von dunkler,
schwarzer Farbe in einer acuten, für jede einzelne Gruppe stets,
oft aber auch für die ganze Eruption gleichmässigen Weise sich entwickeln, ohne dass irgend eine äussere Ursache, eine Irritation oder
ein Trauma auf die Haut eingewirkt hätte (*Herpes zoster gangraenosus*). Die Ausdehnung dieser Schorfe ist sehr verschieden, sowohl
bezüglich der Fläche wie der Tiefe. Während in den leichteren
Fällen nur in einzelnen Gruppen, der Grösse der Bläschen entsprechende, oberflächliche Schorfe entstehen, wird in den schwersten Fällen
die Haut des gesammten Nervengebietes vollständig verschorft. In
diesen Fällen sind stets die neuralgischen Erscheinungen besonders
heftig. Die Heilung kann hier nur durch Vernarbung eintreten,
nachdem der Schorf durch die reactive Entzündung abgestossen ist.
Hierdurch wird der Verlauf natürlich sehr verzögert und es dauert
stets Wochen, ja manchmal Monate bis zur vollständigen Heilung.

Die Narben, die im Anfang oft sehr tief sind, bleiben natürlich für immer bestehen und lassen auch später noch durch ihre eigenthümliche Localisation die Diagnose auf abgelaufenen Herpes zoster stellen.

In Bezug auf die Localisation sind noch diejenigen Fälle besonders zu bemerken, bei denen nicht das Gebiet eines ganzen Nerven, sondern nur *eines einzelnen Nervenastes* ergriffen ist. Hier lässt sich aus der Localisation, da oft nur eine einzige Efflorescenzengruppe vorhanden ist, der Zusammenhang mit der Nervenausbreitung nicht direct nachweisen. Indess die neuralgischen Schmerzen, die gleichzeitige schmerzhafte Drüsenschwellung werden auch in diesen Fällen den Symptomencomplex als Herpes zoster stets leicht erkennen lassen.

Von selteneren Nebenerscheinungen ist noch zu erwähnen, dass bei Zoster im Bereich des ersten Trigeminusastes durch Vermittelung der langen Wurzel des Ciliarganglions *Thränenträufeln, Injection der Conjunctiva und Entzündungen der Iris und Cornea* und selbst *Panophthalmitis* vorkommen, und bei Zosteren im Bereich des zweiten und dritten Astes *Schwellungen, Epithelablösungen und Ulcerationen der Schleimhaut des Mundes, des Rachens und der Zunge* (*Hemiglossitis*) auftreten können, die sich ebenfalls auf das genaueste der Nervenausbreitung anschliessen, vor Allem also auch halbseitig sind. Nur sehr selten verbinden sich *motorische Störungen* mit Zoster, Paresen oder Paralysen, denen manchmal später Atrophien einzelner Muskelgruppen folgen. Die motorischen Störungen können mit dem Zoster gleichzeitig auftreten, demselben folgen oder vorausgehen. — Gleichzeitig mit dem Ausbruch eines Zoster im Bereich der Hautäste des N. cruralis sah ich einen *Erguss* in dem entsprechenden *Kniegelenk* auftreten und erinnert diese Beobachtung an andere von nervösen Einflüssen abhängige Gelenkergüsse, so bei Tabes, bei symmetrischer Gangrän.

Verlauf. Die *Bildung der Zosterefflorescenzen* geht stets in einer ganz *acuten* Weise vor sich, aber meist erscheinen nicht alle Bläschengruppen gleichzeitig, sondern in einzelnen Schüben. Gewöhnlich ist nach 3—4 Tagen die ganze Eruption vollendet und nur in selteneren Fällen kommen noch spätere Nachzügler, so dass 8—14 Tage bis zur Beendigung der Eruption verstreichen. Sämmtliche Bläschen *jeder einzelnen Gruppe* entstehen dabei *immer gleichzeitig*, sie sind *coaeri*. In den einfachen Fällen nimmt die Eintrocknung und Abheilung der Bläschen auch nur kurze Zeit in Anspruch, so dass in etwa 3 Wochen in der Regel der ganze Process abgelaufen ist. Die *neuralgischen Schmerzen*, die, wie schon oben erwähnt, der Eruption in manchen Fällen vorausgehen, in der Mehrzahl gleichzeitig mit derselben auftreten, nehmen gewöhnlich sehr bald wieder an Intensität ab und sind meist schon, ehe die Abheilung vollständig erfolgt ist, wieder gänzlich verschwunden. In einer Reihe von Fällen, besonders bei den schwereren Formen des Zoster gangraenosus und bei älteren Personen können dieselben aber persistiren und die Abheilung der Hauteruption um Monate und Jahre überdauern. In diesen Fällen tritt oft nach der Abheilung des Zoster eine mehr oder weniger vollständige *Anästhesie* des betreffenden Hautgebietes ein. — Die schmerzhaften Drüsenschwellungen bilden sich stets rasch wieder zurück. — Viele Zosteren verlaufen *ohne Fiebererscheinungen*; bei manchen, besonders bei den schweren Formen kommen dagegen *mässige Temperaturerhebungen* in der Eruptionsperiode vor. — Die in ihrem Verlauf sehr wesentlich von diesem Bilde abweichenden „atypischen" Zosterfälle sind bereits in dem Capitel über Hautgangrän erwähnt.

Die **Prognose** des Herpes zoster ist daher stets eine gute, abgesehen von schweren Complicationen von Seiten des Auges und den verhältnissmässig seltenen Fällen, bei denen sie durch die *zurückbleibende Neuralgie* getrübt wird. Bei älteren Personen ist in dieser Hinsicht die Prognose stets etwas vorsichtig zu stellen.

Die **Diagnose** ist bei den ausserordentlich charakteristischen Erscheinungen der Krankheit stets leicht; selbst in den Fällen, wo nur e i n e Gruppe zur Ausbildung gelangt ist, wird die gleichzeitige Neuralgie und Drüsenschwellung jede Verwechselung unmöglich machen.

Bei der **anatomischen Untersuchung** der Zosterbläschen finden sich Veränderungen in den tieferen Schichten des Rete mucosum, Schwellung und Necrose der Retezellen, und die Erscheinungen einer wahrscheinlich secundären Entzündung, kleinzellige Infiltration des Papillarkörpers und der angrenzenden Theile des Corium und Abhebung der Epidermis durch Exsudat. Die Veränderungen des Nervensystems bei Zoster werden weiter unten besprochen werden.

Aetiologie. Die Localisation und die gleichzeitigen nervösen Störungen liessen als Ursache des Herpes zoster eine *Affection des Nervensystems* vermuthen. v. BAERENSPRUNG hat zuerst versucht, die Localisation dieser Affection genauer zu bestimmen. Ausgehend von der Erfahrung, dass in den typischen Fällen von Zoster motorische Störungen fehlen, dass bei den Intercostalzosteren vorderer und hinterer Ast betheiligt sind und dass in der Regel nur e i n Nervenstamm ergriffen ist, vermuthete er, dass in dem zwischen Rückenmark und der Vereinigungsstelle der vorderen und hinteren Wurzel gelegenen Abschnitte der *sensiblen Nerven*, in den *hinteren Wurzeln* oder dem

Intervertebralganglion die den Zoster bedingende Affection zu suchen
sei. Die bisherigen Sectionsbefunde haben diese Vermuthung, wenigstens bis zu einem gewissen Grade, vollständig bestätigt. In der Mehrzahl der Fälle haben sich in der That Veränderungen der dem Hautgebiet entsprechenden *Intervertebralganglien*, resp. bei Zosteren im
Trigeminusgebiet des *Ganglion Gasseri* gefunden und zwar *entzündliche Veränderungen*, meist mit *Blutungen*, oder bei älteren Fällen
die Residuen dieser Processe, *Narbenbildungen* und von den Blutungen
zurückgebliebene *Pigmentreste*. Durch diese Veränderungen war stets
ein mehr oder weniger ausgedehnter *Untergang der nervösen Elemente*
der Ganglien bedingt. Aber sowohl anatomische wie klinische Thatsachen beweisen, dass in einer kleineren Reihe von Zosteren auch *Erkrankungen peripherischer Nerven* (*Verletzungen, Entzündungen*) oder
Erkrankungen des Centralnervensystems (*Herderkrankungen des Gehirns, Tabes*) die Ursache für die Zostereruption abgeben können.

Es handelt sich nun weiter um die Feststellung der *Ursachen*,
welche die Erkrankung des betreffenden Theiles des Nervensystems
veranlassen. Abgesehen von den hier nicht weiter zu erörternden
Erkrankungen von Theilen des Centralnervensystems liegen diese
Verhältnisse am einfachsten bei den *traumatischen Zosteren*, bei denen
eine *Verletzung*, ein *Stoss* u. dgl. einen Nerv oder ein Ganglion getroffen hat. Auch der durch *Verkrümmung der Wirbelsäule* oder
durch eine *Exostose* auf nervöse Theile ausgeübte Druck kann unter
Umständen die Ursache einer Zostereruption werden. Sehr nahe
schliessen sich diesen die Fälle an, wo eine *Erkrankung benachbarter
Organe* bis an die Ganglien oder Nerven sich erstreckt und nun in
denselben Störungen auslöst (*Pleuritis, Carcinom und Caries der
Wirbelsäule, Periostitis der Rippen*). Als *toxische Zosteren* sind die
Zostereruptionen bei *Kohlenoxydvergiftung* und nach langdauerndem
Arsengebrauch — daher nicht selten bei Lichen ruber — zu bezeichnen. Auch im Anschluss an *Malaria*, von welcher Krankheit
es ja längst bekannt ist, dass sie Nervenaffectionen, Neuralgien, verursachen kann, kommt manchmal Zoster vor. — Schliesslich bleibt
nun aber noch eine grosse Reihe und zwar bei weitem die Mehrzahl von Zosteren übrig, bei denen sich eine bestimmte, die Erkrankung des Nervensystems bedingende Ursache nicht eruiren lässt und
die daher als *spontane Zosteren* bezeichnet sind. Für diese Fälle ist
eine Erklärung dadurch zu geben versucht worden, dass der Zoster
als *acute Infectionskrankheit* aufgefasst ist und so durch Uebertragung
des hypothetischen Contagiums die Erkrankung sonst völlig gesunder

Menschen erklärt wird. Besonders zwei durch Beobachtung festgestellte Thatsachen sind als Stützen für diese Hypothese herangezogen worden, einmal nämlich das *cumulirte, epidemieartige Auftreten* von Zosterfällen und zweitens der Umstand, dass, abgesehen von sehr seltenen Ausnahmen, ein Individuum stets *nur einmal im Leben* von Zoster befallen wird, ein Umstand, der also für eine Art *Immunität nach einmaliger Durchseuchung* zu sprechen scheint. Die erste Thatsache ist unbestreitbar, denn bei jedem grösseren Krankenmaterial wechseln stets Zeiten, in denen gar keine Zosterfälle zur Beobachtung kommen, mit solchen ab, in denen dieselben sich in ganz auffälliger Weise häufen[1]), doch kann diese Erscheinung auch durch andere Ursachen, z. B. durch klimatische Einflüsse bedingt sein. Der Werth der zweiten Thatsache scheint mir aber überschätzt zu werden, denn, abgesehen von den allerdings nur wenige Male beobachteten *Zosterrecidiven*, werden bei einer verhältnissmässig nicht zu häufigen Krankheit zweimalige Erkrankungen überhaupt selten vorkommen und natürlich noch viel seltener zur Cognition kommen, wenn jahre- und jahrzehntelange Zeiträume zwischen den einzelnen Erkrankungen liegen. Vor der Hand muss die Frage nach den Ursachen der spontanen Zosteren meiner Ansicht nach daher noch als offene betrachtet werden.

Bezüglich der Aetiologie des Zoster ist nun aber weiter noch zu erklären, auf welche Weise die *Erkrankung der Haut* durch die *Erkrankung der Spinalganglien, der Nerven oder des Gehirns und Rückenmarks* ausgelöst wird. Am wahrscheinlichsten ist es, dass durch Ernährungsstörungen der Haut, die durch die Erkrankung des Nervensystems bedingt sind, *multiple Necrosen* in verschiedenartiger Ausbreitung in der Haut auftreten und dass die hierdurch hervorgerufenen *reactiven Entzündungserscheinungen* einen wesentlichen Antheil an der Bildung des Exanthems nehmen. Bei geringen Dimensionen dieser Necrosen sind dieselben *makroskopisch gar nicht sichtbar*, es zeigen sich nur die *Reactionserscheinungen*, Hyperämie und die durch entzündliche Exsudation gebildeten Bläschen. Bei grösserer Ausdehnung sind die Necrosen als *Schorfe* sichtbar und es schliesst sich daran die *reactive Entzündung* der Umgebung, die mit der Abstossung der Schorfe und danach erfolgender Narbenbildung endigt, an. Diese Vorgänge sind nicht ohne Analogien, indem auch

---

1) In seltenen Fällen ist das Auftreten von Zoster *bei mehreren Mitgliedern derselben Familie* beobachtet (Erb).

in anderen Fällen Necrotisirungen der Haut in Folge nervöser Erkrankungen beobachtet werden (Decubitus acutus, symmetrische Gangrän). Die Nervenimpulse, welche diese Wirkungen hervorrufen, oder — was noch wahrscheinlicher ist — deren Fortfall die Ernährungsstörungen der Haut bedingt, verlaufen entweder auf der Bahn besonderer Nerven, der bis jetzt allerdings noch völlig hypothetischen *trophischen Nerven*, oder auf den sensiblen Bahnen. Die seltenen Fälle von Combination des Zoster mit motorischen Störungen lassen sich durch Erkrankung gemischter Nerven erklären oder bei Combinationen von Zoster im Bereich des Trigeminus mit Facialisparalyse dadurch, dass entweder dieselbe Ursache, z. B. Erkältung, die Erkrankung der motorischen und sensiblen Nerven hervorrief oder die Erkrankung auf dem Wege der zahlreichen Anastomosen von dem einen Nerven auf den anderen in der einen oder anderen Richtung fortschritt. Manchmal mag es sich schliesslich um ein zufälliges Zusammentreffen von einander ganz unabhängiger Krankheitsprocesse handeln.

Der Zoster kommt in *jedem Alter*, vom jugendlichen bis zum Greisenalter, mit ziemlich gleichmässiger Häufigkeit vor; bei Kindern ist die Krankheit dagegen entschieden seltener.

Die **Therapie** ist nicht im Stande, den typischen Verlauf des Herpes zoster irgenwie zu beeinflussen. Daher sind wir darauf beschränkt, bei starken neuralgischen Beschwerden *Morphium*, besonders wegen der Schlaflosigkeit, zu geben, ausserdem ist es vortheilhaft, durch reichliches Einstreuen der afficirten Hautstellen mit *Streupulver* und Anbringen eines *leichten Verbandes* mit einer *Wattetafel* die Haut möglichst vor den bei der fast stets vorhandenen Hyperästhesie sehr unangenehmen Berührungen durch die Kleidungsstücke zu schützen. Bei der Bildung gangränöser Schorfe sind Verbände mit *Jodoform-* oder *Borvaseline* in Anwendung zu ziehen. Eine nach einem Zoster zurückbleibende *Neuralgie* ist nach den für diese Krankheit sonst gültigen Principien zu behandeln.

DRITTES CAPITEL.

Herpes facialis et genitalis.

Im *Gesicht* und an den *Genitalien* kommen *Herpeseruptionen* vor, die nicht dem Ausbreitungsgebiete von Hautnerven oder einzelnen Nervenfasern entsprechend localisirt sind und in ihrer An-

ordnung eher ein gewisses Abhängigkeitsverhältniss von den *natürlichen Körperöffnungen* zeigen, in deren unmittelbarer Umgebung
sie am häufigsten auftreten. Unter dem Gefühle mässigen Brennens
oder Juckens, nur an zarteren, mit mehr schleimhautartiger Haut
überzogenen Theilen unter wirklichen Schmerzempfindungen schiessen
in *Gruppen angeordnete, auf geröheter Basis stehende wasserhelle
Bläschen* von etwa Stecknadelkopfgrösse, selten von grösseren Dimensionen, auf. Die Bläschengruppen sind von rundlicher, oft aber auch
von ganz unregelmässiger Form und von sehr verschiedener Grösse.
Manchmal wird die Gruppe nur von ganz wenigen Bläschen gebildet, andere Male kommen thalergrosse, aus entsprechend zahlreichen
Bläschen bestehende Gruppen vor. Nach ganz kurzer Zeit, nach
1—2 Tagen trübt sich der Inhalt der Bläschen und wird bei noch
längerem Bestande derselben vollständig eiterig. Je nach der Grösse
der Bläschen trocknen dieselben früher oder später zu kleinen, in
der Mitte etwas deprimirten, gelben oder bräunlichen Börkchen ein,
die meist zu grösseren, der ganzen Gruppe entsprechenden Borken
confluiren, am Rande aber doch durch die aus kleinen Kreissegmenten
gebildete Grenzlinie ihre Entstehungsart erkennen lassen. Etwas
anders gestaltet sich diese Entwickelung auf den mehr schleimhaut-
artigen Partien (*Lippenroth, Glans penis, inneres Präputialblatt,
kleine Labien*) oder auf den angrenzenden *Schleimhäuten* selbst, wo
die Bläschen nur einen sehr kurzen Bestand haben, da die Bläschendecke schnell der Maceration anheimfällt und nun aus den Bläschen
kleine runde Erosionen oder durch Confluenz derselben grössere Defecte entstehen, die einen leichten eiterigen Belag zeigen. Aber auch
in diesen Fällen lässt sich aus der Form der äusseren Grenzlinien
stets die Entstehung aus kleinen Kreisen erschliessen, es lässt sich
stets die *polycyklische Form* der Herpesefflorescenzen erkennen. Eine
geringe, etwas empfindliche Schwellung der nächstgelegenen Lymph-
drüse begleitet öfters die Herpeseruptionen. — Wenn nicht störende
äussere Einflüsse, so eine unzweckmässige Behandlung, dazwischentreten, so ist in längstens einer Woche der ganze Process abgelaufen
und vollständige Heilung eingetreten.

Localisation. 1. *Herpes facialis.* Am häufigsten ist die Umgebung
des *Mundes* (*Herpes labialis*) *und der Nasenöffnung* betroffen, weniger
häufig *die Wangen, die Stirn, die Augenlieder und die Ohren.* Ferner
kommen Herpeseruptionen auf den verschiedensten Stellen der *Mund-
und Rachenschleimhaut,* auf der *Nasenschleimhaut* und auf der *Conjunctiva* vor. Meist entstehen auf einer dieser Stellen nur wenige

Gruppen, oft nur eine einzige, in seltenen Fällen sind zahlreiche
Gruppen über das ganze Gebiet zerstreut, so dass man versucht ist,
an einen doppelseitigen Herpes zoster zu denken.

2. *Herpes genitalis.* Beim Manu sind am häufigsten die *Eichel
und die Vorhaut*, seltener die hinteren Theile der *Haut des Penis*
ergriffen. Gleichzeitig mit Herpeseruptionen auf diesen Theilen auf-
tretende Schmerzen beim Uriniren und geringe Secretion aus der Harnröhre lassen auf ähnliche Prorruptionen auf der *Harnröhren-
schleimhaut* schliessen. Beim Weibe sind am häufigsten die *kleinen*, seltener die *grossen La-
bien* betroffen. Vielfach sind die Herpeseruptio-
nen an diesen Theilen von ödematösen Schwel-
lungen begleitet. Der Herpes genitalis ist bei Franen fast immer einseitig, bei Männern oft doppelseitig.

Die **Diagnose** ist bei anfmerksamer Beobachtung stets leicht. Gegen Verwechselung mit *Herpes zoster* schützt die Berücksichtigung der Lo-

Fig. 4.
Herpes facialis.

calisation, das Uebergreifen über die Mittellinie, das Vorkommen in
verschiedenen Nervengebieten, kurz die *Unabhängigkeit von der
Nervenausbreitung*, ferner die relativ unbedeutenden Schmerzen,
welche nie den neuralgischen Charakter zeigen, wie beim Zoster.
Sehr wichtig ist die Differentialdiagnose des *Herpes genitalis* gegenüber dem *Ulcus molle*. Hier giebt der fehlende oder doch nur geringe eiterige Belag, vor Allem aber die *polycyklische Form* des Herpes
gegenüber der *monocyklischen Form* des weichen Schankers den
Ausschlag. Bei sorgfältiger Berücksichtigung dieses Unterscheidungs-

merkmales kann ein Irrthum eigentlich kaum vorkommen, ausser in den allerdings nicht seltenen Fällen, in denen durch voraufgegangene intensive Aetzungen die Affection ihrer charakteristischen Eigenschaften beraubt ist. Hier ist die Entscheidung oft erst durch die Beobachtung des weiteren Verlaufes möglich.

Aetiologie. Die beschriebenen Herpeseruptionen kommen einmal bei sonst vollständig gesunden Menschen zur Beobachtung, ohne dass wir irgend eine Ursache dafür anzugeben im Stande wären. In diesen Fällen hat der Herpes oft die Eigenthümlichkeit, mehrfach zu recidiviren, manchmal in ganz bestimmten, regelmässigen Intervallen und vielfach jedesmal an derselben Stelle, eine Erscheinung, die am häufigsten an den männlichen Genitalien zur Beobachtung kommt. Manche Menschen bekommen einige Tage nach jedem Coitus eine Herpeseruption. Neuerdings ist auf ein gewisses Abhängigkeitsverhältniss dieser Herpeseruptionen an den Genitalien von venerischen Affectionen hingewiesen worden und in der That kommen dieselben meist bei Menschen vor, welche früher an Ulcus molle oder Syphilis gelitten hatten, oft sogar an den Stellen, an welchen diese Läsionen (Ulcus molle, Primäraffect) sich befunden hatten. Möglicherweise haben diese dem Herpes voraufgehenden Erkrankungen nur die Bedeutung eines Trauma (*Herpès traumatique*, FOURNIER), auffallend ist immerhin, dass nach gewöhnlichen Verletzungen der Haut Herpes nicht häufiger auftritt. Von einzelnen Autoren ist in diesen Fällen als Ursache des Herpes eine von jenem ursprünglichen Trauma ausgehende Entzündung kleiner Nervenästchen angesehen worden (VERNEUIL), ebenso wie auch für den Herpes facialis eine Compression der in engen Kanälen verlaufenden Trigeminusästchen durch abnorme Füllung der Arterien in fieberhaften Zuständen als ursächliches Moment angenommen ist (GERHARDT). Dass nervöse Einflüsse bei diesen Herpeseruptionen eine Rolle spielen können, beweist ein von mir bei einer Dame beobachteter Fall, welche dreimal, wenige Stunden nachdem sie eine Leiche gesehen hatte, einen Herpes der Unterlippe, jedesmal an derselben Stelle, bekam, während sie sonst nie an Herpes litt. Die im Anschluss an die Menstruation auftretenden Herpeseruptionen werden bei den Menstrualexanthemen besprochen werden. Dann tritt häufig ein Herpes facialis gleichzeitig mit unbedeutenden, schnell vorübergehenden Fiebererscheinungen ohne bestimmt localisirbare ernstere Erkrankungen auf (*Febris herpetica*). Fälle, die manchmal epidemie-artig gehäuft vorkommen. Und schliesslich treten im Beginn einer ganzen Anzahl schwerer, mit Fieber verbundener

Krankheiten, ganz besonders bei gewissen *Infectionskrankheiten*, so bei *Pneumonie*, *Intermittens*, *Cerebrospinalmeningitis* u. A. Herpeseruptionen auf.

Die **Behandlung** hat nur in der *Fernhaltung äusserer Reize* durch Einstreuen mit Streupulver, Einlegen von trockener, mit Streupulver eingepuderter Watte zwischen zwei sich berührende Hautflächen oder Auflegen von *Borvaseline* zu bestehen, um in kurzer Zeit die Heilung zu erzielen. Bei stärkerer Schwellung, so bei Genitalherpes bei Frauen, sind *Bleiwasserumschläge* anzuwenden. Bei recidivirendem Herpes ist lange fortgesetzte, systematische Arsendarreichung von Nutzen (A. WOLFF). Patienten mit einem oft wiederkehrenden Herpes genitalis sind auf die *Infectionsgefahr*, der sie sich bei einem *vor völliger Abheilung* der Eruption ausgeübten Coitus aussetzen, aufmerksam zu machen.

FÜNFTER ABSCHNTT.

ERSTES CAPITEL.

Anaemia et Hyperaemia cutis.

Anämie der Haut tritt zunächst selbstverständlich bei allen denjenigen Zuständen auf, bei denen das Blutgefässsystem im Ganzen mangelhaft gefüllt ist, einmal bei *mangelhafter Blutbildung* (*Chlorose*, *Anämie* im Gefolge erschöpfender Krankheiten) und dann bei erheblichen und nicht sofort wieder auszugleichenden *Blutverlusten*. Die Haut erscheint blass, bei schwereren Fällen mit einem Stich ins gelbliche oder grünlich-gelbe. Diesen gegenüber stehen die Fälle von Hautanämie, in denen eine *vorübergehende Verengerung der kleinsten Blutgefässe* die Ursache der geringen Blutfülle der Haut ist. Diese Constriction der Blutgefässe kann durch *locale Ursachen* oder auf *reflectorischem Wege*, durch *Vermittelung des Nervensystems*, hervorgerufen werden. In ersterer Hinsicht ist am allerwichtigsten der Einfluss der *Kälte* auf die Haut, in der zweiten sind eine Reihe *psychischer Erregungen* (Schreck, Zorn und überhaupt starke psychische Affecte) und dann besondern von den *Unterleibsorganen* ausgehende Einwirkungen zu nennen. In die letztgenannte Kategorie gehört das Blasswerden bei Uebelkeit, Erbrechen, bei Koliken und bei Traumen des Unterleibes. Auf alle durch diese Ursachen hervorgerufenen Gefässverengerungen folgt in der Regel eine Erschlaffung der Gefässmusculatur, eine übermässige Erweiterung der Gefässe und daher *Hyperämie der Haut*, so dass wir denselben Ursachen auch bei der Aetiologie der Hyperämie wieder begegnen. — Bei den stärkeren Graden der localen Hautanämie, besonders den durch Kälte hervorgerufenen, ist das Gefühl von Kriebeln und Einge-schlafensein an dem betreffenden Theile vorhanden.

Hyperämie der Haut und dadurch bedingte diffuse oder fleckweise Röthung (*Erythema*) tritt, wie schon erwähnt, zunächst als *Folgezu-stand* vielfach nach Anämie auf, indem der Verengerung der kleinsten Gefässe eine Relaxation derselben folgt. In den erweiterten Gefässen geht die Circulation langsamer von Statten und daher gleichen diese Hyperämien völlig den durch *mechanische Behinderung* der Blut-circulation in den Venen zu Stande gekommenen Hyperämien. Die Haut erscheint livide roth und bei längerer Dauer des Zustandes treten hellzinnoberrothe Flecken in der lividen Grundfärbung auf, die wahrscheinlich auf einer Diffusion des Blutfarbstoffes durch die Gefässwände beruhen (AUSPITZ).

Eine Reihe von *äusseren Reizen* bewirkt ferner von vornherein eine Erweiterung der Gefässe und vermehrte Blutfülle der Haut, vor Allem *Traumen, Wärme, chemische Reize*, wie Senföl, Chloro-form u. s. w. (*Erythema traumaticum, caloricum, toxicum*).

Und schliesslich kommt ebenfalls auf *reflectorischem Wege* durch Vermittelung der vasomotorischen Nerven eine Erweiterung der Ge-fässe und Hyperämie der Haut zu Stande. Scham, Zorn, Freude, bei manchen Individuen überhaupt jede intensivere psychische Er-regung sind geeignet, ein Erythem hervorzurufen, welches sich in der Regel auf *Gesicht, Hals* und die *oberen Partien der Brust* be-schränkt und ebenso schnell wie es gekommen ist, wieder verschwin-det (*Erythema fugax*).

Lästig und daher eine Beseitigung wünschenswerth machend sind nur jene Fälle von Erythemen, bei denen auch schon bei ganz geringen Temperaturerniedrigungen länger andauernde Stauungshyper-ämien an den am meisten ausgesetzten Körpertheilen, dem *Gesicht und den Händen*, auftreten. Zumal die „rothen Hände" sind jungen Damen oft eine recht unangenehme Erscheinung. Es sind meist In-dividuen in den jüngeren Jahren, die an „Frost" leiden, bei welchen diese Hyperämien am häufigsten auftreten. *Regelung der Circulation* durch regelmässige Bewegung und geeignete kräftige Diät sind die einzigen Handhaben zur Beseitigung des meist nach einiger Zeit spontan verschwindenden Uebels.

ZWEITES CAPITEL.

Urticaria.

Die für die **Urticaria** charakteristische Efflorescenz ist die *Quaddel* oder *Nessel* (Urtica). Als Quaddel wird eine flache Erhebung der Haut bezeichnet, welche entweder hyperämisch, roth erscheint (*Urticaria rubra*), oder im Gegentheil anämisch, blass, manchmal mit einem leicht rosarothen Schimmer (*Urticaria porcellanea*), in diesem Falle stets von einem mehr oder weniger breiten hyperämischen Hof umgeben, deren auffallendste Eigenthümlichkeit es ist, dass sie nur von *ausserordentlich kurzem Bestande* ist. Oft nach weniger als einer Stunde, in anderen Fällen nach einer Reihe von Stunden ist die einzelne Efflorescenz stets wieder verschwunden, ohne irgend welche Spuren ihres Daseins zu hinterlassen.

Die *Grösse* der Urticariaquaddeln schwankt sehr erheblich. Meist sind dieselben etwa linsen- bis daumennagelgross und 1—2 Mm. über die normale Haut erhaben. In anderen Fällen ist die Erhebung über das normale Niveau kaum bemerkbar, die einzelnen Quaddeln sind kleiner, als oben angegeben, hochroth und confluiren sehr häufig, so dass sie fast scarlatina-artige, diffuse Röthungen bilden. An den Ohren z. B. zeigen sich in der Regel nicht einzelne Quaddeln, sondern dieselben werden von diffuser Röthe übergossen und erscheinen in Folge der Spannung der Haut glänzend. In selteneren Fällen werden die Quaddeln bedeutend grösser, bis fünfmarkstückgross und darüber und beträchtlich höher als gewöhnlich (*Riesen-Urticaria*).

Die *Form* der Quaddeln ist meist eine rundliche, abgesehen natürlich von den Formen der gleich zu besprechenden *Urticaria factitia*. Oft aber bilden sich durch Einsinken des Centrums Ringe oder durch Fortschreiten des Processes nur nach einer Seite Halbkreise, durch deren Confluiren es dann zur Bildung guirlandenförmiger Figuren kommt, wie bei allen „serpiginösen" Hautkrankheiten.

In seltenen Fällen, wenn die die Quaddelbildung bedingende seröse Durchtränkung des Gewebes eine excessive Höhe erreicht, wird durch dieses seröse Exsudat die Epidermis in Gestalt einer Blase emporgehoben, und die Quaddeln erscheinen mit Bläschen oder Blasen bis zu Taubeneigrösse und darüber besetzt (*Urticaria bullosa*).

Eine sehr häufige Begleiterscheinung der Eruption von Urticariaquaddeln ist die *ödematöse Schwellung* gewisser Hautpartien, so vor Allem des *Gesichtes* und der *Genitalien*, an welchen Stellen die lockere

Beschaffenheit des Unterhautbindegewebes das Zustandekommen des
Oedems begünstigt. Aber auch an anderen Körperstellen, z. B. an
den *Händen*, können solche ödematöse Schwellungen auftreten. Auch
die *Schleimhäute* betheiligen sich gelegentlich an dem Processe und
kommt es bei diesen im Wesentlichen nur zu ödematösen Schwellungen, die, falls die *Rachengebilde* oder besonders der *Kehlkopf* betroffen werden, zu sehr unangenehmen und sogar bedenklichen Erscheinungen, zu Erstickungsanfällen führen können. Doch gehören
diese Vorkommnisse glücklicherweise zu den Seltenheiten.

Das **subjective Symptom**, welches constant die Eruption von Quaddeln begleitet, ist ein *heftiges Jucken*, welches vielfach ein Aufkratzen
zur Folge hat, so dass sich im Centrum der Quaddeln kleine Blutbörkchen bilden, die nach dem Verschwinden der Quaddeln persistiren. Das durch dieses Jucken verursachte Kratzen wirkt nun oft
wieder als ein Reiz, der neue Quaddeleruptionen hervorruft, denn
bei vielen Urticariakranken wird durch *jeden auf die Haut ausgeübten Reiz ein Quaddelausbruch* hervorgerufen. Bei diesen Kranken
gelingt es, durch stärkeres Streichen der Haut mit irgend einem
harten Gegenstande (Fingernagel, Metallsonde u. dgl.) Quaddeleruptionen entsprechend diesen Strichen hervorzurufen (*Urticaria factitia*)
und auf diese Weise beliebige Zeichnungen oder Buchstaben zu
bilden (*l'homme autographe* der Franzosen). So bilden sich auch durch
das Kratzen der Patienten selbst striemenförmige Quaddeln, entsprechend der Action der Fingernägel, und da nun auch diese Quaddeln
ihrerseits wieder Jucken hervorrufen, so ist damit ein völliger Cir-
culus vitiosus gegeben. Uebrigens kommen auch Fälle von Urticaria
factitia vor, bei welchen keine eigentliche Urticaria, kein spontanes
Auftreten von Quaddeln besteht, und bei einer Anzahl dieser Fälle
fanden sich ausserdem noch andere nervöse Störungen, z. B. Hysterie.
In früheren Zeiten haben diese Erscheinungen in den Hexenprocessen
als „Teufelszeichen" eine Rolle gespielt.

Für die **Localisation** der Urticaria-Eruptionen lassen sich keine
bestimmten Regeln aufstellen. An jedem Theile der Körperoberfläche
kann es zur Bildung von Quaddeln kommen und kein Theil besitzt
hierfür eine besondere Prädilection. Nur der Umstand, dass bei einem
an Urticaria Leidenden mechanische Irritation der Haut Quaddeln
hervorrufen kann, bewirkt, dass oft an den Hautstellen, die durch
Kleidungsstücke oder aus anderen Ursachen dauernd einen Druck
ausgesetzt sind, sich Quaddeln in einer regelmässigen und symmetrischen Weise vorfinden, z. B. an den *Achselfalten* und am *Hals*.

wo das Hemd die Haut einschnürt, in der Hüftgegend, in Folge des
Druckes des Leibgurtes, oder an den *Nates* über den Sitzknorren.

Die **anatomische Untersuchung** der Quaddeln zeigt, dass es sich ledig-
lich um eine seröse Durchtränkung, ein locales Oedem, hauptsächlich des
Corium und des Papillarkörpers, eventuell um eine stärkere Füllung der
Gefässe, dagegen nicht um stärkere Anhäufung zelliger Elemente handelt.
Diese Befunde erklären die Flüchtigkeit und das spurlose Verschwinden
der Quaddeln.

Der **Verlauf** der Urticaria ist in den einzelnen Fällen ganz ausser-
ordentlich· verschieden und richtet sich besonders nach dem jedesmaligen *ätiologischen Moment*. In den Fällen, wo ein schnell vorübergehender Reiz eine Urticaria-Eruption veranlasst, verschwindet
dieselbe ebenso schnell wie der Reiz (*Urticaria evanida*). In anderen
Fällen dagegen, wo die Ursache für die Urticaria dauernd unter-
halten wird, hat zwar die einzelne Quaddel auch nur ein kurzes
Dasein, aber es kommt fort und fort zu neuen Eruptionen, die sich
durch Wochen und Monate, ja durch Jahre hinziehen können (*Urticaria perstans oder chronica*). Während jene Fälle für den Kranken
ein höchst unbedeutendes Leiden darstellen, kann in diesen letzteren
die Krankheit einen recht ernsten Charakter annehmen, indem das
fortwährende Jucken und die hierdurch bedingte Schlaflosigkeit die
Kranken ausserordentlich belästigen und ihr körperliches und geistiges
Wohlbefinden oft in hohem Grade beeinträchtigen.

Von *Begleiterscheinungen* ist bei Urticaria nicht viel zu erwähnen,
ausser häufigen Störungen der *Magen- und Darmfunctionen*, die
aber dann stets als mit dem ursächlichen Moment zusammenhängend
und nicht als eigentliche Complication aufzufassen sind. Obwohl die
Urticaria eine so heftiges Jucken erregende Krankheit ist, kommt
es doch fast nie, selbst in den chronischen Fällen nicht, zur Entstehung von Eczemen, wie so oft bei anderen chronischen juckenden
Hautkrankheiten. Der Grund ist wohl der, dass bei der Urticaria
der Ort des Juckreizes fortwährend wechselt und dieselbe Stelle nie
längere Zeit hindurch gekratzt wird.

In sehr seltenen Fällen ist ein von der gegebenen Schilderung
wesentlich abweichender Verlauf beobachtet worden, indem die Quaddeln nicht schnell wieder verschwanden, sondern sich in derbe weisse
oder gelbliche Knötchen und Papeln umwandelten, die nach längerem
Bestande mit Hinterlassung von Pigmentflecken resorbirt wurden.
Die Quaddeleruptionen traten in diesen Fällen bald nach der Geburt
auf und wiederholten sich durch Jahre und selbst Jahrzehnte immer
wieder, eine sich immer mehr ausbreitende Pigmentirung der Haut

hervorrufend. Hiernach sind diese Fälle als *Urticaria pigmentosa* oder nach der Aehnlichkeit der lange persistirenden Quaddeln mit Xanthelasmen als *Urticaria xanthelasmoidea* bezeichnet worden.

Die **Prognose** der Urticaria richtet sich in erster Linie nach dem *ätiologischen Moment*. In den Fällen, wo dieses vorübergehender Natur ist oder wir im Stande sind, es zu beseitigen, ist die Prognose eine gute, während dieselbe in anderen Fällen, wo wir das ursächliche Moment entweder nicht kennen oder dasselbe nicht zu beseitigen vermögen, bezüglich der Heilung sehr zweifelhaft werden kann.

Die **Diagnose** der Urticaria ist fast stets eine sehr leichte. Abgesehen von den charakteristischen Erscheinungen der Quaddeln selbst ist es besonders die *ausserordentliche Flüchtigkeit* des Exanthems, das Verschwinden der alten und das Auftreten neuer Efflorescenzen an anderen Orten im Laufe weniger Stunden, die eine Verwechselung mit anderen Hautaffectionen nicht zulässt. Am ehesten kann noch das *Erythema exsudativum multiforme* in Frage kommen, doch schützen auch hier der rasche Erscheinungswechsel der Urticaria, sowie die bei dieser Krankheit fehlende und bei dem Erythem so charakteristische Localisation auf bestimmten Körperstellen vor Verwechselung. Aber andererseits kann auch gerade die *Flüchtigkeit der Quaddeln* zu diagnostischen Schwierigkeiten führen, indem oft genug Urticariafälle vorkommen, die gerade zur Zeit der Untersuchung gar keine Efflorescenzen aufweisen, so dass wir auf die etwa vorhandenen, unregelmässig zerstreuten Kratzeffecte, sowie auf die anamnestischen Angaben angewiesen sind.

Aetiologie. Die Urticaria ist eine *Angioneurose der Haut*, sie beruht auf *Innervationsstörungen der vasomotorischen Nerven der Hautgefässe* und den durch diese bedingten *Veränderungen der Gefässwände*. Nur durch Vermittelung des Nervensystems ist das schnelle Auftreten von Urticaria-Eruptionen unmittelbar nach Reizen, die an ganz entfernten, gar nicht mit der Haut in directem Zusammenhang stehenden Körpertheilen einwirken, zu erklären. Es liegt als Beweis die von mir gemachte Beobachtung vor, dass unmittelbar nach dem Durchschneiden eines kleinen Hautnerven in dem von diesem versorgten Gebiet Quaddeln auftraten. Wir müssen annehmen, dass eine Reihe von Personen eine gewisse *Prädisposition* haben, dass bei ihnen das vasomotorische Centrum eben auf die gleich zu besprechenden Reize mit einer Urticaria-Eruption antwortet, während bei anderen dieselben Reize nach dieser Richtung hin ganz wirkungslos sind. Als Analogon ist anzuführen, dass manche Menschen bei den gering-

fügigsten Anlässen, sowie sie vor Anderen sprechen u. dgl., stets von
tiefer Röthe übergossen werden, während bei der Mehrzahl diese
Erscheinung nicht auftritt. Andererseits erfolgt oft bei dem einzelnen
Individuum nur zu gewissen Zeiten diese Reaction — die Urticaria-
Eruption —, zu anderen Zeiten nicht. Die tieferen Ursachen sind
uns unbekannt. — Es kommt *Vererbung* der Disposition für Urticaria vor.

Die Reize, welche unter Umständen Urticaria hervorrufen, lassen
sich in zwei Reihen eintheilen, indem sie entweder den Körper *von
aussen* treffen oder auf Vorgängen *im Körperinnern* beruhen.

Als *äussere Reize* sind in erster Linie die *Stiche oder Bisse einer
Reihe von Thieren* zu nennen, hauptsächlich der Flöhe, Läuse, Wanzen,
Mücken, die Berührung mit gewissen behaarten Raupen, besonders
den Processionsraupen. — Es entsteht an der Stelle des Bisses eine
Quaddel, die in der Mitte einen kleinen Blutpunkt zeigt, und es lässt
sich die Entstehung dieser Quaddel ja auf den localen Reiz zurückführen. Aber ein e i n z i g e r Flohstich genügt, um bei einem prädisponirten Menschen eine Urticaria-Eruption über den ganzen Körper
hervorzurufen, und hierfür müssen wir in der That eine reflectorische,
durch das Nervensystem vermittelte Wirkung annehmen. — In dieselbe Kategorie gehören auch die durch die Berührung mit der *Brenn-
nessel* (Urtica urens) hervorgerufenen Quaddeleruptionen, von denen
die Krankheit ihren Namen erhalten hat.

Hieran schliessen sich die Fälle an, wo anderweitige, an und
für sich schon *juckende Hautkrankheiten* Urticaria hervorrufen. Am
häufigsten kommt dies bei *Prurigo* vor, seltener bei gewissen Formen
des *Pemphigus*, bei *Pruritus* in Folge von *Diabetes*, bei *Icterus*. Bei
der letzteren Krankheit ist allerdings oft das Verhältniss insofern
ein anderes, als die den Icterus hervorrufende Schädlichkeit gleichzeitig auch die Ursache für die Urticaria abgeben kann, und dies
führt uns zu der zweiten Kategorie von Ursachen über, zu den von
innen wirkenden.

Hier sind *Veränderungen oder Erkrankungen der weiblichen
Geschlechtsorgane*, vor Allem aber des *Intestinaltractus* zu nennen.
So sind die verschiedensten Störungen der Menstruation, Erkrankungen des Uterus, aber auch manchmal physiologische Veränderungen im Zustand dieser Theile, die Menstruation selbst, die Gravidität, Ursache für Urticaria-Eruptionen. Sehr viel häufiger wird
aber die Urticaria durch Reize ausgelöst, welche den *Verdauungs-
kanal* treffen. Es sind besonders *gewisse Speisen*, die bei einzelnen

prädisponirten Personen — nach dem oben gesagten — Urticaria hervorrufen, so eine ganze Reihe von Früchten — Erdbeeren, Himbeeren,
Johannisbeeren, Ananas, Fruchteis — dann Krebse, Hummern, Austern,
Seefische, ferner *medicamentöse Stoffe*, Terpenthin, Copaivbalsam,
Chinin, Morphium u. A. m. (*Urticaria ex ingestis*). Gewöhnlich rufen
nun diese Speisen oder Stoffe bei den prädisponirten Individuen ausser
der Urticaria auch *ganz auffallend heftige, gastrische und enterische
Erscheinungen* hervor, Uebelkeit, Erbrechen, heftige Durchfälle, die
in gar keinem Verhältniss zu der Menge und Art der eingeführten
Stoffe stehen, so dass wir eine Art *Idiosynkrasie* bei den Betreffenden annehmen müssen. In der Regel sind es im einzelnen Falle ganz
bestimmte Dinge, die alle diese Erscheinungen hervorrufen, so z. B.
n u r Erbeeren oder n u r Krebse und keiner der anderen, bei anderen
Personen ebenso schädlich wirkenden Stoffe. — In ähnlicher Weise
wirkt unter Umständen das Vorhandensein von *Eingeweidewürmern*
und ferner *andere Erkrankungen des Magens und Darmes*, so besonders aus anderen Ursachen entstandene Katarrhe, und auch bei
hartnäckiger *Obstipation* kommt Urticaria vor. — Bei *zahnenden
Kindern* sieht man nicht selten Eruptionen, bei denen die Efflorescenzen entweder als gewöhnliche Quaddeln oder kleine, von einem
breiten hyperämischen Hof umgebene Knötchen erscheinen; manchmal entwickeln sich in diesen Fällen auch einzelne Bläschen und
Bläschengruppen auf den Efflorescenzen (*Urticaria e dentitione*). —
Ferner kommt Urticaria bei *Intermittens* und in der *Reconvalescenz
nach acuten Infectionskrankheiten* vor, z. B. nach Typhus. — Dann
werden öfters *psychische Affecte und Depressionszustände* die Veranlassung für das Auftreten von Urticaria. — Schliesslich bleiben
aber noch eine Reihe von Urticariafällen übrig, für die selbst beim
sorgfältigsten Nachforschen kein ätiologisches Moment gefunden werden kann.

Therapie. Bei der Behandlung ist selbstverständlich zunächst
stets, wenn irgend möglich, das ätiologische Moment zu beseitigen.
So einfach dieses nun auch in vielen Fällen erscheint, z. B. bei einer
Urticaria e cimicibus, so schwer ist es oft in praxi, dieser Indication zu genügen, also, um bei dem Beispiel zu bleiben, einmal die
Wanzen aufzufinden und dann sie zu beseitigen. Es können hier
natürlich nicht die in dieser Hinsicht im einzelnen Falle anzuwendenden therapeutischen Massnahmen aufgeführt werden, es sei
nur noch einmal darauf hingewiesen, dass in jedem Fall von Urticaria zuerst mit der grössten Sorgfalt nach dem ätiologischen Mo-

ment geahndet und dann die Beseitigung desselben angestrebt
werden muss.

Gleichzeitig sind nun aber auch *Mittel gegen den Ausschlag selbst*,
vor Allem gegen seine lästige Beigabe, das *Jucken*, in jedem Fall
anzuwenden, zumal wenn die Beseitigung der Ursache nicht so schnell
zu bewerkstelligen ist. Solche Mittel gegen das Jucken sind kalte
Umschläge mit reinem oder etwas angesäuertem *Wasser* oder mit
Milch, Abreiben mit *Citronenscheiben*, Befeuchtung mit *Thymolspi-
ritus* (1 Proc.) oder *Carbollösung* (2 Proc.), Einreibung mit *Carbolsalbe* (1,0:50,0). *Mentholsalbe* (2,5:50,0), Einpinselung mit *Chloral-
hydrat-Campher* (ana part. aequ.). Die Wirkung aller dieser Mittel
ist in der Regel nur eine kurzdauernde und dieselben müssen daher
fortdauernd bei den sich erneuernden Urticarianachschüben angewendet werden, bis mit der Beseitigung der Ursachen die Eruptionen
verschwinden. Sind wir nun aber nicht im Stande, die Ursache zu
beseitigen oder lässt sich dieselbe überhaupt nicht auffinden, so sind
wir zunächst auf jene rein palliative Therapie angewiesen, eventuell
ist die Anwendung *kalter Bäder*, (Fluss-Bäder) zu versuchen. In
neuerer Zeit sind in diesen Fällen wenigstens einigermassen befriedigende Erfolge von der innerlichen Darreichung des *Atropin* gesehen worden, und zwar in der Dosis von ½—1—2 Mgr. pro die.
Jedenfalls muss dasselbe längere Zeit hindurch gegeben werden, was
in dieser Dosis auch ohne Nachtheil geschehen kann.

DRITTES CAPITEL.
Oedema cutis circumscriptum.

Eine der Urticaria sehr nahe stehende, im Ganzen seltene und
erst seit neuerer Zeit bekannte Krankheit ist das **Oedema cutis circumscriptum** (QUINCKE). Ganz plötzlich treten an verschiedenen Stellen
der Haut *ödematöse Schwellungen* bis zu Handtellergrösse und darüber auf, deren Farbe durchscheinend blass, seltener röthlich
ist, und die ohne scharfe Grenze in die normale Haut übergehen.
Die Anschwellungen verschwinden nach ganz kurzer Zeit, nach
wenigen Stunden wieder, während an anderen Stellen neue Schwellungen auftreten. Auf diese Weise kann sich das Leiden Tage und
Wochen hinziehen und es kommen auch nach gänzlichem Aufhören
häufig Recidive vor. In ganz ähnlicher Weise wie bei der Urticaria können sich auch die *Schleimhäute* betheiligen und es kann

durch Schwellung der *Zunge* zu sehr erheblichen Beschwerden beim Sprechen und Schlucken und durch Schwellung des *Kehlkopf-einganges* zur Erstickungsgefahr kommen. Von ganz besonderem Interesse ist es, dass bei manchen dieser Fälle auch *Affectionen der Magen- und Darmschleimhaut* beobachtet worden sind — kolikartige Schmerzen, vielfach sich wiederholendes, massenhaftes Erbrechen zunächst des Mageninhaltes, dann wässeriger, galliggefärbter Flüssigkeit —, die auf der einen Seite den bei manchen Urticariafällen auftretenden Erscheinungen, andererseits den bei verschiedenen Rückenmarkserkrankungen, so bei Tabes, beobachteten *gastrischen Krisen* sehr ähnlich sind (STRÜBING). Das *Allgemeinbefinden* ist, abgesehen von den letzterwähnten Zufällen, in der Regel nicht erheblich gestört. Die Erscheinungen und die Analogien mit Urticaria machen es von vornherein wahrscheinlich, dass das acute umschriebene Hautödem eine *Angioneurose* ist, eine Vermuthung, die in der Beobachtung der *hereditären Uebertragung* der Krankheit eine weitere Stütze findet. — Auch gegen diese Krankheit scheint sich das *Atropin* manchmal wirksam zu erweisen; im Uebrigen ist die Widerstandsfähigkeit des Körpers durch Diät, kalte Abreibungen, Bäder u. s. w. zu erhöhen, bei den gastrischen Anfällen ist *Morphium* von guter Wirkung.

VIERTES CAPITEL.
Erythema exsudativum multiforme.

Die frischen Efflorescenzen des **Erythema exsudativum multiforme** zeigen sich als kleine runde Papeln, die mehr oder weniger hoch und derb und von lebhaft rother Farbe sind (*Erythema papulatum*). Indem in wenigen Tagen die Papeln sich zu etwa zehnpfennigstückgrossen Scheiben vergrössern, zeigt ihr peripherischer, fortschreitender Theil zwar die oben geschilderten Eigenschaften, die centrale, ältere Partie dagegen sinkt ein, oft bis zum normalen Hautniveau und nimmt dabei eine livide, blaurothe Farbe an. In diesem Stadium besteht die Efflorescenz also aus einem kreisförmigen, lebhaft rothen Wall und einem deprimirten blaurothen Centrum (*Erythema annulare*). In dieser Weise können sich die einzelnen Efflorescenzen bis zu Thaler- und Fünfmarkstückgrösse ausdehnen. Hierbei tritt nun aber, da stets von vornherein mehrere und oft viele Efflorescenzen entstehen, eine Berührung und Verschmelzung der benachbarten Herde ein, wodurch bis flachhandgrosse Stellen mit blaurothem Centrum

und mit einem aus lauter nach aussen convexen Bogenlinien bestehenden, erhabenen, intensiv rothen Saum gebildet werden (*Erythema
gyratum et figuratum*). — Manchmal tritt auch in dem bereits deprimirten Centrum von Neuem eine frische Papelbildung auf, woraus
dann cocardenartige Formen resultiren (*Erythema iris*).

Eine andere Veränderung der Efflorescenzen tritt ein, wenn die
Menge des flüssigen Exsudates eine so grosse ist, dass dadurch die
Epidermis zu einem *Bläschen* emporgehoben wird. In diesem Fall
zeigen sich die Papeln oder kreisförmigen Wälle mit wasserhellen
Bläschen besetzt, die oft in zierlicher Weise ganz regelmässig kreis-
förmig angeordnet sind, manchmal auch unter sich zu einem einzigen
blasigen Wall verschmelzen, manchmal zwei und drei concentrische
Ringe bilden (*Erythema vesiculosum, Herpes circinatus, Herpes iris*).
In anderen Fällen zeigt sich im Centrum jeder Papel ein Bläschen
oder eine kleine Epidermisabhebung und Krustenbildung. Früher
wurden diese Formen als besondere Krankheiten betrachtet; die Erkenntniss des gleichzeitigen Vorkommens an demselben Individuum
und der Entwickelung der bläschentragenden Efflorescenzen aus den
papulösen zeigte, dass es sich nur um *verschiedene Intensitätsgrade
desselben Krankheitsprocesses* handelt. — In seltenen Fällen ist die
Menge des Exsudates eine so grosse, dass die Epidermis zu grossen
Blasen emporgehoben wird (*Erythema bullosum*). — Gelegentlich werden ödematöse Schwellungen beobachtet. — Auch an der *Schleimhaut* der Lippen, der Wangen, des Gaumens und des Rachens und
der weiblichen Genitalien sind gleichzeitig mit Eruptionen auf der
Haut Erythemefflorescenzen beobachtet worden, die sich an diesen
Stellen meist rasch in eiterig belegte Erosionen umwandeln.

Localisation. In fast allen Fällen lässt sich eine ganz bestimmte
Anordnung der Efflorescenzen erkennen, indem als ganz besonders
bevorzugte Prädilectionsstellen *Hand- und Fussrücken* erscheinen.
In manchen Fällen treten die Herde nur an diesen Stellen und oft
überhaupt nur an den Händen auf, in anderen zeigen sich auch auf
den übrigen Theilen der Extremitäten, meist auf der *Streckseite*, in
der Gegend der *Ellenbogen und Kniegelenke* und an den *Fingern*
Eruptionen, aber auch in diesen Fällen sind die ersterwähnten Punkte
gewöhnlich die zuerst und am stärksten ergriffenen. Auch auf *Flachhänden und Fusssohlen* entwickeln sich bei reichlicheren Eruptionen
oft zahlreiche Effloreczenzen. Schliesslich kann auch der Rumpf
und das Gesicht befallen werden und werden auf letzterem relativ
am häufigsten die bläschenbildenden Formen beobachtet. Stets zeigen

die Efflorescenzen des Erythema exsudativum multiforme eine *symmetrische Anordnung*.

Die *subjectiven Symptome*, die der Ausschlag an und für sich hervorruft, sind äusserst geringfügige und bestehen in unbedeutendem Gefühl von Jucken oder Brennen oder dieselben fehlen ganz. Nur wenn auch an den Fingern oder den Flachhänden Papeln entstehen, stellt sich in Folge der stärkeren Spannung der Haut an diesen Theilen oft intensiveres Jucken oder selbst Schmerz ein. In der Regel besteht nicht die geringste Störung des *Allgemeinbefindens*, nur bei sehr ausgebreiteten Erythemen tritt mässige Temperaturerhöhung auf. In sehr seltenen Fällen, in denen das Exanthem gewöhnlich sehr reichlich ist, sind *intensive Fiebererscheinungen und schwere Erkrankungen innerer Organe, heftiger Durchfall, Lungen- und Brustfellentzündungen* beobachtet, ja es hat die Krankheit sogar ab und zu einen *letalen Verlauf* genommen, indess wird mit Recht in diesen Fällen, bei denen es sich offenbar um *schwere acute Infectionskrankheiten* handelt, das Erythem als ein *symptomatischer Ausschlag* angesehen und dieselben sind daher gar nicht dem eigentlichen Erythema exsudativum zuzurechnen.

Der **Verlauf** ist, abgesehen von diesen, hier ganz anzuschliessenden Fällen, stets ein guter. Gewöhnlich kommt es zwar noch im Laufe einer oder einiger Wochen zu frischen Nachschüben, während sich die älteren Efflorescenzen vergrössern, dann aber hört die Bildung frischer Herde und die Vergrösserung der älteren auf, die eventuell vorhandenen Bläschen trocknen zu kleinen Krusten ein, die papulösen Erhebungen flachen sich ab, und nachdem die zunächst livide, dann mehr bräunliche Haut eine ganz leichte Abschuppung gezeigt hat, ist die Krankheit, ohne irgend eine Veränderung zu zu hinterlassen, verschwunden. Nur in sehr seltenen Fällen können sich die Eruptionen über längere, selbst jahrelange Zeiträume erstrecken, bei welchen dann auch die Efflorescenzen derber erscheinen und in langsamerer Weise als gewöhnlich ihren Entwickelungsgang durchmachen (*Erythema perstans*). Häufig dagegen ist bei demselben Individuum eine Wiederkehr der Krankheit in regelmässigen Intervallen von einem halben Jahr oder einem Jahr oft durch längere Zeit zu beobachten. Besonders die *Erytheme an den Fingern* zeigen diese Neigung zu Recidiven.

Die **Prognose** ergiebt sich hiernach als eine, abgesehen von der Möglichkeit des Recidivirens, stets gute.

Die **Diagnose** stützt sich in erster Linie auf die kaum je fehlende

symmetrische Anordnung der Efflorescenzen an den erwähnten Prädilectionsstellen; diese fehlt der *Urticaria*, deren Efflorescenzen an
und für sich manchmal denen des Erythems sehr ähnlich sind. An-
dererseit erleichtert die grosse Flüchtigkeit der Urticariaquaddeln
gegenüber der relativen Beständigkeit der Erythemherde die Unterscheidung. Eine gewisse Aehnlichkeit mit dem Erythem können auch
die Efflorescenzen des *Herpes tonsurans* haben, doch fehlt selbstverständlich auch diesen die bestimmte Localisation und ausserdem ist
stets eine verhältnissmässig reichliche Schuppenbildung der peripherischen Theile zu constatiren, während beim Erythem höchstens die
centralen Theile und auch diese nur in sehr geringem Grade schuppen.
Die Erytheme an den Fingern haben oft grosse Aehnlichkeit mit
Frostbeulen.

Bezüglich der **Aetiologie** des multiformen Erythems ist zunächst
anzuführen, dass bei weitem am häufigsten *jugendliche Personen*,
etwa bis zu 25 Jahren, selten ältere befallen werden. Dann ist ein
sehr auffälliger Einfluss der *Jahreszeit* zu constatiren, indem in den
Frühjahrs- und Herbstmonaten (März, April und October, November)
die Erythemfälle sich ganz entschieden häufen. Die Fingererytheme
kommen am häufigsten bei jungen Mädchen, zumal bei anämischen
vor. — Der acute cyklische Verlauf, die ganze Art des Auftretens
machen es wahrscheinlich, dass das multiforme Erythem den *acuten
Infectionskrankheiten* zuzurechnen ist.

Die **Therapie** ist bei dem cyklischen Verlauf des Erythems von
geringer Bedeutung. Zuzugeben ist allerdings, dass wir auch kein
Mittel kennen, welches auf den Verlauf oder die Wiederkehr der
Krankheit auch nur den geringsten Einfluss ausübt. Es genügt, die
ergriffenen Hautstellen, besonders bei Bläscheneruptionen, vor äusseren
Reizen durch *Einstreuen mit Streupulver* zu schützen, bei starkem
Jucken oder Schmerzen werden mit Vortheil *kühlende Umschläge*,
z. B. mit *Bleiwasser*, verwendet. Bei *anämischen Personen* ist mit
den geeigneten Mitteln die Anämie zu behandeln, ohne dass damit
der Wiederkehr der Krankheit sicher vorgebeugt werden könnte.

<hr />

FÜNFTES CAPITEL.
Erythema nodosum.

Das **Erythema nodosum** ist von dem Erythema exsudativum multiforme streng zu trennen. Combinationen der beiden Exantheme kommen nur in Fällen vor, in denen dieselben als symptomatische Aus-

schläge, hervorgerufen durch eine andere Erkrankung, z. B. durch Syphilis, auftreten. Indessen gehören beide Krankheiten derselben Gruppe an, das Erythema nodosum ist jedenfalls den acuten Infectionskrankheiten zuzurechnen.

Bei dem Erythema nodosum treten in ganz acuter Weise linsen- bis wallnussgrosse, halbkugelförmige, oder noch grössere und dann mehr flache Knoten von derber Consistenz auf, über denen die Haut nicht verschieblich, von blassrother, später von intensiv rother und weiter von mehr livider, blaurother Färbung ist. Selbst die kleinsten Knötchen, die in Folge der nur sehr blassen Röthung der sie bedeckenden Haut sehr leicht übersehen werden können, sind vermöge ihrer derben Consistenz dem zufühlenden Finger sofort erkenntlich. Ueber den grösseren Knoten erscheint die Haut glatt, gespannt. Die *Zahl* der Knoten ist ausserordentlich wechselnd von einigen wenigen bis zu einer beträchtlichen Anzahl. Hiernach richtet sich auch die **Localisation,** indem bei der Eruption von wenigen Knoten diese sich stets an den *Unterschenkeln oder Fussrücken* finden. Bei reichlicheren Eruptionen werden der Reihe nach die *Vorderarme, die Oberschenkel und Oberarme* und am seltensten *Rumpf und Gesicht* ergriffen, in allen Fällen aber, selbst in den ausgebreitetsten finden sich auf den Unterschenkeln die zahlreichsten Knoten. Die kleineren Knoten rufen an und für sich gewöhnlich keine *subjectiven Empfindungen* hervor, sind dagegen auf Druck mehr oder weniger schmerzhaft; die grösseren Knoten sind auch spontan schmerzhaft, auf Berührung und Druck oft in so hohem Grade, dass die Patienten, bei der gewöhnlichen Localisation an den Unterextremitäten, nicht im Stande sind, zu gehen.

Die einzelnen Knoten beginnen schon nach wenigen Tagen in Resorption überzugehen, sie verkleinern sich und verlieren an Resistenz. Gleichzeitig verändert sich die Farbe der Haut, welche die *sämmtlichen Farbenveränderungen sich resorbirender Blutextravasate* zeigt, also zuerst bläulich wird, dann grüne, gelbe und schliesslich braune Nuancen annimmt. In 1—2 Wochen ist dann, abgesehen von einer leichten braunen Pigmentirung jede Spur des Knotens verschwunden. Anderweitige Veränderungen, etwa eiteriger Zerfall, werden bei den Knoten des Erythema nodosum niemals beobachtet.

Wenn nun in einzelnen Fällen mit beschränkter Eruption *Allgemeinerscheinungen* auch fehlen können, so sind in der Mehrzahl der Fälle doch Temperaturerhebungen, unter Umständen sogar von beträchtlicher Intensität, vorhanden mit anfänglichem und bei Exa-

cerbationen sich wiederholendem Frost und mit den entsprechenden
Störungen des Allgemeinbefindens. Ein ausserordentlich häufiges Sym-
ptom sind ferner *Schmerzen in den Gelenken*, besonders in den Fuss-
und Kniegelenken, ohne oder mit nachweisbarem Erguss in dieselben.
In sehr seltenen Fällen sind im Gefolge eines Erythema nodosum
Erkrankungen des Herzens, Endo- und Pericarditis, beobachtet.

Der **Verlauf** des Erythema nodosum gestaltet sich in der Regel
so, dass während einer oder einiger Wochen schubweise mehrere
Eruptionen von Knoten auftreten, jedesmal von den erwähnten anderen Krankheitserscheinungen begleitet. Nach 3—4 Wochen ist aber
selbst in Fällen sehr ausgebreiteter Eruptionen der Krankheitsprocess erloschen und es treten keine neuen Nachschübe mehr auf, die
bestehenden Knoten gehen in Resorption über, das Fieber und die
Gelenkschmerzen verschwinden.

Die **Prognose** ist daher eine gute, wenn auch das Erythema nodosum eine viel erheblichere Krankheit ist, als das Erythema exsudativum multiforme. Selbst die seltenen Fälle von Complicationen mit
Erkrankung des Herzens scheinen eine günstige Progose zu gestatten.

Die **Diagnose** ist stets leicht. Die so charakteristischen Efflorescenzen könnten höchstens mit *subcutanen Blutextravasaten nach Traumen* verwechselt werden (wegen dieser Aehnlichkeit ist das Erythema
nodosum auch als *Dermatitis contusiformis* bezeichnet), doch werden
die Localisation und die begleitenden Erscheinungen wohl stets vor
diesem Irrthum schützen. Dann kämen noch etwa *nicht ulcerirte
Gummiknoten* des Unterhautgewebes in Betracht, doch stellen diese
viel schärfer begrenzte, wirkliche Geschwülste dar und zeigen einen
völlig anderen Verlauf.

Aetiologie. Wie schon aus der Schilderung der klinischen Erscheinungen hervorgeht, besteht eine ganz entschiedene Verwandt-
schaft des Erythema nodosum mit dem *acuten Gelenkrheumatismus.*
Als weiterer wesentlicher Beweis für das Vorhandensein dieses Zusammenhanges kommt die Beobachtung hinzu, dass bei manchen Fällen von typischem acuten Gelenkrheumatismus mit starken Localaffectionen der Gelenke Erythema nodosum als *Complication* hinzutritt, und dass von diesen Fällen bis zu den Fällen von Erythema
nodosum mit minimalen Gelenkerscheinungen oder ganz ohne dieselben sich eine ununterbrochene Reihe herstellen lässt. Aus diesem
allen dürfen wir mit grosser Wahrscheinlichkeit schliessen, dass das
Erythema nodosum eine *acute Infectionskrankheit* ist, die in sehr
nahen Beziehungen zum *Rheumatismus articulorum acutus* steht. Im

Uebrigen ist noch zu bemerken, dass das Erythema nodosum mit Vorliebe *jugendliche Personen*, besonders *weiblichen Geschlechtes* befällt und in den *Frühjahrs- und Herbstmonaten* gehäuft auftritt.

Die **Therapie** hat von dem oben angegebenen Standpunkte aus in der Darreichung von *Salicylsäure* zu bestehen und scheint dieses Mittel von unzweifelhaftem Nutzen zu sein. Freilich ist es bei einer Affection, die auch spontan in relativ so kurzer Zeit verläuft, wie das Erythema nodosum, nicht leicht, einen derartigen Einfluss stricte zu beweisen. Local sind bei stärkeren Schmerzen *kühle Umschläge* oder, falls diese nicht vertragen werden, *warme Umschläge* zu appliciren. Bei Bestehen von Fieber ist es selbstredend geboten, die Kranken im Bette zu halten; gewöhnlich sind sie ohnehin schon bei reichlicheren Eruptionen durch die Schmerzen im Gehen sehr behindert.

SECHSTES CAPITEL.
Purpura rheumatica.

Die **Purpura** oder **Peliosis rheumatica** (SCHÖNLEIN) steht in sehr nahen Beziehungen zu den Erythemen. Auch bei diesen findet ein Austritt von rothen Blutkörperchen in das Haut- oder Unterhautgewebe statt, wie in unzweidentigster Weise durch die Farbenveränderungen bei der Resorption der Efflorescenzen bewiesen wird. Bei der Purpura steht dieser Blutaustritt so sehr im Vordergrund, dass die Efflorescenzen sich lediglich als cutane Hämorrhagien präsentiren, als *Petechien*, *Vibices* oder *Ecchymosen*, je nachdem es sich um kleine rundliche, um streifenförmige oder um umfangreichere Blutungen handelt.

Die einzelnen Blutungen schwanken ihrem Umfange nach zwischen Stecknadelkopf- und Linsengrösse, sind meist von rundlicher Form, im frischen Zustande von tief rother oder schwarzrother Farbe und überragen das normale Hautniveau nicht. Oft confluiren dieselben und bilden dann bis flachhandgrosse, ganz unregelmässig begrenzte Herde, in deren Umgebung sich stets isolirte Blutungen finden. Auf Fingerdruck verändern die Efflorescenzen ihre Farbe nicht. Manchmal schliessen sich die Blutungen auf einzelnen Stellen genau an die Follikel an, jedes Haar ist von einer kleinen Hämorrhagie umgeben.

Die ganz typische **Localisation** der Hämorrhagien ist an den *Unterschenkeln*: oft finden sich nur an diesen Hämorrhagien, während der übrige Körper vollständig frei ist. In Fällen reichlicherer Erup-

tion sind auch *Oberschenkel und Arme* ergriffen und am seltensten
Rumpf und Gesicht. In allen Fällen sind aber die Unterschenkel
die am stärksten afficirten Theile. Sehr häufig treten gleichzeitig
ödematöse Schwellungen an den Füssen, besonders um die Malleolen,
in seltenen Fällen auch an den Händen auf. — In einzelnen Fällen
typischer Purpura der Unterschenkel kommen an den übrigen Körpertheilen *erythematöse oder urticaria-artige Exanthemformen* zur
Beobachtung, die ausnahmsweise auch hämorrhagisch werden können.

Gewöhnlich erfolgt die Eruption unter leichten *Fiebererscheinungen* und gleichzeitig treten *Schmerzen* auf, die meist in einzelnen
Gelenken, besonders in den Knie- und Sprunggelenken localisirt sind.
oft mit nachweisbarer Schwellung derselben, oder aber auch als vage,
herumziehende Schmerzempfindungen erscheinen können. In einzelnen Fällen sind auch Complicationen von Seiten des *Herzens* beobachtet.

Der **Verlauf** gestaltet sich in der Weise, dass nach der ganz plötzlich auftretenden ersten Eruption meist noch mehrere Nachschübe
von Hämorrhagien mit gleichzeitiger Recrudescenz der Fiebererscheinungen und der Schmerzen erfolgen, während die ersten Hämorrhagien unter den gewöhnlichen Farbenveränderungen zur Resorption
gelangen. Nach einer bis höchstens einigen Wochen hören dann die
weiteren Nachschübe auf; nur sehr selten erstreckt sich der Verlauf
über längere Zeit, meist handelt es sich dann nur um Kranke, die sich
nicht hinreichend schonen können.

Die **Prognose** ist demgemäss als gute zu bezeichnen.

Bei der **Diagnose** kommen zunächst die *hämorrhagischen Formen
anderer acuter Infectionskrankheiten* in Betracht, doch fehlen einerseits, im Gegensatze zur Purpura, hier bestimmte Localisationen.
andererseits machen andersartige Prädilectionssitze der Hämorrhagien.
wie z. B. beim *Prodromalexanthem der Pocken* die Inguinal- und
Achselhöhlengegend, die Unterscheidung leicht. Ferner sind die Allgemeinerscheinungen bei Purpura im Verhältniss zu den hier in Betracht kommenden Krankheiten stets sehr leichter Natur. Der *Morbus
maculosus Werlhofii* — die sogenannte *Purpura haemorrhagica* —
unterscheidet sich dadurch von der Purpura rheumatica. dass die
Petechien ohne bestimmte Anordnung über die ganze Haut zerstreut
sind und dass gleichzeitig *Schleimhautblutungen,* oft von gefahrbrin-
gender Stärke, auftreten. — Schliesslich sind die *Hämorrhagien* nach
Flohstichen, die sogenannte *Purpura pulicosa.* zu erwähnen. Die
Flohstiche präsentiren sich nach dem Verschwinden des anfänglich
stets vorhandenen hyperämischen Hofes in der That als punktförmige

bis stecknadelkopfgrosse Hämorrhagien. Aber einmal kommen dieselben hauptsächlich am Rumpf, sehr viel spärlicher an den Extremitäten vor und dann findet sich bei sorgfältigem Suchen stets noch
der eine oder andere ganz frische Stich, bei dem der noch vorhandene hyperämische Hof die Entscheidung nicht zweifelhaft lässt.

Die **anatomische Untersuchung** der Purpuraflecken zeigt, dass die Hämorrhagien am reichlichsten im Papillarkörper, dann aber auch in den
tieferen Theilen des Corium, in der Umgebung der Drüsen und Follikel
liegen. Hiernach dürfen wir schliessen, was ja auch an und für sich schon
das wahrscheinlichste ist, dass die Blutungen hauptsächlich aus dem *capillaren Theil des Gefässnetzes der Haut* erfolgen.

Bei der **Aetiologie** ist zunächst darauf hinzuweisen, dass die
Purpura rheumatica wohl auch den *acuten Infectionskrankheiten* zuzurechnen ist und höchst wahrscheinlich auch in nahen verwandt-
schaftlichen Beziehungen zum *acuten Gelenkrheumatismus* steht. Einen
kleinen Theil der Purpurafälle, bei denen die Allgemeinerscheinungen
und Gelenkaffectionen fehlen, hat man zwar von dieser Gruppe als
Purpura simplex vollständig trennen wollen, doch erscheint diese
Trennung unbegründet, da sich zwischen diesen Fällen und denen
mit ausgesprochenen Gelenkaffectionen, ähnlich wie beim Erythema
nodosum, in der That eine ganz allmälige Abstufung beobachten
lässt. — Die Purpura rheumatica kommt am häufigsten bei *jüngeren
Personen*, etwa bis zum 30. Lebensjahre, und zwar häufiger beim
männlichen Geschlechte als beim *weiblichen* vor.

Bei der **Behandlung** muss dem oben gesagten entsprechend in
erster Linie die Darreichung der *Salicylsäure* in Betracht kommen.
Bei ruhigem Verhalten, am besten bei Bettlage, tritt stets rasche
Resorption der ödematösen Schwellungen ein, während die übrigens
auch schnell vor sich gehende Aufsaugung der vorhandenen Blut-
ergüsse durch irgend welche äusseren Mittel nicht beschleunigt werden kann. Die Kranken sind auch nach der Resorption der Hämorrhagien noch einige Zeit im Bett zu halten, da oft nach zu frühem
Aufstehen sofort ein Nachschub von Blutungen auftritt.

SIEBENTES CAPITEL.
Symptomatische Exantheme bei Infections-
krankheiten.

Zwar sind das Erythema nodosum, die Peliosis rheumatica und
wahrscheinlich auch das Erythema exsudativum gewissermassen auch

nur als *symptomatische Hauteruptionen* bei einer Allgemeininfection des Körpers aufzufassen und sollten daher eigentlich diesem Capitel eingefügt werden, indessen geschah aus praktischen Gründen ihre gesonderte Besprechung, weil bei jenen Krankheiten die Hautsymptome die übrigen Erscheinungen weit überwiegen. Dagegen möge hier nochmals die unbedingt zu postulirende Zusammengehörigkeit dieser Erkrankungen mit der grossen Gruppe der *Infectionskrankheiten* betont werden.

Bei den anderen an dieser Stelle in Betracht kommenden Krankheiten, den *acuten Exanthemen (Masern, Scharlach, Pocken)* und fast der ganzen Reihe der übrigen *acuten Infectionskrankheiten* überwiegen nun aber die übrigen Krankheitssymptome an Wichtigkeit so sehr die Hauterscheinungen, dass von einer zusammenhängenden Schilderung derselben in diesem Lehrbuch abgesehen werden kann und auf die Lehrbücher der speciellen Pathologie verwiesen werden muss.

Nur einige, im Ganzen weniger bekannte, derartige Ausschlagsformen mögen hier erwähnt werden. Schon oben wurde ein dem *Erythema nodosum* völlig entsprechender symptomatischer Ausschlag bei *acutem Gelenkrheumatismus* angeführt, auch bei *Tripperrheumatismus* sind verschiedenartige, manchmal hämorrhagische Erytheme beobachtet. In ähnlicher Weise kommen bei *Diphtheritis* Ausschläge vor, die entweder als *Petechien* oder in der Form der *Urticaria* oder des *Erythema exsudativum multiforme* auftreten. Diese Exantheme treten gewöhnlich bei den schweren, septischen Formen der Diphtheritis auf und wird daher bei ihrem Erscheinen die Prognose eine sehr ernste. Aehnliche Exantheme treten bei *Puerperalerkrankungen* auf.

Ferner sind an dieser Stelle die *Vaccinations- oder Impfausschläge* (BEHREND) zu erwähnen, welche von den der Impfung folgenden Localerkrankungen, Erysipelen, Lymphangitiden, Phlegmonen, streng zu trennen sind, da sie ganz unabhängig von den Impfstellen an ausgedehnten Hautstrecken, oft über den ganzen Körper, meist in symmetrischer Anordnung auftreten und als Aeusserung des im Blute circulirenden Virus aufzufassen sind. Die Eruption erfolgt meist unter Fieber in den ersten Tagen oder am 8.—9. Tage nach der Impfung. Die Form dieser Exantheme ist wechselnd, es sind einfache hyperämische Flecken *(Erythema vaccinicum* oder *Roseola vaccinica)*, Urticaria-Eruptionen, Exantheme nach Art des Erythema exsudativum multiforme und vesiculöse Eruptionen beobachtet. Die Impfexantheme sind im Ganzen selten, sie scheinen weniger von der Beschaffenheit der Lymphe, als von einer bestimmten Prädisposition abhängig zu sein. In der Regel tritt rasche Heilung ein.

Von den *chronischen Infectionskrankheiten* kommen besonders *Lepra* und *Syphilis* in Betracht, von denen die erstere Krankheit in einem späteren Capitel und die letztere im zweiten Theile dieses Lehrbuches ausführlich erörtert werden wird.

ACHTES CAPITEL.
Arznei - Exantheme.

Unter **Arznei-Exanthemen** verstehen wir diejenigen Ausschläge, welche durch *die Aufnahme gewisser Medicamente in die Circulation* hervorgerufen werden, sei es, dass dieselbe durch die Haut bei Einreibungen u. s. w., durch die Magen- und Darmschleimhaut bei interner Darreichung oder vom Unterhautzellgewebe bei subcutaner Injection stattfindet. Aber vielleicht sind auch manche, bei Application eines Mittels auf die Haut entstehende und *auf die Applicationsstelle beschränkt bleibende Ausschläge* zu den Arznei-Exanthemen zu rechnen, indem durch das Eindringen des Medicamentes in die Haut eine ähnliche Wirkung auf die Gefässe, resp. Gefässnerven ausgeübt wird, wie bei der Aufnahme in die Blutmasse. Allerdings kommt es hierbei oft zu einer weiteren, ja gelegentlich universellen Ausbreitung des Ausschlages. Hier kann es sich um Wirkung durch Resorption handeln; auch die stärkere Erkrankung der mit dem Medicament in Berührung gekommenen Stellen erklärt sich leicht, ist doch auch die therapeutische Wirkung z. B. der grauen Salbe an dem Orte der Application intensiver, als an entfernten Stellen. Dort wirkt das Mittel in stärkerer Concentration als an diesen.

Die Arznei-Exantheme zerfallen weiter, wenn wir zunächst noch von den oben erwähnten local bleibenden Ausschlägen absehen, in zwei Gruppen, von denen die eine gewissermassen eine *Allgemeinwirkung des in das Blut aufgenommenen Medicamentes* darstellt, während die zweite — wenigstens höchst wahrscheinlich — durch den localen Reiz des durch die *Hautdrüsen wieder aus dem Blute ausgeschiedenen Medicamentes* entsteht.

Das Gemeinsame der Exantheme der *ersten Gruppe* ist, dass sie bei den hierzu disponirten Individuen sehr schnell nach der Aufnahme des Mittels und auch schon nach ganz kleinen Dosen in acuter Weise zum Ausbruch kommen, manchmal unter nicht unbeträchtlichen Fiebererscheinungen und dementsprechenden Störungen des

Allgemeinbefindens. Stets müssen wir eine *Prädisposition* für diese Erkrankungen annehmen, indem die Mehrzahl der Menschen die betreffenden Mittel nimmt, ohne jemals jene Nebenwirkungen zu zeigen, während im einzelnen Fall das Medicament stets wieder die gleichen Nebenwirkungen hervorruft. Doch kommen auch Fälle vor, bei denen eine *zeitliche Prädisposition* angenommen werden muss, indem das Mittel zeitweilig ohne Nebenwirkung genommen wird, während andere Male eine solche auftritt.

Die Formen dieser Exantheme sind sehr mannigfaltige. Es sind entweder fleckweise auftretende oder diffuse Röthungen der Haut, *Erytheme*, manchmal ganz dem Typus des Erythema exsudativum multiforme entsprechend, im Centrum verblassend und an der Peripherie weiter fortschreitend, *Urticaria-Eruptionen, ödematöse Anschwellungen, vesiculöse und bullöse Eruptionen* und schliesslich *Hauthämorrhagien, der Purpura entsprechende Ausschläge*. Kurz, es sind diejenigen Exanthemformen, welche wir auch sonst als durch Functionsstörungen der *vasomotorischen Nerven* hervorgerufen ansehen und daher ist die Annahme wohl gerechtfertigt, dass es sich bei dieser Gruppe der Arznei-Exantheme auch um *Reizungen der vasomotorischen Nerven* durch das betreffende Medicament handelt. Fast immer treten die Arznei-Exantheme in *symmetrischer Anordnung* auf; die Ausbreitung ist eine sehr wechselnde, oft geht das Exanthem über die ganze Körperoberfläche, in anderen Fällen ist es auf einzelne Stellen. z. B. Hände und Vorderarme, beschränkt.

Die Formen der Exantheme sind nun keineswegs bei demselben Mittel immer die gleichen, ja das einzelne Exanthem zeigt oft verschiedenartige Formen, indem vielfach Erythemflecken, Quaddeln und selbst Blutungen gleichzeitig bei demselben Individuum auftreten. Diese *Polymorphie* der Exantheme ist es gerade, welche in diagnostischer Hinsicht zuerst auf die Vermuthung eines Arznei-Exanthems hinlenken muss, während allerdings die sichere Diagnose stets erst nach mehrfacher Beobachtung des Ausschlages nach Aufnahme des betreffenden Medicamentes gestellt werden kann.

Ausser mit den entsprechenden *idiopathischen Hautausschlägen* wird besonders eine Verwechselung mit *Scarlatina* oft in Frage kommen und ist wohl auch manchmal bei „mehrfachen Scharlachrecidiven" wirklich gemacht worden. In den Fällen von Arznei-Exanthemen ohne oder mit nur geringem Fieber ist die Unterscheidung natürlich eine sehr einfache, ist aber bei einem Arznei-Exanthem hohes Fieber vorhanden, so wird wesentlich auf das Fehlen der für Scharlach charakteristischen Erscheinungen an der Zungen- und Rachenschleimhaut zu achten sein.

Von den weiteren Erscheinungen ist das oft auftretende *Fieber* schon erwähnt. Ausserdem sind *Uebelkeit, Erbrechen,* kurz ähnliche Zustände beobachtet, wie sie bei der *Urticaria ex ingestis* vorkommen, wenn der Kranke die Speise, gegen welche die Idiosynkrasie besteht, zu sich genommen hat, und in der That handelt es sich ja um sehr verwandte, wenn nicht identische Zustände.

Die *Abheilung,* die bei ausgebreitetem Exanthem eine Woche und längere Zeit in Anspruch nehmen kann, meist aber schneller erfolgt, tritt nach Aussetzen des Medicamentes prompt ein, ohne oder mit Abschuppung der Oberhaut, die manchmal zur Bildung grosser lamellöser Fetzen führt.

Ungefähr alle officinellen und nicht officinellen Medicamente können unter Umständen Ausschläge hervorrufen und zumal bei der geradezu unheimlichen Vermehrung der Heilmittel, welche ein wenig erfreuliches Characteristicum der neuesten Zeit ist, muss von einer vollständigen Aufzählung derselben natürlich abgesehen werden. Es können nur eine Anzahl der Medicamente, nach denen am häufigsten Ausschläge vorkommen, angeführt werden.

Zunächst sind hier *Chinin, Opium, Morphium, Digitalis, Atropin, Strychnin, Chloralhydrat, Salicylsäure, Antipyrin, Phenacetin, Sulfonal* zu nennen, nach denen am häufigsten Ausschläge erythematösen Characters beobachtet sind. Bei Salicylgebrauch sind auch vesiculöse und bullöse Exantheme beobachtet. Nach dem inneren Gebrauch des *Arsens* treten manchmal Erytheme, Urticaria, Oedeme, besonders der Augenlider (RASCH), juckende papulöse Ausschläge, gelegentlich auch Bläschen- und Blaseneruptionen auf. Die Pigmentirungen und Desquamationen nach Arsengebrauch, ebenso den Arsenzoster haben wir schon früher erwähnt. In seltenen Fällen ist nach der inneren Darreichung von *Quecksilberpräparaten* ein erythemartiges Exanthem beobachtet; wir sahen nach einer subcutanen Calomelinjection und ebenso nach Injectionen von gelbem Quecksilberoxyd ein scharlachähnliches Erythem auftreten. — Nach der Einführung von *Jod* und *Brom* — die hier anzuführenden Exantheme sind wohl zu unterscheiden von der der zweiten Gruppe der Arznei-Exantheme angehörigen Jod- und Bromacne — sind in seltenen Fällen ebenfalls *Erytheme, Quaddeleruptionen,* Bildung von *Knoten* oder *diffusen Schwellungen* im Unterhautgewebe ähnlich dem Erythema nodosum, *Hautblutungen* an den unteren Extremitäten und *bullöse*

Exantheme beobachtet worden. Auch nach *Chinin* ist das Auftreten von *Petechien* beobachtet. — Nach *balsamischen Mitteln*, wie *Terpenthin*, ganz besonders aber nach *Copaivbalsam*, treten masernähnliche oder urticariaartige Exanthemformen, oft mit ödematösen Schwellungen einzelner Theile, auf *(Urticaria balsamica)*. Nach *Rhabarber* sind, — wenn auch sehr sehr selten — schwere bullöse Exantheme gesehen worden.

Die wichtigsten Vertreter der *zweiten Gruppe* der Arznei-Exantheme sind die *Jod- und Bromacne*. Da diese Exantheme durch den Reiz des durch die Hautdrüsen ausgeschiedenen Medicamentes entstehen — es ist der Nachweis von Jod und Brom in dem eiterigen Inhalt der Pusteln gelungen —, so ist es leicht verständlich, dass sie gewöhnlich erst nach grösseren Dosen, nachdem das Medicament schon einige Zeit gebraucht ist, auftreten. Besonders die Bromacne zeigt sich erst bei längere Zeit fortgesetztem Gebrauch grösserer Mengen von Bromkalium. Bei weitem am häufigsten ist *Jod- resp. Bromkalium* das den Ausschlag hervorrufende Mittel.

Die **Jodacne** tritt in der Regel in ziemlich acuter Weise auf und besteht aus grösseren und kleineren Pusteln mit infiltrirter Basis. ganz ähnlich den gewöhnlichen Acneknoten, nur sind dieselben meist von einem den Verhältnissen der Acne vulgaris gegenüber auffallend grossen hyperämischen Hof umgeben. Die meisten und grössten Acnepusteln finden sich zwar auch gewöhnlich an den von der einfachen Acne bevorzugten Stellen, im *Gesicht*, besonders an der *Stirn und der Umgebung der Nase*, auf der *Brust und dem Rücken*, doch kommen sie auch an anderen Körperstellen vor und manchmal sind fast *universelle Eruptionen* von Jodacne beobachtet. Bei der *Differentialdiagnose* gegenüber der *einfachen Acne* ist das acute gleichzeitige Auftreten vieler Efflorescenzen, das Fehlen der ganzen Reihe gleichzeitig vorhandener Entwickelungsstadien vom Comedo bis zur Narbe, das Fehlen der Comedonen überhaupt zu berücksichtigen. Dann ist. abgesehen von den Angaben des Kranken über das Einnehmen von Jodpräparaten, der durch Untersuchung des Urins zu erbringende Nachweis der Einführung von Jod in den Organismus von der grössten Wichtigkeit. Der Nachweis von Jod im Urin gelingt am leichtesten dadurch, dass einige Tropfen desselben auf Stärkekleisterpapier gebracht werden und dieses unn den Dämpfen von rauchender Salpetersäure ausgesetzt wird. Bei Anwesenheit von Jod zeigt sich sofort die blaue oder violette Färbung der betropften Stellen.

Die Efflorescenzen der **Bromacne** gleichen zunächst denen der

Jodacne, nur dass der hyperämische Hof noch grösser zu sein pflegt. Dann sind aber gerade bei Bromacne oft durch Confluenz der einzelnen Acnepusteln entstandene grössere, das Hautniveau beträchtlich überragende Herde beobachtet, die an der Oberfläche mit Krusten bedeckt sind, unter denen eine granulirende, reichlich Eiter absondernde Fläche liegt. Auch centrales Ausheilen und peripherisches Fortschreiten dieser Efflorescenzen ist beobachtet, so dass kreisförmige und bogenförmige Bildungen zu Stande kommen. In schweren Fällen sind grosse Körperstrecken von dem Exanthem eingenommen. Der anamnestische Nachweis der Bromeinnahme — es handelt sich fast stets um Bromkalium — ist schon schwieriger, als bei Jodkalium da das Mittel oft ohne Wissen des Arztes genommen wird. Der Nachweis im Harn ist ebenfalls umständlicher, als der des Jodes. Am besten ist es, den Urin zur Trockne einzudampfen, den schwach geglühten Rückstand mit Wasser auszuziehen und diese Lösung nach Zusatz einiger Tropfen Chlorwasser mit Chloroform zu schütteln, welches sich bei Anwesenheit von Brom schön orangeroth färbt.

Als **Therapie** genügt es in der Regel, die Medication auszusetzen. Die bestehenden Efflorescenzen trocknen dann schnell ein und es bilden sich natürlich keine neuen. Nur in den schweren Formen der Bromacne empfiehlt sich ausserdem noch eine *locale Behandlung* der Efflorescenzen durch *Schwefelbäder* und Bedecken der Infiltrate mit *Empl. Hydrargyri.*

NEUNTES CAPITEL.

Menstrualexantheme.

Die **Menstrualexantheme**, ein Begriff, welcher allerdings besser etwas erweitert würde, da wir ganz analoge Hautaffectionen auch bei anderen Veränderungen der weiblichen Genitalorgane auftreten sehen, zeigen in einer Reihe von Fällen eine grössere Ausbreitung und verlaufen unter dem Bilde symmetrisch auftretender *Erytheme,* die manchmal dem Erythema exsudativum multiforme oder dem Erythema nodosum völlig analog erscheinen und auch wie jenes gelegentlich mit Bläscheneruptionen einhergehen, oder als *Urticariaeruptionen,* oder sie führen zu stärkeren diffusen Schwellungen der Haut die an *acute Eczeme* oder an *Erysipele (Erysipèle cataménial* der französischen Autoren) erinnern und meist unter Abschuppung heilen, oder zu *Hautblutungen.* In anderen Fällen entstehen nur ganz *umschriebene Eruptionen,* einzelne rothe Flecke oder eine einzelne Bläschen-

gruppe, eine einzelne Acnepustel, die oft immer an derselben Stelle
wieder auftreten.

Diese Ausschläge treten manchmal überhaupt nur bei der ersten
Menstruation auf, um später nie wiederzukehren, oder sie wiederholen sich bei manchen völlig gesunden Frauen bei jeder Menstruation, oft dem Eintritt derselben um einige Tage voraufgehend, oder
sie erscheinen erst, wenn durch irgend eine Erkrankung eine Störung
der Menstruation eingetreten ist. Gerade diese letzterwähnten Fälle
sind am meisten geeignet, den Zusammenhang zwischen den Vorgängen in der Genitalsphäre und den Hauteruptionen auf das Un-
zweideutigste zu beweisen, denn hier bleiben nach Beseitigung der
localen Störungen, z. B. nach Heilung eines Uterinkatarrhes, nach
Aufrichtung des flectirten Uterus, auch die Hauteruptionen aus.

Ueber das Wesen dieses Zusammenhanges lassen sich zur Zeit
allerdings nur Vermuthungen aussprechen, indem es für die allgemeinen Eruptionen am wahrscheinlichsten ist, dass es sich um *reflec-
torisch ausgelöste Störungen der vasomotorischen Centren* handelt,
während diese Erklärung allerdings für jene Fälle kaum herangezogen
werden kann, in denen nur ganz circumscripte Eruptionen entstehen,
ein Punkt, auf welchen Behrend bereits hingewiesen hat.

Die *Behandlung* wird in denjenigen Fällen stets auf guten Erfolg rechnen können, in welchen ein zu beseitigendes Sexualleiden als
Ursache erkannt ist, anderenfalls ist gegen die Wiederkehr der Ausschläge wenig auszurichten, nur die interne Darreichung von *Atropin*,
einige Tage vor dem vermuthlichen Exanthemausbruch beginnend,
wird zu versuchen sein. Die Ausschläge selbst heilen ohne jede
Therapie in der Regel in wenigen Tagen ab.

Hier anzuschliessen ist eine sehr seltene Erkrankung, der **Herpes
gestationis** (Milton), *Dermatite polymorphe prurigineuse récidivante
de la grosesse* (Brocq), welche meist während der Gravidität, in einzelnen Fällen kurz nach der Entbindung auftritt, auch in jenen Fällen
einige Tage nach der Entbindung gewöhnlich eine starke Exacer-
bation zeigt, um dann nach kürzerer oder längerer Zeit, manchmal
erst nach Monaten zu verschwinden. Die Eruption zeigt einen ausserordentlich polymorphen Charakter und besteht aus Quaddeln, Ery-
thempapeln, Bläschen, Blasen, die Efflorescenzen breiten sich oft serpiginös aus, überziehen in der Regel grössere Körperstrecken oder
den ganzen Körper, und heilen mit Hinterlassung von pigmentirten
Stellen ab. In einem von mir beobachteten Fall blieben an vielen
Stellen oberflächliche Narben zurück. *Subjectiv* ist heftiges Jucken

ein regelmässiges Symptom, dagegen fehlen stärkere Beeinträchtigungen des Allgemeinbefindens meist, nur einige Male wurde höheres Fieber beobachtet. Dass die Gravidität, resp. das Puerperium das wichtigste ätiologische Moment dieser sonst mit der Dermatitis herpetiformis (DUHRING) manche Analogien zeigenden Erkrankung ist, beweisen die Recidive bei späteren Graviditäten. Nur in einzelnen Fällen, bei welchen sich die Krankheit zunächst stets an die Graviditäten anschloss, ist sie nach einigen Recidiven dann auch in Zeiten, in welchen keine Schwangerschaft bestand, aufgetreten.

SECHSTER ABSCHNITT.

ERSTES CAPITEL.

Teleangiectasia.

Als **Teleangiectasien** bezeichnen wir die *bleibenden Erweiterungen kleiner und kleinster Blutgefässe* der Haut und der Schleimhäute — im Gegensatz zu den vorübergehenden Blutgefässerweiterungen, den Hyperämien —, wenn dieselben das normale Niveau nicht überragen, wenn keine Geschwulstbildung durch dieselben zu Stande kommt. Sowie aber durch die Gefässerweiterung eine Volumszunahme des Gewebes bedingt wird und die von erweiterten Gefässen durchsetzte Partie geschwulstartig das normale Hautnivean überragt, ist die Bildung als *Angiom* zu bezeichnen; der Unterschied ist also kein principieller, sondern nur ein gradueller. Nicht selten lässt sich auch die Entwickelung von Angiomen aus Teleangiectasien beobachten.

Ein grosser Theil der Teleangiectasien besteht gleich bei der Geburt oder wird bald nach derselben bemerkt; auch die letzteren sind als *angeboren* anzusehen (*Naevus vasculosus, Feuermal*). Bei diesen *angeborenen Teleangiectasien* handelt es sich meist um Ausdehnungen kleinster Gefässe, der Hautcapillaren, und erscheinen dieselben daher als diffuse rothe Flecken, in denen indess oft schon mit blossem Auge und noch besser mit der Loupe einzelne grössere ectasirte Gefässe erkennbar sind. Die *Farbe* dieser Teleangiectasien schwankt zwischen Zinnoberroth und dunklem Blauroth (*Tâches vineuses*) und ist für diese verschiedenen Nuancen wohl wesentlich die Dicke der die ausgedehnten Gefässe bedeckenden Theile massgebend. Diese Färbung wird lediglich durch das die erweiterten Gefässe erfüllende Blut hervorgerufen und lässt sich daher durch kräftigen

Druck momentan beseitigen. Die *Grösse* ist ausserordentlich wechselnd, indem einerseits kleinste Naevi vasculosi vorkommen, während andererseits wieder das ganze Gesicht, eine ganze Extremität von ihnen eingenommen sein kann. Ja, es giebt Fälle, in denen fast die gesammte Körperoberfläche mit Teleangiectasien bedeckt ist, zwischen denen nur ein kleiner Theil der Haut normal geblieben ist. Die *Grenzen* sind ganz unregelmässig, manchmal mit mehr allmäligem Uebergang, in anderen Fällen wieder eine scharfe Linie bildend.

Localisation. An allen Stellen der Körperoberfläche kommen angeborene Teleangiectasien vor und sind dieselben überdies nicht auf die Haut beschränkt, sondern gehen an den Körperöffnungen, an *Mund* und *Nase*, auch auf die *Scheimhaut* über. Zwei eigenthümliche Vorkommnisse sind indess hier zu erwähnen, welche sich vor den sonst scheinbar zufälligen Localisationsverhältnissen durch ihre Regelmässigkeit auszeichnen. Einmal nämlich finden sich ganz ausserordentlich häufig, so häufig, dass der Zufall ausgeschlossen zu sein scheint, Gefässmäler im *Nacken* an der Haargrenze und zwar stets in der *Mittellinie*. Ob hier eine ähnliche Erklärung wie für die *fissuralen Angiome* (s. das nächste Capitel) heranzuziehen ist, muss noch unentschieden bleiben. Und dann entsprechen die Grenzen mancher Teleangiectasien genau dem *Ausbreitungsgebiet eines* oder *mehrerer Hautnerven* (O. Simon). Diese Teleangiectasien sind daher stets *halbseitig*, und am auffälligsten sind natürlich diejenigen, welche das Gesicht occupiren, und sich vollständig an die Grenzen der *Ausbreitung des Trigeminus im Ganzen* oder *eines seiner Aeste* halten. Mit einem Worte, die Localisation dieser Teleangiectasien entspricht ganz derjenigen der *Zostereafflorescenzen*, ja diese Analogie wird noch vollständiger durch die Fälle, in denen den Zostergruppen entsprechend nur einzelne wenige circumscripte Teleangiectasien sich im Bereich eines Nervengebietes vorfinden, dieses Gebiet im Ganzen markirend, so dass z. B. gerade wie die Bläschengruppen bei manchen Fällen von Zoster intercostalis eine Teleangiectasie neben der Wirbelsäule, eine zweite in der Axillarlinie und die dritte neben dem Sternum im Bereich des betreffenden Intercostalnerven sich vorfindet.

Die **anatomische Untersuchung** der Naevi vasculosi zeigt, dass es sich bei ihnen um Ausdehnung der Gefässe der obersten Cutisschichten und der Capillaren des Papillarkörpers handelt.

In vielen Fällen zeigen diese angeborenen Teleangiectasien später ein *beträchtliches Wachsthum*, und zwar nicht nur der Fläche nach, so dass aus ursprünglich flachen Gefässmälern sich *Angiome* mit Ver-

dickung der von ihnen ergriffenen Partien, mit Geschwulstbildung
entwickeln. In anderen Fällen aber findet ein Wachsthum nur entsprechend dem *allgemeinen Körperwachsthum* statt und es gilt dies
vor Allem für die letzterwähnten Teleangiectasien, welche niemals
die Grenzen des von ihnen occupirten Nervengebietes überschreiten.
— Der im Volke ausserordentlich verbreitete Glauben an die Entstehung dieser Gefässmäler durch „Versehen“ der Mütter der betreffenden Patienten während der Gravidität braucht hier wohl nicht
ernstlich discutirt zu werden. — *Vererbung* der angeborenen Teleangiectasien ist oft nachweisbar.

Subjective Symptome werden durch die Teleangiectasien nicht
hervorgerufen, abgesehen von den durch etwaiges schnelles Wachsthum bedingten Störungen, und es ist daher eigentlich nur die oft
allerdings sehr erhebliche *Entstellung*, welche eine *Behandlung* erheischt.

Die *Beseitigung* der Teleangiectasien gelingt nur durch Eingriffe,
welche *Narbenbildungen* in dem betroffenen Hautgebiet hervorrufen
und so zur *Obliteration* der *erweiterten Gefässe* führen. Da sich alle
hierzu geeigneten Verfahren nur auf kleineren Strecken anwenden
lassen, muss von einer Behandlung der sehr ausgedehnten Teleang-
giectasien abgesehen werden. Von Aetzmitteln ist die *rauchende
Salpetersäure* das empfehlenswertheste. Ein anderes, meist günstig
wirkendes Verfahren ist die *Impfung mit Vaccine* auf die Teleang-
giectasien. Von französischen Autoren ist die *multiple lineäre und
kreuzweise Scarification* empfohlen worden. Als unstreitig beste Behandlungsmethode ist aber die *galvanokaustische Stichelung* mit ganz
feinem Brenner (*Ignipunctur*) zu nennen, da bei derselben einmal
jede erhebliche Blutung vermieden wird, ferner die Schmerzen nicht
bedeutend sind und die sich entwickelnde Narbe dünn und glatt ist,
worauf es bei dieser ja eigentlich kosmetischen Operation sehr wesentlich ankommt. Die Behandlung grösserer Teleangiectasien erfordert
natürlich mehrere Sitzungen.

Den bisher besprochenen stehen die erst während des späteren
Lebens auftretenden, die *erworbenen Teleangiectasien* gegenüber, die
entweder auch als diffuse Röthungen erscheinen, wie besonders im
ersten Stadium der Acne rosacea oder, was viel häufiger der Fall
ist, sich als Ausdehnung einzelner grösserer Gefässe zeigen. Es erscheinen am häufigsten im Gesicht und auf dem Rumpf die baum-
förmig verzweigten Figuren der erweiterten Gefässe, die je nach ihrer
höheren oder tieferen Lage roth oder blauroth aussehen. Oft sind

grössere Hautpartien mit solchen Teleangiectasien besetzt, manchmal
werden förmlich Streifen oder Gürtel auf dem Rumpfe durch dieselben gebildet. Diese Teleangiectasien finden sich schon in der 20er
und 30er Jahren, häufiger aber noch in den späteren Lebensjahren.
Verursacht werden dieselben in vielen Fällen durch allgemeine, in
anderen durch locale Stauungsvorgänge, so durch *Narbenbildungen*
oder *narbige Veränderungen* der Haut in Folge irgend welcher Erkrankungen der Haut. Gewisse Krankheitsprocesse zeichnen sich
überdies noch durch die ganz constante und sehr reichliche Bildung
von Gefässerweiterungen aus, es sind dies der *Lupus erythematodes*
und das *Xeroderma pigmentosum*. Schliesslich sind hier noch die in
höheren Jahren sehr oft auftretenden stecknadelkopf- bis linsen-
grossen, runden Teleangiectasien zu erwähnen, die oft flach sind.
oft aber auch das Hautniveau überragen und dann also eigentlich
schon den Angiomen angehören.

ZWEITES CAPITEL.
Angioma.

Die **Angiome** sind eigentlich nur *excessive Teleangiectasiebildungen*.
die auch, wie diese, entweder *angeboren* vorkommen, oder sich erst
während des späteren Lebens entwickeln. Der *Form* nach lassen sich
einmal mehr diffuse Verdickungen der ergriffenen Partien, andere
Male wirkliche circumscripte Geschwulstbildungen unterscheiden.
Diese Bildungen beschränken sich aber keineswegs auf die Haut.
sondern schreiten in das Unterhautbindegewebe vor und können durch
ihr weiteres Wachsthum auch zur Atrophie der tieferen Theile. der
Muskeln, selbst der Knochen führen. *Anatomisch* bestehen auch die
Angiome im Wesentlichen aus *erweiterten Gefässen*, die allerdings
zu grossen, durch bindegewebige Septa getrennten und durch vielfache Anastomosen miteinander communicirenden Hohlräumen, ganz
nach Art der cavernösen Gewebe, auswachsen können. Durch Druck
lassen sie sich oft wie ein Schwamm ihres Inhaltes entledigen, um
sich gleich nach dem Nachlass desselben wieder zu füllen: öfters
zeigen sie Pulsation.

Die *angeborenen Angiome* erscheinen in Form kleinerer oder
grösserer, manchmal zu vielen in Gruppen vereinigter Hervorragungen
von tief rother Farbe, oft in Gemeinschaft mit flachen Teleangiectasien oder innerhalb dieser letzteren und lassen in vielen Fällen
eine regelmässige Localisation nicht erkennen. In anderen schliessen

sie sich an die *Spaltbildungen der Haut* (*Auge, Nase, Mund*) an und werden auf Unregelmässigkeiten der embryonalen Entwickelung zurückgeführt (*fissurale Angiome*, Virchow). Manchmal sind diese angeborenen Angiome sehr umfangreich, nehmen eine grössere Körperstrecke, eine ganze Extremität ein und rufen so die erheblichsten Verunstaltungen hervor (*Elephantiasis teleangiectodes*). — Die im *späteren Leben auftretenden Angiome* sind sicher vielfach eigentlich angeborene, indem sie sich aus einer unbemerkt gebliebenen angeborenen Anlage entwickeln, indess dürfte ein Theil sich in der That erst später bilden und sind dies besonders die in Form circumscripter Geschwulstbildungen auftretenden Angiome die durch eine bindegewebige Kapsel nach aussen streng begrenzt sind (*Tumor cavernosus*, Rokitansky). Doch kommen auch im späteren Leben sich allmälig über grössere Strecken, ganze Extremitäten ausbreitende Angiome vor.

Die Angiome zeichnen sich durch ihre *Neigung zu progressivem Wachsthum* sowohl nach der Fläche wie nach der Tiefe zu aus und sind hierdurch für ihre Träger sehr unangenehm. Andererseits kommt freilich auch eine *spontane Rückbildung* durch Obliteration der Gefässlumina vor. Und nicht nur durch die oft enorme Entstellung, ferner durch Schmerzen sind die Angiome lästig, sondern sie bedingen unter Umständen *wirkliche Gefahr* für den Organismus, indem es durch Aufkratzen oder sonstige Traumen zu schwer stillbaren und bei kleinen Kindern sehr gefährlichen *Blutungen* kommen kann. Auch die durch das Wachsen der Tumoren bedingten Zerstörungen z. B. der Knochen können zu bedenklichen Folgen führen.

Aus diesen Gründen ist daher beim Angiom eine möglichst frühe *Beseitigung* wünschenswerth, da dieselbe um so schwieriger wird, je mehr die Geschwulst anwächst. Die erfolgreiche Behandlung ist natürlich nur möglich durch *Obliteration der Blutwege*, abgesehen von den Fällen, wo eine vollständige Exstirpation ausführbar ist. Es ist zu diesem Zwecke die nur selten ausführbare *Unterbindung der zuführenden Gefässe*, ferner die nicht ungefährliche *Injection coagulirender Substanzen* (*Liquor ferri sesquichlor.*) angewendet worden. Den Vorzug dürfte auch hier wieder die völlig ungefährliche und bei nicht zu umfangreichen Bildungen leicht durchführbare *multiple Kauterisation* mit dem *Galvanokauter* oder *Thermokauter* verdienen.

DRITTES CAPITEL.

Acne rosacea.

Die **Acne rosacea** (Kupferfinne, Couperose) beginnt stets mit einer Erweiterung der Gefässe und zwar zeigen sich an den gleich zu erwähnenden Prädilectionsstellen des Gesichtes entweder zuerst diffus rothe, auf Fingerdruck erblassende Flecken, oder es treten Erweiterungen einzelner Gefässe auf, die sich als rothe oder blaurothe geschlängelte und verzweigte Linien präsentiren, mit einem Wort, es treten Teleangiectasien auf, welche ganz die oben geschilderten Eigenschaften gewöhnlicher Teleangiectasien haben. In einer Reihe von Fällen tritt nun im weiteren Verlaufe lediglich eine graduelle Steigerung dieses Zustandes ein, die Teleangiectasien vergrössern sich, die einzelnen sichtbaren Gefässe werden bis stricknadeldick.

In einer anderen, grösseren Anzahl von Fällen kommen aber weitere Veränderungen hinzu, welche auf einer von den Gefässen ausgehenden *bindegewebigen Wucherung* beruhen. Es treten kleine flache Papeln auf, die in Folge der Gefässerweiterung ebenfalls eine intensiv rothe, auf Fingerdruck verschwindende Farbe zeigen. Durch Confluenz und Wachsthum der einzelnen Knötchen kommt es zur Bildung grösserer Knoten von Kirsch- und Wallnussgrösse und selbst darüber. Dabei tritt insofern eine Veränderung ein, als die im Anfange stets weichen Knötchen späterhin hart und derb werden. In selteneren Fällen kommt es nicht zur Bildung einzelner Knoten, sondern es tritt eine diffuse Hypertrophie der ergriffenen Theile ein.

Die **Localisation** der bisher geschilderten Veränderungen ist eine sehr bestimmte, indem von denselben nur das *Gesicht*, und auch hier wieder am häufigsten die *Nase*, demnächst die *angrenzenden Theile der Wangen, der Stirn, der Oberlippe und das Kinn* ergriffen werden. Die letztgenannten Theile zeigen stets nur die leichteren Grade der Krankheit, während allein die Nase auch an den hochgradigeren Formen erkrankt. Es kommen an der Nase durch die mannigfachsten, oft multiplen Geschwulstbildungen, die manchmal gestielt sind und „glockenklöppelartig" herabhängen, und ebenso durch eine diffuse Grössenzunahme die hochgradigsten Entstellungen zu Stande (*Rhinophyma, Pfundnase*). Diese Vorgänge entsprechen völlig denen, durch welche die Elephantiasis anderer Körpertheile zu Stande kommt, und es ist daher ganz berechtigt, hier von einer *Elephantiasis nasi* zu sprechen.

Vervollständigt wird das Krankheitsbild durch die sehr häufig, besonders bei den Formen mit Knötchenbildung auftretende *Betheiligung der Talgdrüsen* am Krankheitsprocesse. Entweder wird die Acne rosacea von den Erscheinungen der *Seborrhoe* begleitet, oder es treten *entzündliche Infiltrationen* und *Vereiterungen der Hautfollikel* auf, die völlig dem Bilde der *Acne vulgaris* entsprechen, und zwar wird die zur Entzündung führende Stauung des Drüsensecretes wohl durch die Verlegung der Ausführungsgänge der Talgdrüsen durch das hyperämische oder hypertrophische Gewebe hervorgerufen. In manchen Fällen, besonders bei sehr starker Volumszunahme, sind die Drüsenausführungsgänge erweitert und erscheinen als grosse, tiefe Poren. — *Subjectiv* ist, abgesehen von den etwa durch die Acnepusteln hervorgerufenen Schmerzen, meist nur ein vermehrtes Wärmegefühl in den erkrankten Theilen vorhanden.

Der **Verlauf** der Acne rosacea ist ein eminent chronischer und bietet, abgesehen von einer etwaigen Zunahme der krankhaften Erscheinungen, kaum Abwechselungen dar. Eine Vereiterung und Ulceration der Knoten kommt niemals zu Stande, wohl dagegen ist ein spontanes Abfallen der gestielten Geschwulstbildungen beobachtet worden.

Die **Prognose** ist in Bezug auf die allgemeine Gesundheit stets gut, da niemals eine Störung derselben durch die Krankheit eintritt. Sehr viel zweifelhafter gestaltet sich indess die Prognose bezüglich der Heilung, da einmal die Beseitigung der ätiologischen Momente oft unmöglich und so selbst nach vollständiger Heilung ein Recidiv unvermeidlich ist, andererseits die Patienten die zur Durchführung der Behandlung nöthige Ausdauer oft nicht besitzen. Bei richtiger Behandlung ist indess in den meisten Fällen eine Heilung oder wenigstens eine erhebliche Verminderung der Entstellung erreichbar, die, wenn es gelingt, das ätiologische Moment zu beseitigen, auch dauernd ist.

Die **Diagnose** der Acne rosacea macht, trotz der sehr verschiedenen Bilder der einzelnen Stadien, im Ganzen und Grossen selten Schwierigkeiten. Die strenge Beschränkung der Krankheit auf das Gesicht, das Bestehenbleiben der hyperämischen Flecken und Knoten an demselben Orte macht die Unterscheidung von der *Acne vulgaris* leicht, selbst bei Complication der ersteren mit der letzteren Krankheit, denn Acne vulgaris findet sich meist auch auf anderen Stellen, auf Brust und Rücken, und es findet eine stete Rückbildung der Efflorescenzen an dem einen Ort und Neubildung frischer Knoten an dem anderen statt. Gegenüber der *Syphilis* und dem *Lupus vulgaris* und *erythematodes* ist die Unterscheidung leicht, weil bei Acne rosacea niemals *Ulcerationen* oder umfangreichere *Narbenbildungen* vorkommen.

Die höchsten Grade der Acne rosacea können mit einer eigenthümlichen, nur an der Nase vorkommenden Geschwulstform, dem *Rhinosclerom*, verwechselt werden, doch sind die Erscheinungen der letzteren Krankheit (s. deren Beschreibung) so characteristisch, dass auch
hier die Entscheidung keine Schwierigkeiten machen wird.

Die **anatomischen Untersuchungen**, die begreiflicher Weise meist nur
an exstirpirten Stücken, sehr selten an Leichen angestellt werden konnten,
ergaben im Wesentlichen eine *enorme Vermehrung des Bindegewebes*, welches von sehr erweiterten Venen durchzogen ist, und eine Vergrösserung
der Talgdrüsen.

Die **Aetiologie** der Acne rosacea ist eine sehr mannigfaltige. Am
bekanntesten ist der Zusammenhang zwischen der „rothen Nase" und
dem *übermässigen Genuss alcoholischer Getränke* und wird besonders
von Laien dieses ätiologische Moment in einer den Betroffenen oft
Unrecht thuenden Weise als häufigstes oder gar als ausschliessliches
angenommen. Dass dem nicht so sei, wird später die Anführung der
anderen Ursachen der Erkrankung lehren. Aber in einer ganzen
Reihe von Fällen ist in der That der *Alcoholmissbrauch* die Ursache
der Acne rosacea. Am wenigsten scheint der übermässige Biergenuss
in dieser Richtung schädlich zu sein, viel mehr der Genuss von Wein,
besonders von weissem, stärker säurehaltigem Wein und von Brannt-
wein. Auch auf die *Form* der Krankheit scheint die Art des Nocens
einen Einfluss zu haben, indem bei Branntweintrinkern häufiger livide
Röthungen mit stärkeren Teleangiectasien, aber ohne Bindegewebshypertrophie vorkommen, während bei Weintrinkern die geschwulst-
bildenden Formen der Acne rosacea häufiger sind. — Ein zweites,
sehr wichtiges ätiologisches Moment sind *chronische Magen- und
Darmkatarrhe,* die oft genug ja freilich bei Trinkern vorkommen,
so dass man in diesen Fällen in Verlegenheit geräth, welches nun
eigentlich die ursprüngliche Krankheitsursache ist. Aber auch ohne
Alcoholismus kommen bei diesen Leiden Erkrankungen an Acne rosacea häufig genug vor. — Dann ist zu erwähnen, dass Menschen, die
häufig und andauernd *niederen Temperaturen* ausgesetzt sind, häufiger an Acne rosacea erkranken, als solche, die nicht unter dieser
Schädlichkeit leiden, so dass wir auch der *Kälte* einen Platz unter
den ätiologischen Momenten der Acne rosacea einräumen müssen.
Hieraus ergiebt sich nun bereits, dass bei gewissen Kategorien von
Menschen, deren Beruf es mit sich bringt, dass sie dauernd den Un-
bilden der Witterung ausgesetzt sind, und die sich durch einen reichlichen Schnapsgenuss zu „erwärmen" gewohnt sind und in Folge

dessen oft noch an chronischem Magenkatarrh leiden, besonders häufig
Acne rosacea vorkommt. und so sehen wir in der That, dass z. B.
Kutscher. Dienstmänner, Hökerinnen u. dgl. m. ein ganz erhebliches
Contingent von Rosaceakranken stellen. — Dann sehen wir bei verschiedenen *Störungen* der *weiblichen Genitalorgane,* im Vereine mit
übermässiger oder zu geringer Menstruation, ferner zur Zeit des Cessatio mensium Acne rosacea auftreten. — Bei Männern tritt daher
die Acne rosacea, abgesehen von seltenen Ausnahmen, niemals im
jugendlichen Alter auf, während beim weiblichen Geschlecht von der
Entwickelung der Pubertät an Erkrankungen vorkommen. Merkwürdiger Weise scheinen die Formen der Acne rosacea mit geschwulstartigen Bindegewebshypertrophien (Pfundnase) sich ausschliesslich
auf das männliche Geschlecht zu beschränken. Schliesslich ist eine,
wenn auch seltene, doch sicher vorhandene Ursache der Acne rosacea zu erwähnen, die *Vererbung.*

Ich habe mehrere derartige Fälle beobachtet, einen, wo die Krankheit durch *drei Generationen* vererbt war und wo andere ätiologische Momente nicht aufzufinden waren. Gerade in diesen Fällen tritt die Erkrankung auch beim *männlichen Geschlechte* bereits im *jugendlichen Alter* auf,
etwas was sonst, wie oben bemerkt wurde, nicht vorkommt und daher
sehr zu Gunsten des Bestehens dieser Aetiologie spricht.

Die **Therapie** hat zunächst die *Beseitigung des ursächlichen Momentes* anzustreben, was am ehesten noch bei den nicht durch Alcoholismus bedingten Magen- und Darmkatarrhen und bei den Störungen der weiblichen Sexualorgane gelingen wird. Sehr viel ungünstiger in dieser Richtung sind die Fälle, bei welchen chronischer
Alcoholismus und die Witterungsunbilden, denen sich die Patienten
in Folge ihres Berufes aussetzen müssen, die Ursachen der Krankheit sind. Hier ist lediglich eine *energische Localbehandlung* am
Platze. die selbst in diesen Fällen, wenn auch nicht immer völlige
Heilung. so doch erhebliche Besserung erreichen lässt und die stets
auch bei den ätiologisch zu behandelnden Fällen gleichzeitig mit in
Wirksamkeit treten muss.

Bei leichteren Fällen und ganz besonders bei gleichzeitigem Vorhandensein von Acnepusteln ist der *Schwefel* zu empfehlen in Form
von Salben (10 Proc.) oder Aufpinselungen. ganz in derselben Weise,
wie dies ausführlich bei Besprechung der Therapie der Acne vulgaris
erwähnt wird. oder das von UNNA in die Praxis eingeführte stark
schwefelhaltige *Ichthyol* anzuwenden, noch besser wirkt aber *Resorcinzinkpaste* (2 : 20). Zwischendurch sind indifferente Salben oder
Ung. Hydrargyri praecip. albi zu benutzen. Durch diese Mittel wird

es aber natürlich niemals gelingen, grössere und umfangreichere Gefässectasien zu beseitigen, welche nur auf *mechanischem Wege*, durch *multiple longitudinale*, bei grösseren Ectasien die einzelnen Gefässe spaltende *Scarificationen* zur Heilung gebracht werden können, und zwar ist es nöthig, diese Scarificationen in mehrfachen Sitzungen, je nach der Intensität des Falles etwa 5—10mal zu wiederholen.

Bei wirklichen Geschwulstbildungen ist natürlich die *chirurgische Entfernung* der Geschwülste nöthig und empfiehlt sich hierzu mehr die Anwendung der *galvanokaustischen Schlinge*, als die des Messers, wegen der in der Regel beträchtlichen Blutung aus den ectasirten Gefässen.

VIERTES CAPITEL.

Lymphangioma.

Ausdehnungen der Lymphgefässe kommen zunächst *angeboren* vor und können Geschwulstbildungen der allerverschiedensten Grössenverhältnisse verursachen. So kommen sehr umfangreiche, entweder von vornherein oder durch späteres Wachsthum ganze Körpertheile, eine ganze Extremität einnehmende Geschwulstbildungen vor, bei denen die durch die Lymphräume ausgedehnte Haut wie eine Wampe von dem ergriffenen Körpertheil herabhängt (*Elephantiasis lymphangiectodes*), ganz entsprechend den ähnlichen, durch Blutgefässerweiterungen hervorgerufenen Bildungen. Auf diesen grossen Tumoren finden sich öfter oberflächliche kleine, bläschenförmig erscheinende Lymphangiectasien, durch deren Platzen es zum Ausfluss von Lymphe, zur *Lymphorrhoe* kommen kann.

Eine äusserst seltene Erkrankung ist das bisher nur in wenigen Fällen beobachtete *Lymphangioma tuberosum multiplex* (Kaposi), bei welchem zahlreiche braunrothe, bis linsengrosse Knötchen in der Haut liegen, die syphilitischen Papeln ähnlich sind, sich von denselben aber durch das Fehlen aller Rückbildungserscheinungen unterscheiden. Die mikroskopische Untersuchung ergiebt, dass das Corium wie siebartig durch die zahlreichen vergrösserten Lymphgefässe durchlöchert ist. — In dem Falle Kaposi's bestanden die Knötchen seit frühester Kindheit, vermehrten sich aber Ende der zwanziger Jahre, ohne dass die älteren Knötchen irgend welche Veränderung zeigten. In einem von mir beobachteten Falle, der jenem auch bezüglich des mikroskopischen Befundes vollständig gleicht, gab der sehr zuverlässige Patient an, dass die ersten Knötchen sich im Alter von 11 Jahren zeigten.

Aehnliche Geschwülste sind als *Hydroadenome* beschrieben und sind die Schweissdrüsen als der Ausgangspunkt derselben gefunden worden (Besnier, Unna, Darier, Jacquet u. A.).

Von den *erworbenen Lymphangiectasien*, die im Verlauf der *Elephantiasis* auftreten, war schon früher die Rede. Aber auch sonst kommen solche während des extrauterinen Lebens sich entwickelnde Lymphgefässausdehnungen zur Beobachtung, so z. B. ist an der durch ein Bruchband gedrückten Hautpartie die Entwickelung kleiner, compressibler und nach der Eröffnung lymphatische Flüssigkeit entleerender Geschwülste beobachtet worden. — Auch am Penis, in der Eichelfurche, werden manchmal vorübergehende Ausdehnungen der Lymphgefässe beobachtet, die als prall gespannte, weisslich durchscheinende Stränge erscheinen. Traumen, Quetschungen oder Stauung in Folge der Schwellung der Inguinaldrüsen sind als Ursachen derselben zu erwähnen.

SIEBENTER ABSCHNITT.

ERSTES CAPITEL.
Anidrosis.

Als **Anidrosis** sind hier lediglich diejenigen Zustände zu erwähnen, bei welchen im Gefolge anderer Hautkrankheiten eine mehr oder weniger auffällige Verminderung der Schweisssecretion eintritt. Zunächst sind *Prurigo* und *Ichthyosis* zu nennen, bei welchen Krankheiten die Haut sich stets trocken anfühlt. Auch bei *chronischem, schuppendem Eczem* und *Psoriasis* ist an den befallenen Hautpartien in der Regel keine Schweissabsonderung zu bemerken. Indess zum Theil ist die Anidrosis bei diesen Krankheiten nur eine scheinbare, die rauhe, unebene Haut bewirkt durch die Oberflächenvermehrung eine schnellere Verdunstung und bei Anwendung schweisserregender Mittel sieht man in der That, dass die Schweisssecretion auch bei diesen Krankheiten keineswegs erloschen ist. Es bedarf kaum der Erwähnung, dass auf *Narben* in Folge der Zerstörung des secretorischen Apparates der Haut die Schweisssecretion erloschen ist, und dasselbe sehen wir bei der *idiopathischen Hautatrophie*. Ganz ebenso ist wohl auch die in manchen Fällen von *Sclerodermie* beobachtete Anidrosis zu erklären. — Von der halbseitigen Anidrosis wird weiter unten die Rede sein.

ZWEITES CAPITEL.

Hyperidrosis.

Eine *allgemeine übermässige Schweisssecretion* kommt in einer Anzahl von Zuständen, zum Theil *physiologischer*, zum Theil *pathologischer Natur* vor, die aber, da sie in den Rahmen dieses Werkes nicht mehr gehören, hier nur ganz kurz erwähnt werden sollen. Es sind die *regulatorischen Schweisse bei übermässigen Anstrengungen*, ferner bei der Einwirkung *höherer Aussentemperaturen*, die Schweisse bei den verschiedensten *fieberhaften Erkrankungen*, besonders in der Defervescenz, die Schweisse bei *Erregungen und bei Erkrankungen des Nervensystems* u. A. m.

Dagegen müssen wir uns ausführlicher mit der *localen übermässigen Schweisssecretion*, die hauptsächlich die *Hände und Füsse*, die *Achselhöhlen*, die *Umgebung des Afters* und der *Genitalien*, das *Gesicht*, besonders Nase und Stirn, und den *behaarten Kopf* betrifft, und mit der *Hyperidrosis unilateralis* beschäftigen.

Die **Hyperidrosis manuum et pedum** ist trotz der scheinbar geringen Bedeutung der Krankheit für die davon Betroffenen ein höchst lästiges Uebel. Die *Hände*, besonders natürlich die *Handteller*, die, ebenso wie die *Fusssohlen*, in Folge der reichen Ausstattung mit Schweissdrüsen der eigentliche Sitz des Uebels sind, fühlen sich bei den geringeren Graden des Leidens feucht an, zumal bei kühlerer Aussentemperatur. In den höheren Graden rinnt aber der Schweiss in förmlichen Tropfen herab, so dass die Kranken nicht nur durch das Abstossende ihres Zustandes im Verkehr mit Anderen — eine schweissige Hand mag, um KAPOSI's treffendes Wort zu citiren, schon oft die Glut entgegengebrachter Liebe abgekühlt haben —, sondern auch vielfach durch eine Behinderung bei Ausübung ihrer Thätigkeit leiden, da alles, was sie anfassen, durch die fettigen Bestandtheile des Schweisses Flecken bekommt. Bei körperlichen Anstrengungen ebenso wie bei geistigen Erregungen steigert sich auch diese locale Hyperidrosis. An den *Füssen* treten in Folge der Behinderung der Verdunstung durch die Fussbekleidung noch weitere Erscheinungen auf. Durch die lange Einwirkung der Feuchtigkeit auf die Haut kommt es zur Quellung und Maceration der Epidermis, die besonders an der Beugefläche der Zehen und zwischen den Zehen dann weisslich erscheint, es bilden sich *oberflächliche Erosionen* und *Rhagaden*, die durch die Schmerzen sehr hinderlich werden. Ferner gesellt sich, selbst bei einiger Reinlichkeit, stets eine *Zersetzung* des stagnirenden und vom Fusszeug aufgesogenen Schweisses hinzu, die einen höchst widerlichen und dabei penetranten Geruch producirt, der sowohl die Kranken selbst, als auch besonders ihre Umgebung im höchsten Grade belästigt.

Auch der übermässig abgesonderte Schweiss in den *Achselhöhlen*, in der *Umgebung des Anus* und der *Genitalien* fällt leicht der Zersetzung anheim, und es sind hier hauptsächlich die reichlicheren fettigen Beimengungen, welche der Schweiss an diesen Stellen enthält, die Ursache der dabei auftretenden üblen Gerüche, doch sind dieselben meist nicht so intensiv, wie beim *„stinkenden Fussschweiss"*. Dagegen treten auch an diesen Stellen durch das Stagniren des Schweisses in Hautfalten, an Stellen, wo sich gegenüberliegende Hautflächen berühren oder Kleider der Haut eng anliegen, Erosionen auf, die durch die Fortdauer des Reizes leicht zu entzündlichen Erscheinungen, zu einem *Eczema intertriginosum* Veranlassung geben. Hierher gehört die unter dem Namen „ *Wolff* " allbekannte Entzündung der Haut der Analfurche, die besonders bei fettleibigen Personen nach längerem Gehen so häufig auftritt. — Auffallend ist die häufige Hyperidrosis der Achselhöhlen bei der Entkleidung von Kranken vor dem Arzt, noch mehr bei der Demonstration in Kliniken; hierbei spielt sicher die psychische Erregung eine Rolle.

Eine *specielle Ursache* dieser localen Hyperidosis kennen wir nicht, die jüngeren Lebensjahre stellen das grösste Contingent, im übrigen sind es meist ganz gesunde Menschen, die davon befallen sind.

Bei der **Therapie** ist zunächst des alten, längst zurückgewiesenen, trotzdem aber im Volke noch sehr verbreiteten Vorurtheils zu gedenken, dass durch „Vertreibung" von Fussschweissen irgend ein inneres Organ erkranken könne. Sorgfältige Beobachtungen haben die völlige Unhaltbarkeit dieser auch durch theoretische Erwägungen in keiner Weise zu stützenden Anschauung ergeben. — Die Behandlung erfordert in erster Linie die *möglichst schnelle Entfernung* des übermässig gebildeten Schweisses und ist hierzu neben der *regelmässigen Reinigung* der betreffenden Theile durch *Bäder* das *Einstreuen von Streupulver* das geeignetste Verfahren. Das Pulver saugt den Schweiss auf und verhindert so dessen nachtheilige Wirkung auf die Haut. Selbstredend muss das Einstreuen häufig wiederholt werden. Für gewisse Fälle, besonders für die leichteren Grade von Fussschweiss genügt dieses Verfahren sogar zur völligen Beseitigung des Uebels und hat sich in dieser Hinsicht besonders die Anwendung eines *salicylhaltigen Streupulvers*, des sogenannten *Militärfussstreu-*

pulvers (Acid. salicyl. 1,5, Amyl. Trit. 5,0, Talc. venet. 43,5), ausserordentlich bewährt. Es werden mit diesem Pulver nicht nur die Füsse, besonders die Falten zwischen den Zehen, eingepudert, sondern es sind auch die — täglich zu wechselnden — Strümpfe damit einzustreuen. Bei schwereren Fällen ist das Einstreuen von pulverisirter *Weinsteinsäure* (Acid. tartaricum) in die Strümpfe ausserordentlich zu empfehlen, welches bei vorhandenen Erosionen allerdings ein sehr unangenehmes Brennen hervorruft, weshalb in diesen Fällen besser vor dem Gebrauch der Weinsteinsäure durch Anwendung von Streupulver die Erosionen zur Heilung gebracht werden. Meist pflegt schon in einigen Tagen der Fussschweiss verschwunden zu sein. Ebenso wird pulverisirte *Borsäure* angewendet. Neuerdings ist die Einpinselung der ergriffenen Stellen mit 10 proc. Chromsäurelösung warm empfohlen, ferner Localbäder mit *roher Salzsäure*, bei welchen nur die schwitzenden Stellen, nicht die Fussrücken mit der Säure in Berührung kommen dürfen (NEEBE). Bei den gewöhnlich erfolgenden *Recidiven* ist durch dieselben Mittel, wenn sie frühzeitig zur Anwendung kommen, eine stärkere Entwickelung des Uebels überhaupt zu verhüten. — Die bisher geschilderten Verfahren bezogen sich zunächst auf die Behandlung der Fussschweisse; dieselben sind indess mit den entsprechenden Modificationen auch an den anderen Körperstellen anzuwenden, wenn auch hier, besonders bei der Hyperidrosis manuum, der Erfolg sehr viel unsicherer ist. Bei Handschweissen sind ferner noch Einreibungen mit *Alcohol* (Eau de Cologne) oder *spirituöser Naphtollösung* (Naphtol. 10,0, Spir. vin. gall. 175,0, Spir. colon. 15,0 — KAPOSI) anzuwenden. — Der innerliche Gebrauch von *Atropin* gewährt manchmal Nutzen, meist indess nur vorübergehenden.

Die Erscheinung des **halbseitigen Schweisses** (*Hyperidrosis unilateralis*) kann einmal durch das *übermässige Schwitzen* der einen Seite, während die andere Seite normal secernirt, hervorgerufen werden, andererseits aber auch durch eine *Herabsetzung* oder *Aufhebung der Schweisssecretion* der anderen Seite, bei normaler Secretion der scheinbar übermässig schwitzenden Seite. In diesen letzteren Fällen handelt es sich daher eigentlich um eine *Anidrosis unilateralis*. — Beim halbseitigen Schweiss erscheinen auf einer Gesichtshälfte, aber auch an anderen Körpertheilen — stets einseitig —, ja selbst an einer ganzen Körperhälfte nach Anstrengungen, Erregungen oder nach Anwendung schweisstreibender Mittel (Pilocarpin) zahlreiche Schweisströpfchen, die annähernd der Mittellinie entsprechend nach der anderen entweder trockenen oder nur wenig feuchten Seite begrenzt sind.

Wenn schon das *halbseitige* Auftreten des Schweisses auf einen nahen Zusammmenhang dieser Affection mit dem *Nervensystem* schliessen lässt, so wird das Bestehen dieses Zusammenhanges direct durch diejenigen Fälle bewiesen, in denen halbseitiger Schweiss bei *Erkrankungen des Sympathicus* und dessen *Ganglien* (Traumen, Compression durch Tumoren, fortgeleitete Entzündung bei Wirbelcaries u. s. w.) und bei *einseitigen Erkrankungen im Gebiete des Centralnervensystems* beobachtet ist. Diese Beobachtungen stimmen in der That auch vollständig mit den *experimentellen Ergebnissen* überein, indem durch eine *Reizung peripherischer Nerven* oder durch *Durchschneidung des Sympathicus* Hyperidrosis der entsprechenden Gebiete hervorgerufen wird.

Als *Folgezustand* habe ich in einem Falle ein offenbar durch den Reiz des Schweisses hervorgerufenes *halbseitiges Eczem* des Gesichtes beobachtet.

Eine **Therapie** ist nur dann denkbar, wenn es möglich ist, das ursächliche Moment zu beseitigen.

DRITTES CAPITEL.

Dysidrosis.

Unter dem Namen **Dysidrosis** werden am besten jene Krankheitszustände vereinigt, bei welchen eine *Behinderung der Schweissexcretion* der wesentliche Krankheitsvorgang ist.

Zuerst ist hier an jenes, gewöhnlich als **Miliaria crystallina** bezeichnete Exanthem zu erinnern, welches aus kleinsten, bis höchstens etwa hirsekorngrossen Bläschen mit wasserklarem Inhalt besteht, die meist nur auf dem Rumpf auftreten. Die Haut erscheint wie mit kleinen klaren Thautropfen bedeckt. Dieser Ausschlag tritt bei *fieberhaften Erkrankungen*, besonders häufig bei *puerperalen Processen*, bei *acutem Gelenkrheumatismus*, bei *Typhus* u. A. m., gewöhnlich im Anschluss an starke Schweisse auf. Durch die plötzlich einsetzende, übermässige Schweisssecretion kommt es wahrscheinlich zu einer Knickung der Drüsenausführungsgänge und Erhebung der obersten Epidermisschicht durch das nachdrängende Secret. Aehnliche, rein *symptomatisch* bei einer *acuten Infectionskrankheit* auftretende *Schweissbläschenexantheme* sind es offenbar gewesen, welche in früheren Zeiten als *Englischer Schweiss* (*Sudor anglicus*, *Suette des Picards*) beschrieben wurden.

Ferner ist hierher die zunächst als **Dysidrosis** (Tilbury Fox), später als **Cheiropompholyx** (Hutchinson) beschriebene Affection zu rechnen, die, wie schon der letztere Name andeutet, am häufigsten die *Handteller* und die seitlichen Partien der Finger, aber auch die *Fusssohlen* befällt. Es treten, anfänglich ohne irgend welche entzündlichen Erscheinungen, an den genannten Theilen stecknadelkopf- bis erbsengrosse Bläschen, selten grössere Blasen auf, die mit einem zunächst völlig wasserklaren, nach längerem Bestande oft eiterig werdenden Inhalt gefüllt sind. Nachdem in den ersten Wochen eine Vermehrung der Bläscheneruptionen stattgefunden hat, hört dann die weitere Bläschenbildung auf und nach der Abstossung der Blasendecken kehrt die Haut wieder völlig zur Norm zurück. Hutchinson hat ein *häufiges Recidiviren* dieser Krankheitserscheinungen beobachtet.

Ich habe bei mehreren Personen, die an der Nase stark schwitzten, an diesem Körpertheil mehrfach sich wiederholende Eruptionen kleiner wasserheller Bläschen gesehen, die auf völlig unveränderter Haut auftraten, und ich zweifle nicht, dass diese Erscheinung ganz den eben erwähnten Krankheitsbildern entspricht, eine Beobachtung, die später auch von anderer Seite bestätigt worden ist.

Die **Behandlung** hat lediglich in Eröffnung der grösseren Blasen und Einstreuen mit Streupulver zu bestehen.

VIERTES CAPITEL.
Chromidrosis.

Besonders aus früherer Zeit sind uns, grossentheils gewiss nicht glaubwürdige Beispiele von **farbigem Schweiss** überliefert. Immerhin ist das Vorkommen von abnorm, meist roth oder blau gefärbtem Schweiss nicht zu bezweifeln. Während einige Beobachter die abnorme Färbung auf die *Beimengung gewisser chemischer Körper* (*Eisen- und Cyanverbindungen, Indican*) zurückführen wollen, ist es am wahrscheinlichsten, dass dieselbe auf der Anwesenheit von *Mikroorganismen* beruht, ähnlich, wie dies ja für den blauen Eiter nachgewiesen ist. Jedenfalls ist diese Frage noch nicht endgültig erledigt. — In einzelnen Fällen ist auch eine Beimischung von *Blut* zum Schweiss (*Hämatidrosis*) beobachtet worden.

FÜNFTES CAPITEL.

Seborrhoea.

Je nachdem das durch übermässige Absonderung der Talgdrüsen gelieferte Secret mehr flüssige, fettige, oder mehr feste, hauptsächlich aus eingetrockneten Epidermiszellen gebildete Bestandtheile enthält, unterscheiden wir zwischen einer **Seborrhoea oleosa** und einer **Seborrhoea sicca**. Die *Seborrhoea oleosa* befällt am häufigsten die *Nase* und die *Stirn*, auch die *behaarte Kopfhaut*. Die Haut erscheint bei dieser Affection glänzend, wie mit Oel eingerieben und mit einem Messerrücken lässt sich in der That eine ölige Masse von der Haut abstreifen, in der sich öfter der später zu erwähnende Follikelschmarotzer, der *Acarus folliculorum*, findet.

Bei der *Seborrhoea sicca* bilden sich im *Gesicht*, auf der *Nase*, in den *Augenbrauen*, auf der *Oberlippe*, viel häufiger aber auf dem *behaarten Kopfe* weissliche Schüppchen, die aus Fett und eingetrockneten Zellen bestehen. Je nach der Menge und dem Grade der Trockenheit der sich bildenden Schuppenmassen haften dieselben entweder fester oder fallen von selbst oder z. B. beim Kämmen vom Kopf herab und bedecken die Kleidungsstücke als weisslicher Staub. Bei den stärkeren Graden der *Seborrhoea sicca capitis* (*Pityriasis capitis*) ist gewöhnlich mässiges Jucken der Kopfhaut vorhanden. Die Krankheit tritt gewöhnlich in den jugendlichen Jahren, etwa zur Zeit der Pubertätsentwickelung auf und kann dann durch lange Zeiträume bestehen. Bei weitem am häufigsten werden *männliche Individuen* befallen und dies erklärt wohl auch, weshalb der wichtigste Folgezustand der Seborrhoe, die *Alopecia pityrodes*, fast ausschliesslich bei Männern angetroffen wird. — Auch bei Kindern in der ersten Lebenszeit tritt oft eine Seborrhoea sicca des behaarten Kopfes auf.

Bei der **Diagnose** ist gegenüber dem *trockenen schuppenden Eczem* der Kopfhaut zu bemerken, dass bei der Seborrhoe die Kopfhaut selbst ganz unverändert bleibt und nicht geröthet und infiltrirt erscheint, wie bei ersterer Krankheit. — Die **Prognose** ist bezüglich der Beseitigung der Schuppenbildung eine günstige.

Bei der **Behandlung** ist zunächst jede übermässige *mechanische Irritation* der Kopfhaut durch enge Kämme, Staubkämme, Drahtbürsten, ferner sogenannte amerikanische Bürsten sorgfältig zu vermeiden, während die Patienten in der Regel von diesen Schädlichkeiten den ausgiebigsten Gebrauch gemacht haben. Die Schuppen-

bildung wird am schnellsten durch zunächst täglich, später seltener,
am besten Abends vorzunehmende gründliche Einreibung der Kopfhaut mit einer *alkalischen Flüssigkeit* beseitigt und sind hierzu Lösungen von *Natr. bicarbon.* (Sol. Natri bicarb. 3,0:170,0, Glycerin,
Spirit. lavand. ana 15,0) oder *Ammoniak* (Liqu. Ammon., Glycerin
ana 10,0, Aqua rosar. 180,0), gleichzeitig mit wöchentlich ein- oder
zweimaliger *Waschung des Kopfes* mit lauwarmem Seifenwasser am
meisten zu empfehlen. Werden die Haare sehr trocken und starr,
so kann ein einfaches Haaröl angewendet werden. Recht wirksam
hat sich auch die Anwendung von *Schwefelsalben* gezeigt. Unter
allen Umständen muss die Behandlung lange — eine Reihe von
Wochen — fortgeführt und auch später von Zeit zu Zeit wieder
aufgenommen werden, um der Wiederkehr des Uebels vorzubeugen.

Bei der *Seborrhoe* gewisser Theile der *Genitalien* kommt es zu
ganz eigenthümlichen Erscheinungen, so dass die dadurch hervorgerufenen Krankheitsbilder, die **Balanitis** und die **Vulvitis,** eine gesonderte Besprechung erheischen. Während das Secret der Talgdrüsen der Eichel und des inneren Präputialblattes normaler Weise
diese Theile nur in Gestalt eines ganz dünnen, festen Häutchens
überzieht, kommt es bei Steigerungen der Secretion zur Bildung
eines mehr flüssigen Secretes und besonders bei Retention des Secretes durch Enge der Vorhautöffnung und Mangel an Reinlichkeit
zur Zersetzung desselben, die durch die Körperwärme natürlich begünstigt wird. Das zersetzte Secret übt nun eine irritirende Wirkung auf die Eicheloberfläche und das innere Präputialblatt aus,
Hautpartien, die ja ohnedies viel zarter sind, als die Körperhaut,
und so kommt es zu einer Entzündung dieser Theile mit Erosion
der Oberfläche und Absonderung eines dünneiterigen Secretes (*Balanitis* oder richtiger *Balanoposthitis*). Indem sich dieses Secret der
Talgdrüsenabsonderung beimischt und indem gleichzeitig durch die
Schwellung der Vorhaut die etwa schon bestehende Verengerung
der Vorhautöffnung noch zunimmt, wird natürlich der Entzündungs-
prozess immer mehr gesteigert. In intensiven Fällen ist Eichelüber-
zug und inneres Präputialblatt auf grössere Strecken oder vollständig
der obersten Epidermislagen entblösst, sieht hochroth aus, und ein
höchst übelriechendes, eiteriges Secret wird fortdauernd in grösseren
Mengen abgesondert (*Eicheltripper*). Die Schwellung der Vorhaut
ist manchmal eine so beträchtliche, dass beim Zurückziehen derselben
über die Eichel die Umschlagsstelle am Sulcus coronarius sich geradezu

hart anfühlt und so der Verdacht eines syphilitischen Primäraffectes wachgerufen wird, oder es kann durch die Schwellung zu einer vollständigen Phimose kommen, die Vorhaut ist absolut nicht mehr über die Eichel zurückzuziehen. *Subjectiv* besteht im Anfang gewöhnlich nur Kitzelgefühl oder Brennen, bei stärkeren Graden dagegen stellen sich spontan und besonders bei Berührungen und bei der Benetzung der erodirten Flächen mit Urin lebhafte Schmerzen ein. Bei empfindlichen Individuen gesellt sich nicht selten sogar eine mässige, schmerzhafte Schwellung der Inguinaldrüsen hinzu. Auch bei Frauen kommen, wenn auch in Folge des andersartigen Baues der Genitalien seltener, ähnliche Zustände an den *kleinen Labien* und der *Clitoris* vor (*Vulvitis*).

Ganz dieselben Krankheitserscheinungen werden nun aber noch viel häufiger als durch die Seborrhoe durch die bei verschiedenen Krankheiten — *Tripper, Ulcus molle, Primäraffect* und *syphilitische Erosionen* — gelieferten Secrete, welche irritirend auf die oben genannten Theile wirken, hervorgerufen. — Zu erwähnen ist ferner das nicht seltene Vorkommen von Balanitis und Vulvitis bei *Diabetes mellitus*. In diesen Fällen finden sich häufig weissliche Auflagerungen auf den entzündeten Theilen, die sich unter dem Mikroskop als aus Pilzen bestehend erweisen. In jedem Falle von längere Zeit bestehender Balanitis oder Vulvitis mus an Diabetes gedacht werden. — Aber auch ohne Diabetes kommt, wenn auch selten, eine *Balanitis* oder *Vulvitis mycotica* vor. Die entzündeten Partien sind mit weissen Pünktchen oder Scheibchen bedeckt, die sich rasch vergrössern und confluiren, während an der Peripherie frische Herde aufschiessen. Die mikroskopische Untersuchung ergiebt, dass diese weissen Massen lediglich aus dichten Pilzrasen (meist Oidium albicans) bestehen. Bei Frauen können diese Auflagerungen sich so ausbreiten, dass schliesslich die ganze Vulva und Vagina mit einer weissen Membran gewissermassen austapeziert ist. Die Affection ruft sehr heftiges Jucken und Brennen, besonders bei Frauen hervor, bleibt aber immer oberflächlich und heilt, ohne zu tieferen Entzündungen Veranlassung zu geben, unter dem Gebrauch desinficirender Waschungen oder Ausspülungen rasch ab.

Die **Diagnose** der Balanitis ist keineswegs stets eine leichte und es sind Verwechslungen mit *Herpes praeputialis, Ulcus molle, syphilitischem Primäraffect* und *secundären Erosionen*, bei *vollständiger Phimose* auch mit *Gonorrhoe* möglich, zumal alle diese Affectionen oft mit Balanitis resp. Vulvitis complicirt sind. Bezüglich der Un-

terscheidung muss hier auf die betreffenden Capitel verwiesen
werden.

Bei der **Therapie** sind *Reinlichkeit, Trockenhalten* und *Vermeidung
der Berührung* der sich gegenüberliegenden Hautflächen die wesentlichsten und stets die Heilung in kurzer Zeit herbeiführenden Factoren.
Am schnellsten und einfachsten wird diesen Anforderungen durch
tägliches *Baden* des Penis in lauem Wasser, bei Frauen durch Sitzbäder, und durch zwei- bis dreimal täglich zu wiederholendes *Einstreuen* mit einem indifferenten *Streupulver* genügt. Auf diese Weise
gelingt es fast ausnahmslos in einigen Tagen die Balanitis oder Vulvitis zu beseitigen. Nur bei stärkeren Schwellungen empfiehlt es
sich, *Bleiwasserumschläge* machen zu lassen. Um die häufigen Wiederholungen des Zustandes zu verhüten, ist den Patienten zu empfehlen.
die betreffenden Theile der Genitalien stets *sauber* und vor Allem
trocken zu halten, welches letztere am leichtesten durch regelmässiges Einpudern erreicht wird

---

SECHSTES CAPITEL.

Lichen pilaris.

Als **Lichen pilaris** wird derjenige Zustand der Haut bezeichnet.
welcher durch *Anhäufung verhornter Epidermiszellen* an den *Follikelmündungen* hervorgerufen wird. Gewöhnlich auf grösseren Hautstrecken zeigt sich jeder Follikel in der Mitte mit einem kleinen.
spitzen, von dem Haar durchbohrten Schüppchen besetzt. Oft fehlen
auch die Haare und es findet sich nur das konische, die Follikelmündung bedeckende Schüppchen. Am häufigsten zeigen die *Streckseiten der Extremitäten*, besonders der *Oberarme* und *Oberschenkel*.
diese Veränderung, die einerseits an die *Cutis anserina*, andererseits
an die *Ichthyosis follicularis* erinnert. Die „Gänsehaut" ist aber ein
durch Krampf der Arrectores pilorum hervorgerufener, stets rasch
vorübergehender Zustand, während bei Ichthyosis follicularis Hornsäulchen von viel festerer Consistenz aus den Follikeln hervorragen.
Als weiterer Unterschied ist zu bemerken, dass die Ichthyosis stets
in *frühester Kindheit* beginnt, während der Lichen pilaris sich in
der Regel *nicht vor der Pubertätsentwickelung* zeigt. — *Subjective
Störungen* werden durch den Lichen pilaris gewöhnlich nicht hervorgerufen, höchstens besteht bei sehr starker Entwickelung desselben mässiges Jucken und so wird in der Regel von einer *Therapie.*

die in der Anwendung epidermiserweichender und die Abstossung befördernder Mittel (*Kaliseife, Schwefel*) zu bestehen hätte. abgesehen werden können.

SIEBENTES CAPITEL.

Comedo.

Die **Comedonen** (*Mitesser*) entstehen durch Anhäufung und Eindickung des Secretes der Talgdrüsen. Dieselben erscheinen als schwarze oder bläulich-schwarze Punkte in den oft erweiterten Follikelmündungen, deren Ränder gewöhnlich etwas emporgewölbt sind, während der schwarze Punkt entweder über diesen Rand noch hervorragt und so die Spitze bildet oder aber auch in einer kleinen kraterförmigen Vertiefung liegt. Durch seitlichen Druck lässt sich der Comedopfropf stets leicht herausdrücken, der dann als dünner cylindrischer Körper von weisslicher oder schmutzig gelblicher Farbe, einen bis mehrere Millimeter lang, mit einem dunklen „Kopfe" erscheint. Nach dieser Aehnlichkeit mit einem Wurm ist die Benennung *Mitesser* gewählt worden. Die *mikroskopische Untersuchung* zeigt, dass diese Masse aus verhornten und verfetteten Zellen und freien Fetttröpfchen besteht. der in dem schwarzen Kopf Kohlenpartikelchen und andere von aussen hineingelangte Verunreinigungen (Leinenfasern. Ultramarinkörnchen u. s. w.) beigemengt sind. Ausserdem finden sich häufig zusammengerollte Lanugohärchen und der von Berger, Henle und G. Simon zuerst beschriebene Parasit, der *Acarus folliculorum*. letzterer oft in grossen Mengen. Da dieser Parasit aber auch in völlig gesunden Follikeln gefunden wird, so ist nicht anzunehmen. dass er von irgend welcher Bedeutung für die Entstehung der Comedonen ist. — Manchmal kommt es durch Stauung des Secretes bei wegsam gebliebenem Ausführungsgange zu einer *cystischen Erweiterung* des Follikels bis zu Kirschgrösse. Durch Druck auf die Geschwulst entleert sich dann zuerst der schwarze, die Mündung verstopfende Pfropf und dann das eingedickte Sebum in Gestalt eines langen Fadens aus der Follikelöffnung (*Riesencomedo*). — In einzelnen Fällen zeigen die Comedonenpfröpfe eine auffallend harte Beschaffenheit und bilden dunkelbräunliche spitze Hervorragungen, welche, da sie fast stets in Gruppen auftreten. die Haut reibeisenartig erscheinen lassen (*Acné sébacé cornée* der französischen Autoren). Entzündungserscheinungen fehlen stets. Ich habe diese seltene Comedonenform am häufigsten in der Umgebung des äusseren Augenwinkels. in der

Schläfengegend gesehen, sie kommt aber auch auf Nacken, Hals und Hinterbacken vor.

Die Comedonen finden sich am häufigsten auf der *Nase*, in der *Nasolabialfurche*, auf den *seitlichen Partien der Wangen*, auf der *Stirn*, auf der Innenfläche der *Ohrmuschel*, aber auch auf anderen Theilen des Gesichtes und ferner sehr häufig auf dem *Rücken* und den *mittleren Theilen der Brust*. Manchmal sind zahlreiche Comedonen so dicht gruppirt, dass dadurch warzenförmige Hervorragungen entstehen (*Comedonenscheiben*). Die Comedonen treten gewöhnlich in den Jahren der *Pubertätsentwickelung* auf und hiernach dürfen wir vermuthen, dass in erster Linie die zu dieser Zeit eintretende Steigerung der Thätigkeit der Talgdrüsen die Ursache der Comedonenbildung ist.

Die Comedonen können sich zwar nach gewisser Zeit spontan entleeren, andererseits tritt oft durch den Reiz, den das sich stauende Secret auf die Drüse und deren Umgebung ausübt, eine Entzündung des Follikels auf, es bildet sich eine Acnepustel. Abgesehen hiervon lässt auch die Entstellung, die bei Anwesenheit zahlreicher Comedonen im Gesicht nicht unbedeutend ist, die Entfernung der an und für sich harmlosen Bildungen wünschenswerth erscheinen.

Die *Beseitigung* der einmal bestehenden Comedonen geschieht am besten auf *mechanischem Wege* durch Ausdrücken mit den beiden Daumennägeln oder mit einem Uhrschlüssel oder einem ganz zweckmässig construirten kleinen Instrument, *dem Comedonenquetscher*, welches aus einem kurzen, oben und unten offenen Metallröhrchen besteht, das seitlich an einem kleinen Handgriff befestigt ist und vor dem Uhrschlüssel den Vorzug der bequemeren Entfernung der ausgequetschten Comedonenmassen voraus hat. Um das Wiederauftreten der Comedonen zu verhüten, sind Waschungen mit *Spiritus saponatokalinus*, noch mehr aber die Anwendung des *Schwefels* in Form einer Salbe oder Emulsion oder des *Resorcins* (s. die Vorschriften im nächsten Capitel) zu empfehlen. Durch die lebhaftere Abstossung der obersten Hornschichten, die diese Mittel bewirken, kommt es zu einer Erweiterung der Follikelmündungen und dadurch zur Erleichterung der Entleerung des Drüsensecretes nach aussen.

ACHTES CAPITEL.

Acne.

Die unter dem Namen der **Acne** zusammenzufassenden Erkrankungen der Haut beruhen auf einer entzündlichen Infiltration der Hautfollikel und des perifolliculären Gewebes, die meist in Eiterung übergeht. Daher ist aus dieser Gruppe von vornherein die *Acne rosacea* auszuschliessen, welche auf eine Erweiterung der Gefässe und Hypertrophie des Bindegewebes beruht und der sich erst secundär als Complication oft eine Vereiterung der Follikel, eine eigentliche Acne, anschliesst.

Die Acne entwickelt sich in Folge von *Secretstauungen der Talgdrüsen (Acne vulgaris, simplex)*; sind diese Secretstauungen durch *von aussen in die Follikel gebrachte Stoffe* verursacht, so sprechen wir von einer *Acne arteficialis (Theeracne, Paraffinacne, Petroleumacne u. s. w.)*. In anderen Fällen wird durch eine *allgemeine Cachexie* das Zustandekommen der Follikelentzündungen begünstigt (*Acne cachecticorum*). Ferner sind gewisse, bestimmt localisirte Acneformen durch das Auftreten *verhältnissmässig tiefer Verschorfungen* ausgezeichnet (*Acne varioliformis*). Und schliesslich rufen gewisse *innerlich genommene Medicamente (Jod, Brom)* oft acneartige Ausschläge hervor (*Acne medicamentosa*), deren ausführliche Besprechung in dem Capitel über Arznei-Exantheme stattgefunden hat.

Acne vulgaris. Die Acne-Efflorescenzen zeigen sich zuerst in Gestalt kleiner, entzündlicher Knötchen, bei denen häufig die Entwickelung aus einem Comedo noch deutlich ersichtlich ist, indem der schwarze Comedopunkt sich in der Mitte einer kleinen getötheten Papel befindet (*Acne punctata*). Diese Form der Acne zeigt eine ganz besondere Vorliebe für die Stirn und findet sich häufig bei Knaben oder Mädchen, die eben im Beginne der Pubertätsentwickelung stehen. Dadurch, dass die entzündliche Infiltration auch auf das den Follikel umgebende Gewebe mehr oder weniger übergreift, vergrössern sich diese Knötchen und können etwa erbsengross und noch grösser werden. Sie sind lebhaft roth, überragen die normale Haut und sind mehr oder weniger schmerzhaft, ganz besonders bei Berührungen. Eine weitere Veränderung erleiden diese Acneknoten durch die gewöhnlich in den centralen und tiefsten Partien zuerst eintretende eiterige Schmelzung. Selbst wenn äusserlich von dieser Vereiterung noch gar nichts zu sehen ist, enthält der Acneknoten doch schon im Inneren eine kleine Menge von Eiter, die beim Einstechen in den Knoten

sich nach aussen entleert. Allmälig aber rückt durch Weiterschreiten
der eiterigen Einschmelzung die Eiteransammlung der Oberfläche
näher und ist nun durch die verdünnte Epidermis in der Mitte des
Knotens sichtbar; aus dem Knoten hat sich eine Pustel mit infiltrirter, geröetheter Umgebung gebildet (*Acne pustulosa*). Der Eiter
trocknet, falls er nicht durch therapeutische Massnahmen entleert
wird, zu einer centralen Kruste ein, die entzündliche Schwellung
des Knotens nimmt ab und nach dem Abfallen der Kruste ist die
Heilung entweder durch vollständige Ueberhäutung ohne Narbenbildung, was nur bei den kleinsten Pusteln eintritt, oder durch Bildung einer kleinen Narbe vollendet. Das letztere ist die Regel, da
bei der Mehrzahl der Acnepusteln Theile des Corium zerstört werden. Zu diesem spontanen Verlauf des einzelnen Acneknoten sind
je nach der Grösse desselben einzelne Wochen oder längere Zeit erforderlich.

Das *klinische Bild* der Acne erhält sein charakterisches Ge-
präge ganz besonders durch den Umstand, dass stets während längerer Zeiten *successive immer frische Acneknoten* auftreten und den
oben beschriebenen Entwickelungsgang durchmachen. In Folge hiervon finden wir in jedem Fall von Acne alle die *verschiedenen Entwickelungsstadien* von den eben beginnenden Knötchen bis zu den
nach der Abheilung zurückgebliebenen Narben *nebeneinander* vor.
Bei länger bestehender Acne kommt es auch durch Confluenz benachbarter Knoten zur Bildung von umfangreicheren, mit Pusteln
besetzten und im Inneren zahlreiche Eiterherde enthaltenden Infiltraten, deren Rückbildung natürlich eine entsprechend längere Zeit
beansprucht, als die einzelner Acneknoten. Die nach solchen grösseren
Infiltraten zurückbleibenden Narben sind oft unregelmässig und bilden
Einbuchtungen und brückenartige Stränge. In der nächsten Umgebung der Narben finden sich oft bleibende Pigmentirungen. Und
ferner wird das Krankheitsbild fast regelmässig durch das *gleichzeitige Bestehen anderer Erkrankungen der Talgdrüsen* complicirt. Besonders die *Comedonen*, die ja so häufig überhaupt den Ausgangspunkt der Acneknötchen bilden, fehlen niemals und ebenso macht
sich eine Hypersecretion der Talgdrüsen durch *Seborrhoe*, durch fettige Beschaffenheit der erkrankten Hautgebiete geltend. Durch die
Hindernisse der Drüsenexcretion kommt es weiter zur Bildung von
Milien, in sehr chronischen Fällen von *Atheromen* und jenen cystischen Ausdehnungen der Talgdrüsen bei erhaltener Wegsamkeit des
Ausführungsganges, die oben als Riesencomedonen beschrieben sind.

Auch *Furunkel* treten nicht selten bei ausgebreiteten Acne-Eruptionen auf.

In den hochgradigsten Fällen ist die Haut der betroffenen Theile in der That vollständig bedeckt mit Narben, mit Knoten und Pusteln, dazwischen finden sich zahlreiche Milien und Comedonen und vielleicht einzelne grössere Balggeschwülste, so dass auch nicht ein Fleckchen Haut normal erscheint. Die Reizung der noch functionirenden Talgdrüsen, die Seborrhoea oleosa, trägt noch weiter dazu bei, das Aussehen der Kranken, da in erster Linie fast stets das Gesicht betroffen ist, zu einem im höchsten Grade abstossenden und geradezu widerlichen zu gestalten (*Acne inveterata*).

Bei der **Localisation** der Acneknoten ist es zunächst ganz selbstverständlich, dass an den Hautstellen, die keine Talgfollikel besitzen sich auch keine Acneknoten entwickeln können, nämlich an *Handtellern* und *Fusssohlen*. Wenn nun auch, abgesehen von diesen Stellen, Acneknoten gelegentlich an jeder Körperstelle vorkommen, so zeigt die Acne doch eine sehr ausgesprochene *Prädilection* für gewisse Theile, vor Allem für das *Gesicht*, dessen einzelne Theile, mit Ausnahme der Augenlider, sämmtlich befallen werden können, für die *mittleren Partien* der *Brust* und des *Rückens*. Zum Theil ist diese Localisation sicher auf das Vorhandensein *besonders grosser Talgdrüsen* an diesen Stellen zurückzuführen. Auf der behaarten Kopfhaut kommen die Efflorescenzen der gewöhnlichen Acne nur ausnahmsweise vor, häufig dagegen auf den behaarten Stellen des Gesichtes. Das durch die letztere Localisation bedingte Krankheitsbild wird als *Sycosis* bezeichnet und erfordert eine gesonderte Besprechung.

Verlauf. Die Acne beginnt in der Regel in der Zeit der *Pubertätsentwickelung, niemals vor derselben*, am häufigsten ungefähr um das 20. Lebensjahr, spätere Erkrankungen kommen indess auch vor. Stets ist dann der weitere Verlauf der Krankheit ein *chronischer*, indem durch Jahre, in selteneren Fällen durch Jahrzehnte immer frische Pusteleruptionen auftreten, während die Haut durch die zurückbleibenden Narben mehr und mehr verändert wird. In der Mehrzahl der Fälle tritt auch ohne Behandlung, freilich erst nach längerer Zeit, ein Nachlass und schliesslich völliges Aufhören von neuen Eruptionen ein und nur die allerausgebreitetsten Fälle pflegen sich durch die oben erwähnte, jahrzehntelange Dauer auszuzeichnen. Einen Einfluss auf das *Allgemeinbefinden* hat die Krankheit niemals. Demgemäss ist die **Prognose** in dieser Beziehung stets eine absolut günstige. Dagegen kann unter Umständen die Krankheit durch die *hochgradige Entstellung* des Gesichtes und für das weibliche Geschlecht auch durch die der Brust und des Rückens zu einem sehr lästigen Uebel werden. Auch bezüglich der Heilung kann die Prognose *im Ganzen günstig* gestellt werden, aber freilich nur dann, wenn eine consequente und langdauernde zweckmässige Behandlung möglich ist. Selbst in diesem Falle ist man indess vor Recidiven nie ganz sicher. Die einmal durch die bestehenden Narben gesetzte Entstellung ist natürlich einer Besserung nicht fähig.

Bei der **Diagnose** ist vor Allem das *Nebeneinanderbestehen der verschiedenen Phasen* der Acne-Efflorescenzen und das Vorhandensein der oben erwähnten *anderweitigen Erkrankungen der Talgdrüsen* zu berücksichtigen. Die Unterscheidung der Acne von den *pustulösen Syphiliden* kann schwierig sein, da die Efflorescenzen beider Krankheiten an und für sich sehr ähnlich sind; das Hauptgewicht ist auf die weitere Verbreitung, auf das acutere und gleichmässigere Auftreten des syphilitischen Exanthems und auf die anderen Erscheinungen der Syphilis zu legen. Gegenüber den *tertiären Syphiliden* ist der Umstand massgebend, dass sich bei der Acne niemals eigentliche Ulcerationen, weitergreifende Geschwürsformen, wie bei jenen, entwickeln. Wegen der Unterscheidung von *Acne rosacea* und von der *medicamentösen Acne* ist auf die betreffenden Capitel zu verweisen.

Schon die klinischen Erscheinungen lassen in der Acne mit Sicherheit eine *Erkrankung der Hautfollikel* erkennen und die **anatomischen Untersuchungen** (G. Simon u. A.) haben dies vollauf bestätigt. In den untersuchten Acneknoten liess sich stets als Mittelpunkt der entzündlichen Infiltration ein Follikel nachweisen, falls derselbe nicht bei umfangreicherer Vereiterung bereits völlig zu Grunde gegangen war.

Aetiologie. Es darf als feststehend angesehen werden, dass der *Reiz des sich stauenden Secrets der Talgdrüsen* die Ursache der Entzündung des umliegenden Gewebes und so der Bildung des Acneknotens ist. Klinische wie anatomische Thatsachen sprechen mit grösster Deutlichkeit für diesen Hergang. Weniger klar ist die Ursache, aus welcher es bei dem einen Individuum zu dieser Secretstauung, zur Comedonenbildung und den weiter folgenden Entzündungserscheinungen kommt, bei dem anderen nicht. Das *Geschlecht* hat keinen Einfluss, denn es erkranken Männer und Weiber etwa im gleichen Verhältniss. Einen sehr wesentlichen Einfluss hat dagegen, wie schon oben erwähnt, das *Alter*, indem die Krankheit gewöhnlich zur Zeit der *Pubertätsentwickelung* beginnt. Es besteht ja

mn ganz sicher ein Zusammenhang des Sexualsystems mit dem Folli-
cularapparet der Haut und in der Zeit, wo jenes zur völligen Reife
gelangt, zeigt sich auch bei diesem vermehrte Thätigkeit, die sich
vor Allem beim männlichen Geschlechte in der zu dieser Zeit eintretenden Steigerung des Haarwuchses kund giebt. Es ist wohl verständlich, dass es in dieser Zeit bei der Steigerung der Talgdrüsen-
secretion auch leichter zu Verstopfungen der Ausführungsgänge und
den weiteren Folgeerscheinungen der Secretstauung kommen kann.
Hierfür spricht auch die Beobachtung, dass Acne, eine im Orient
häufige Krankheit, bei Eunuchen höchst selten vorkommt. Beim weiblichen Geschlechte lässt sich oft das Auftreten von Acne bei *Chloro-
tischen* nachweisen. Dagegen hat der Genuss von fetten Speisen, besonders von Käse, und die zu grosse Enthaltsamkeit in Venere nicht
im Geringsten einen Einfluss auf die Entstehung der Acne, wie er
diesen Dingen von Laien gewöhnlich zugeschrieben wird.

Die **Therapie** hat als erste Aufgabe die *Entleerung* der einmal
gebildeten Eitermassen zu erfüllen, denn nur nach deren Beseitigung
ist eine schnellere Heilung der Acne-Efflorescenzen möglich. Diese
Aufgabe ist am leichtesten durch *Scarification* der Acnepusteln und
Knoten mit einem doppelschneidigen Bistouri zu erreichen, so zwar,
dass in jeden Knoten, auch wo äusserlich die Eiterbildung noch nicht
sichtbar ist, mehrere genügend tiefe Einstiche nebeneinander gemacht
werden. Die zweite Aufgabe ist die *Beseitigung der Comedonen*, damit nicht weitere Acneknoten von diesen aus sich bilden, am besten
durch Ausdrücken, und die *Verhütung weiterer Secretansammlungen*.
Als beste Mittel für diese letzte Indication haben sich die Waschungen
mit *stark alkalischen Seifen (Sapo kalinus, Spiritus saponatokalinus),*
die *Schwefelpräparate, Sublimat* und *Resorcin* erwiesen, die eine oberflächliche Abstossung der Epidermis und dadurch eine Freilegung
und Erweiterung der Follikelmündungen bewirken. Der Schwefel
kann entweder in Form des Bodensatzes einer Mixtur (Sulfur. praecip., Aqu. amygd. am. ana 10,0 Aqu. Calcar. 50,0) aufgepinselt oder
noch einfacher als durchschnittlich 10 procentige Salbe aufgelegt werden.
An Stelle des Schwefels kann auch das *Ichthyol* in Salben mit gutem
Erfolge verwendet werden (Ichthyol. 2,0, Lanolin. 20,0). Noch wirk-
samer, als diese beiden Mittel, ist aber das Resorcin, am besten in
Form der *Resorcinzinkpaste* (2 : 20) angewendet. Sehr zweckmässig
ist die Vereinigung dieser beiden Methoden, indem Abends die Salbe
auf die erkrankten Partien aufgetragen, über Nacht liegen gelassen
und am Morgen durch Abwaschen mit warmem Wasser und Kali-

seife oder Seifenspiritus wieder entfernt wird. Da durch diese Verfahren aber die Haut stark gereizt wird, so ist es zweckmässig,
nach einigen Tagen, nach einer Woche, je nach der Empfindlichkeit
der Haut im betreffenden Falle, eine Pause eintreten zu lassen und
unter Anwendung indifferenter Salben — *nicht bleihaltiger* bei Anwendung von Schwefel, wegen der sonst erfolgenden Bildung von
schwarzem Schwefelblei — oder Streupulver oder des „Prinzessinnen-
wassers" (Bism. subnitr. 1,0 Talc. 15,0 Aqu. rosarum 150,0) das Verschwinden der Reizerscheinungen abzuwarten, um dann mit der Anwendung der ersterwähnten Mittel wieder zu beginnen. Neuerdings
ist die Anwendung einer *Naphtol-Schwefelpaste* (Naphtol. 2,5 Sulf.
praecip. 12,0 Vaselin. flav., Sapon. virid. ana 6,0) empfohlen, welche
messerrückendick aufgetragen 15—30 Minuten liegen bleibt und dann
mit einem weichen Lappen abgewischt wird. Die Prodecur wird
täglich wiederholt, je nach der Reizbarkeit der Haut längere oder
kürzere Zeit, unter gleichzeitiger Anwendung von Streupulver oder
Salicylzinkoxydpaste, bis zur Schälung der Haut (LASSAR). Sehr günstig
wirkt oft die täglich einmal vorzunehmende Betupfung mit 1 procentiger Sublimatlösung, die ebenfalls verschieden lange. bis zum Eintritt einer lebhaften Reaction der Haut fortgesetzt wird. Alle diese
Behandlungsmethoden müssen mehrfach wiederholt werden, ehe auf
einen einigermassen dauernden Erfolg gerechnet werden kann. Inzwischen müssen alle sich noch bildenden Knoten — in der ersten
Zeit der Behandlung treten in der Regel noch Nachschübe derselben
auf — eröffnet werden. Sehr feste Infiltrate, die bei der Scarification allein nicht weichen wollen, werden am besten mit *Empl. Hydrarg.* bedeckt, welches die Resorption derselben sehr beschleunigt.
— Von grosser Wichtigkeit für die Verhütung der Recidive nach
gelungener Beseitigung der Acne-Eruptionen ist die *sorgfältige Pflege*
der Haut, besonders die Reinhaltung derselben durch regelmässige
Seifenwaschungen, durch welche eben den Secretstauungen der Talgdrüsen sehr wesentlich vorgebeugt wird. — Der internen Darreichung
des *Arsen* scheint ein entschieden günstiger Einfluss zuzukommen.
Bei vorhandener Chlorose sind selbstverständlich die entsprechenden
internen Mittel anzuwenden.

Acne arteficalis. Ganz in derselben Weise, wie die Sebumpfröpfe
bei der vulgären Acne, rufen bei der arteficiellen Acne von aussen
in die Follikel gelangte Stoffe die Stauungs- und Entzündungserscheinungen hervor. Häufig kommen diese Verstopfungen der Follikel
und Bildungen von Acneknoten bei der *Application des Theers*, be-

sonders auf *stark behaarten Hautstellen* vor (*Theeracne*). Die Mitte
eines jeden Knotens bildet ein schwarzer Punkt, die durch Theer
verstopfte Follikelmündung. Die stärkere Entwickelung einer Theeracne macht den Weitergebrauch des Mittels unthunlich, da sonst eine
dauernde Steigerung der Knotenbildung zu befürchten ist. Ganz ähnliche Acne-Eruptionen kommen bei den *Arbeitern in Paraffinfabriken*
vor und ist diese besonders *Handrücken und Vorderarme* occupirende
Affection in diesen Fabriken unter dem Namen *Paraffinkrätze* wohl-
bekannt. Und zwar übt nur das *Rohproduct* diesen irritirenden Einfluss auf die Haut aus, so dass diejenigen Arbeiter, welche nur mit
dem bereits gereinigten Paraffin zu thun haben, nicht erkranken.
VOLKMANN beschrieb zuerst die Entwickelung von Carcinomen aus
diesen Reizzuständen der Haut und entspricht dieser merkwürdiger
Weise auch meist am Scrotum vorkommende „*Paraffinkrebs*" vollständig dem Schornsteinfegerkrebs der Engländer. Ferner kann das
Petroleum und besonders das aus rohem Petroleum hergestellte *Ma-
schinenschmieröl* in derselben Weise acneartige Eruptionen veranlassen. — Bei allen diesen Erkrankungen ist selbstverständlich bei
der *Behandlung die Entfernung der betreffenden Schädlichkeiten* von
der grössten Bedeutung und genügt in der Regel allein, um die Heilung zu bewirken.

Acne cachecticorum. Weniger klar ist der Zusammenhang cachec-
tischer Zustände mit Eruptionen von Acneknoten, die weniger im
Gesicht, als auf dem *übrigen Körper* und ganz besonders an den
Unterextremitäten auftreten und als *Acne cachecticorum* bezeichnet
sind. Es stimmen diese Fälle allerdings mit der Thatsache überein,
dass körperlich heruntergekommene Individuen überhaupt eine gewisse Neigung zu *pustulösen Exanthemen* haben. — In diesen Fällen
ist natürlich bei der *Therapie* die *Aufbesserung des Allgemeinzustandes*
in erster Linie zu berücksichtigen.

Acne varioliformis. Die Acne varioliformis (Acne necrotica, BOECK)
zeigt in ihren Erscheinungen nicht unwesentliche Verschiedenheiten
gegenüber der Acne vulgaris, so dass es zweifelhaft erscheinen kann,
ob diese Krankheit zu der Gruppe der Acne zu rechnen ist. Da das
Wesen dieser Krankheitsform aber vor der Hand noch unaufgeklärt
ist, so soll sie zunächst noch an dieser Stelle besprochen werden. —
Unglücklicher Weise wird der Name *Acne varioliformis* von französischen Autoren (zuerst von BAZIN) für eine ganz andere Krankheit,
das *Molluscum contagiosum*, gebraucht.

Bei der in Deutschland als Acne varioliformis bezeichneten Krankheit treten Knötchen auf, deren Centrum im ersten Stadium von einem violetten, aus einer Menge feinster hämorrhagischer Pünktchen bestehenden Flecken eingenommen wird (C. Boeck). Sehr schnell wandelt sich der mittlere Theil in einen kleinen braunen Schorf um, der auffallend tief liegt und von einem schmalen und flachen rothen Wall umgeben ist. Diese durch eine mehr oder weniger tief-gehende Necrose der Cutis gebildeten Schorfe können linsengross und grösser werden. Nach einiger Zeit fällt der Schorf ab und hinter-lässt eine seiner Grösse entsprechende, ebenfalls *stark vertiefte Narbe*, die ganz den nach Variolapusteln zurückbleibenden Narben gleicht.

Localisation. Die Acne varioliformis kommt fast nur auf der *Stirn und dem behaarten Kopfe* vor und zwar sind am häufigsten die obere Partie der Stirn nahe der Haargrenze und die an die Stirn grenzenden Theile der behaarten Kopfhaut ergriffen, weshalb auch der Name *Acne frontalis* für die Krankheit vorgeschlagen ist. Von der Stirn kann sich der Process nach der *Schläfengegend* und bis nach dem *Wirbel über den behaarten Kopf* ausbreiten. Weniger häufig kommen Eruptionen auf anderen Theilen des Gesichtes, so auf der Nase und auf den Wangen, ferner auf dem Nacken vor und noch seltener sind dieselben auf dem Rücken, der Brust und den Extremitäten beobachtet worden.

Die Krankheit tritt gewöhnlich in *späteren Jahren* auf, als die Acne vulgaris, zeigt dann aber einen dieser ähnlichen Verlauf, indem stets wieder frische Eruptionen erfolgen, während die früheren mit Hinterlassung der oben beschriebenen Narbenbildungen abheilen, so dass gleichzeitig stets die verschiedenen Stadien zur Beobachtung gelangen. Wenn es nach längerem Bestande zur Bildung zahlreicher Narben gekommen ist, so ist allerdings die Aehnlichkeit mit einer mit *Pockennarben* bedeckten Haut eine grosse. — Bei der **Diagnose** ist die Möglichkeit einer Verwechselung mit *ulcerösem Syphilid* zu berücksichtigen; doch zeigen bei dem letzteren die Geschwüre einen fortschreitenden, serpiginösen Charakter, während bei Acne varioli-formis die einzelnen Geschwüre nach Abstossung der Schorfe auch spontan stets heilen, ohne sich noch weiter zu vergrössern. — Ueber die **Aetiologie** der Acne varioliformis ist nichts bekannt. — Bei der **Behandlung** hat sich besonders die regelmässige Einreibung von *Ung. Hydrarg. praecip. albi* bewährt.

Im Anschluss an die Acne soll eine zuerst von Darier als *Pso-rospermose folliculaire végétante* beschriebene, sehr seltene Krankheit erwähnt werden, welche mit der Entwickelung kleiner heller bis dunkelbrauner, derber Knötchen beginnt, die mit einer festhaftenden Schuppe oder Borke bedeckt sind. Diese Auflagerungen lassen sich schwer ablösen und zeigen an ihrer unteren Fläche einen Fortsatz, der einer Vertiefung des Knötchens entspricht. Im weiteren, sehr chronischen Verlauf vergrössern sich die Knötchen, confluiren vielfach mit einander und bilden stellenweise grössere, zusammenhängende sich rauh anfühlende Plaques, die besonders an den Stellen, wo sich zwei Hautflächen berühren zu starken, mit reichlichen übelriechenden Auflagerungen bedeckten Wucherungen führen können. Die Knötchen gehen meist von den Follikeln aus, seltener von Schweissdrüsengängen, können sich aber auch ganz unabhängig von den Hautdrüsen entwickeln. Die Prädilectionssitze sind der behaarte Kopf, die mittleren Theile der Brust, des Rückens, die Achselhöhlen und seitlichen Thoraxflächen, die Umgebung der Genitalien und des Afters, aber auch auf allen anderen Körperstellen können Eruptionen vorkommen. Meist fand sich Furchung und Auflockerung der Nägel. Stets ist eine auffällige Symmetrie beobachtet worden. Das Allgemeinbefinden scheint nicht zu leiden, dagegen sind alle therapeutischen Versuche bisher vergeblich gewesen. — DARIER fand in der Epidermis und in den Hornpfropfen, welche das Infundibulum der Knötchen ausfüllen, eigenthümliche, von ihm als Psorospermien angesehene Gebilde, indessen haben sich andere Beobachter dieser Deutung nicht angeschlossen und betrachten diese Gebilde als degenerirte Zellen.

NEUNTES CAPITEL.

Sycosis.

Derselbe Krankheitsprocess, der auf nicht behaarten, resp. nur Lanugohärchen tragenden Hautstellen Acne hervorruft, bedingt auf den stark behaarten Köperstellen ein Krankheitsbild, welches schon seit alter Zeit mit dem Namen **Sycosis** (*Ficosis*) bezeichnet wird. Sowohl die klinische Erscheinung wie die anatomische Untersuchung lehrt, dass es sich bei letzterer Krankheit ebenfalls um eine gewöhnlich in Eiterung übergehende *Entzündung der Follikel und des perifolliculären Gewebes* handelt (*Folliculitis barbae*, KÖBNER). Immerhin muss es auffallend erscheinen, dass Acne sehr selten mit Sycosis combinirt vorkommt.

Die Sycosis befällt am häufigsten die behaarten Theile des *Ge-*

sichtes, also *Oberlippe, Kinn und Wangen, Augenbrauen und Augenlidränder (Blepharadenitis ciliaris)*, sehr viel seltener andere stark
behaarte Stellen, die mit Vibrissen besetzten Theile der *Nasenlöcher*,
die *Achsel- und Schamgegend* und am allerseltensten die *behaarte
Kopfhaut*. Hieraus ergiebt sich bereits, dass, wenn wir von der
Blepharadenitis absehen, fast ausschliesslich *Männer* von der Krankheit befallen werden. Es entstehen an den genannten Partien kleine,
bis höchstens erbsengrosse, rothe, harte Knötchen, die stets von einem
Haare durchbohrt sind und im Inneren eine kleine Eitermenge beherbergen. Indem die eiterige Schmelzung sich der Oberfläche nähert,
bildet sich aus dem Knötchen eine *Pustel*, die ebenfalls noch von
dem Haar in ihrer Mitte durchbohrt ist, vorausgesetzt, dass dasselbe
nicht bereits ausgefallen ist. Der Eiter trocknet dann zu einer
kleinen Kruste ein, nach deren Abstossung die Heilung mit Bildung
einer kleinen Narbe eintritt, also genau derselbe Vorgang, wie wir
ihn bei den Acneknoten kennen gelernt haben. Wird das Haar aus
jüngeren Efflorescenzen ausgezogen, so zeigt sich die Wurzelscheide
verdickt, oft sehr beträchtlich, und nicht glasig durchscheinend, wie
beim normalen Haar, sondern undurchsichtig weisslich oder gelb in
Folge starker Infiltration mit Eiterzellen.

Zuerst treten die Efflorescenzen einzeln und zerstreut auf. Dadurch aber, dass immer frische Knoten zwischen den älteren aufschiessen, rücken sich dieselben näher und bilden schliesslich zusammenhängende, mehr oder weniger umfangreiche Infiltrate, an denen
die einzelnen Knoten nicht mehr kenntlich sind und die an ihrer
Oberfläche mit von Haaren durchbohrten Eiterbläschen und Krusten
und mit Schuppen bedeckt sind. Derartige diffuse Infiltrate finden
sich besonders häufig in der Mitte der Oberlippe, auf den direct
unter der Nase gelegenen Theilen derselben. In seltenen Fällen
sind auch papilläre Wucherungen beobachtet, relativ am häufigsten
bei der ausnahmsweise vorkommenden *Sycosis capillitii*. — Indem
durch die Vereiterung eine grosse Zahl von Follikeln verödet wird,
ist nach sehr langem Bestande der Krankheit die befallene Hautpartie mit zahlreichen unregelmässigen Narben durchsetzt, die Haare
sind meist verloren gegangen und nur hier und da ragt ein Haar
aus einem intact gebliebenen Follikel hervor. In diesen Fällen ist
selbstverständlich die bleibende Entstellung eine sehr beträchtliche.
Aber auch schon im Beginne ist die Krankheit für die Patienten
sehr lästig, da zumeist ja das Gesicht betroffen ist und ganz abgesehen von dem abstossenden Aussehen auch die Schmerzen, welche

durch die Knoten und Infiltrate hervorgerufen werden, meist nicht unerhebliche sind. Diese steigern sich besonders, wenn sich umfangreichere *furunculöse Entzündungen* bilden, ein bei der gewöhnlichen Sycosis übrigens nicht sehr häufiges Vorkommniss.

Der **Verlauf** ist ein äusserst chronischer. Oft bleibt die Krankheit Jahre hindurch auf eine kleine Stelle beschränkt, jedenfalls vergeht stets eine längere Reihe von Jahren, ehe grössere Gebiete, etwa der ganze Bart, ergriffen werden. Dann kann das Leiden, wenn die Therapie nicht eingreift, durch Jahrzehnte bestehen bleiben, um schliesslich mit umfangreichen Narbenbildungen und Verödung fast sämmtlicher Follikel zu enden.

Die **Prognose** ist, falls die Verhältnisse eine energische und ausdauernde Behandlung gestatten, eine gute, da unter diesen Bedingungen wohl stets Heilung zu erzielen ist, wenn auch manchmal erst in einer längeren Zeit. Allerdings ist die Gefahr der häufigen Recidive im Auge zu behalten.

Die **Diagnose** hat sich, abgesehen von den Erscheinungen selbst, zunächst auf die Localisation zu stützen, indem die Sycosis nie die behaarten Stellen überschreitet. Schon hierdurch ist in vielen Fällen wenigstens von vornherein die Unterscheidung gegen eine Reihe anderer Krankheiten gegeben, welche sich nicht an diese Grenze halten, wie *Eczem, ulceröse Syphilis, Lupus, Herpes tonsurans*. Dann ist aber weiter zu berücksichtigen, dass einerseits grössere nässende Stellen, andererseits umfangreichere Ulcerationen bei der Sycosis stets fehlen, wodurch weitere Unterscheidungsmerkmale von den eben genannten Krankheiten gegeben sind. Von ganz besonderer Wichtigkeit ist die im Ganzen leichte Unterscheidung von *Herpes tonsurans*, besonders natürlich von der mit tiefen Infiltrationen einhergehenden Form desselben auf behaarten Stellen, der *Sycosis parasitaria* und dem *Kerion Celsi*. Bei der Besprechung dieser Krankheit soll näher hierauf eingegangen werden und an dieser Stelle sei nur erwähnt, dass schon der zeitliche Verlauf fast stets ein sicheres Unterscheidungsmerkmal abgiebt. Bei Sycosis parasitaria entstehen im Laufe einiger Wochen so umfangreiche und tiefgreifende Infiltrate, wie sie bei der eigentlichen, nicht parasitären Sycosis höchstens nach jahrelangem Bestande und selbst dann nur selten vorkommen.

Die **Aetiologie** ist für eine grosse Reihe von Sycosisfällen völlig unbekannt. In anderen Fällen ist ein vorausgegangenes *Eczem* die Ursache der Krankheit. Aehnlich ist das Verhältniss in den nicht seltenen Fällen von *Sycosis der Oberlippe* bei *chronischer Rhinitis*.

wo der dauernde Reiz des Secretes der Nasenschleimhaut die Ursache für die Follikelerkrankung abgiebt.

Therapie. Die erste Bedingung für eine möglichst schnelle Heilung des Uebels ist das *Rasiren des Bartes*, eine Procedur, vor welcher die Patienten gewöhnlich grosse, aber unberechtigte Furcht
haben, denn die Schmerzen sind bei derselben in der Regel nicht
erheblich, und die Eröffnung einiger Pusteln und Knoten durch das
Messer ist nur von Vortheil. Nur bei wenig umfangreichen Erkrankungen kann man es versuchen, ohne Abnahme des Bartes durch
Auflegen von *weisser Präcipitatsalbe* oder *Schwefelsalbe*, durch regelmässige energische *Seifenwaschungen* und *Epilation der Haare* aus
den erkrankten Follikeln die Heilung herbeizuführen, die aber jedenfalls länger auf sich warten lässt, als wenn der Patient das Rasiren
gestattet. Nach dem Rasiren ist ein *regulärer Salbenverband* mit
Ung. diachylon oder einer ähnlichen Salbe anzulegen und durch
eine Flanellkappe oder Maske gegen die Haut möglichst fest anzu-
drücken. Bei vielen Patienten kann man das Anlegen des Verbandes
nur während der Nacht durchführen, da sie bei Tage nicht verbunden gehen können; natürlich wird dadurch die Heilung verzögert.
Der Verband wird alle 12 oder 24 Stunden erneuert und dabei die
Haut mit gewöhnlicher oder grüner Seife tüchtig abgeseift. Als drittes
wichtigstes Heilmittel ist gleichzeitig stets die *Epilation* anzuwenden.
Mit einer Cilienpincette werden die Haare einzeln gefasst und in
der Richtung, in welcher sie aus der Haut hervorragen, hervorge-
zogen, welche Procedur, geschickt ausgeführt, nur mit mässigem
Schmerz verbunden ist, während sie freilich, von ungeübter Hand
gemacht, heftige Schmerzen erregen kann. Am besten wird täglich
— natürlich vor dem Rasiren — ein Bezirk von bestimmter Grösse.
etwa thalergross, vollständig epilirt, so dass dann durch successives
Weitergehen in einiger Zeit das ganze betroffene Hautgebiet von
Haaren befreit ist. Die epilirten Haare werden stets wieder ersetzt.
Die Epilation wirkt offenbar dadurch, dass die Follikel geöffnet
werden und dem in ihnen angesammelten Eiter so ein Ausweg ver-
schafft wird. Oft genug sieht man auch dem epilirten Haar ein Eiter-
tröpfchen folgen. Grössere Knoten werden dabei noch zweckmässiger
mit dem Messer geöffnet. — Unter dieser Behandlung sieht man in
der Regel sehr schnell eine Besserung eintreten, die Infiltrate nehmen
ab, es erscheinen nur noch wenige frische Pusteln; immerhin pflegen
bis zur völligen Heilung selbst bei energischer und consequenter
Anwendung der Kur etwa 1—3 Monaten zu vergehen. Es treten

oft spätere Recidive ein, besonders wenn die Patienten den Bart zu
früh stehen lassen, was nie vor Ablauf eines Jahres nach der Heilung zu
gestatten ist. — Auch die bei der Behandlung der Acne empfohlenen
Schwefel- und Resorcinsalben sind bei Sycosis mit Vortheil zu verwenden; recht gut wirkt *Tannin-Schwefel-Vaseline* (1 : 2 : 20). —
Von einigen Autoren ist bei Sycosis — übrigens auch bei Acne —
die Anwendung des scharfen Löffels warm empfohlen.

ZEHNTES CAPITEL.
Furunculus.

Der **Furunkel** ist im Grunde genommen nichts weiter, als eine
grosse Acnepustel und in der That entwickelt sich derselbe häufig
genug aus einer solchen, so dass man in seinem Centrum eine von
einem Haar durchbohrte Pustel findet. Oft ist aber anfänglich nichts
von einer Pustel zu sehen, der Furunkel stellt dann eine rothe, harte,
sehr empfindliche Anschwellung der Haut dar. Nach Verlauf von
einigen Tagen zeigt sich auf der Spitze der Anschwellung unter der
Oberhaut eine Eiteransammlung, nach deren spontaner oder künstlicher Eröffnung eine geringere oder grössere Menge von Eiter und
bei den grösseren Furunkeln ein kleiner necrotischer Bindegewebs-
pfropf entleert wird. Die hierdurch entstandene Höhle granulirt und
es tritt in kurzer Zeit Heilung, stets mit Bildung einer Narbe, ein.

Die *Lieblingssitze* der Furunkel sind der *Nacken*, die *Achsel-
höhlen*, der *Rücken*, die *Umgebung der Analöffnung*, die *Nates* und
Oberschenkel, es können aber, ausser auf den Flachhänden und Fuss-
sohlen, gelegentlich an jeder Körperstelle Furunkel auftreten. —
Bei empfindlichen Personen kommen in Folge eines Furunkels oft
Fiebererscheinungen vor, stets sind diese Bildungen aber wegen der
Schmerzen, die manchmal sehr heftig sind und bei Bewegungen, durch
Reibung an den Kleidern, vermehrt werden, sehr lästig.

Eine der häufigsten **Ursachen** der Furunkelbildung ist die *mechanische Irritation* der Haut durch die Kleidungsstücke und hierfür
sprechen ja bereits die Prädilectionssitze, denn gerade an diesen
Stellen ist die Haut diesen Einflüssen am meisten ausgesetzt. Ganz
ähnlich verhält es sich mit den Furunkelbildungen bei mit Jucken
und Kratzen verbundenen Hautkrankheiten, so bei *Scabies*, bei der
Anwesenheit von *Kleiderläusen*. Auch nach der Abheilung dieser
Krankheiten, ebenso nicht selten nach *Eczemen*, tritt Furunkelbildung als Nachkrankheit auf. Häufig bilden sich auch bei ausge-

breiteter *Acne*, besonders auf dem Rücken, einzelne Furunkel. Ferner treten oft Furunkel nach der Anwendung verschiedener, die Haut reizender Mittel auf z. B. nach Anwendung von *Chrysarobin*. Dass aber ausserdem bei der Bildung der Furunkel ein *infectiöses Agens* eine wesentliche Rolle spielen muss, zeigt die manchmal beobachtete Uebertragung auf Familienmitglieder oder sonst zusammenlebende Personen und die gelegentlich fast epidemieartig auftretende Häufung der Fälle. Es sind nun auch stets *Staphylokokken* in den Furunkeln gefunden und nach Uebertragung von Reinkulturen dieser Kokken sind Furunkel entstanden. — Diesen äusseren Ursachen gegenüber steht die *Disposition* für Furunkelbildung, welche bei einigen inneren Erkrankungen auftritt, so bei *Diabetes*, bei *cachectischen Zuständen*, bei den *langwierigen Darmkatarrhen kleiner Kinder*. Dann tritt eine solche Neigung zu multiplen Furunkelbildungen, eine *Furunculosis*, öfters auch bei scheinbar gesunden Individuen, besonders um die *Zeit der Pubertätsentwickelung* auf. In solchen Fällen kommt oft Monate und selbst Jahre lang ein Furunkel nach dem anderen, vielfach immer wieder in derselben Körpergegend, in anderen Fällen bald hier, bald dort auftretend. Schliesslich kommen solche Kranke durch das sich immer wiederholende Fieber, durch die in Folge von Schmerzen schlaflosen Nächte erheblich herunter.

Die **Therapie** hat natürlich zunächst eine Beseitigung der inneren Ursachen, falls solche vorhanden, anzustreben. Gleichzeitig mit dieser und in der Mehrzahl der Fälle allein ist aber die *locale Behandlung* von der grössten Wichtigkeit. Bei umfangreicherer eiteriger Schmelzung im Centrum des Furunkels kürzt die *Eröffnung durch Schnitt* die schmerzhafte Periode erheblich ab und beschleunigt die Heilung, im Allgemeinen ist aber vor dem zu eifrigen Incidiren der Furunkel zu warnen, da die Heilungsdauer dadurch gewöhnlich keineswegs abgekürzt wird, dagegen ist die Anwendung *warmer Umschläge* sehr zu empfehlen. Das wichtigste ist die *Verhütung der Reibung* der Kleidungsstücke. Dies wird am besten durch Bedeckung der Furunkel mit einem indifferenten *Pflaster* (*Empl. saponatum*, auf weiches Leder gestrichen, *Empl. adhaesivum americanum*) erreicht. Bei mässig grossen Furunkeln hören die Schmerzen nach der Bedeckung gewöhnlich sofort auf, Infiltration und Entzündung nehmen rasch ab, und nach Entleerung einer kleinen Menge Eiters — natürlich muss das Pflaster öfters gewechselt werden — tritt Heilung ein. Besonders wichtig ist, dass die Furunkel *schon im Beginn ihrer Entwickelung* in dieser Weise behandelt werden und dass die Patienten sich daran gewöhnen, schon den kleinsten, sich eben bildenden Knoten mit Pflaster zu bedecken. So gelingt es in der Regel, die Entwickelung grösserer Furunkel vollständig zu verhindern. — Weniger zuverlässig sind die bei Neigung zu Furunkelbildung vielfach empfohlenen Bäder mit Alaun oder Soda (1—2 Pfund pro balneo) dagegen sind *Brunnen-kuren* (Kissinger oder ähnliche Wässer) oft von guter Wirkung. — In einer nicht ganz kleinen Anzahl von Fällen hartnäckiger Furunkulose habe ich von der inneren Darreichung des *Arsen* (Sol. Fowl. 0.5—1.0 pro die) eine auffallend günstige Wirkung gesehen. So schwer es ist, hierfür eine Erklärung zu geben, so waren doch die Erfolge dieser Behandlung so eclatante, dass ich einen Zweifel an der Wirksamkeit derselben für ausgeschlossen halten möchte.

Als **Karbunkel** (*Carbunculus*) bezeichnen wir eine dem Furunkel ganz analoge Bildung, bei der es aber zu einer *umfangreicheren Necrotisirung* des Unterhautbindegewebes gekommen ist und bei der dann auch stets die Haut in geringerer oder grösserer Ausdehnung gangränös wird, oft an mehreren Stellen, so dass sie siebartig durchlöchert erscheint. Diese Bildungen, die stets *erhebliche Störungen der allgemeinen Gesundheit* hervorrufen und oft das *Leben in hohem Grade gefährden*, erfordern eine möglichst frühzeitige und sorgsame chirurgische Behandlung, ausgiebige kreuzweise oder multiple Incisionen, tiefgehende Auskratzung mit dem scharfen Löffel und energische Anwendung antiseptischer Mittel.

ELFTES CAPITEL.

Milium.

Durch temporäre oder dauernde Verschliessung der Ausführungsgänge der Hautfollikel entstehen *Retentionsgeschwülste*, die als *Milien* und *Atherome* bezeichnet werden und zwischen denen, wie seiner Zeit Virchow nachgewiesen hat, ein anderer wesentlicher Unterschied, als der der Grösse, nicht besteht.

Milium oder *Hautgries* werden jene kleinen grieskorn- bis höchstens hanfkorngrossen Geschwülstchen genannt, die die Haut überragen und nur von Epidermis überlagert sind, durch welche ihre weisse Farbe deutlich durchscheint. Sie entwickeln sich besonders an Stellen, wo die Haut zart und mit feinsten Lanugohärchen besetzt ist, deren Haarbälge noch innerhalb der Haut und nicht im Unterhautgewebe liegen. Die *Lieblingssitze* der Milien sind daher die *Augenlider* und die *angrenzenden Theile der Wangen* und *Schläfen*.

ferner die mit *zarter Haut bekleideten Theile der Genitalien*. An diesen Stellen finden sich die Milien oft in ausserordentlich grosser Anzahl, so dass die Haut vollständig damit besäet erscheint. Aber auch an anderen Körperstellen, natürlich ausser den Flachhänden und Fusssohlen, kommen Milien oft in grosser Anzahl vor, besonders auf *Brust* und *Rücken* bei gleichzeitig bestehender Acne. Vielfach entwickeln sich dieselben neben *Narben*, oft in regelmässiger Weise zu beiden Seiten der Narbe, was so zu erklären ist, dass durch die Verletzung Theile von Follikeln abgetrennt und durch die Narbe später verschlossen sind. Auch nach dem Abheilen von *Pemphigus-blasen* ist das Auftreten zahlreicher Milien beobachtet worden.

Der *Inhalt der Milien* besteht im Wesentlichen aus geschichteten Epidermiszellen und Fettbestandtheilen; ab und zu finden sich in denselben auch Lanugohärchen. Andere Erscheinungen, als die bei sehr starkem Auftreten im Gesicht allerdings ganz beträchtliche Entstellung, werden durch die Milien nicht hervorgerufen.

Die **Therapie** kann nur in der mechanischen Entfernung bestehen, die ausserordentlich leicht dadurch zu bewerkstelligen ist, dass die über den kleinen Geschwülsten gelegene Epidermis mit einem spitzen Messer eingeritzt wird, wonach das Milium als kleines weisses Korn leicht ausdrückbar ist. Sehr oft üben die Kranken selbst diese Therapie aus, indem sie sich die Milien mit den Fingernägeln herauskratzen.

ZWÖLFTES CAPITEL.

Atheroma.

Das **Atherom** unterscheidet sich vom Milium zunächst dadurch, dass es unter der Haut liegt, so dass die Haut über demselben in der Regel verschieblich ist. Diese Eigenthümlichkeit wird dadurch bedingt, dass sich die Geschwulst aus Follikeln, welche die Haut bis in das Unterhautzellgewebe durchdringen, entwickelt. Die Atherome finden sich daher am häufigsten und oft in grösserer Anzahl auf dem *behaarten Kopfe*, weil die den Kopfhaaren angehörenden Follikel alle die eben erwähnte Eigenschaft besitzen. Bei der Präparation lässt sich stets ein Stiel, durch welchen die Geschwulst mit der Haut zusammenhängt, nachweisen, der meist obliterirte Ausführungsgang des ursprünglichen Follikels. Die Atherome können bis faustgross werden. Ihr *Inhalt* besteht ebenfalls grossentheils aus Epidermiszellen und Fetttheilen, Cholestearintafeln, und kann bei sehr langem Bestehen verkalken. Eingeschlossen wird derselbe von einer derben Bindegewebsmembran, welche die Wand des cystisch entarteten Follikels darstellt. — Eine dauernde Entfernung ist nur durch *Exstirpation des ganzen Sackes* möglich.

ACHTER ABSCHNITT.

ERSTES CAPITEL.
Alopecia congenita.

In sehr seltenen Fällen ist eine gewissermassen als Revers der später zu besprechenden Hypertrichosis zu betrachtende *angeborene vollständige Haarlosigkeit* beobachtet, die entweder nur einige Monate oder Jahre anhielt, um dann allmälig einem normalen Haarwachsthum Platz zu machen, oder in anderen Fällen dauernd bestehen blieb. Bei der angeborenen Kahlheit sind, ähnlich wie auch bei der Hypertrichosis, *Zahndefecte* beobachtet worden. Dass auch bei dieser Anomalie die *Erblichkeitsverhältnisse* eine grosse Rolle spielen, geht schon aus der Thatsache hervor, dass sie mehrfach bei *Geschwistern* constatirt wurde.

Weniger selten scheint eine *angeborene partielle Kahlheit* vorzukommen, die sich durch das Vorhandensein kleinerer oder grösserer haarloser Stellen manifestirt, welche nur entsprechend dem allgemeinen Wachsthum sich vergrössern.

ZWEITES CAPITEL.
Alopecia areata.

Bei der **Alopecia areata** (*Area celsi, Pelade* der Franzosen) treten auf behaarten Theilen, am häufigsten auf dem *behaarten Kopfe*, kahle Stellen auf, die sich peripherisch vergrössern und nach einiger Zeit runde oder ovale haarlose Scheiben bilden. In manchen Fällen bilden sich nur einige wenige, in anderen zahlreiche kahle Stellen. So lange die Krankheit fortschreitet, erscheinen die im Uebrigen unveränderten Haare der dem kahlen Fleck unmittelbar angrenzenden Zone gelockert und folgen dem leichtesten Zuge. Manchmal finden sich im Bereich der kahlen Stellen einzelne kurze, leicht ausziehbare Haarstümpfe. Die Haut der haarlosen Stellen ist unverändert, nicht mit Schuppen bedeckt, sehr blass und manchmal etwas verdünnt.

Nicht ohne Einfluss auf das Entstehen der letzterwähnten Erscheinungen ist jedenfalls das Fehlen der nicht unbeträchtlichen Antheile der Haare, die innerhalb der Haut liegen. — Die Sensibilität der haarlosen Stellen ist völlig intact.

Indem die kahlen Stellen sich allmälig vergrössern, werden sie zu thaler- und fünfmarkstückgrossen Scheiben, die nun häufig mit benachbarten Stellen sich berühren und mit diesen confluiren, wodurch dann Acht- und Kleeblattformen entstehen. Schliesslich kommt es durch die allmälige Vergrösserung und das Zusammenfliessen zahlreicher kahler Stellen zur Bildung grosser, den halben oder fast den ganzen behaarten Kopf einnehmender kahler Herde, die aber an der Grenze gegen die noch behaarte Haut stets die nach *aussen convexen Linien*, die Theile der ursprünglichen Kreise erkennen lassen.

Die häufigste **Localisation** ist, wie schon oben erwähnt, der *behaarte Kopf*, doch kommen kahle Stellen auch auf anderen Theilen, so im *Barte*, entweder mit oder auch ohne ebensolche auf der Kopfhaut vor, und in einzelnen Fällen breitet sich die Krankheit über den *ganzen Körper* aus.

Fig. 5.
Alopecia areata.

Der **Verlauf** der Alopecia areata gestaltet sich in der Mehrzahl der Fälle derart, dass, nachdem die kahlen Stellen eine gewisse, in den einzelnen Fällen sehr verschiedene Grösse erreicht haben, der weitere Haarausfall aufhört und nach einiger Zeit auf den kahlen Stellen theils am Rande, theils aber auch im Inneren „büschelförmig" (MICHELSON), frischer Haarwuchs auftritt, und zwar zunächst feine, helle lanugoartige Haare, die später wieder durch starke und normal gefärbte Haare ersetzt werden. Nach einer Zeit von einigen Monaten bis zu ein und zwei Jahren, je nach der Ausdehnung, welche der Haarausfall erreicht hatte, sind die kahl gewesenen Stellen wieder in völlig normaler Weise behaart und ist somit eine jede Spur des

Leidens verschwunden. Sehr selten ist nach völliger Heilung, manchmal nach einer längeren Reihe von Jahren, nochmals ein *Recidiv* aufgetreten, dagegen sind besonders bei Fällen von grösserer Ausbreitung Rückfälle vor völliger Heilung, Wiederausfallen bereits restituirter Haare, häufig. — Diesen „*benignen*" Fällen steht die glücklicher Weise sehr seltene „*maligne*" *Alopecia areata* gegenüber, bei welcher der Haarausfall nicht zum Stillstand kommt, nachdem er eine gewisse Ausdehnung erreicht hat, sondern unaufhaltsam weiterschreitet, nicht nur den Kopf, sondern auch den Bart, die Augenbrauen, die Schamhaare, selbst die Cilien, kurz sämmtliche Haare tragende Theile des Körpers betrifft und schliesslich zu einer *absoluten allgemeinen Kahlheit* führt.

Diese Form der Krankheit stellt ein sehr schweres Leiden dar, indem sie die Kranken, wie die vorstehende Fig. 6 besser als jede Beschreibung zeigt, aufs äusserste entstellt und sie durch ihr höchst auffallendes und widerwärtiges Aeussere vielfach spöttischen Bemerkungen preisgiebt, so dass sie sich schliesslich von jedem Verkehr zurückziehen und sogar bis zum Selbstmord getrieben werden können. Von noch schwererer Bedeutung wird das Leiden dadurch, dass die Wiederherstellung des Haarwuchses viel länger, als bei der milden

Fig. 6.
Totale Kahlheit, durch Alopecia areata entstanden.

Form, auf sich warten lässt und in einzelnen Fällen vielleicht überhaupt nicht eintritt. Immerhin ist die **Prognose** nicht absolut schlecht zu stellen, denn nach 35 jährigem Bestehen vollständiger Kahlheit ist noch ein völliger Wiederersatz der Behaarung gesehen worden (MICHELSON). Bei der milderen Form ist die Prognose stets gut, doch ist es im Beginne der Erkrankung eben unmöglich, zu sagen, ob es bei der benignen Form bleiben wird, erst beim Beginn des frischen Haarwachsthums auf den kahlen Stellen ist die Entscheidung in ersterem Sinne möglich. Immerhin sind auch hier die Fälle von grösserer Ausbreitung der Kahlheit wegen der erheblichen und meist längere Zeit bestehenden Entstellung für die Betroffenen recht unangenehm.

Die **Diagnose** ist nicht zu verfehlen. Von *Herpes tonsurans* unter-

scheidet sich die Alopecia areata durch das Fehlen von Schuppen
und Krusten, von *Lupus erythematodes, Favus, kahlen Narben* nach
Syphilis und *anderen ulcerösen Processen,* ganz abgesehen von allen
anderen Unterschieden, allein schon dadurch, dass die Kopfhaut an
und für sich bei Alopecia areata *absolut normal* bleibt, abgesehen
von der manchmal hervortretenden, vielleicht mehr scheinbaren Verdünnung, während sie bei allen diesen Krankheiten mehr oder weniger
hochgradige Veränderungen zeigt. Die narbige Atrophie der Haut
lässt auch die im Anschluss an den Lupus erythematodes geschilderte *Folliculitis devalvans* von der Alopecia areata unterscheiden.
Im Stadium der wiederkehrenden Behaarung ist manchmal eine Verwechselung mit *Vitiligo (Poliosis circumscripta)* möglich, da die zuerst auf den kahlen Herden wiederwachsenden Haare oft ganz hell
sind. Doch sind bei Alopecie die Haare gleichzeitig feiner und spärlicher, als die Haare auf den intact gebliebenen Kopfpartien, während bei Vitiligo auf den weissen Stellen die Behaarung im Ganzen
ebenso reichlich ist und die einzelnen Haare ebenso stark sind, wie
auf den umgebenden normalen Theilen der Kopfhaut.

Die **Aetiologie** ist noch nicht hinreichend aufgeklärt. Mehrfach
hat man geglaubt, die Ursache der Krankheit in der Anwesenheit
pflanzlicher Parasiten zu finden und es sind eine Reihe verschiedener
Pilze angeschuldigt worden, die Alopecia areata hervorzurufen. An
der Richtigkeit dieser Pilzbefunde ist nicht zu zweifeln, wohl aber an
der ihnen vindicirten Bedeutung für die Aetiologie der Alopecia areata,
zum Theil ist bereits nachgewiesen, dass jene Pilze und Bacterien sich
auch bei normalen oder anderweitig erkrankten Haaren finden. — Von
anderer Seite ist die Alopecia areata als *Trophoneurose* angesehen worden
und ist häufiges, oft prodromales Auftreten von Kopfschmerzen als Bestätigung hierfür angeführt worden. Nach unseren Erfahrungen fehlen allerdings in den meisten Fällen schmerzhafte Erscheinungen gänzlich. — Zu erwähnen ist noch, dass beim männlichen Geschlecht die
Alopecia areata häufiger vorkommt, als beim weiblichen.

Von der grössten Bedeutung für die Beurtheilung der Aetiologie
ist natürlich die Frage nach der *Contagiosität* der Alopecia areata.
Während ich mich bisher nach meinen Erfahrungen auf das Entschiedenste gegen die Contagiosität aussprechen konnte — und ich
muss bekennen, dass ich selbst auch heute noch keinen Fall von
Uebertragung beobachtet habe —, so sind doch neuerdings so zahlreiche Beobachtungen von epidemieartigem, nur auf Uebertragung
zurückzuführendem Auftreten veröffentlicht worden, dass an der

Thatsache der Uebertragbarkeit einer unter dem Bilde der Alopecia areata verlaufenden Krankheit nicht mehr gezweifelt werden kann. Besonders aus Frankreich sind eine Reihe derartiger Vorkommnisse berichtet; so kamen bei den Soldaten eines französischen Regimentes in kurzer Frist 80 Fälle zur Beobachtung. Auch aus Deutschland ist über eine kleine Epidemie berichtet (EICHHOFF). Unter den Beobachtern sind Forscher ersten Ranges und an eine etwaige Verwechselung mit Herpes tonsurans ist in der That nicht mehr zu denken. Zur Zeit ist daher nur die Auffassung möglich, dass unter demselben, wenigstens nach den heutigen Kenntnissen nicht zu unterscheidenden klinischen Bilde zwei verschiedene Affectionen verlaufen, von denen die eine vielleicht trophonenrotischer, die andere parasitärer Natur ist.

Therapie. Nach unseren Erfahrungen giebt es kein Mittel, den Haarausfall zum Stillstand zu bringen und ebensowenig den neuen Nachwuchs zu beschleunigen, auch die in letzterem Sinne erfolgte Empfehlung des *Pilocarpin* hat sich als unbegründet erwiesen. Daher ist eine Behandlung eigentlich überflüssig, besonders da jedenfalls in den leichteren Fällen in nicht zu langer Zeit spontan eine völlige Heilung eintritt. In der Regel ist aber, ut aliquid fiat, etwas anzuwenden. *Ol. Macidis* (Ol. Macidis 2,0, Ol. Oliv. opt. 25,0) oder ein ähnliches leicht reizendes Mittel. Ferner sind *Abreibungen* mit *Salzlösung* oder *Salzbäder* (5 Proc.) empfohlen (MICHELSON). — Andere Autoren, und darunter allerdings solche, denen eine sehr grosse Erfahrung zu Gebote steht, sind der Ansicht, dass doch durch die Behandlung ein wesentlicher Einfluss auf die Alopecia areata ausgeübt werden kann. BESNIER empfiehlt, die Haare in der Peripherie der kahlen Herde kurz zu halten, die gelockerten Haare auszuziehen und *Acid. acet. glaciale* rein — für die hartnäckigsten Fälle — oder verdünnt und dementsprechend mit grösseren oder kleineren Pausen oder täglich zu appliciren (Chloralhydrat 5,0, Aether. sulf. 25,0, Acid. acet. glacial. 1—5,0). Daneben ist auf das sorgfältigste die Hebung des allgemeinen Körperzustandes durch die jedesmal geeigneten Mittel anzustreben. Andere empfehlen *Chrysarobin* (WOLFF) oder *Crotonöl* (HOLAND). — Bei Alopecia universalis ist natürlich das Tragen einer Perrücke nothwendig. — Während beim Vorhandensein einer Epidemie natürlich Isolirung der Kranken und Desinfection der etwa die Ansteckung vermittelnden Gegenstände, Kämme, Bürsten, Scheeren, Bettbezüge u.s.w. am Platze sind, ist von der Durchführung dieser Massregeln, besonders der Isolirung, bei einzeln auftretenden Fällen wegen der darin liegenden grossen Härte, z. B. bei Schulkindern, abzusehen.

DRITTES CAPITEL.

Alopecia pityrodes.

Die **Alopecia pityrodes** gehört zu den am häufigsten vorkommenden Krankheiten der behaarten Kopfhaut und ist als wichtigste Ursache der vorzeitigen Kahlheit von nicht geringer Bedeutung. Die Krankheit beginnt fast nie vor dem Eintritt der Pubertätsentwickelung und macht sich zunächst durch eine Anhäufung trockener weisslicher Schuppen auf der Kopfhaut bemerklich, die beim Kämmen, Kratzen u. s. w. abfallen und in den hochgradigeren Fällen stets Kragen und Schultern als grober weisser Staub bedecken (*Pityriasis capitis, Seborrhoea sicca*). In anderen Fällen, zumal bei reichlicher Anwendung von Pomade und Oel, bilden die Schuppen eine weichere, sich fettig anfühlende, der Kopfhaut aufliegende gelbliche Schicht. Subjectiv besteht dabei gewöhnlich ein mässiges Juckgefühl. Nachdem diese Erscheinungen einige Jahre bestanden haben, treten Störungen des Haarwachsthums hervor, die sich zunächst in einer Zunahme des Haarausfalles documentiren. Nach einiger Zeit beginnt das Kopfhaar sich in deutlicher Weise zu lichten und zwar zuerst an den *mittleren Partien der Kopfhaut,* welche Stelle überhaupt der Prädilectionsort der durch Pityriasis capitis bedingten Alopecie ist. Im weiteren Verlauf treten an Stelle der immer spärlicheren starken Haare feinere, lanugoartige Haare unter gleichzeitiger Abnahme der Schuppung und schliesslich kommt es zur Bildung einer „Glatze", die aber selbst in den hochgradigsten Fällen ebenfalls nur die *mittleren Partien der Kopfhaut* einnimmt, während die seitlichen und hintersten Theile der Kopfhaut eine vielleicht etwas gelichtete, aber doch noch mehr oder weniger ansehnliche Behaarung zeigen. In diesem Stadium hat die Schuppenbildung gänzlich aufgehört, die Kopfhaut erscheint, soweit sie kahl ist, glatt, glänzend.

Die **Prognose** ist bezüglich des Wiederersatzes der einmal verlorenen Haare im Ganzen und Grossen ungünstig zu stellen. Dagegen gelingt es meist bei sorgfältiger und ausdauernder Behandlung, die Seborrhoe zu beseitigen und damit wenigstens das weitere Fortschreiten des Haarausfalles zu verhüten.

Die **Diagnose** hat sich zunächst auf die *Anwesenheit von Schuppen* zu stützen gegenüber den anderen, ohne Schuppenbildung auftretenden Alopecien. Ferner ist die *Localisation* des Haarausfalles von grosser Wichtigkeit, die ohne Weiteres die Unterscheidung z. B. von den *diffusen symptomatischen Alopecien* ermöglicht.

Aetiologie. Am häufigsten lässt sich als prädisponirendes Moment *Erblichkeit* nachweisen. Weiter ist hier noch die auffallende Thatsache anzuführen, dass hauptsächlich *Männer, verhältnissmässig selten Frauen* von dem Uebel befallen werden. Eine *Disposition* für die Alopecia pityrodes entsteht ferner durch das Ueberstehen von Infectionskrankheiten und anderen erschöpfenden Krankheiten (Typhus, Syphilis, schwere Puerperien) und durch Chlorose.

Therapie. Von der grössten Wichtigkeit ist die Behandlung der Seborrhoea capitis, bevor es zum Auftreten der Alopecie gekommen ist, und verweise ich hier auf das betreffende Capitel dieses Lehrbuches. Empfehlenswerth sind ferner regelmässige Waschungen mit *Spiritus saponatokalinus,* denen jedesmal eine gründliche Einfettung des Haarbodens mit Olivenöl zu folgen hat. Als Reizmittel ist das Abreiben der Kopfhaut mit einem mit Salzwasser getränkten Lappen empfohlen. Die Wirksamkeit des ebenfalls gegen diese Form der Alopecie wie gegen Alopecia areata angewandten *Pilocarpin* scheint dagegen zweifelhaft zu sein.

VIERTES CAPITEL.
Alopecia symptomatica.

Ein **symptomatischer Haarschwund** tritt zunächst bei einer Reihe von Erkrankungen der Kopfhaut auf und ist hier durch die Veränderung des Haarbodens direct bedingt. Als wichtigste dieser Krankheiten sind alle *ulcerösen Processe,* die die behaarte Kopfhaut treffen können, weiter auch die *nicht ulcerirenden tertiären Syphilide, Lupus vulgaris,* noch häufiger *Lupus erythematodes, Favus* zu nennen. Hier erklärt sich der Haarausfall einfach durch die Zerstörung der Haarfollikel.

Eine ganz andere Kategorie von Fällen bilden die Alopecien in Folge *allgemeiner, den Körper schwächender Einflüsse.* Vor Allem kommen hier die *Infectionskrankheiten* in Betracht, zunächst die *acuten Infectionskrankheiten, Typhus, Scharlach, Variola* u. s. w., dann aber auch die chronischen, besonders die *Syphilis.* In diesen Fällen ist die Alopecie die Folge der allgemeinen und daher auch die behaarte Haut treffenden Ernährungsstörung und steht auf derselben Stufe mit der unter denselben Bedingungen öfter auftretenden Alteration der Nagelbildung. Die Alopecien betreffen meist die Kopfhaut in ganz *diffuser Weise,* so dass entweder — in selteneren Fällen — ein völliger Ausfall oder nur eine den ganzen Kopf be-

treffende Lichtung der Haare eintritt. Der gewöhnlich sehr starke
Haarausfall nach *Kopferysipelen* wird sicher nicht nur durch die
Allgemeininfection sondern ausserdem noch durch die Localerkrankung der Kopfhaut hervorgerufen. Die **Prognose** ist bei den acuten
Infectionskrankheiten meist günstig, bei Syphilis lässt der Ersatz der
ausgefallenen Haare oft lange auf sich warten, tritt aber in der
Regel doch ein. — Hier ist natürlich von den Fällen ganz abgesehen,
in welchen nach diesen Krankheiten in mittelbarer Weise durch die
als Folgeerscheinung auftretende Seborrhoea capitis eine Alopecie
bedingt wird.

Im Anschluss hieran ist die **Alopecia senilis** zu erwähnen, bei
der die *Altersveränderungen der Haut*, in erster Linie wohl die
durch die Arterienverengerung bedingte Mangelhaftigkeit der Ernährung, den Haarschwund hervorrufen. Derselbe beginnt gewöhnlich auf der *Höhe des Scheitels* und dehnt sich von da allmälig
nach vorn und hinten und nach den Seiten aus. Die Bart- und
Schamhaare werden von der senilen Alopecie nur in geringem Grade
betroffen.

Auch in viel früheren Jahren kommt schon ein Kahlwerden
ohne irgend welche ersichtlichen Ursachen vor, welches man als
Alopecia praesenilis bezeichnet hat. In diesen Fällen lässt sich fast
immer *Heredität* nachweisen, so dass dieselben eigentlich besser der
angeborenen Haarlosigkeit als auf *ererbter Prädisposition beruhende
Alopecie* zugesellt werden.

FÜNFTES CAPITEL.

Canities.

Das **Grau-** und **Weisswerden der Haare** ist bis zu einem gewissen
Grade ein normaler Vorgang und tritt als eine der regelmässigen
senilen Veränderungen im höheren Alter auf, entweder bei allen
oder nur bei einer grösseren oder kleineren Anzahl von Haaren.
Diese Farbenveränderung tritt gewöhnlich zuerst an den *Barthaaren*
und den *Haaren der Schläfengegend* auf, um sich später auch über
die anderen Theile zu verbreiten. Bedingt wird das Weisswerden
durch das Verschwinden des Pigments und durch das Auftreten von
Luft in der Marksubstanz. Auch der letztere Vorgang allein kann
das weisse Aussehen der Haare bedingen, da die im Inneren ent-
haltene Luft bei auffallendem Licht, also bei der gewöhnlichen Be-

trachtung. hell, dagegen bei durchfallendem Licht — bei mikroskopischer Untersuchung — dunkel erscheint.

Als pathologisch ist dieser Vorgang aber zu betrachten, wenn er in einem *früheren Alter* auftritt, was häufig vorkommt und wobei der Haarwuchs sonst völlig intact sein kann. Schon im Alter von dreissig Jahren ist das Haar oft vollständig grau melirt. Vielfach beruht diese Erscheinung auf *erblicher Anlage,* dann aber ist nicht zu bestreiten, dass lange anhaltende *psychische Depressionen, Kummer, Sorgen* u. s. w. das ja auch sprichwörtliche „*Bleichen der Haare*" verursachen können. Von ganz besonderem Interesse sind die Fälle von *plötzlichem Ergrauen der Kopfhaare,* zumal wegen der vielfach ihrer Glaubwürdigkeit entgegengebrachten Zweifel. Indess, es sind Fälle durch sicherste Beobachtung genau constatirt, bei denen in Folge irgend welcher *heftiger psychischer Eindrücke* in ganz kurzer Zeit, in *einer Nacht,* die Haare grau geworden sind. Derartige Fälle sind bei Menschen vorgekommen, die sich in unmittelbarste Lebensgefahr versetzt sahen, bei zum Tode Verurtheilten, bei tiefem psychischen Schmerz. Neuerdings ist z. B. berichtet, dass bei dem Erdbeben auf Ischia solche Fälle von plötzlichem Ergrauen vorgekommen seien. Hier ist eine andere Erklärung kaum möglich, als dass durch plötzlich auftretende Anfüllung der Marksubstanz mit Luft dieser Farbenwechsel hervorgerufen sei, und es entsprechen dieser Annahme auch die bei der Untersuchung derartiger Haare gewonnenen Befunde.

Sehr merkwürdig sind jene äusserst seltenen Fälle von *Ringelhaaren (Pili annulati.* KARSCH), bei denen abwechselnd helle und dunkle Stellen sich folgen. Auch hier finden sich bei sonst völlig normaler Structur an den hellen Stellen Luftansammlungen im Inneren der Haare. Eine Erklärung für das Auftreten dieser Veränderung lässt sich nicht geben. — Diese Fälle sind nicht zu verwechseln mit den etwas häufiger vorkommenden *Spindelhaaren (Aplasia pilorum moniliformis,* VIRCHOW), bei denen die Haare abwechselnd Einschnürungen und spindelförmige lufthaltige Anschwellungen und eine dementsprechend ebenfalls alternirende helle und dunkle Färbung zeigen. Da die Haare an den Einschnürungen leicht abbrechen, sind sie in der Regel kurz; in den späteren Jahren stellt sich eine mehr oder weniger vollständige Kahlheit ein. — Einige Male ist Vererbung dieser Affection durch mehrere Generationen einer Familie beobachtet.

Das im Anschluss an die Pigmentatrophien der Haut auftretende Weisswerden der Haare soll bei diesen Krankheiten besprochen werden.

Die **Therapie** dieser Zustände, die *künstliche Haarfärbung*, gehört wohl mehr in den Wirkungskreis des Haarkünstlers, als in den des Arztes, zumal eine grosse Uebung erforderlich ist, um jedesmal die gewünschte Nuance hervorzubringen. Als bekannteste Mittel mögen nur das jedenfalls unschädliche, aber auch wenig wirksame *Ol. nuc. jugland.* und das *Argentum nitr.* in je nach dem gewünschten Farbeneffect verschieden concentrirter Lösung angeführt werden.

SECHSTES CAPITEL.

Trichorrhexis nodosa.

Sehr häufig kommen **Spaltungen des Haares** an seinem freien Ende vor, die offenbar durch den nicht mehr genügenden Zusammenhalt der Haarzellen in Folge mangelhafter Er-

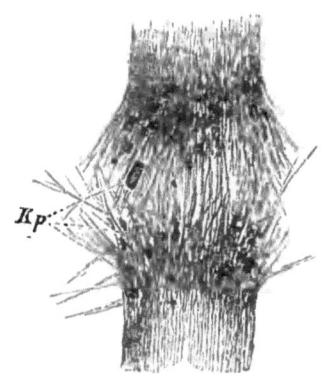

Fig. 7.
Auffaserung des Haarschaftes bei Trichorrhexis nodosa, 330 fache Vergrösserung. *Kp*: Kohlenpartikelchen.
(Nach MICHELSON.)

nährung des Haares bedingt werden. Von grösserer Wichtigkeit sind die Spaltbildungen, die nicht nur am freien Ende, sondern auch im Verlauf des Haarschaftes auftreten und die eine zuerst von BEIGEL und WILKS beschriebene und dann von KAPOSI als **Trichorrhexis nodosa** bezeichnete Affection der Haare bedingen. Am häufigsten ist dieselbe an den *Barthaaren* beobachtet, doch kommt sie auch an den Haaren anderer Körpergegenden vor und fällt an den ersteren wohl nur wegen der Dicke der Haare mehr auf. Gewöhnlich sind nur einzelne Stellen, und zwar meist symmetrisch gelegene, befallen. An den erkrankten Haaren zeigen sich weisslichgraue Knoten, welche den unteren, der Wurzel nächstgelegenen Theil des Haarschaftes frei lassen, während sie am oberen Theile oft zu mehreren, 5, 6 und darüber vorkommen. Sind viele Haare befallen, so ist die Erkrankung ohne Weiteres auffallend und es macht den Eindruck, als ob die Haare mit Schmutzpartikelchen oder Speiseresten oder mit Eiern von Läusen (Nissen) bedeckt wären, was natürlich für den Patienten höchst unangenehm ist. Vielfach sind die Haare an einer derartigen Auftreibung abgeknickt oder

abgebrochen. und bildet in letzterem Falle die Anschwellung das
Ende des Haares.

Die *mikroskopische Untersuchung* zeigt, dass an der Anschwellung
die Haarsubstanz aufgefasert ist; in der Weise, dass das Bild zweier
ineinander gesteckter Pinsel entsteht. Die Markzellen zeigen in der
Gegend der Anschwellungen stärkere Fetteinlagerung. Ausserdem
finden sich noch öfter auf grössere Strecken longitudinal gespaltene
Haare. Der mikroskopische Befund erklärt zunächst die Knickung
und weiter das Abbrechen der Haare an den aufgefaserten und daher
weniger widerstandsfähigen Stellen. Ferner ist die starke Fetteinlagerung als wesentlich in ätiologischer Hinsicht angesehen worden (EICHHORST), indem durch dieselbe auf rein mechanischem Wege
die Auftreibung der Rindensubstanz und Auseinandersprengung der
Rindenzellen zu Stande kommen soll. Von anderer Seite (WOLFF-
BERG) sind *äussere Einflüsse*, Reiben der Barthaare, als geeignet zur
Hervorrufung der Trichorrhexis angeführt worden, doch dürfte dies
keineswegs für alle Fälle gelten. Einmal ist Erblichkeit des Leidens beobachtet worden.

Therapie. Das Rasiren ist nicht geeignet, eine dauernde Heilung
herbeizuführen, wie vielfach angegeben wurde, indem die nach einiger
Zeit wiederwachsenden Haare, nachdem sie eine gewisse Länge erreicht haben. auch wieder dieselben Knotenbildungen zeigen. Mehr
Erfolg ist durch *sorgfältige Pflege der Haare*, regelmässige Waschungen
mit Seife und darauf folgende Einfettung (mit irgend einer Fettsalbe
oder Brillantine) zu erzielen.

SIEBENTES CAPITEL.

Hypertrichosis.

Die **abnorm starke Behaarung** ist entweder *angeboren*, resp. dieselbe beruht auf einer *angeborenen Anlage* oder sie wird in Folge
von Ursachen, die sich erst während des extrauterinen Lebens geltend machen, *erworben.* — Die angeborene Hypertrichosis kann universell oder partiell sein, die erworbene Hypertrichosis tritt stets
nur auf beschränkten Hautgebieten auf.

Bei der **Hypertrichosis congenita universalis** ist die ganze Körperoberfläche mit einem mehr oder weniger reichlichen Haarkleid versehen und nur die normal völlig haarlosen Stellen. Handteller, Fusssohlen. Nagelglieder, rother Lippensaum. Präputium und Glans penis
oder die kleinen Labien bleiben natürlich auch in diesen Fällen haar-

los.   Die Haare sind weich, von verschiedener, den einzelnen Rassen
entsprechender Farbe und folgen in ihrer Richtung den Richtungslinien des fötalen Haarkleides.   Am stärksten war der abnorme Haarwuchs gewöhnlich im Gesicht.   Bei der Mehrzahl der bisher beobachteten „*Haarmenschen*" waren gleichzeitig *Defecte oder Unregelmässigkeiten des Zahnsystems* vorhanden, indem nicht nur eine Reihe
von Zähnen, sondern auch die entsprechenden Theile der Alveolarfortsätze fehlten.   Auch eine Verbreiterung der Alveolarfortsätze bei
normalem Gebiss ist in einzelnen Fällen beobachtet.

Fig. 8.
Andrian Jeftichjew, „der russische Hundemensch".

Die Affection ist exquisit *erblich* und fast in allen Fällen sind
in zwei und drei Generationen der betreffenden Familien befallene
Mitglieder bekannt geworden.

Als bekannteste Haarmenschen mögen hier die verschiedenen
Mitglieder der hinterindischen Familie Shwe-Maong, das angeblich

ebenfalls aus Hinterindien stammende Mädchen Krao, die „russischen Hundemenschen" (Vater und Sohn) und Julia Pastrana genannt werden, welche letztere ebenfalls einen hypertrichotischen, am zweiten Lebenstage gestorbenen Knaben geboren hat. Auch aus früherer Zeit sind in Schrift und Bild eine Reihe von Beispielen dieser merkwürdigen Abnormität überliefert.

Die **angeborene partielle Hypertrichosis** stellt sich entweder als eine *Heterochronie* oder als *Heterotopie* dar, d. h. an Stellen, an denen sich in der Norm erst in einem gewissen Alter stärkerer Haarwuchs entwickelt, tritt dieser schon lange vor dieser Zeit ein, oder an normal nur mit Lanugo oder spärlichen Härchen bedeckten Stellen entwickelt sich kräftiger Haarwuchs. Zu der ersten Kategorie gehören die Fälle von *frühzeitiger Entwickelung der Schamhaare* — schon bei Kindern von 5—6 Jahren —, zur zweiten die *Bärte der Frauen,* die vom fast noch normal zu nennenden Flaum bis zu stattlichen, mehrere Centimeter langen Bärten beobachtet wurden, und die *Naevi pilosi.* Die letzteren, die in der verschiedensten Ausbreitung, oft ganze Körperstrecken überziehend, auftreten und meist nicht flach, sondern erhaben und höckerig sind (s. das betr. Capitel), zeigen einen abnorm starken, meist dunkel gefärbten Haarwuchs. Bekannt ist ferner die abnorme Behaarung der *Sacralgegend* bei *Spina bifida.* Dass auch diese partielle Hypertrichosis lediglich eine übermässige Entwickelung der normalen Haaranlage darstellt, geht daraus hervor, dass auch hier die Richtung der Haare völlig den Richtungslinien des fötalen Haarkleides entspricht (Michelson).

Den bisher besprochenen Formen steht die stets partielle, **erworbene Hypertrichosis** gegenüber. Zunächst hat man bei *Verletzung peripherischer Nerven* abnorm starkes Haarwachsthum an den entsprechenden Hautgebieten gesehen und dann tritt dasselbe öfter nach lange auf dieselbe Stelle einwirkenden *chemischen oder mechanischen Reizen* auf.

So sah ich bei einem 18jährigen Violinisten, der im Uebrigen erst einen eben beginnenden Bartwuchs zeigte, eine kräftige Entwickelung des Bartes an der Stelle, wo er die Violine an den Hals legte.

Einer **Therapie** sind nur die Fälle von localer Hypertrichosis zugänglich und zwar kann dieselbe entweder nur palliativ sein oder sich bestreben, nicht nur die Haare zu entfernen, sondern auch ihr Wiederwachsen zu verhindern. Als lediglich palliative Mittel sind das *Rasiren, Epiliren* und vor Allem die Entfernung der Haare durch *ätzende Pasten,* meist *Schwefelarsen* und *Calciumsulphhydrat* als wirksamen Stoff enthaltend, zu nennen, welche letztere Behand-

lung sich besonders im Orient, übrigens auch bei streng gläubigen
Israeliten, einer weiten Verbreitung erfreut (Arsen. sulfur., Amyl.
ana 2,5 Calcar. vivae 15,0 — *Rusma Turcorum*). Die mit warmem
Wasser angerührte Paste lässt man circa 10 Minuten auf die betreffende Stelle einwirken, dann wird die Haut gut gewaschen und
mit einer indifferenten Salbe eingerieben.

Zur *radicalen Behandlung* sind besonders von amerikanischen
Dermatologen eine Reihe von Methoden empfohlen worden, welche
die Verödung der Follikel bezwecken, entweder auf *mechanischem
Wege*, durch Einbohren und mehrfaches Umdrehen einer scharfen,
dreikantigen Nadel (BULKLEY) oder durch Einstechen glühender Nadeln
oder durch *Electrolyse*, indem eine in den Follikel eingestochene feine
Nadel mit dem negativen Pol einer mässig starken Batterie in Verbindung steht, während der positive Pol irgendwo auf die Haut aufgesetzt wird (HARDAWAY, MICHELSON). — Alle diese Methoden sind
sehr umständlich, da natürlich an der zu enthaarenden Stelle jeder
einzelne Follikel in Behandlung genommen werden muss. Uebrigens
kann nur die letzterwähnte Methode, die electrolytische, als zuverlässig empfohlen werden.

ACHTES CAPITEL.

Anomalien der Nägel.

Die Kenntniss der **Nagelerkrankungen** ist eine im Ganzen noch
recht lückenhafte und besonders sind dieselben einer erfolgreichen
Therapie bisher wenig zugänglich geworden. Es mag daher ent-
schuldigt werden, wenn an dieser Stelle nur die wichtigsten Nagelerkrankungen eine kurze Besprechung finden.

Eine der häufigsten Erkrankungen ist der sogenannte **eingewach-
sene Nagel.** Durch den Druck des Seitenrandes der Nagelplatte auf
den seitlichen Nagelfalz wird eine entzündliche Schwellung des letzteren hervorgerufen, die sich bis zur Eiterbildung steigern kann
(*Paronychia*). Da die gewöhnlichste Veranlassung der Druck schlecht
sitzenden Schuhzeuges ist, so kommt diese Erkrankung fast ausschliesslich an der *kleinen und grossen Zehe* vor, und zwar an letzterer bei weitem am häufigsten. Die zunehmende Schwellung vermehrt natürlich den Druck wieder und so steigert sich, wenn keine
Abhülfe geschafft wird, die Entzündung immer mehr. Die Affection
ist sehr schmerzhaft und kann die Patienten vollständig am Gehen
verhindern. Die Heilung gelingt in der Regel durch Einschieben

eines Stückchens Empl. Litharg. oder einiger mit Ung. diachylon bestrichenen Charpiefädchen *zwischen Nagel und Nagelfalz* und möglichste *Seitwärtsziehung des Falzes* durch nach unten um die Zehe herumgelegte Heftpflasterstreifen. Wenn der seitliche Nagelrand nicht besonders stark nach unten umgebogen ist, empfiehlt es sich nicht, ihn seitlich zu beschneiden. Nur in den hochgradigsten Fällen ist die *Entfernung des Nagels*, eventuell nur der einen Seite, nach der bekannten Methode der sagittalen Durchschneidung in der Mitte und Herausreissung mit einer Kornzange indicirt.

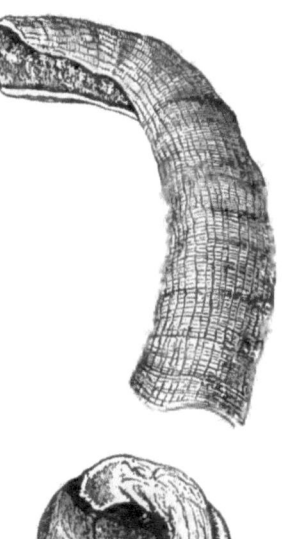

Als **Onychogryphosis** wird eine übermässige Bildung der Nagelsubstanz bezeichnet, welche die Nägel oft um mehrere Centimeter die Finger- resp. Zehenkuppen überragen lässt. Die Nägel sind dabei in einfacher Krümmung oder auch mehrfach, widderhornartig, gebogen, ihre Oberfläche ist von longitudinalen oder querlaufenden Riffelungen durchzogen und ihre untere, dem Nagelbett zugekehrte Fläche mit lockeren Epidermismassen bedeckt. Solche *Krallennägel* finden sich am häufigsten an den *Zehen*, seltener an den *Fingern*. Als Ursachen sind auch wieder der Druck der Fussbekleidung, dann aber eine Reihe von Hauterkrankungen zu nennen, welche, wenn sie die Matrix des Nagels ergreifen, zu derartigen übermässigen Nagelbildungen führen können, so *Eczem*, *Psoriasis*, *Lichen ruber*, *Ichthyosis*. Auch bei *Syphilis* können tiefere Erkrankungen der Haut an Fingern und Zehen — *Dactylitis syphilitica* — derartige Veränderungen der Nägel hervorrufen. Die *Therapie* hat sich vor Allem dem

Fig. 9.
Onychogryphotischer Nagel einer grossen und einer kleinen Zehe (nach GEBER).

ätiologischen Moment anzupassen; ist dieses zu beseitigen, so geht auch die Nagelbildung wieder in normaler Weise vor sich.

Bildungsanomalien des Nagels in Folge allgemeiner Ernährungsstörungen sind ausserordentlich häufig. Bei *acuten Krankheiten, Typhus, Morbillen u. s. w.* sieht man im Reconvalescenzstadium häufig eine Querfurche über den Nagel verlaufen, hinter welcher die Nagelplatte wieder normal gebildet ist und die allmälig bis zum freien Rande des Nagels vorrückt. Dauernde Verunstaltungen des Nagels treten bei *chronischen Krankheiten* auf, bei *Anämie*, ferner bei den verschiedensten zu *Circulationsstörungen führenden Erkrankungen*. In einer Reihe von Fällen ist die Oberfläche des Nagels nicht, wie normal, glatt und nur allerfeinste Längsfurchung zeigend, sondern diese Furchen sind tief ausgeprägt, die Nagelsubstanz ist trübe und wenig fest, so dass am freien Rande leicht durch die unvermeidlichen mechanischen Insulte Abbröckelung und Absplitterung eintritt. Manchmal gesellen sich den Längsfurchen auch noch Querfurchen hinzu. (*Scabrities unguium*). — Ganz ähnliche Verunstaltungen der Nägel entstehen aber auch durch *locale Ernährungsstörungen* in Folge von Erkrankungen der Nagelmatrix, so bei chronischen Fingerekzemen.

Als **Längswulstung des Nagelbettes mit secundärer Atrophie der Nagelplatte** ist von UNNA eine, wie es scheint, nicht ganz seltene Affection beschrieben, bei welcher in der mittleren Partie des Nagelbettes ein longitudinaler Wulst auftritt, über welchem die Nagelsubstanz verdünnt wird, in Längsrissen aufplatzt schliesslich beiderseits von dem Nagelbettwulst zurückweicht, so dass vom Nagel zwei kleine seitliche, durch den Wulst getrennte Rudimente übrig bleiben. Ja zuletzt verschwinden auch diese Reste und das Nagelbett liegt ohne jede Nagelbekleidung frei zu Tage. Die Veränderung tritt gewöhnlich an *allen Nägeln*, aber keineswegs an allen in gleichem Grade auf, sondern die verschiedenen Nägel des einzelnen Falles zeigen alle Intensitätsabstufungen von den geringsten Anfängen bis zu hochgradigen Veränderungen. Als *Ursache* haben sich mehrfach *innere, die Circulation behindernde Krankheiten* ergeben: vielfach litten die Kranken an Frost oder hatten daran gelitten.

Schliesslich seien noch die *eigenthümlichen Veränderungen* erwähnt, welche öfters eintreten, wenn durch eine *Ernährungsstörung.* z. B. durch *Syphilis* bedingt, die Production von Nagelsubstanz *zeitweise sistirt* wird. Am freien Rande des Nagels tritt eine weisse Verfärbung auf, welche dadurch bedingt ist. dass der Nagel sich vom Nagelbett ablöst und Luft unter ihn tritt. Dieser weisse Flecken schreitet mit einer convexen Linie nach der Matrix zu fort. nimmt schliesslich den ganzen Nagel ein und es kann zum Abfallen der Nagelplatte kommen. wenn nicht inzwischen die Nagelbildung wieder beginnt. Der Process befällt nicht alle. aber stets mehrere Nägel. und zwar nicht gleichzeitig, sondern einen Finger nach dem anderen ergreifend, und die Patienten bemerken bei genauerer Beobachtung. dass die ergriffenen Nägel *aufgehört haben zu wachsen.* so dass sie nicht beschnitten zu werden brauchen.

Die **Therapie** dieser Zustände ist leider bisher noch wenig erfolg-

reich. Durch locale Behandlung ist in der Regel gar nichts zu erreichen, nur wirkt *Schutz des Nagels* durch dauernd getragene Handschuhe oder Fingerlinge oft insofern günstig, als wenigsten die auf
Rechnung der mechanischen Insulte kommenden Beschädigungen der
abnorm brüchigen Nägel fortfallen. Dagegen bietet eine *innere Therapie* in den Fällen Aussicht auf Erfolg, in welchen irgend ein unserer
Behandlung zugängliches Allgemeinleiden als Ursache der Nageler-
krankung eruirbar ist. — In manchen Fällen verschwindet die Nagel-
veränderung nach einiger Zeit von selbst.

NEUNTER ABSCHNITT.

ERSTES CAPITEL.

Pigmentatrophie.

Wir unterscheiden zunächst zwei Gruppen, *angeborene* und *erworbene Pigmentatrophien,* von denen die erste wieder in zwei Unter-
abtheilungen zerfällt, ja nachdem der Pigmentschwund die ganze
Körperoberfläche oder nur circumscripte Partien der Haut betrifft.
— *Leucopathia congenita s. Albinismus universalis* und *partialis*
und *Leucopathia acquisita.*

Am längsten und besten bekannt von diesen drei Anomalien
ist der **Albinismus universalis**, schon aus dem Grunde, weil die davon
Betroffenen ein im höchsten Grade auch für Laien auffälliges Aeussere
besitzen und sogar vielfach als Objecte der Schaustellung gedient
haben und noch dienen. Mannigfache Bezeichnungen sind für diese
Individuen gebraucht (*Albinos, Kakerlacken, Dondos, Leukaethi-
opes*). Die von dieser Anomalie Betroffenen sind *vollständig pigmentlos,* ihre Haut ist vollkommen weiss und durch die mehr oder
weniger durchschimmernden Blutgefässe erhält dieselbe stellenweise
einen röthlichen Teint. Sämmtliche Functionen der Haut sind völlig
intact; auch die anderweiten Erkrankungen der Haut scheinen
ganz in derselben Weise zu verlaufen, wie bei normalen Menschen,
abgesehen natürlich von den sonst im Verlaufe vieler Hautkrankheiten so häufig auftretenden, bei Albinos aber vollständig fehlenden
Pigmentirungen.

Die *Haare* sind ebenfalls entweder weiss oder haben eine eigenthümlich hellweissgelbliche Farbe, dabei einen seidenartigen Glanz

und sind gewöhnlich von auffallender Feinheit. Auch die *Chorioidea* und *Iris* sind pigmentlos, so dass die letztere in Folge des Durchscheinens der Blutgefässe roth aussieht. Indess nicht ganz selten erscheint dieselbe doch blau, aber auch in diesen Fällen nur beim Anblick von der Seite; lässt man dagegen den Albino das Auge des Beobachters fixiren, so geben stets die durchschimmernden Blutgefässe der Iris eine rothe Farbe. Die blaue Farbe der Iris ist übrigens ja auch nicht durch Pigment bedingt, sondern dieselbe ist lediglich ein Interferenzphänomen. Der Pigmentmangel der Membranen des Auges bei den Albinos bedingt die bekannten Folgen, vor allem Lichtscheu und Nystagmus. — Die Mehrzahl der Albinos ist von schwächlicher Constitution, doch ist diese Regel keineswegs ohne Ausnahme, und man trifft ab und zu wohlgebaute, selbst robuste Albinos an.

Die **anatomische Untersuchung** der Haut ergiebt ausser einer vollständigen Pigmentlosigkeit keine Veränderungen.

Als **ätiologisches Moment** kennen wir nur ein einziges, die *Heredität*. Directe Vererbung scheint zwar sehr selten zu sein, denn es ist ausdrücklich bei der Mehrzahl der Beobachtungen hervorgehoben, dass die Eltern der betreffenden Albinos normal-pigmentirte Menschen seien, und es fehlen andererseits zuverlässige Angaben über die Nachkommenschaft der Albinos. Aber ein anderer Umstand beweist ganz unzweifelhaft, dass es sich um eine durch uns freilich noch unbekannte Anomalien der Zeugenden bewirkte Veränderung des kindlichen Organismus handelt, nämlich die Thatsache, dass ganz ausserordentlich häufig Geschwister albinotisch sind, ja dass das Vorkommen nur eines Albino unter vielen Geschwistern geradezu als Ausnahme zu bezeichnen ist.

Als **Albinismus partialis** bezeichnen wir die angeborene Pigmentlosigkeit einzelner Theile der Haut, die sich in Form weisser, meist unregelmässig begrenzter Flecken darstellt, an denen die Haut im Uebrigen sich völlig normal verhält. Dieselben sind entweder von normal pigmentirter Haut begrenzt, oder aber es befindet sich um dieselben noch eine Zone einer etwas weniger als normal pigmentirten Haut, so dass ein allmäliger Uebergang stattfindet. In keinem Fall ist die an die weissen Herde unmittelbar angrenzende Haut stärker als normal pigmentirt. Kurz, in jeder Beziehung bildet der Albinismus partialis ein vollständiges Analogon, die „Reversseite" (KAPOSI), zu den angeborenen flachen Pigmentmälern. Ja, um diese

Analogie noch zu vervollständigen, kennen wir auch Fälle, in denen die angeborene Pigmentatrophie, gerade wie die Pigmenthypertrophie bei den Nervennaevis, genau dem *Ausbreitungsgebiet eines Nerven* entspricht.

Die nebenstehende, nach einer Photographie angefertigte Abbildung zeigt einen solchen Fall, bei dem die seit der Geburt bestehende Pigmentatrophie genau dem Verbreitungsgebiet des Ramus hypogastricus aus dem N. ileohypogastricus entspricht. Ausserdem bestand noch Pigmentatrophie im Gebiete des rechten N. subcutaneus colli med. et. inf.

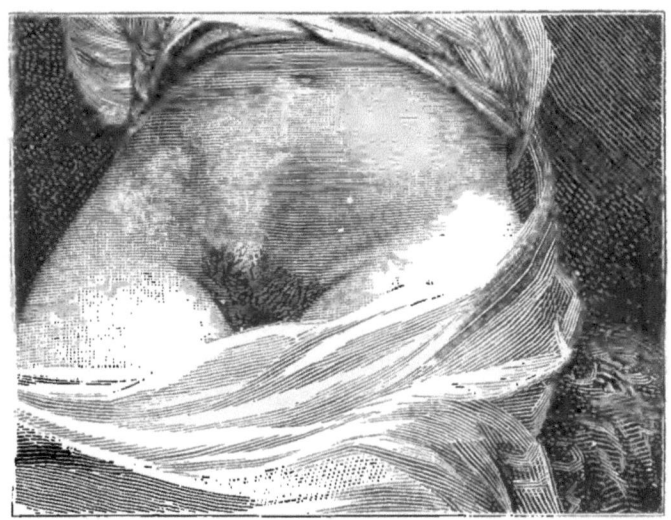

Fig. 10.
Albinismus partialis entsprechend dem Ausbreitungsgebiet eines Hautnerven.

Eine ganz besondere Berücksichtigung verdient noch die *Farbenveränderung der Haare*. Einmal nämlich sind sehr häufig, wenn auch nicht immer, die Haare auf den pigmentlosen Hautstellen ebenfalls weiss. So waren in dem oben mitgetheilten Falle die auf der nicht pigmentirten Haut der rechten Hälfte des Mons Veneris befindlichen Haare weiss. Ferner sind aber die Fälle gar nicht so selten, bei denen einzelne Haarbüschel von Geburt an weiss gefärbt sind, ohne dass die dazu gehörigen Hautpartien einen auffallenden Pigmentmangel zeigen. Etwas heller erscheint der Haarboden an diesen Stellen allerdings stets gegenüber den von dunklen Haaren besetzten Partien, aber hierbei ist zu berücksichtigen, dass durch das Durchschimmern der Haarwurzeln die letzteren schon an und für sich dunkler erscheinen, als mit weissen Haaren besetzte Stellen.

— Diese Erscheinung ist als *Poliosis circumscripta* häufig beschrieben und verdient besonders deswegen unser Interesse, weil ganz sichere Fälle von *Vererbung* dieser Pigmentanomalie bis durch *sechs Generationen* beobachtet worden sind.

Leucopathia acquisita. *Erworbene Pigmentatrophien* kommen im Gefolge verschiedener Erkrankungen der Haut vor und sind daher mehrfach in diesem Buche erwähnt. — An dieser Stelle soll nur die idiopathisch auftretende erworbene Leucopathie, die **Vitiligo**, besprochen werden. Die Krankheit beginnt meist in den mittleren Lebensjahren und zwar treten zuerst kleine, meist regelmässig runde weisse Flecken auf. Allmälig nehmen diese weissen Stellen an Grösse zu und verlieren dabei etwas von der Regelmässigkeit ihrer Form, dieselben werden mehr oval und vor allen Dingen werden durch das Confluiren solcher Stellen unregelmässige weisse Figuren gebildet. Aber selbst bei solchen grösseren, durch das Zusammenfliessen mehrerer Kreise oder Ovale entstandenen pigmentlosen Herden lässt sich gewöhnlich diese Art der Entstehung noch mit grosser Deutlichkeit erkennen. Die Begrenzungslinien sind nämlich immer *nach aussen convex*, während dementsprechend die pigmentirt gebliebene Haut mit concaven Linien begrenzt ist. Auf diese Weise kann durch allmälige Vergrösserung der einzelnen weissen Stellen und durch fortgesetztes Zusammenfliessen der benachbarten Herde schliesslich eine grosse Partie der Haut, ja in den am weitesten vorgeschrittenen Fällen fast die gesammte Haut ihres Pigments verlustig werden.

Während nun dieses Weisswerden, die partielle Pigmentatrophie offenbar der ursprüngliche pathologische Vorgang ist, so zeigt doch auch die Umgebung der weissen Stellen recht bemerkenswerthe Veränderungen, welche manchmal sogar mehr ins Auge fallen, als jene. Es tritt nämlich in der Umgebung der weissen Stellen eine *Vermehrung des Pigmentes* ein, welche um so stärker wird, je mehr die weissen Stellen an Grösse zunehmen. Es macht vollständig den Eindruck, als ob ein fortschreitender Verschiebungsprocess des Pigmentes in centrifugaler Richtung stattfände, wodurch natürlich die pigmentlosen Stellen grösser werden, andererseits das Pigment sich an der Grenze dieser Stellen immer mehr und mehr anhäufen muss. Dieser an und für sich nicht sehr wahrscheinliche Hergang würde doch am besten mit den Erscheinungen übereinstimmen.

Natürlich wird durch diese Pigmentanhäufung an der Peripherie der Gegensatz zwischen den pigmentlosen und den pigmentirten Stellen immer mehr verschärft, je grösser die ersteren werden, und wenn schliesslich bei den hochgradigsten Fällen das gesammte Pigment auf einzelne kleine Inseln so zu sagen zurückgedrängt ist, so erscheinen diese kleinen Stellen ganz intensiv dunkelbraun gefärbt, während der übrige Körper weiss ist. Manchmal befinden sich diese dunkel pigmentirten Inseln gerade an den am meisten peripherisch gelegenen Theilen des Körpers, im Gesicht, an den Händen und Füssen.

Eine weitere, höchst auffallende Erscheinung ist die, dass die entfärbten Herde gewöhnlich *symmetrisch* auftreten und auch in ihrer weiteren Entwickelung eine mehr oder weniger ausgesprochene symmetrische Anordnung beibehalten. Es kommen hierdurch ganz eigenthümliche Zeichnungen zu Stande, wie sie in deutlichster Weise durch die Abbildung (Fig. 11, S. 216) nach einer nach dem Leben aufgenommenen Photographie veranschaulicht werden. Wenn nun auch abgesehen von dieser symmetrischen Anordnung eine irgendwie regelmässige Localisation der Vitiligoflecken sich nicht zeigt, sondern auf allen Körperstellen mit Ausnahme der Flachhände und Fusssohlen dieselben vorkommen können, so ist doch, hier auf eine sehr merkwürdige Erscheinung hinzuweisen, dass nämlich fast in allen Fällen, selbst in solchen von ganz geringer Entwickelung der Krankheit, die *Genitalien* und in noch höherem Grade die *Analfurche* sich als Prädilectionssitze der Entfärbung zeigen, indem sich an diesen Stellen fast ausnahmslos weisse Herde finden, selbst wenn am übrigen Körper nur noch einige wenige Vitiligoflecken vorhanden sind. Ja, manchmal sind die Entfärbungen sogar auf jene Theile allein beschränkt.

Irgend welche andere Störung der Hautthätigkeit findet nicht statt, wenn wir von dem in seltenen Fällen vorhandenen *Pruritus* absehen, die Sensibilität ist normal und die Hautdrüsen functioniren sowohl an den farblosen wie an den dunklen Stellen in völlig normaler Weise. — Auf das Gesammtbefinden hat die Krankheit nicht den geringsten Einfluss.

Die *Betheiligung der Haare an dem Entfärbungsprocess* ist ganz ausserordentlich häufig, so dass wohl in jedem Falle von etwas ausgebreiteter Vitiligo sich entweder einzelne Büschel entfärbter Haare finden, oder aber weisse Haare in unregelmässiger Weise unter die pigmentirten eingestreut sind, so dass die Haare, wie bei älteren Personen, grau melirt erscheinen. Manchmal finden sich auch schon bei wenig vorgeschrittenen Fällen Entfärbungen der Haare, ja ab und zu tritt die Leucopathie nur an den Haaren auf, während die Haut sonst keine weissen Stellen zeigt, eine Erscheinung, die wir entsprechend den völlig analogen Verhältnissen beim Albinismus partialis als *Poliosis circumscripta acquisita* bezeichnen können.

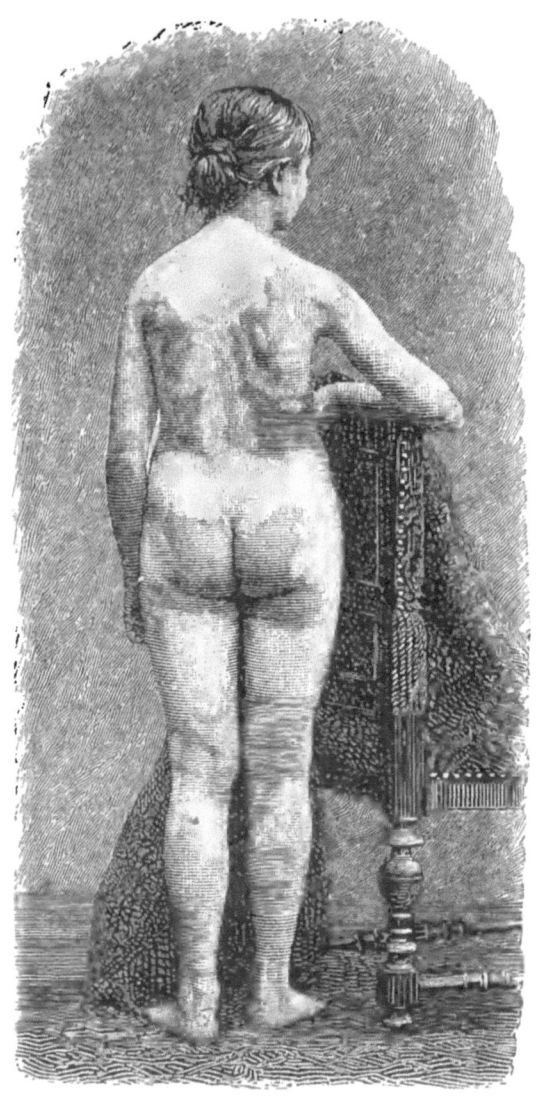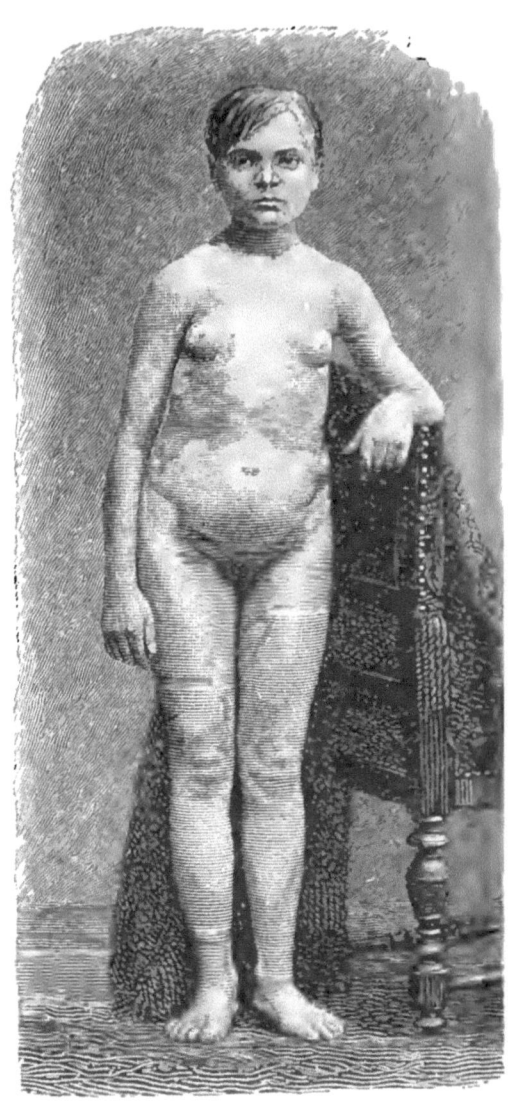

Fig. 11.
Vitiligo.

Die nachstehende Abbildung stellt einen 23jährigen Mann dar, bei dem im 15. Lebensjahre nach einer schweren Scarlatina das Auftreten weisser Haare begann, und bei dem am übrigen Körper nirgends eine Pigmentatrophie bestand.

Der **Verlauf** der Vitiligo ist, wie schon oben geschildert, ein progressiver. indem die weissen Flecken stetig an Grösse zunehmen und schliesslich die ganze Hautoberfläche occupiren können. Aber die Pigmentatrophie kann auch auf jedem beliebigen Punkte innehalten und dann für immer stationär bleiben. Nur ganz ausnahmsweise tritt an einmal entfärbten Stellen wieder Pigmentirung ein.

Fig. 12.
Poliosis cirumscripta acquisita.

Die **anatomische Untersuchung** zeigt, dass ausser absolutem Pigmentmangel an den entfärbten Stellen und mehr oder weniger starker Pigmenthypertrophie an den dunken Partien die Haut nichts abnormes darbietet. Auffallend ist nur noch der sehr starke Pigmentreichthum des Corium, besonders an der Grenzschicht der braunen Theile gegen die weissen.

Die **Aetiologie** der Vitiligo ist im Ganzen noch ziemlich dunkel,
doch lassen sich immerhin wenigstens einige auf dieselbe bezügliche
Thatsachen feststellen. Eine grössere Disposition des einen oder des
anderen Geschlechtes scheint nicht vorhanden zu sein, dagegen ist
das *Lebensalter* von entschiedenem Einfluss. Bei weitem die Mehrzahl der Erkrankungen beginnt zwischen dem 10. und 30. Jahre,
sehr viel seltener später, und nur ganz ausnahmsweise früher. In
vielen Fällen folgt das Auftreten der Vitiligo einer *acuten Erkrankung* (Febris recurrens, Scarlatina, Typhus). Dieses Zusammentreffen
ist ein relativ so häufiges, dass wir es nicht als ein rein zufälliges
ansehen dürfen. Manchmal geht *Pruritus* dem Auftreten der Vitiligoflecken voraus oder bildet eine Begleiterscheinung der Krankheit.
In einzelnen Fällen soll die Affection von einer Narbe ausgegangen
sein. — Wenn man hierdurch auch einige Anhaltspunkte gewonnen
sind, so fehlt uns doch noch völlig die Erklärung dafür, wie diese
Processe zu der so eigenthümlich localisirten Pigmentatrophie und
der daneben an anderen Stellen auftretenden Pigmenthypertrophie
führen.

Die **Diagnose** ist in der Mehrzahl der Fälle eine sehr leichte,
wobei nur der eine Punkt zu berücksichtigen ist, dass man sich auf
die Angaben der Patienten sehr wenig verlassen darf. Gerade bei
Krankheiten, die keine besonders auffälligen Symptome und besonders keine subjectiven Empfindungen hervorrufen, wie dies bei der
Vitiligo fast stets der Fall ist, sind die Angaben von weniger auf
sich aufmerksamen Kranken über den Beginn der Krankheit gewöhnlich sehr unzuverlässig. Eines Tages, bei einer zufälligen Gelegenheit, z. B. beim Baden, sehen sie die Flecken, wissen aber nicht,
wie lange dieselben schon bestehen. Es bezieht sich dies besonders
auf die Unterscheidung von *Albinismus partialis*, die aber auch ohne
Zuhülfenahme der Zeitangaben der Kranken fast immer leicht zu
machen ist, da einmal die *regelmässig runde Form* der ursprünglichen Herde und die aus dem Confluiren derselben hervorgehenden,
ebenfalls ganz charakteristischen Zeichnungen, ferner die meist
symmetrische Anordnung und vor Allem die bei einem auch nur
einigermassen grösseren Umfang der entfärbten Partien nie fehlenden *starken Pigmentanhäufungen in der Umgebung* derselben vor
einer Verwechselung schützen. Alle diese Eigenthümlichkeiten fehlen
beim Albinismus partialis, die Formen sind nicht regelmässig, es fehlt
die symmetrische Anordnung, und der Uebergang in die normale
Haut ist oft durch eine intermediäre, ganz wenig pigmentirte Zone

vermittelt, jedenfalls ist nie eine Anhäufung von Pigment am Rande vorhanden. — Von anderen Erkrankungen könnte nur noch *Morphaea (Sclérodermie en plaques)* und *Lepra* in Betracht kommen. Erstere unterscheidet sich hinreichend durch die Härte und narbenähnliche Beschaffenheit der erkrankten Hautstellen und die bei Lepra oft auftretenden weissen Flecken zeigen eine narbige Atrophie, die bei Vitiligo nie vorkommt, und ausserdem ist an ihnen stets schon eine Abnahme der Sensibilität zu constatiren. — Bei ganz flüchtiger Betrachtung wäre vielleicht noch eine Verwechselung mit sehr ausgebreiteter *Pityriasis versicolor* möglich, indem bei letzterer die normalen Hautpartien als weisse Flecken, die mit Pilzwucherung bedeckte Haut als deren braune Umgebung imponiren. Es genügt, mit dem Fingernagel über die braunen Stellen hinzufahren, bei Vitiligo lösen sich keine Schuppen ab, wohl dagegen bei Pityriasis versicolor und überdies lassen sich in diesen Schuppen die Pilze aufs leichteste nachweisen. — Die Möglichkeit einer Verwechselung der Poliosis circumscripta mit *Alopecia areata* im Reparationsstadium ist schon bei der Besprechung der letzteren Krankheit erwähnt worden.

Die **Prognose** ergiebt sich von selbst nach dem oben gesagten, und unsere **Therapie** ist gegen den eigentlichen Krankheitsprocess bisher leider völlig machtlos. Wir vermögen die weiter fortschreitende Entfärbung nicht aufzuhalten und ebensowenig die entfärbten Stellen wieder zur Norm zurückzubringen. Nur in den Fällen, wo die weissen Partien sich so weit ausgebreitet haben, dass dazwischen nur kleine braune Inseln sich vorfinden, vermögen wir die hierdurch hervorgerufene Entstellung wenigstens für einige Zeit zu beseitigen, indem wir nach der weiter unten angegebenen Methode das Pigment dieser braunen Stellen entfernen und so eine Gleichmässigkeit der Färbung herstellen. Aber auch hier hält die Wirkung nur kurze Zeit an und nach einigen Wochen stellt sich die Pigmentirung wieder in der früheren Weise her, so dass die Behandlung immer wiederholt werden muss.

—— —— ——

ZWEITES CAPITEL.

Pigmenthypertrophie.

Naevus. Wir fassen unter diesem Namen diejenigen *angeborenen Veränderungen* zusammen, bei denen in erster Linie eine *umschriebene Vermehrung des Pigmentes* vorliegt, bei denen aber auch andere

Theile der Haut, das Corium, der Papillarkörper, die Hornschicht hypertrophisch sein können. Hiernach sind zwei Hauptgruppen von Naevis zu unterscheiden, die *flachen Naevi,* bei denen es sich wesentlich nur um Pigmenthypertrophie handelt, und die *warzigen Naevi,* bei denen auch andere Theile der Haut hypertrophisch sind.

Die *flachen Naevi* stellen einfache Pigmentflecken dar, die zwischen Stecknadelkopf- und Flachhandgrösse, ja noch grösseren Dimensionen variiren. Sie zeigen im Ganzen eine scharfe, aber unregelmässige Begrenzung und sind manchmal noch von einem Saume umgeben, der zwar dunkler ist, als die normale Haut, aber doch heller als die mittleren Theile des Naevus. Die flachen Naevi können sich an allen Körperstellen vorfinden. Auch auf den Uebergangsstellen zwischen Haut und Schleimhaut, auf dem *Lippenroth,* auf der *Glans penis* kommen sie nicht selten vor. — Ihre *Farbe* ist gelblichbraun oder braun und erreicht nur selten das dunkle, oft schwarzbraune Colorit der warzigen Formen.

Die **anatomische Untersuchung** zeigt ausser einer abnorm starken Pigmentirung der auch normaler Weise pigmentführenden tiefen Schicht des Rete mucosum eine mehr oder weniger starke Anhäufung von Pigment im Corium.

Diese flachen Pigmentmäler, ebenso übrigens auch die anderen Formen der Naevi, wachsen während des extrauterinen Lebens *nur im Verhältniss des einmal von ihnen occupirten Terrains,* sie breiten sich also nicht über die benachbarten Gebiete aus, sie wachsen, wie aufmerksame Träger dieser Anomalien treffend sagen, nur „mit ihnen". Auch sonst ist keine weitere Veränderung an diesen Flecken zu bemerken. Die Haut functionirt an diesen Stellen vollständig normal und abgesehen von der etwaigen Entstellung und der nachher zu besprechenden Gefahr der Entwickelung maligner Tumoren sind sie für die damit Behafteten von gar keiner weiteren Bedeutung.

Die zweite Gruppe, die *warzigen Pigmentmäler (Naevi verrucosi)* bieten die mannigfaltigsten Erscheinungen dar. Bei nur geringer Entwickelung sind sie wenig über die normale Haut erhaben, von unebener, höckeriger Oberfläche, hell bis dunkel schwarzbraun gefärbt und meist mit zahlreichen Haaren, die, falls die Oberfläche der Naevi nicht zu unregelmässig gestaltet ist, in ihrer Richtung den Richtungslinien der fötalen Behaarung folgen, besetzt (*Naevus pilosus*). Bei stärkerer Entwickelung nehmen sie eine mehr *papillomartige Beschaffenheit an,* indem die einzelnen Erhabenheiten

höher werden und durch tiefe Furchen von einander getrennt sind.
Manchmal ist gleichzeitig eine bedeutende Hypertrophie der Hornschicht vorhanden, so dass jede
einzelne Hervorragung von einer
dicken Lage von Hornmasse bedeckt
ist. In den Fällen hochgradigster
Entwickelung, bei denen auch das
Unterhautbindegewebe einen wesentlichen Antheil nimmt, kommt
es dann schliesslich zur Bildung
grösserer Tumoren.

Die Grösse dieser Naevi schwankt
ganz ausserordentlich. Einige sind
klein, nicht grösser als eine Linse,
andere erreichen die Grösse eines
Thalers, einer Flachhand, ja oft sind
ganze Körperregionen, der ganze
Rücken, die Inguinalgegend, in einzelnen Fällen sogar beinahe die
ganze Körperoberfläche von ihnen
eingenommen. Die grösseren Naevi
sind meist solitär, kommen aber auch
manchmal zu mehreren vor und besonders finden sich nicht selten an
demselben Individuum ein grosses
und eine ganze Anzahl kleiner War-
zenmäler vor.

Der anatomische Befund ist natürlich ein ausserordentlich verschiedener,
je nach der Betheiligung der verschiedenen Gewebe im einzelnen Falle, stets
aber handelt es sich nur um *eigentliche
Hyperplasien*, *nie um heteroplastische
Gewebsbildungen*, so lange wenigstens
der Naevus als solcher besteht.

Den bisher beschriebenen Formen steht eine dritte kleinere Gruppe
von Naevis gegenüber, welche sich
von jenen durch ihre in gewisser

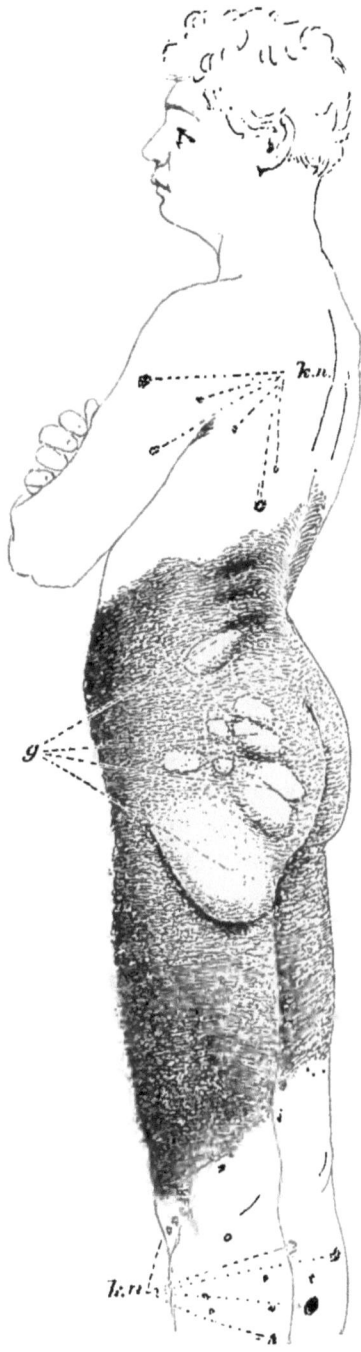

Fig. 13.

Grosser schwimmhosenartiger Naevus pilosus.
Im Bereich desselben gutartige Geschwülste
(Fibroma molluscum); *g.* Ausserdem zahlreiche
kleine Naevi; *k n*; *k n* (nach MICHELSON).

Hinsicht regelmässige *Localisation* unterscheidet, die Gruppe der **Nervennaevi** (*Naevus unius lateris*, von Baerensprung; *Papilloma neuropathicum*, Gerhardt). Unter diesem Namen werden jene im Ganzen seltenen Naevi bezeichnet, deren Ausdehnung dem *Verbreitungsbezirk eines oder mehrerer Hautnerven* entspricht, genau in derselben Weise, wie die Efflorescenzen des Zoster. Entweder handelt es sich hierbei um flache oder um warzige, oft grosse Tumoren bildende Naevi, deren zunächst in die Augen fallendes Merkmal, die *Halbseitigkeit,* durch den von Baerensprung gewählten Namen bezeichnet wird. Sie kommen im Gebiet aller Hautnerven vor, häufig im einzelnen Falle die Gebiete mehrerer Nerven occupirend, ja in einem von Neumann beobachteten Falle war *die ganze eine Körperhälfte* pigmentirt und zum Theil mit papillären Wucherungen bedeckt. — Gerade wie bei Zoster meistens nicht auf dem gesammten Verbreitungsgebiet des afficirten Nerven Bläschen aufschiessen, so finden sich auch beim Nervennaevus gewöhnlich völlig normale Hautstellen zwischen den veränderten, ja oft bilden die letzteren nur kleine Inseln in der sonst normalen Haut, immer aber stimmt das Ausdehnungsgebiet im Ganzen mit dem Verbreitungsbezirk des Nerven überein. Auch diese Naevi zeigen, abgesehen von dem normalen Wachsthum, keine Veränderungen, wenigstens in Bezug auf ihre Flächenausdehnung. Wohl dagegen tritt oft bei den warzigen Formen — ebenso übrigens auch bei den gewöhnlichen Warzenmälern — eine Steigerung der Gewebshypertrophie, eine Grössenzunahme der Geschwülste ein. Als Ursache für die Bildung der Nervennaevi sind wir nach der Localisation und der Analogie mit Herpes zoster berechtigt, eine allerdings noch unbekannte *intrauterine Störung* eines Theiles des *Nervensystems* anzunehmen.

Lentigo. Als *Lentigines* oder *Linsenflecken* werden kleine — etwa linsengrosse Pigmentflecken bezeichnet, die sich von den Naevis nur dadurch unterscheiden, dass sie *nicht angeboren* sind, sondern erst *während des späteren Lebens* auftreten; indess ist es wenigstens wahrscheinlich, dass auch die Lentigines sich aus angeborenen Anlagen entwickeln. Sie kommen an allen Körperstellen vor, fallen aber natürlich im Gesicht am meisten auf. Einige sind flach, andere mehr oder weniger erhaben und dann gewöhnlich mit einer Anzahl dunkler, starker Haare besetzt.

Epheliden, *Sommersprossen, taches de rousseur,* werden jene kleinen, die Grösse eines Hanfkornes selten überschreitenden Pigmentflecken genannt, die nie einzeln, sondern stets in grösserer, oft sehr grosser Anzahl vorkommen und meist eine ganz bestimmte Localisation zeigen. Ihre Form ist unregelmässig und die Conturen sind meist etwas gezackt. Sie finden sich fast ausschliesslich im *Gesicht*, auf den *Händen und Armen*, also den gewöhnlich *unbedeckten Körperstellen* und kommen nur ausserordentlich selten an bedeckten Körperstellen, so am Penis und Gefäss, zur Beobachtung. Stets haben in diesem Falle die betreffenden Individuen auch auf den gewöhnlichen Prädilectionsstellen zahlreiche Epheliden. Ihre *Farbe* ist gewöhnlich gelbbraun oder mässig dunkelbraun.

Die Epheliden sind *nie bei der Geburt* vorhanden, sondern entwickeln sich gewöhnlich erst im 6.—8. Lebensjahre, ausnahmsweise früher. Sie treten *nur im Sommer* deutlich hervor, während sie im Winter so abblassen, dass sie oft kaum bemerkbar sind. Im späteren Lebensalter pflegen sie dann wieder zu verschwinden. Die Sommersprossen treten ausserordentlich häufig bei *rothhaarigen Individuen* mit zartem Teint, seltener bei brünetten Individuen auf und es lässt sich oft ebenso wie überhaupt bei der Pigmentirung der Haut und des Haares ihre *Erblichkeit* direct constatiren. Bei rothhaarigen Menschen sind sie so häufig, dass man wenige derartige Menschen ohne Sommersprossen findet.

Die Epheliden beruhen auf einer *angeborenen Anlage*, bedürfen aber zu ihrer Entwickelung der *Einwirkung des Lichtes*. Hiermit sind am einfachsten das Auftreten bei Individuen von bestimmtem Teint, die Localisation und die Intensitätsschwankungen je nach den Jahreszeiten zu erklären.

Prognostisch sind die Naevi und die ihnen verwandten Bildungen im Allgemeinen von gar keiner Bedeutung und nur die durch ihre Grösse oder ihre grosse Anzahl bedingte Entstellung macht sie gelegentlich zu einem unangenehmen Uebel; nur in äusserst seltenen Fällen bedingen sie eine ungünstige Prognose, indem einerseits das Vorkommen *melanotischer Geschwülste* innerer Organe gleichzeitig mit zahlreichen Naevis, andererseits die *Entwickelung bösartiger Tumoren* aus den Naevis beobachtet ist.

Die **Therapie** hat demgemäss zwei Aufgaben zu erfüllen, die Beseitigung der Entstellung und die Entfernung der Naevi wegen der Gefahr der Entwickelung von malignen Geschwülsten. — Von den Mitteln, welche geeignet sind, die pigmentführende Schicht der Epidermis zur Abstossung zu bringen und nach deren Anwendung die neugebildete Epidermis zunächst weniger Pigment enthält, als die frühere

und somit der Zweck der Entfärbung erreicht wird, ist vor allen
Dingen das *Sublimat* zu nennen. Bei flachen Naevis und Epheliden,
ebenso übrigens bei den später zu besprechenden Chloasmen und anderen localen Pigmentirungen wird am besten Sublimat in 1—2 procentiger Lösung angewendet und zwar entweder in wiederholten
Einpinselungen der betreffenden Stelle, oder in der Weise, dass ein
mit der Lösung angefeuchtetes und während der Zeit der Anwendung feucht erhaltenes Leinwandläppchen von der Grösse der zu
entfärbenden Stelle 4 Stunden auf derselben liegen bleibt (HEBRA).
Die nach einer mehr oder weniger stürmischen Abstossung der Epidermis sich neubildende Oberhaut ist dann farblos oder jedenfalls weniger pigmentirt. Aber leider ist dieser Erfolg nur von kurzer Dauer
und nach einer Reihe von Wochen ist die Pigmentirung genau wieder
in demselben Grade wie vorher vorhanden. Eine definitive Entfernung ist nur auf *operativem Wege* möglich, was bei wenigen und
kleinen Pigmentflecken keine Schwierigkeiten macht, bei sehr grossen
und sehr zahlreichen aber völlig unmöglich ist. Bei warzigen Naevis
kann selbstverständlich überhaupt nur die Operation oder allenfalls
die Behandlung mit Aetzmitteln in Frage kommen. Für kleine Naevi
ist neuerdings die *electrolytische Behandlung* empfohlen worden, welche
darin besteht, dass zwei mit den Polen einer Batterie in Verbindung
stehende Nadeln, ohne sich zu berühren, in die Geschwulst einge-
führt werden und nun der Strom eine Zeit lang durchgeleitet wird
(VOLTOLINI). Die hierbei stattfindende chemische Zersetzung der Gewebe macht sich durch Gasentwickelung kund.

Bezüglich der zweiten Indication, der *Verhütung* der Entwickelung
melanotischer Geschwülste, wäre es ja eigentlich das zweckmässigste,
alle Naevi und Lentigines zu entfernen, indess wird dies in der
Regel durch den Umfang oder die grosse Anzahl derselben unmöglich gemacht. Jedenfalls ist es aber unter allen Umständen geboten,
eine derartige Bildung, die ein auffallendes Wachsthum zeigt, sofort
und durch ergiebige Excision zu entfernen, denn ist es erst einmal
zur Entwickelung melanotischer Geschwülste gekommen, so ist eine
jede Therapie vergeblich.

Den bisher betrachteten Pigmenthypertrophien steht nun eine
Reihe anderer gegenüber, welche in der That auf keinerlei angeborener Disposition beruhen und die daher als **erworbene Pigmentirungen**
jenen gegenüberzustellen sind. Es sind dies einmal die Pigmentirungen, welche bei bestimmten *physiologischen und pathologischen*

Zuständen des Organismus, dann nach *Aufnahme gewisser Medicamente* auftreten, ferner die Pigmentirungen, welche nach *Erkrankungen der Haut* zurückbleiben, und schliesslich die Pigmentirungen, welche in Folge *äusserer Reize* entstehen.

Als **Chloasma gravidarum** oder **Chloasma uterinum** werden jene fleckweise auftretenden Pigmentirungen bezeichnet, welche sich meist im Gesicht, in selteneren Fällen auch auf anderen Körperstellen, bei *Schwangeren* oder bei an *Sexualerkrankungen leidenden Frauen* einstellen. Die gewöhnlichste Localisation ist, wie gesagt, das *Gesicht*, und hier ist wieder die *Stirn- und Schläfengegend* am häufigsten betroffen. Die Verfärbung bildet grosse, braune, unregelmässige, aber scharf begrenzte Flecken, die auf der Stirn gewöhnlich bis dicht an die Haargrenze heranreichen, von derselben aber durch einen schmalen hellen Streifen getrennt bleiben, weniger häufig die Wangen, die Nase und die Umgegend des Mundes einnehmen. Oft erreichen die Flecken Flachhandgrösse, andere Male sind sie kleiner und treten dann gewöhnlich symmetrisch auf, innerhalb der grösseren befinden sich häufig helle Streifen oder Inseln. Diese Verfärbung verleiht dem Gesicht einen ganz eigenthümlich veränderten Ausdruck und stammt daher die treffende französische Bezeichnung derselben als „Masque de la grossesse". In selteneren Fällen treten auch an anderen Körperstellen ähnliche Flecken auf, ja es kann unter Umständen eine dunklere Färbung der gesammten Körperoberfläche bei den oben genannten Zuständen eintreten.

Dass diese Pigmentanomalien wirklich mit den *Functionen des Genitalapparates* in Verbindung stehen, ist völlig sicher. Dieselben treten nie bei noch nicht menstruirten Mädchen auf, wiederholen sich bei vielen Frauen bei jeder Schwangerschaft, um nach deren Beendigung zu erblassen, und verschwinden schliesslich bei der Cessatio mensium. Ebenso sieht man bei Frauen, die ein Uterinleiden haben und mit Chloasma behaftet sind, nach der Heilung des ersteren Leidens auch das Chloasma verschwinden.

Die näheren *Ursachen*, welche das Zustandekommen dieser Pigmentanhäufung veranlassen, sind uns allerdings unbekannt, aber es sind offenbar ganz dieselben, welche unter diesen Verhältnissen gewöhnlich ja auch gleichzeitig eine *stärkere Pigmentirung der Linea alba* und der *Warzenhöfe* hervorrufen.

Aehnliche locale Pigmentirungen sehen wir im Gefolge gewisser *erschöpfender Krankheiten*, ganz besonders häufig der *Phthisis pulmonum* auftreten und werden dieselben daher als **Chloasma cachecticorum** bezeichnet. Auch die besonders an der Gesichtshaut auftretenden Pigmentirungen bei *congenital syphilitischen Kindern* dürften hierher gehören. — Diese Formen kommen natürlich ebensowohl bei Männern wie bei Frauen zur Beobachtung.

Ferner treten nach *längerem Arsengebrauch* Pigmentirungen auf, entweder in zahlreichen kleinen, sommersprossenartigen Herden oder in grösseren diffusen Flecken (*Arsenmelanosis*). Auch bleiben nach der Resorption der Efflorescenzen bei verschiedenen mit Arsen behandelten Krankheiten manchmal stärkere Pigmentflecke zurück, als ohne Arsenbehandlung, so bei Psoriasis.

Ferner giebt es aber noch eine ganze Reihe von *Krankheiten der Haut*, die als solche eine Vermehrung des Pigmentes hervorrufen. Es sind vor Allem diejenigen Erkrankungen, welche zu *chronischen Hyperämien* der Haut führen. Es ist nicht möglich, alle hierher gehörenden Krankheiten einzeln anzuführen, da unter Umständen fast jede chronische Hautkrankheit in dieser Weise übermässige Pigmentirungen hervorrufen kann. Nur das sei noch bemerkt, dass an den Körpertheilen, an denen schon an und für sich die Circulationsbedingungen am ungünstigsten sind, natürlich diese Hyperämien und deren Folgezustände, die Pigmentirungen, am stärksten auftreten, so also besonders an den *Unterschenkeln*, wo wir in der That die hochgradigsten Pigmentanhäufungen bei den verschiedensten Processen auftreten sehen, bei *Eczemen, varikösen* oder *syphilitischen Geschwüren* u. dgl. m. Die starken Pigmentirungen in der *Umgebung von Geschwüren* überhaupt, resp. von den nach diesen zurückbleibenden *Narben*, sind ebenfalls darauf zurückzuführen, dass an diesen Stellen längere Zeit hindurch ein *chronisch entzündlicher Zustand* bestanden hat. Durch welche Ursache diese Geschwüre hervorgerufen sind, ist bezüglich der consecutiven Pigmentirungen zunächst ganz gleichgültig. Bei diesen Processen beruht die Pigmentirung übrigens nicht allein auf einer Vermehrung des Pigmentes in der tiefsten Schicht des Rete mucosum, sondern es finden sich fast stets auch Pigmentanhäufungen im Corium vor.

Diesen Veränderungen schliessen sich die Pigmentirungen bei *Morbus Addisonii, Sclerodermie, Lichen ruber* — vielleicht bei dieser Krankheit oft durch Arsengebrauch verstärkt — und *Syphilis* an, welche Krankheiten eine ganz besondere Neigung zur Pigmentbildung zeigen. Da bei der Addison'schen Krankheit, der *bronzed-skin* der Engländer, die Hautveränderung nur ein einzelnes und an Wichtigkeit hinter den übrigen Erscheinungen zurücktretendes Symptom darstellt, so ist von der Schilderung der Krankheit in diesem Lehrbuche abgesehen, bezüglich der anderen oben erwähnten Krankheiten verweise ich auf die betreffenden Capitel.

Schliesslich sind die durch äussere Reize hervorgerufenen *Pigmentanhäufungen* zu erwähnen, welche als **Chloasma caloricum, toxicum** und **traumaticum** bezeichnet werden, je nach der Veranlassung, die zu denselben führt. Allgemein bekannt ist das „Verbrennen" von Körpertheilen, die lange und oft dem Sonnenlicht ausgesetzt werden, welche Färbung natürlich nur im Sommer stärker hervortritt, um dann im Winter abzublassen. Die Ursache dieser Affection sind nicht die Wärmestrahlen, sondern die stark brechbaren Strahlen, zumal die ultravioletten Strahlen (Bowles), die Bezeichnungen Chloasma caloricum, Verbrennen, sind also eigentlich nicht richtig. Daher sind auch ähnliche Wirkungen bei elektrischem Bogenlicht beobachtet (Tyndall).

Ausserordentlich häufig sind ferner die durch *chemische Reize* hervorgerufenen Pigmentirungen der Haut. Als bekannteste mögen hier die Pigmentirungen nach Anwendung von *Senfteigen, Canthariden, Jod* und nach dem in neuerer Zeit so vielfach in Gebrauch gezogenen *Chrysarobin* angeführt werden. Es ist eine oft genug nicht hinreichend gewürdigte Thatsache, dass auf eine einmalige nur wenige Minuten dauernde Application eines Senfteiges an der betreffenden Stelle eine Pigmentvermehrung entstehen kann, welche oft das ganze Leben hindurch bestehen bleibt und welche, wenn die Procedur an einem unter Umständen unbedeckt bleibenden Körpertheil, so bei Frauen auf den oberen Partien der Brust, stattgefunden hat, für die Betreffenden einen recht unangenehmen „Flecken" bilden kann. Ganz dasselbe gilt von der Anwendung des *Cantharidenpflasters*, welches ebenfalls zu diesen dauernden Pigmentirungen Veranlassung geben kann. Weshalb auf einen so kurz dauernden und an und für sich so geringfügigen Reiz eine so hartnäckige Veränderung der pigmentführenden Schicht erfolgt, darüber fehlt zur Zeit noch jeder Aufschluss.

Als *Chloasma traumaticum* sind schliesslich jene Pigmentirungen der Haut zu bezeichnen, welche durch *äussere Einwirkungen mechanischer Natur* zu Stande kommen. Einmal können solche Pigmentirungen an Stellen entstehen, die einem häufig wiederholten, aber nicht continuirlichen Druck durch Bekleidungsgegenstände, Handwerkszeuge oder dergleichen ausgesetzt sind. Und dann hinterlassen alle die kleinen Verletzungen, welche der Haut zugefügt werden, fast stets kleine pigmentirte Herde oder Narben mit stark pigmen-

tirter Umgebung. Hier sind als häufigste Ursache jene Verletzungen
anzuführen, welche durch *Parasiten* hervorgerufen werden, und ferner
diejenigen, welche die Menschen sich selbst durch das *Kratzen* zu-
fügen. Daher sehen wir bei den aus irgend welcher Ursache *juckenerregenden Hautkrankheiten* an allen Stellen, welche durch die
kratzenden Fingernägel excoriirt waren, kleine Pigmentirungen zurückbleiben, welche, falls die Krankheit von langer Dauer ist, schliesslich so dicht neben einander liegen können, dass fast die ganze Haut
davon eingenommen wird und kaum eine normale Stelle übrig bleibt.
Diese Pigmentirungen gestatten oft noch durch ihre Anordnung und
Localisation einen Rückschluss auf die jedesmalige Ursache, selbst
wenn dieselbe schon längst beseitigt ist.

Es bedarf kaum der Erwähnung, dass bei den *chronischen juckenerregenden Hautkrankheiten* diese Pigmentirungen die höchsten Grade
erreichen, so vor allen Dingen bei *Prurigo*, welche Krankheit, wenn
sie einmal bis zu einer gewissen Entwickelung gediehen ist, nach
unseren heutigen Kenntnissen unheilbar ist, und dann bei der Anwesenheit von *Kleiderläusen*, die unter Umständen wenigstens, freilich
aus anderen Gründen, ebenfalls nicht zu beseitigen sind, sondern ihre
Träger durch das ganze Leben begleiten. In diesen Fällen, also bei
Kranken, die seit langer Zeit an hochgradiger Prurigo leiden, oder
bei verkommenen Individuen, die durch Jahrzehnte Kleiderläuse
haben, bilden sich manchmal Pigmentirungen der Haut, die derselben
fast das Colorit der Negerhaut verleihen (*Melasma, Melanodermie*).

Zu erwähnen sind hier ferner die Pigmentirungen, welche nach
Anwendung des *Baunscheidtismus* entstehen. Dieses Verfahren besteht bekanntlich in der Application eines kleinen schröpfschnepper-
artigen Instrumentes mit einer Anzahl feiner, in einen Kreis ge-
stellter Nadeln und in der Einreibung einer wesentlich aus Crotonöl
bestehenden Substanz in die hierdurch gesetzten Wunden. Hiernach bleiben äusserst zierliche kleine Kreise von braunen Punkten
zurück, die dem mit der Sache nicht Vertrauten höchst auffallend
erscheinen können, und doch kann gerade in diesen Fällen die sofortige Erkenntniss der fraglichen Erscheinung für den Arzt oft recht
wünschenswerth sein.

Von einer *Behandlung* dieser Zustände kann kaum die Rede
sein, indess wird immerhin ein Versuch mit den oben angeführten
pigmententfernenden Mitteln unter Umständen gemacht werden können.
Auch bei Syphilis lässt sich selbst durch entsprechende *Allgemeinbehandlung* und *locale Application* von *Empl. Hydr.* die Resorption

des Pigmentes kaum erheblich beschleunigen. Die Arsenmelanosis verschwindet nach Aussetzen des Mittels in einiger Zeit meist von selbst und bleibt nur selten dauernd zurück.

DRITTES CAPITEL.

Pigmentirung durch fremdartige Farbstoffe.

Eine Farbenveränderung der Haut kann durch die *Einführung des Silbers*, meist in Form des salpetersauren Salzes, in den Organismus erfolgen, unter welchen Umständen auch Silberablagerungen in *inneren Organen* eintreten, welche als **Argyria universalis** zusammengefasst werden. Die Haut zeigt am frühesten im *Gesicht* und an den *Händen* eine *matt stahlgraue* oder *schwach bläuliche Färbung* und bleibt auch später an diesen Theilen die Färbung am intensivsten, nachdem auch die übrigen, bedeckten Theile der Körperoberfläche ergriffen sind. Bei weiterer Einfuhr des Medicamentes wird die Farbe dunkler und kann schliesslich intensiv graublau werden. An der Verfärbung nehmen gewöhnlich auch die *Nagelbetten* und die *Schleimhäute*, so die *Mund-* und *Conjunctivalschleimhaut*, Theil.

Die **mikroskopische Untersuchung** der Haut zeigt, dass die Epidermis völlig intact ist und dass die Silberablagerung nur im *bindegewebigen Theile* der Haut, am stärksten in den *obersten Schichten des Papillarkörpers*, in den *Membranae propriae der Schweissdrüsen* und der *Haarbälge* und in den *Hautmuskeln* stattgefunden hat.

Die Argyrie tritt immer nur bei *sehr lange fortgesetztem Gebrauch* des Argentum nitricum oder bei *kürzerer Anwendung sehr hoher Dosen* auf, letzteres am häufigsten bei Patienten, die wegen Ulcus ventriculi mit Arg. nitricum behandelt sind, ersteres meist bei solchen, die wegen chronischer Nervenleiden (Tabes, Epilepsie) Jahre lang das Mittel genommen haben. Auch bei Kranken, die lange Zeit den Rachen oder die Zunge mit Argentum nitricum ätzen, kann es in Folge des Verschluckens einer gewissen Menge des Silbersalzes zur Entwickelung der Argyrie kommen. Aber auch durch andere Organe als den Darmkanal kann die Resorption des Argentum nitricum vermittelt werden: so ist nach lange angewandten Verbänden mit Höllensteinlösungen bei Verbrennungen Argyrie beobachtet worden.

Die Argyrie ist nach unseren heutigen Kenntnissen ein *unheilbares Uebel*, da ein Rückgang der Färbung weder spontan einzutreten scheint, noch durch irgend welche Mittel hervorzurufen ist.

Die Krankheit ist eben wegen ihrer Unheilbarkeit und wegen der hochgradigen Entstellung ein *ausserordentlich schweres Uebel* für die davon Betroffenen.

Neuerdings hat Lewin als *locale Gewerbe-Argyrie* bläuliche oder bräunliche Flecken beschrieben, welche er an den Händen, selten auch an Vorderarmen, Ohr und Kinn bei Silberarbeitern beobachtete. Die mikroskopische Untersuchung zeigte, dass das Silber in feinsten Körnchen an der Grenze zwischen Epidermis und Corium und in einem Netzwerk vielfach verzweigter und communicirender dickerer und dünnerer Fäden im Corium abgelagert war. Die Epidermis war vollständig frei. Das Silber gelangt in diesen Fällen in grösseren Partikelchen bei Gelegenheit von Verletzungen in das Corium und werden nun durch Lymphströmung jene, sicher einem Saftkanalsystem entsprechenden netzwerkartigen Ablagerungen kleinster Körnchen gebildet, in derselben Weise, wie bei Tätowirungen derartige Netzwerke von Kohlen- oder Farbstoffpartikelchen zu Stande kommen. Allerdings ist noch Manches an diesen Vorgängen aufzuklären. — Bei Müllern kommt es bei Gelegenheit der Bearbeitung der Mühlsteine mit Stahlmeisseln zu Einsprengungen kleiner Eisentheilchen in die Haut, hauptsächlich der Hände, welche mit brauner Farbe durchschimmern (*Siderosis cutis*). Entsprechend der Haltung der Hände sind die meisten Einsprengungen an den ersten Phalangen der Finger der linken Hand, besonders des kleinen Fingers.

An diese Zustände schliessen sich die durch das **Tätowiren** hervorgerufenen Veränderungen aufs engste an, welches nicht nur von weniger civilisirten Raçen, sondern auch bei uns von einem grossen Theile der Bevölkerung, von Arbeitern und Handwerkern, Soldaten, Seeleuten und Prostituirten geübt wird.

Das Verfahren besteht im Wesentlichen darin, dass mit einer feinen Nadel die gewünschte Zeichnung durch dicht neben einander befindliche Stiche auf der Haut „*vorgestochen*" wird, und dann der betreffende Farbstoff, *Indigo, Kohlenpulver, Zinnober, Carmin*, mit dem unter Umständen auch die zum Einstechen benutzte Nadel schon armirt werden kann, auf die so bearbeitete Haut fest eingerieben und ein Verband über die Stelle angelegt wird.

Das Tätowiren hat für den Arzt eigentlich nur insofern Interesse, als in Folge der Gewohnheit, die Nadel mit Speichel zu benetzen, damit der Farbstoff daran haften bleibe, mehrfach *Infectionen mit Syphilis* und auch mit *Tuberculose* vorgekommen sind.

Die vielfach gemachten Versuche, das Tätowiren der Haut zu benutzen, um störende Färbungen bei Naevis u. dgl. zu beseitigen, sind leider nicht von dem gewünschten Erfolge begleitet gewesen, während bekanntlich das Tätowiren der Hornhaut bei Trübungen oft mit Vortheil angewendet wird.

Einen ähnlichen Effect haben die *Einsprengungen von kleinsten Kohlenpartikelchen* nach Verletzungen durch Kohlenstücke bei Heizern, Grubenarbeitern u. s. w. und nach *Verbrennungen mit Schiesspulver*, die theils absichtlich zu demselben Zweck, wie das Tätowiren, theils unabsichtlich bei Verletzungen durch Schusswaffen, bei Explosionen u. s. w. erfolgen (*Anthracosis cutis*). — Die *Farbe*, mit der diese Kohlenpartikelchen durch die Haut durchschimmern, ist nicht rein schwarz, sondern hat einen deutlich blauen Ton, der durch die über denselben befindlichen Theile der Haut bedingt ist.

ZEHNTER ABSCHNITT.

ERSTES CAPITEL.

Ichthyosis.

Die **Ichthyosis** beruht auf einer *angeborenen Prädisposition der Haut zu übermässiger Hornbildung*, die sich in der Regel erst während des extrauterinen Lebens, wenn auch in einer frühen Periode desselben bemerklich macht. Je nachdem die *Hautoberfläche im Ganzen* in grösserer oder geringerer Ausdehnung oder *nur die Hautfollikel* ergriffen sind, resultiren hieraus zwei verschiedene Krankheitsbilder, die *Ichthyosis diffusa*, bei weitem die häufigste Form, und die viel seltenere *Ichthyosis follicularis*. In sehr seltenen Fällen tritt die Erkrankung schon *während des intrauterinen Lebens* auf, und die betreffenden Kinder kommen bereits mit hochgradigen Veränderungen der Haut behaftet zur Welt, *Ichthyosis congenita*.

Ichthyosis diffusa. Bei den geringsten Graden dieses Uebels ist nur eine mässige Verdickung der Hornschicht zu constatiren, in Folge deren die normalen Hautfurchen stärker als gewöhnlich ausgeprägt sind und die Haut runzelig erscheint. Gleichzeitig findet eine etwas stärkere Abschuppung statt, und in Folge der verminderten Drüsensecretion, vielleicht auch nur in Folge der Beschleunigung der Verdunstung durch die Oberflächenvergrösserung erscheint die Haut auffallend trocken (*Dryskin, Xeroderma* der englischen Autoren).

Bei den stärkeren Graden treten an Stelle der Furchen wirkliche Einrisse in der verdickten Hornschicht auf, so dass nun die erkrankte Haut mit kleinen Hornplättchen oder Schuppen bedeckt ist, die ihr eine gewisse Aehnlichkeit mit der Fisch- oder Schlangenhaut verleihen und die daher zu der Bezeichnung Ichthyosis überhaupt und weiter zu den Namen Ichthyosis serpentina oder cyprina Veranlassung gegeben haben. Die *Farbe* der Hornschuppen ist entweder weisslich glänzend oder, wie stets bei den stärkeren Graden, dunkler, eigenthümlich graugrünlich, welche Farbe nicht etwa durch äussere Verunreinigungen, sondern durch zahlreich in den Schuppen vorhandene Pigmenttheilchen hervorgerufen wird.

Bei den intensivsten Graden entwickeln sich nun aus diesen Schuppen förmliche Hügelchen oder Stacheln von Hornsubstanz bis zu 1 Cm. Höhe und noch darüber, die durch entsprechend tiefe Furchen von einander getrennt sind. Entsprechend der stärkeren Hornbildung nimmt auch die Abschuppung in hohem Grade zu, so dass in Kleidern und Betten dieser Kranken stets grosse Mengen von abgestossenen Hornmassen zu finden sind. Abgesehen von der dunklen Farbe der Schuppen tritt in diesen Fällen auch stets eine sehr starke *Pigmentirung der Haut* ein, so dass dadurch der Anblick dieser Kranken ein höchst auffallender wird. Diese hochgradigsten Formen sind als *Ichthyosis hystrix* oder *Hystricismus* bezeichnet worden und boten die sogenannten Stachelschweinmenschen (mehrere Mitglieder der Familie Lambert, die im Anfang dieses Jahrhunderts ganz Europa durchreisten) ein ausgezeichnetes Beispiel dieser Krankheit dar.

Localisation. Die Ichthyosis befällt in der Regel in *symmetrischer Weise* grössere Partien des Körpers und oft fast die gesammte Hautoberfläche. Stets sind aber einzelne Stellen stärker afficirt, während andere weniger ergriffen sind oder ganz frei bleiben. Zu den ersteren gehören vor Allem die *Streckseiten der Extremitäten*, besonders entsprechend den *Gelenken*, während umgekehrt die Beugen entweder gar nicht oder doch weniger afficirt sind und *Gesicht, Genitalien, Flachhände und Fusssohlen* in der Regel *ganz frei* sind. — Demgegenüber ist eine kleine Reihe von Fällen zu erwähnen, bei denen die im Uebrigen ganz den verschiedenen Formen der Ichthyosis diffusa entsprechenden Krankheitserscheinungen *lediglich auf Handteller und Fusssohlen beschränkt sind*, während der ganze übrige Körper frei ist (*Ichthyosis palmaris et plantaris*). Schliesslich ist in ausserordentlich seltenen Fällen der Krankheitsprocess auf ein kleines

Gebiet. z. B. eine Extremität beschränkt und zeigt daher nicht die sonst regelmässig zu constatirende symmetrische Anordnung. Es ist möglich, dass es sich in diesen — bisher noch wenig bekannten — Fällen um eine Abhängigkeit der Krankheit von der Ausbreitung gewisser Nerven, um eine *Trophoneurose* handelt, so dass dieselben ätiologisch anders als die gewöhnliche Ichthyosis diffusa zu beurtheilen wären.

Verlauf. Die Ichthyosis tritt stets in einer früheren Lebensperiode, in der Regel im ersten oder zweiten Lebensjahre, frühestens etwa im zweiten Monat auf, abgesehen natürlich von der weiter unten zu besprechenden Ichthyosis congenita. Von da ab bleibt die Krankheit mit gewissen Intensitätsschwankungen das ganze Leben hindurch bestehen; es wird nur über ganz wenige Fälle angeblicher definitiver Heilung nach acuten Infectionskrankheiten berichtet. Um die Zeit der Pubertät ist in der Regel der Intensitätsgrad erreicht, den die Krankheit überhaupt im gegebenen Falle erlangt. Meist tritt in einer fast periodischen Weise in jedem Sommer, dann auch im Anschluss an acute fieberhafte Krankheiten ein mehr oder weniger vollständiger Abfall der ichthyotischen Schuppen, eine Art „Mauserung" ein; nach einiger Zeit indessen steigern sich diese Erscheinungen wieder bis zu der vorher bestandenen Höhe. — *Subjective Empfindungen* fehlen bei den geringeren Graden der Krankheit völlig, bei den höheren Intensitätsgraden kommt es in Folge der Unnachgiebigkeit der Haut öfter zur Bildung tiefer, schmerzhafter Rhagaden über den Gelenken. Irgend ein Einfluss auf die allgemeine Gesundheit besteht gar nicht, selbst in den intensivsten Fällen ist eine mit dem Hautleiden in Beziehung stehende innere Erkrankung oder etwa eine schliesslich durch dasselbe hervorgerufene Kachexie niemals beobachtet worden. — Ichthyotische können ausserdem an anderen Hautaffectionen erkranken, so an *Psoriasis* oder *Eczem*: für die letztere Krankheit haben sie nach Wolff sogar eine Prädisposition.

Die **Prognose** wird daher quoad vitam et valetudinem stets günstig zu stellen sein, wenn auch in den schwereren Fällen das Leiden, ganz abgesehen von den localen Störungen, in Folge der hochgradigen Entstellung der Kranken als ein schweres zu bezeichnen ist. Zu berücksichtigen ist ferner die Möglichkeit einer *erblichen Uebertragung*. Bezüglich der Möglichkeit einer vollständigen Heilung muss aber die Prognose nach den bis jetzt vorliegenden Beobachtungen ungünstig gestellt werden.

Die **Diagnose** wird kaum jemals Schwierigkeiten machen, da die
Erscheinungen der Krankheit so ausserordentlich charakteristisch sind.
Nur bei den Fällen geringsten Intensitätsgrades könnten Zweifel
obwalten, doch wird hier die Anamnese, das Auftreten in *frühester
Kindheit* und das eventuelle *Vorkommen bei Geschwistern*, wovon
unten die Rede sein wird, Aufklärung geben.

Die **anatomischen Untersuchungen** haben bestätigt, dass es sich bei
der Ichthyosis wesentlich um eine geringere oder bedeutendere Verdickung der Hornschicht handelt, mit gleichzeitiger Hypertrophie des
Papillarkörpers und in den intensiveren Fällen mit Zunahme des Pigmentes.

Aetiologie. Die Ichthyosis ist eine durch *Vererbung* übertragene
Krankheit. Dies beweist nicht nur das so ausserordentlich häufige
Vorkommen bei mehreren Kindern derselben Familie, sondern in
vielen Fällen lässt sich auch die *Vererbung von Eltern auf Kinder,*
oft *durch mehrere Generationen* nachweisen. Oft findet die Vererbung
nur auf Nachkommen desselben Geschlechts statt, so z. B. bei der
oben erwähnten Familie LAMBERT, in anderen Fällen fehlt aber jede
Regelmässigkeit in dieser Hinsicht. Eine Erklärung für dieses verschiedenartige Verhalten lässt sich nicht geben. — Durch die Erblichkeit der Krankheit wird wohl auch das in einzelnen vom Verkehr abgeschlossenen Gegenden, so auf den Molukken, beobachtete
endemische Vorkommen der Ichthyosis erklärt.

Therapie. Zunächst liegt die Indication vor, die einmal vorhandenen Hornmassen zu entfernen, was am leichtesten durch Einreibungen mit *grüner Seife* oder durch häufige *Bäder* und damit
verbundene Seifenwaschungen gelingt. Dann aber muss die Haut
geschmeidig erhalten und die Wiederansammlung der Hornmassen
möglichst eingeschränkt werden. Auch hier sind wieder regelmässige
häufige *Bäder* in erster Linie zu empfehlen, denen zweckmässig Einreibungen mit *Glycerin, Ung. Glycerini* (LAILLER), *Lanolin, Vaseline*
oder einer *indifferenten Salbe* angeschlossen werden. Sehr gut wirkt
ferner die regelmässige Einreibung einer 10 procentigen *Schwefelsalbe.* — Jede *interne Therapie* hat sich bisher als völlig nutzlos erwiesen.

Ichthyosis follicularis (Keratosis follicularis). Sehr viel seltener sind
die Fälle von Ichthyosis, bei denen die Hornbildung nicht von der
ganzen Fläche der Haut auf kleineren oder grösseren Körperstrecken
ausgeht, sondern lediglich auf die *Follikel* beschränkt ist. Es ragen
aus zahlreichen, an den am stärksten ergriffenen Körpertheilen aus

allen Follikeln kleine, harte Hornsäulchen hervor, bis zu 1 Mm. Länge
und darüber. Streicht man mit der Hand über die erkrankte Haut,
so wird etwa dasselbe Gefühl hervorgerufen, wie beim Berühren
eines mit kleinen Dornen besetzten Blattes. Auf den behaarten Stellen
fehlen die Haare mehr oder weniger vollständig, und an ihrer Stelle
ragen ebenfalls Hornsäulchen aus den Follikeln hervor. Alle Körperstellen, an denen Follikel vorkommen, können ergriffen sein, während
selbstverständlich diejenigen Körperstellen, an denen die Haut keine
Follikel besitzt, die Flachhände und Fusssohlen, frei bleiben. — Die
Affection hat eine gewisse Aehnlichkeit mit *Lichen pilaris,* doch bestehen zwischen beiden Krankheiten wesentliche Unterschiede, indem es sich bei der letzteren nur am Ansammlung von zwar auch
verhornten, aber doch nur lose zusammenhaftenden Epidermiszellen,
bei der Ichthyosis follicularis dagegen um wirklich compacte Hornbildungen handelt, und indem die letztere Krankheit bald nach der
Geburt zur Entwickelung kommt, während der Lichen pilaris erst
zur Zeit der Pubertät oder später auftritt.

Ichthyosis congenita. Ein wesentlich von den bisher beschriebenen
Formen abweichendes Bild bieten diejenigen Fälle dar, bei denen
schon *während des intrauterinen Lebens* die übermässige Hornpro-
duction begonnen hat. Die von dieser Form der Erkrankung befallenen Kinder kommen mit den hochgradigsten Veränderungen der
gesammten Körperoberfläche zur Welt. Der ganze Körper ist mit
verschieden grossen und verschieden gestalteten Schildern und Platten
von Hornsubstanz bedeckt, die bis zu 5 Mm. dick sein können und die
durch tiefe, nur mit dünner Epidermis überhäutete Furchen von
einander getrennt sind. Die Hautrichtungen dieser Furchen sind in
allen bisher bekannt gewordenen Fällen annähernd dieselben gewesen, so dass alle diese Kinder sich fast völlig gleichen, und schon
aus der Anordnung dieser Furchen lässt sich erkennen, wie der ursprünglich zu einer gewissen Zeit des intrauterinen Lebens den ganzen
Körper offenbar gleichmässig überziehende Hornpanzer beim weiteren
Wachsthum des Foetus überall an den Stellen der stärksten Ausdehnung platzte. Weiterhin kam es dann wieder zu einer dünnen
Ueberhäutung dieser Einrisse, so dass bei der Geburt der oben beschriebene Zustand vorhanden ist. Dass die Entwickelung der Krankheit in dieser Weise stattfindet, wird durch das *Verhalten der Haarbälge* sicher bewiesen, die an den mittleren Partien der Einrisse stets
völlig fehlen, während sie an den seitlichen Theilen derselben eine
beiderseits nach aussen gehende, divergirende Richtung zeigen. Eine

weitere Bestätigung hierfür liefert das Verhalten der *Körperöffnungen,* an denen durch die Spannung der dem wachsenden Foetus zu eng werdenden Haut die normaler Weise bestehenden Hautduplicaturen ausgeglichen sind. *Augenlider und Lippen* fehlen, die Augen sind nur von ectropionirter Conjunctivalschleimhaut bedeckt, und ebenso geht die mit Hornplatten bedeckte Haut unmittelbar in die Schleimhaut der Alveolarfortsätze über. Auch an *Händen und Füssen* macht sich die durch den starken Hornpanzer bedingte Entwickelungshemmung geltend, die Finger und Zehen sind verkürzt und verkrümmt, die Füsse stehen in Klumpfussstellung.

Alle mit dieser Affection behafteten Kinder, die in der Regel 1 bis 2 Monate vor dem normalen Schwangerschaftsende geboren werden, sterben einige Tage nach der Geburt. Höchst wahrscheinlich verursacht schon die hochgradige Veränderung der gesammten Haut den Tod, andererseits ist auch die Ernährung dieser Kinder in Folge der Verunstaltung des Mundes, die das Saugen ganz unmöglich macht, aufs äusserste erschwert.

Die **Aetiologie** dieser sehr seltenen Affection ist noch völlig dunkel. Von einer Vererbung derselben Krankheitsform kann natürlich keine Rede sein, aber auch die gewöhnlichen Formen der Ichthyosis sind bisher noch nie bei den Ascendenten dieser Kinder beobachtet worden. Den einzigen Anhaltspunkt in dieser Richtung gewährt eine Beobachtung, nach welcher eine Frau im Laufe eines Jahres zwei mit Ichthyosis congenita behaftete Kinder gebar. Lassar beobachtete kürzlich einen weiteren derartigen Fall, der dadurch noch besonders interessant ist, dass die betreffende Frau nach der Geburt von 6 völlig normalen Kindern und einem Abort 3 ichthyotische Kinder gebar. — Bei Kälbern ist eine völlig analoge und ebenfalls stets tödtliche Affection beobachtet worden.

ZWEITES CAPITEL.

Cornu cutaneum.

Das **Hauthorn** stellt eine *circumscripte übermässige Hornbildung* dar, und wir finden insofern eine Uebereinstimmung mit der Ichthyosis, als diese Hornbildungen einmal von der *Epidermis im Ganzen,* entsprechend der Ichthyosis diffusa, ausgehen können, und zweitens in einer kleineren Reihe von Fällen von den *Follikeln,* entsprechend der Ichthyosis follicularis. In dem letzteren Falle können sich die

Hörner innerhalb einer geschlossenen Atheromcyste entwickeln und demgemäss subcutan bleiben.

Die *Form* der Hauthörner ist eine sehr mannigfaltige. Diejenigen, welche einen grösseren Flächendurchmesser haben, sind gewöhnlich kurz, unregelmässig pyramidal oder cylindrisch. Die längeren haben selten einen Durchmesser von mehr als 1—2 Cm. und sind meist cylindrisch, nicht zugespitzt, ihr oberes Ende ist überhaupt meist unregelmässig geformt, wie „verwittert". Dabei verlaufen die längeren Hauthörner fast stets gewunden, manchmal sogar in mehreren Windungen, so dass dadurch ganz eigenthümliche widderhornähnliche Formen zu Stande kommen. Die *Oberfläche* ist nicht glatt, sondern bei den meisten Hörnern mit der Längsachse parallelen Furchen versehen, bei manchen finden sich auch Querfurchen oder eine Combination von Längs- und Querfurchen. Die *Farbe* ist meist gelblichgrau oder braun. Die *Consistenz* ist hart, aber nicht so hart wie die der Nagelsubstanz.

Die *mikroskopische Untersuchung* zeigt, dass die Hauthörner lediglich aus *verhornten Epidermiszellen* bestehen, dass aber wenigstens in einer Reihe von Fällen ausserordentlich verlängerte Papillen weit in die Hornmasse hinaufragen, und dass entsprechend diesen Papillen die Hornmasse in longitudinale Säulchen getheilt ist.

Prädilectionssitz der Hauthörner ist der *Kopf*. An den übrigen Theilen des Körpers kommen sie sehr viel seltener vor, relativ noch am häufigsten an den *männlichen Genitalien*. Sie treten gewöhnlich einzeln auf, in manchen Fällen aber sind multiple Hörner, bis 20 und mehr beobachtet worden. In der Regel bilden sie sich bei *älteren Personen*. — Im Ganzen ist das Vorkommen der Hauthörner ein ausserordentlich seltenes.

Abgesehen von der durch die Hörner verursachten, unter Umständen sehr grossen *Entstellung* und den durch Zerren oder Druck der Kleidungsstücke hervorgerufenen *Schmerzen* an der Insertionsstelle der Hörner ist ihre Entfernung auch noch aus dem Grunde räthlich, weil verhältnissmässig häufig — nach LEBERT in 12 Proc. der Fälle — eine Combination mit *Epithelialkrebs* beobachtet ist.

Die **Therapie** kann nur in der operativen Entfernung des Hornes und der den Boden desselben bildenden Hautpartie bestehen, da sonst stets Recidive zu befürchten sind. Bei gründlicher Excision ist ein Wiederwachsen der Hörner nicht beobachtet.

DRITTES CAPITEL.

Callus.

Die **Schwiele** (*Callus. Callositas, Tyloma*) wird ausschliesslich durch eine *Hypertrophie der Hornschicht* gebildet, ohne wesentliche Betheiligung eines anderen Gewebes der Haut. Daher erscheint dieselbe als einfache Verdickung der Hornschicht, die bis zu mehreren Millimetern Höhe haben kann und nach dem Rande zu allmälig dünner werdend ohne scharfe Grenze in die normale Haut übergeht. Die *Ausdehnung* und *Form* der Schwielen ist sehr verschieden, je nach dem veranlassenden Moment, unter Umständen kann die ganze Epidermis der Flachhände oder Fusssohlen schwielig verdickt sein.

Die *Ursache* der Schwielenbildung ist ein auf eine bestimmte Hautstelle lange Zeit, aber nicht continuirlich, sondern mit Unterbrechungen wirkender *Druck*. Daher sehen wir an allen denjenigen Stellen Schwielen auftreten, die einem solchen Druck durch Kleidungsstücke oder Werkzeuge ausgesetzt sind, besonders wenn dieser von aussen wirkende Druck durch dicht unter der Haut liegende Knochen gesteigert wird. Am häufigsten kommen demgemäss die Schwielen an den *Füssen und Händen* vor, an den Füssen besonders oft am Hacken und am Ballen der grossen Zehe, an den Händen dagegen an den verschiedensten Stellen der Finger, ganz besonders bei Handwerkern und hier wieder stets entsprechend den bei den einzelnen Beschäftigungen am meisten gedrückten Stellen. Der Sitz dieser Schwielen ist ein so constanter, dass es bei einiger Erfahrung stets leicht ist, aus demselben die betreffende Beschäftigung zu erkennen. Auch an anderen Stellen des Körpers kommen Schwielen vor, es möge hier nur die bekannte *Schusterschwiele*, dicht oberhalb der Patella erwähnt werden, die dadurch entsteht, dass die Schuster beim Einklopfen der Stifte den Schuh auf diese Stelle legen.

Die durch die Schwielen hervorgerufenen *Störungen* sind zunächst von ganz untergeordneter Bedeutung, ja die Schwielen stellen bis zu einem gewissen Grade sogar *schützende Decken* gegen die äusseren Insulte dar. Bei stärkerer Ausbildung kann aber doch die *Tastfähigkeit* der Haut beeinträchtigt werden, und ebenso kann durch umfangreiche Schwielenbildung die *Beweglichkeit der Finger* behindert werden, so dass die Hände in solchem Fall zu feineren Arbeiten untauglich werden. Manchmal kommt es unter einer Schwiele zur

Entzündung, besonders nach äusseren Insulten, und kann auf diese Weise die Schwiele in toto durch einen kleinen, unter ihr sich bildenden Abscess abgehoben werden.

Die **Therapie** erfordert in erster Linie *Beseitigung der ursächlichen Schädlichkeit*, doch ist dieses Postulat natürlich nur in den wenigsten Fällen zu erfüllen. Abgesehen hiervon macht die Entfernung der Schwielen keine Schwierigkeiten. da dieselbe durch *Abtragung mit dem Messer* oder durch Anwendung von Mitteln, die eine Erweichung und Abstossung der Epidermis hervorrufen, stets leicht zu bewerkstelligen ist. Als solche Mittel sind zu nennen *warme Umschläge*, *Sapo kalinus*, bei weitem als zweckmässigstes aber die *Salicylsäure* entweder in Collodium gelöst (10 Proc.) oder in Form des *Salicylguttaperchapflastermulles*. Aber natürlich ist die auf diesem Wege erreichte Heilung, wenn nicht das veranlassende Moment beseitigt werden kann, stets nur von vorübergehender Dauer.

VIERTES CAPITEL.

Clavus.

Das **Hühnerauge** (*Leichdorn*) ist eine Schwiele, die nur in Folge der besonderen Bedingungen, unter welchen ihre Bildung zu Stande kommt. gewisse Eigenthümlichkeiten gegenüber den gewöhnlichen Schwielen zeigt. Dasselbe stellt eine kleine, ganz wie die Schwiele allmälig zur normalen Haut abfallende *Verdickung der Hornschicht* dar, auf deren Mitte aber und zwar auf der inneren Fläche ein kleiner, allmälig sich verjüngender Hornkegel aufsitzt, welcher in eine entsprechende Vertiefung im Corium sich einsenkt. Das Ganze hat daher in der That eine gewisse Aehnlichkeit mit einem in die Haut eingeschlagenen Nagel.

Die **anatomische Untersuchung** zeigt, dass, während der Papillarkörper und das Corium entsprechend den peripherischen Theilen des Hühnerauges ganz intact, ja die Papillen sogar oft etwas hypertrophisch gefunden werden, in der Mitte, entsprechend dem sich in die Tiefe einsenkenden Hornkegel, die Papillen atrophisch werden und schliesslich ganz verschwinden, das Corium wird verdünnt, ja es kann sogar ganz durchbrochen werden. Die Erklärung hierfür liefert der Sitz und die Entstehungsweise der Hühneraugen.

Dieselben bilden sich nämlich immer da. wo der durch *äussere Einwirkungen hervorgerufene Druck* durch einen *Knochenvorsprung* auf einen besonders kleinen Raum localisirt wird oder wenigstens an diesem Punkte bei weitem am stärksten auftritt. Es entspricht der centrale Hornkegel, der „Kern" des Hühnerauges stets dem

Punkte des stärksten Druckes, und es ist klar, dass, wenn durch
äussere Einflüsse, meist durch unzweckmässige Fussbekleidung, an
einem bestimmten Punkte eine stärkere Hornbildung angeregt ist,
dann gerade hier die Hornbildung ihrerseits dazu beiträgt, wieder
den Druck zu erhöhen u. s. f., so dass an dem betreffenden Punkte
selbst eine ganz übermässige Hornbildung hervorgerufen wird, während die Umgebung in Gestalt einer einfachen Schwiele verdickt wird.

Die Hühneraugen kommen entsprechend den Bedingungen ihrer
Bildung am häufigsten auf der *Rückenfläche der Zehen*, ganz besonders an der *Aussenseite der kleinen Zehen* und an der *Fusssohle*, seltener zwischen den Zehen und an den Händen vor. Lästig werden
die Hühneraugen durch den Schmerz, der so heftig werden kann,
dass er das Gehen sehr erschwert oder es selbst ganz unmöglich
macht. — Die **Behandlung** hat in erster Linie die *Entfernung des
ursächlichen Momentes*, also in der Mehrzahl der Fälle die Beschaffung
eines gutsitzenden, nicht drückenden Schuhwerkes anzustreben, was
besonders bei verkrümmten oder sonst missgestalteten Zehen oft gar
nicht so leicht ist. Auch durch entsprechend geformte *Ringe aus
Filz oder Heftpflaster* lässt sich oft die dem Druck am meisten aus-
gesetzte Stelle schützen und so der Wiederkehr der lästigen Bildungen vorbeugen. Die Beseitigung der einmal gebildeten Hornmassen geschieht durch die bei der Behandlung der Schwielen genannten Mittel oder durch mechanische Entfernung mit dem Messer.

FÜNFTES CAPITEL.

Verruca.

Die **Warzen** bilden entweder flache, nur wenig die Oberfläche
der Haut überragende oder stärker hervorragende und dann mehr
halbkugelförmig erscheinende kleine Tumoren, welche die Grösse
einer Erbse oder Bohne selten überschreiten, manchmal allerdings,
bei sehr zahlreichem Vorhandensein, zu grösseren Plaques confluiren
können. Ihre Oberfläche ist anfangs glatt und kann auch während
der ganzen Dauer ihres Bestehens, besonders bei kleineren Warzen,
diese Beschaffenheit beibehalten. Bei grösseren pflegt dagegen nach
längerem Bestande sich der Zusammenhang der obersten Schichten
zu lösen, so dass dieselben zerfasern und sich etwa in der Gestalt
eines ganz kurzen, groben Borstenpinsels präsentiren. Dabei nehmen
sie häufig, während sie früher ungefärbt erschienen, eine dunklere

schwärzlich-grüne Färbung an, die zum Theil wohl auf äussere Verunreinigungen zurückzuführen ist.

Die **anatomische Untersuchung** zeigt, dass die Warzen aus einem stark hypertrophischen Papillarkörper mit einer ebenfalls entsprechend verdickten Epidermisauflagerung bestehen. Die Papillen sind sehr verlängert, am meisten in den mittleren Partien, aber nicht verzweigt, wie bei den Papillomen. Das Verhalten der Epidermis bedingt die schon erwähnte Verschiedenheit des Aussehens. So lange der epidermidale Ueberzug im Ganzen zusammenhält, bewahrt auch die Warze ihre glatte Oberfläche. Dadurch, dass der Zusammenhalt aufhört und sich gewöhnlich nicht die einzelnen Papillen, sondern Gruppen derselben, meist 3—6, die ihrerseits von einer gemeinsamen Epidermisdecke überzogen sind, von einander ablösen, entstehen jene zerfaserten Bildungen.

Die Warzen kommen bei weitem am häufigsten auf den *Händen* vor, bedeutend seltener im *Gesicht*, und andere Localisationen sind geradezu als Ausnahmen zu betrachten, abgesehen von einer besonderen Form, die gleich erwähnt werden soll, der *Verruca senilis*. Sie entstehen gewöhnlich bei *Kindern und jugendlichen Individuen*, von Erwachsenen bekommen in der Regel nur solche, die mechanische Arbeiten verrichten, Warzen. Dies, sowie ihre Localisation geben einen Anhaltspunkt dafür, dass bei ihrer Bildung *äussere Reize* jedenfalls mitwirken.

Nach kürzerem oder längerem Bestande pflegen die Warzen gewöhnlich von selbst abzufallen, um sich nicht wieder von Neuem zu bilden. Oft aber ist ihr Bestehen doch ein so hartnäckiges und die Verunzierung durch dieselben eine so bedeutende, dass das spontane Abfallen nicht abgewartet werden kann.

Manche Abweichungen hiervon zeigt die *Verruca senilis*, die, wie schon ihr Name sagt, nur bei *älteren Individuen* auftritt und flache, unregelmässig begrenzte, bis 1 Cm. und mehr im Durchmesser betragende Erhabenheiten bildet, welche meist eine mehr oder weniger dunkle, graue oder braune Färbung zeigen. Dieselben haben eine nur leicht rauhe, niemals stark zerklüftete Oberfläche und sind gewöhnlich in grosser Anzahl vorhanden. Ihre Prädilectionsstellen sind das *Gesicht*, besonders aber der *Nacken* und der *Rücken*. Die Entstehung dieser Gebilde, die anatomisch im Wesentlichen nur eine Hypertrophie der Epidermis ohne Betheiligung des Papillarkörpers zeigen, ist auf die im späteren Lebensalter auftretende Neigung der epithelialen Gewebe zu Hypertrophien zurückzuführen. Auch mit einer krankhaft gesteigerten Thätigkeit der Talgdrüsen (*senile Seborrhoe*, SCHUCHARDT) sind dieselben in Zusammenhang gebracht worden und hat man hierin die Erklärung dafür zu finden gemeint, dass diese Alterswarzen sich fast nur in den niederen Ständen finden, bei denen die Sorge für Reinlichkeit wenig entwickelt ist. Nicht so selten entwickeln sich aus diesen Warzen Carcinome (*seborrhagische Hautcarcinome*, VOLKMANN).

Die *Entfernung* der Warzen geschieht am besten durch *Auskratzen* mit dem *scharfen Löffel* und nachfolgende *Aetzung*, wobei es nicht sehr wesentlich auf die Wahl des Aetzmittels ankommt. Als eins der zuverlässigsten Mittel ist die *rauchende Salpetersäure* zu nennen; auch das *Acidum aceticum glaciale*, ferner die *Trichloressigsäure* sind zu empfehlen. Bei „operationsscheuen" Patienten kommt man auch mit alleiniger Anwendung des Aetzmittel zum Ziel, allerdings müssen dann die Aetzungen, besonders bei grösseren Warzen, eine Reihe von Tagen wiederholt werden, ehe dieselben eintrocknen und abfallen.

ELFTER ABSCHNITT.

ERSTES CAPITEL.

Papilloma.

Als **Papillome** werden eine Reihe von verschiedenartigen Geschwülsten bezeichnet, deren gemeinsames Merkmal der papilläre, aus einer Wucherung der Hautpapillen hervorgehende Bau ist. Hierher gehören erstens eine Reihe von *angeborenen Bildungen*, die bereits in einem anderen Capitel, unter den warzigen Naevis, ihre Würdigung gefunden haben. Ferner sind hier die sogenannten *spitzen Condylome* zu nennen, jene in Folge der Reizung der Haut oder der Schleimhaut durch Trippereiter, seltener durch andersartigen Eiter, entstehenden Wucherungen, die ebenfalls an einer anderen Stelle dieses Lehrbuches besprochen werden.

Zu erwähnen sind hier lediglich noch eine Reihe von papillären Geschwülsten, die, wie es scheint, am häufigsten auf dem behaarten Kopfe vorkommen und als *Framboesia* oder *Dermatitis papillomatosa capillitii* beschrieben sind. Dieselben sind wohl zu unterscheiden von ähnlichen, durch *Syphilis* hervorgerufenen Wucherungen (*Framboesia syphilitica*) und von der bei uns nicht vorkommenden *Framboesia tropica* (*Polypapilloma tropicum* — CHARLOUIS), einer nicht mit Syphilis identischen Infectionskrankheit, die auf den verschiedensten

Körperstellen papilläre Wucherungen hervorruft. Die *anatomische Untersuchung* hat bei einigen dieser Geschwülste ergeben, dass die Hauptmasse derselben aus stark vergrösserten Talgdrüsen besteht. — Die Entfernung dieser Papillome hat entweder auf operativem Wege oder durch Anwendung geeigneter Aetzmittel zu geschehen.

ZWEITES CAPITEL.
Molluscum contagiosum.

Das **Molluscum contagiosum** erscheint im Beginne seiner Entwickelung in Gestalt kleinster, eben hervorragender, etwas glänzender und durchscheinender Knötchen. Bei dem weiteren Wachsthum bilden sich aus diesen Knötchen kleine, bis etwa erbsengrosse, nur sehr selten grössere, warzenartige Gebilde, die halbkugelig die normale Haut überragen und von normaler Farbe sind. In der Mitte zeigen diese Bildungen eine gewöhnlich etwas vertieft liegende Oeffnung, die, was besonders bei Loupenbetrachtung gut sichtbar ist, mit transparenten, drusigen Massen ausgefüllt ist. Bei seitlichem Druck lässt sich aus der Geschwulst eine derbe, gelappte, weissliche Masse hervordrängen, die durch einen Stiel mit der Geschwulst in Zusammenhang bleibt und eine gewisse Aehnlichkeit mit einem spitzen Condylom hat, woher die frühere Bezeichnung der Geschwulst, *Condyloma subcutaneum*, stammt. Nach der sehr oberflächlichen Aehnlichkeit mit einer gedellten Pockenpustel haben die Franzosen (BAZIN) die Affection als *Acne varioliformis* bezeichnet.

Diese kleinen Geschwülste finden sich meist zu mehreren, oft sogar in grösserer Anzahl, und zwar zunächst stets an gewissen Orten, nämlich im *Gesicht* und am *Halse*, an den *Händen* und *Vorderarmen* und an den *Genitalien* und deren Umgebung. In seltenen Fällen breiten sich die in grosser Anzahl auftretenden Geschwülste von den eben erwähnten Punkten über andere Körpergegenden aus und können zu einer fast universellen Verbreitung gelangen. Manchmal bilden sich ausgebreitete Eruptionen in auffallend acuter Weise. Diese Vorliebe für unbedeckte Körpertheile und die Genitalien, welche letztere bei *Kindern niemals primär* ergriffen werden, d. h. an den Stellen, wo am häufigsten körperliche Berührungen mit Anderen stattfinden, lässt schon vermuthen, dass es sich um eine *übertragbare Krankheit* handelt, und diese Vermuthung findet durch die klinische Beobachtung ihre vollste Bestätigung. Es ist nämlich in sehr vielen Fällen leicht der Nachweis zu führen, wie die Erkrankung von einem

Kinde auf seine Geschwister, auf andere mit ihm spielende Kinder
oder auf die mit den Kindern in intimem Verkehr stehenden Erwachsenen übertragen wird. Auch in Krankenhäusern ist die Uebertragung von einem Kinde auf seine Nachbaren beobachtet worden.
Auch die *experimentelle Uebertragung* ist jetzt in unanfechtbarer
Weise gelungen und hat gezeigt, dass die Incubation mehr als zwei
Monate beträgt (Pick).

Die kleinen Geschwülste persistiren meist längere Zeit, oft mehrere
Monate, ohne sich zu verändern, in vielen Fällen tritt spontan oder
nachdem die Patienten selbst die Mollusken abgekratzt haben, völlige
Involution ein, bei den grösseren Mollusken freilich oft mit Hinterlassung einer Narbe. — Die **Diagnose** des Molluscum contagiosum
ist für Jeden, der die Krankheit kennt, leicht, und besonders der unschwer zu führende mikroskopische Nachweis der gleich zu erwähnenden Molluscumkörperchen schliesst jeden Zweifel aus.

In dem ausgedrückten Inhalt eines Molluscum contagiosum zeigen
sich nämlich ausser Epithelzellen grosse Mengen eigenthümlicher Gebilde, die *Molluscumkörperchen*, die von ovaler Form, etwas kleiner
als eine Epithelzelle und unter sich annähernd gleich gross sind
und intensiv glänzend und durchsichtig erscheinen. Schon bei einfacher Präparation mit einem Tropfen Wasser oder Glycerin, noch
besser aber nach Färbung mit einer Anilinfarbe, die von den Körperchen begierig aufgenommen wird, findet man viele Körperchen
in Epithelzellen liegen oder anderen noch einzelne Zellenreste an-
hängen.

Auf Durchschnitten durch gehärtete Mollusken zeigt es sich nun ganz
evident, dass die Körperchen zunächst in Zellen liegen und erst bei der
Eintrocknung der Zellen frei werden. Ein solcher Durchschnitt zeigt, dass
das Molluscum contagiosum aus einem ungefähr kugeligen Körper besteht,
über welchen die obersten Schichten der Haut unverändert hinwegziehen,
abgesehen von einer Oeffnung entsprechend der Mitte der Geschwulst,
welche mit einem centralen Hohlraum im Innern des Molluscum in Verbindung steht. Um diesen centralen Hohlraum gruppiren sich die radiär
angeordneten Fächer der Geschwulst, die durch dünne Bindegewebssepta
von einander getrennt und mit Epithelzellen gefüllt sind, und zwar entsprechen diese Zellen ganz der Anordnung der Zellen in der Epidermis
selbst. Auf der bindegewebigen Hülle, resp. den Septis liegt eine ganz
den Pallisadenzellen entsprechende Zellschicht auf. Mehr nach der Mitte
folgen polygonale Zellen, und in diesen treten in einer gewissen Entfernung
von der basalen Zellschicht die Molluscumkörperchen auf. Der Innenraum
ist mit freien Körperchen und verhornten Zellen erfüllt. Ueber die Natur
dieser charakteristischen Molluscumkörperchen gehen die Meinungen noch
sehr aus einander. Am wahrscheinlichsten ist die Annahme, dass sie durch

eine eigenthümliche Modification des Zellprotoplasmas gebildet werden, welche ihrerseits durch das uns zunächst noch unbekannte Contagium des Molluscum hervorgerufen wird; jedenfalls ist der sichere Beweis dafür, dass die Molluscumkörperchen selbst die Parasiten (Coccidien) seien, noch nicht erbracht.

Die **Therapie** ist sehr einfach und wird nur manchmal durch die grosse Menge der Mollusken schwierig gemacht. Das Ausdrücken der Geschwülstchen oder das Auskratzen derselben mit dem scharfen Löffel und nachheriges wiederholtes Einreiben mit Carbolöl genügt, um die Heilung zu bewerkstelligen.

DRITTES CAPITEL.

Fibroma.

Die **Fibrome** der Haut (*Fibroma molluscum*) zeigen sehr verschiedene Eigenschaften, je nach der Beschaffenheit des Bindegewebes, aus welchem sie bestehen. Ist dieses Bindegewebe locker, so sind die Geschwülste weich, bei kleineren Tumoren erscheint der Inhalt wegdrückbar, die Geschwülste machen fast den Eindruck leerer Hautsäckchen (*weiche Fibrome*); bei derber Beschaffenheit des constituirenden Gewebes sind die Tumoren hart (*Desmoide*), es betrifft dies hauptsächlich die grösseren Bildungen, und natürlich bestehen alle möglichen Zwischenstufen zwischen diesen Extremen. Manchmal sind an demselben Tumor an verschiedenen Stellen verschiedene Consistenzgrade vorhanden. Da die Ursprungsstätte der Fibrome in der Regel in den tieferen Schichten der Haut zu suchen ist, so ist die Haut, welche die äussere Decke der Geschwulst bildet, zunächst unverändert. Erst bei übermässigem Wachsthum wird die Haut gespannt, geröthet, und es kommt durch Druck oder Traumen leicht zu Ulcerationen. Auch die *Grösse* und *Form* der Fibrome zeigt die mannigfachsten Verschiedenheiten. Erstere schwankt von den kleinsten Anfängen bis zu kopfgrossen und grösseren Tumoren, die dann wie ein grosser Sack von dem betreffenden Körpertheil herabhängen und nicht nur durch die Entstellung, sondern auch durch ihr Gewicht die Patienten ausserordentlich behindern. Der Form nach sind die Fibrome entweder gestielt oder mehr halbkugelig und findet sich die erstere Form nicht nur bei den grösseren, sondern auch bei ganz kleinen weichen Fibromen (*Cutis pendula*). In manchen Fällen tritt der Charakter einer circumscripten Geschwulst mehr zurück, und die Fibrome hängen in Gestalt mächtiger Wampen

von den ergriffenen Körpertheilen herab. Diese Fälle sind vielfach
als *Elephantiasis (Lappenelephantiasis)* bezeichnet worden und in
der That ist nach dem anatomischen Bau der Neubildung eine strenge
Trennung dieser Fälle von der Elephantiasis Arabum kaum möglich.

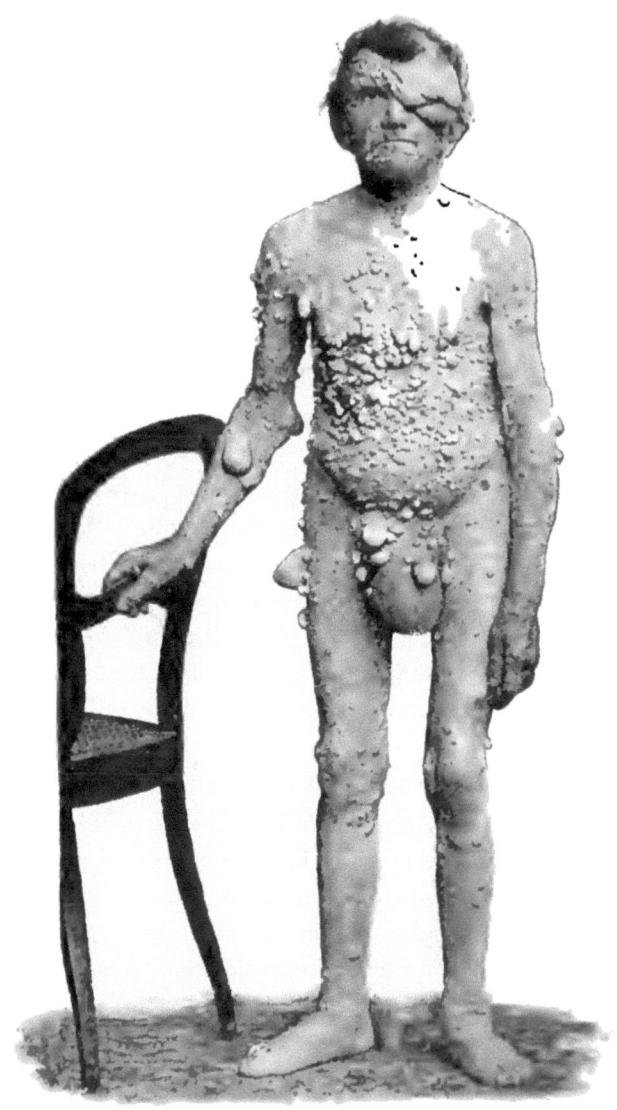

Fig. 14.
Multiplo Fibromo.

Wohl aber ist diese Trennung mit Rücksicht auf die Aetiologie
möglich und unserer Ansicht nach nothwendig, denn wir haben es
auf der einen Seite, bei den Fibromen, mit — jedenfalls der Au-

lage nach — meist oder vielleicht immer angeborenen Zuständen zu thun, während auf der anderen Seite die Elephantiasis eine stets erworbene, durch gewisse locale Störungen hervorgerufene Krankheit ist.

Oft treten die Fibrome einzeln oder in geringer Anzahl auf, in anderen Fällen dagegen sind sie in grosser Anzahl, bis zu mehreren Tausenden vorhanden, die dann die ganze Körperoberfläche förmlich bedecken. Die *einzelnen Fibrome* sind am häufigsten am *Kopf* und an den *oberen Körpertheilen*, besonders am *Rücken* zu finden, während die *multiplen Fibrome* in zunächst regellos erscheinender Weise über den ganzen Körper zerstreut sind. Indessen zeigt sich doch eine gewisse Prädilection, eine Häufung der Geschwülste an den der Reibung und anderen Insulten am meisten ausgesetzten Körperstellen, am Nacken, über den Schulterblättern, in der Gegend des Gürtels bei Frauen u. s. w. Bei den Fällen von multiplen Fibromen finden sich gleichzeitig die verschiedensten Grössen vor. Oft sind ausser der grossen Menge kleinster bis mittelgrosser Tumoren einer oder einige wenige von ganz besonderer Grösse vorhanden. — Bei Menschen, die mit Fibromen behaftet sind, finden sich sehr häufig zahlreiche pigmentirte *Naevi*.

Eine *weitere Entwickelung* kommt abgesehen von dem im Ganzen langsamen Wachsthum nur insofern zur Beobachtung, als manchmal durch Traumen Ulcerationen der Geschwülste und bei gestielten Fibromen Gangrän und spontaner Abfall eintritt. — In seltenen Fällen ist der Uebergang in *Sarcom* beobachtet.

Während von den einzelnen Fibromen sicher viele erst während des späteren Lebens entstehen, vielleicht freilich auch aus einer angeborenen Anlage, beruht die Entwickelung der multiplen Fibrome stets auf einer angeborenen Anlage, und es werden die Geschwülste meist bereits bei der Geburt oder in der ersten Lebenszeit bemerkt. Allerdings sind in dieser frühen Epoche erst wenige und kleine Tumoren nachweisbar, und erst während des späteren Lebens vermehren sie sich an Zahl und Grösse in so enormer Weise. Für die multiplen Fibrome hat sich ein *Zusammenhang mit dem Nervensystem* insofern feststellen lassen, als nachgewiesen wurde, dass die Tumoren aus den Nervenscheiden sich entwickeln und daher, so lange durch ihr stärkeres Wachsthum dieses Verhältniss noch nicht undeutlich geworden ist, auch beim Lebenden, wenigstens bei einzelnen Geschwülsten ihre Anordnung entsprechend dem Nervenverlauf constatirt werden kann (v. RECKLINGHAUSEN). Manchmal ist auch *plexi-*

forme Gestaltung dieser eigentlich also als *Neurofibrome* zu bezeichnenden Geschwülste beobachtet worden. Auch von den bindegewebigen Umhüllungen der *Hautdrüsen* und den Scheiden der *Arterien* hat man multiple Fibrome ausgehen sehen. — In einzelnen Fällen, wie in dem abgebildeten, ist eine *Vererbung* der multiplen Fibrome durch mehrere Generationen beobachtet worden.

Die *Therapie* kann nur eine operative sein, und bei den multiplen Fibromen kann wegen der grossen Anzahl überhaupt wohl nur von einer etwaigen Entfernung eines oder einiger besonders grosser Tumoren die Rede sein.

VIERTES CAPITEL.

Lipoma.

Die **Lipome** (*Fettgeschwülste*) der Haut gehen vom Unterhautfettgewebe aus und kommen in den verschiedensten Formen und Grössen vor. Vielfach sind sie flach, aus mehreren Lappen zusammengesetzt und von völlig normaler Haut überzogen. Andere ragen stärker hervor und können in Folge des durch ihre Schwere bedingten Zuges schliesslich gestielte Geschwülste bilden. Ueber diesen letzteren ist die Haut oft straffer gespannt, es kann besonders bei Hinzutritt äusserer Schädlichkeiten zur Entzündung und Gangrän derselben kommen. Die Consistenz der Lipome ist eine prall-elastische. — Lipome können auf *allen Körperstellen* vorkommen; häufig finden sich bei demselben Individuum mehrere Lipome, und bei grösserer Anzahl ist oft symmetrische Localisation vorhanden. Am häufigsten treten die Lipome erst während der *späteren Lebensjahre* auf, in seltenen Fällen sind sie angeboren und dann gewöhnlich in grosser Anzahl vorhanden. — Diesen circumscripten Lipomen sind die sehr viel selteneren *diffusen Lipome* gegenüberzustellen, welche meist am Nacken und Hals localisirt sind, aber auch an anderen Stellen vorkommen. — Beschwerden werden durch die Lipome nicht hervorgerufen, abgesehen von der Entstellung und allenfalls der Behinderung, die durch ganz besonders grosse Tumoren bedingt werden können. — Die *Therapie* kann nur in der gewöhnlich leicht ausführbaren Exstirpation der Geschwülste bestehen.

FÜNFTES CAPITEL.
Myoma.

Die aus glatten Muskelfasern bestehenden Geschwülste der Haut, die **Dermatomyome**, gehören zu den seltensten Tumoren. Dieselben kommen verhältnissmässig am häufigsten an den Hautstellen vor, wo die glatten Muskelfasern besonders reichlich angehäuft sind, in der *Umgebung der Mamilla*, am *Scrotum* und an den *grossen Labien* und können hier zu hühnereigrossen Tumoren anwachsen. Dann sind Fälle bekannt geworden, wo über den ganzen Körper zerstreut eine grosse Anzahl kleiner Myome, in Gestalt hellrother Knötchen sich vorfand, die offenbar ihren Ausgang von den Arrectores pilorum genommen hatten. In einzelnen dieser Fälle litten die Kranken unter heftigen, von den Knötchen ausgehenden Schmerzparoxysmen.

SECHSTES CAPITEL.
Xanthoma.

Als **Xanthom** (*Xanthelasma*) wird eine Geschwulst bezeichnet, die entweder in Gestalt flacher oder nur wenig erhabener, an ihrer Oberfläche glatter oder leicht höckeriger Einlagerungen in die Haut von braungelber, schwefel- oder strohgelber Farbe (*Xanthoma planum*) oder kleiner weisslichgelber Knötchen oder Knoten, die nur ganz ausnahmsweise zu grösseren Tumoren anwachsen (*Xanthoma tuberosum*), auftritt. Bei weitem am häufigsten tritt das Xanthom und zwar die flache Form desselben an den *Augenlidern* auf (*Xanthoma palpebrarum*) und bildet daselbst, meist vom inneren, seltener vom äusseren Augenwinkel ausgehend, linsen- bis fingernagelgrosse Herde von der oben beschriebenen Beschaffenheit. Sehr viel seltener finden sich dieselben Veränderungen an den angrenzenden Theilen der *Wangen*, an der *Nase*, an den *Ohrmuscheln*. Das knötchenförmige Xanthom findet sich dagegen auch an anderen Stellen, in manchen, allerdings seltenen Fällen in *universeller Verbreitung* über den ganzen Körper. In diesen Fällen sind fast stets auch an der gewöhnlichen Prädilectionsstelle, den Augenlidern, Xanthome vorhanden, und an den Flachhänden und der Beugeseite der Finger finden sich streifenförmige, flache Xanthomeruptionen entsprechend den Hautfurchen. Ein besonders häufiger Sitz der Erkrankung sind die Druckstellen, so die Haut an den Streckseiten der Ellenbogen- und Kniegelenke. — Auch auf *Schleimhäuten* (Mundhöhle, Larynx, Trachea, Oesophagus)

und *serösen Häuten* (Intima der Gefässe, Endo- und Pericardium)
sind Xanthome in seltenen Fällen beobachtet worden.

Irgend welche *weitere Veränderungen* zeigt das Xanthom nicht,
es fehlen ebenso alle *subjectiven Empfindungen* an den betroffenen
Stellen. Bezüglich der **Diagnose** wäre nur an eine Verwechselung
des knötchenförmigen Xanthoms mit *Milien* zu denken, die sich aber
leicht vermeiden lässt, da das Milium nach dem Einritzen der Oberhaut sich leicht als compactes weisses Körnchen herausdrücken lässt,
während dies beim Xanthom ganz unmöglich ist. — Die Vergrösserung der einzelnen Xanthome bis zu höchstens etwa Zehnpfennig-
oder Thalerstückgrösse ist eine sehr langsame. Gewöhnlich sistirt
der Process schon, ehe diese Grössen erreicht sind, und bleibt dann
der Zustand der kleinen Geschwülste unverändert derselbe. Eine
Involution scheint nicht vorzukommen.

Anatomie. Das Xanthom wird durch Anhäufung verschieden grosser,
ein- oder mehrkörniger Zellen gebildet, welche so reichlich Fett enthalten,
dass ihre Membranen und Kerne erst nach künstlicher Entfettung sichtbar
gemacht werden können. Die Fetteinlagerung beruht nicht etwa auf einer
regressiven Metamorphose, einer fettigen Degeneration, sondern auf einer
den Zellen von vornherein anhaftenden Neigung zur Fettbildung. Diese
Xanthomzellen liegen in den Lymphspalten und grösseren Lymphräumen
der Cutis, am reichlichsten in der Adventitia der Blutgefässe und der
Haarbälge. Auch Pigment können die Xanthomzellen enthalten, jedenfalls
ist aber das Fett derjenige Bestandtheil, welcher dem Xanthom die eigenthümliche Farbe verleiht. Gelegentlich sind Mischgeschwülste des Xanthoms mit Fibromen oder Sarcomen beobachtet. Die hier gegebene Schilderung ist den sorgfältigen Untersuchungen Touton's entnommen.

Aetiologie. In vielen Fällen von universellem Xanthom ist ein
Zusammenhang mit *chronischem Icterus,* meist bedingt durch schwere
Lebererkrankungen, beobachtet, und es ist wahrscheinlich, dass diese
in der Mehrzahl der bekannt gewordenen Beobachtungen gefundene
Coincidenz keine zufällige ist. Auch bei dem auf das Gesicht und
speciell auf die Augenlider localisirten Xanthom ist vielfach dem
Auftreten der Geschwülste voraufgehender Icterus beobachtet worden,
aber doch nicht in der Häufigkeit, dass für diese Fälle bisher eine
sichere Entscheidung über einen etwaigen Causalnexus möglich wäre.
Eine gewisse Vorsicht ist allerdings noch insofern geboten, als mehrfach bei multiplen Xanthomen eine gelbe Färbung der Haut beobachtet wurde, ohne Betheiligung der Conjunctiven, ohne gallen-
farbstoffhaltigen Urin, kurz ohne Icterus (*Xanthodermie* — Carry,
Besnier). — In einigen Fällen sind bei Diabetikern Eruptionen beobachtet, die zwar in mancher Hinsicht von den gewöhnlichen Xan-

thomen abweichen — Nichtbefallenwerden der Augenlider, spontanes
Verschwinden —, doch aber ihrer Erscheinung und ihrem Baue nach
sich jenen durchaus analog verhielten (*Xanthoma diabeticorum*).

Die **Therapie** kann nur in der operativen Entfernung der Geschwülste bestehen, die bei dem universellen Xanthom wegen der
grossen Anzahl der Knötchen kaum möglich ist. Dagegen ist die
Entfernung einzelner Xanthome leicht ausführbar, nur muss dieselbe
an der am häufigsten in Betracht kommenden Stelle, an den Augenlidern, natürlich durch eine möglichst oberflächliche Abtragung geschehen, damit nicht eine Verkürzung der Augenlider durch stärkere
Narbenbildung und so Ectropium zu Stande kommt.

SIEBENTES CAPITEL.

Keloid.

Ueber die als **Keloid** zu bezeichnenden Krankheitsformen hat
lange Zeit eine gewisse Unklarheit geherrscht. Auszuschliessen von
dieser Gruppe ist jedenfalls die *hypertrophische Narbe,* welche den
Bereich der ursprünglichen Verletzung nie überschreitet. Dagegen
ist nach den neueren Erfahrungen der früher vielfach — und auch
von mir — betonte Gegensatz zwischen dem *spontanen* und dem
falschen, sich aus Narben entwickelnden Keloid fallen zu lassen.
Dieser Gegensatz gilt eben nur der hypertrophischen Narbe, während die von Narben respective von Verletzungen ausgehenden und
geschwulstartig die Grenzen der ursprünglichen Narbe überschreitenden Keloide sich nur dadurch von den sogenannten spontanen
Keloiden unterscheiden, dass die letzteren ohne Verletzung entstanden
zu sein „scheinen" (BESNIER und DOYON). Es ist in der That kaum
zu erweisen, dass nicht auch in diesen Fällen kleine Verletzungen,
Acneknötchen, wie in dem Fall von DÉNÉRIAZ, oder dergl. der Keloidentwickelung voraufgegangen sind. Sehr lehrreich in dieser Beziehung ist ein von WELANDER beobachteter Fall, bei welchem typisch
an der Brust localisirte „spontane" Keloide und gleichzeitig Narbenkeloide vorhanden waren.

Das Keloid beginnt in Gestalt kleiner, derber Knoten, die sich
sehr langsam, im Laufe einer Reihe von Jahren vergrössern, um dann,
nachdem sie eine gewisse Grösse erreicht haben, gewöhnlich ganz
unverändert fortzubestehen. In einzelnen Fällen ist eine spontane
Rückbildung beobachtet (WELANDER). Die ausgebildeten Keloide bilden flache, etwa $\frac{1}{2}$—1 Cm., selten höher sich erhebende Geschwülste

von unregelmässig polygonaler oder noch häufiger langgestreckter, öfter durch Verschmälerung der mittleren Partien bisquitartiger Form. Dieselben fallen entweder steil gegen die normale Haut ab oder zeigen einen mehr allmäligen Uebergang und schicken oft gekrümmte und gegen einander gebogene Fortsätze in die normale Haut hinein, welche eine gewisse Aehnlichkeit mit Krebsscheeren haben, (daher der Name, abgeleitet von χηλη). Auch die eigentliche Geschwulst ist oft durch sichelförmige Einziehungen gebuchtet. Die Oberfläche erscheint glänzend, ihre Farbe ist weiss oder hellroth, auch braunroth, öfters zeigen sich kleine Teleangiectasien auf derselben. Die Geschwülste können von Verletzungen ausgehend sich natürlich an allen Körperstellen entwickeln. Bei einzelnen Menschen hat eben die Haut die eigenthümliche Disposition, auf Verletzungen mit der Bildung eines Keloids zu reagiren. Bemerkenswerth ist für die ohne nachweisbare Ursache auftretenden Keloide eine zunächst nicht zu erklärende Vorliebe für die *vordere Brustgegend*, hauptsächlich für die *Haut über dem Sternum*. Sie kommen einzeln vor, häufiger aber noch zu mehreren und zeigen dann an der eben erwähnten Prädilectionsstelle eine ganz eigenthümliche Anordnung. Es finden sich nämlich häufig mehrere langgestreckte Keloide, die parallel zu einander verlaufen und in ihrer Richtung ganz der Richtung der Rippen, resp. der Intercostalräume entsprechen.

Subjectiv rufen die Keloide meist brennende und juckende Empfindungen und besonders bei Berührungen und Reibung durch Kleidungsstücke Schmerzen hervor.

Die *mikroskopische Untersuchung* zeigt, dass die in der Pars reticularis des Corium liegende Geschwulst im Wesentlichen aus der Längsrichtung des Keloids entsprechend angeordneten Bündeln von derbem faserigen zellenarmen Bindegewebe besteht, in deren Umgebung starke Zellenanhäufungen sich finden. Der Papillarkörper und die Epidermis ziehen kaum verändert über die Geschwulst hinweg, können aber auch an Stellen, wo sie einem starken Druck ausgesetzt sind, mehr oder weniger atrophisch sein. Anatomisch schliesst sich daher die Geschwulst am meisten den *Fibromen* oder *Fibrosarcomen* an, und in der That ist die Entwickelung von Sarcomen aus Keloiden beobachtet worden.

Abgesehen von besonderen Indicationen ist es nicht anzurathen, die Keloide zu exstirpiren, da das Auftreten von Recidiven stets zu befürchten ist. Gegen die unangenehmen subjectiven Empfindungen erweist sich das Auflegen von Empl. Plumbi oder Empl. Hydrargyri wenigstens einigermassen wirksam.

ACHTES CAPITEL.

Rhinoscleroma.

Das **Rhinosclerom**, eine sehr seltene Geschwulstbildung der Haut, zeigt, wenigstens histologisch, mit den Sarcomen eine gewisse Aehnlichkeit, während es sich freilich durch manche Eigenthümlichkeiten des Verlaufes, durch seine constante Localisation an der Nase und deren nächster Umgebung wieder von ihnen unterscheidet.

Das Rhinosclerom beginnt fast stets an der *Nase*, und zwar, wie es scheint, meist von der Schleimhaut ausgehend, gewöhnlich an einem *Nasenflügel* in Gestalt einer derben Infiltration, über welcher die Haut normal gefärbt ist oder ein braunrothes oder blaurothes Colorit zeigt. Im weiteren, sehr chronischen Verlaufe nimmt dieses Infiltrat allmälig zu und greift auf die benachbarten Gebiete über. Nicht nur der Nasenflügel, sondern auch das *Septum* und die *Schleimhautauskleidung des Nasenganges* werden von der Geschwulstmasse, die eine glatte oder mehr höckerige Oberfläche zeigt, eingenommen, das Lumen des Nasenganges wird verengt und schliesslich vollständig verlegt, so dass, wenn beide Nasenhälften ergriffen sind, es den Patienten ganz unmöglich ist, durch die Nase zu athmen, und sie stets durch den Mund Luft holen müssen, was beim Schlafen lautes Schnarchen verursacht. Auch ihre Sprache erhält einen eigenthümlich nasalen Beiklang. Ganz besonders bemerkenswerth ist die in der That fast *knorpelartige Härte* der Geschwulst, welche auch Hebra, den ersten Beschreiber dieser Krankheit, zur Wahl des Namens veranlasst hat. Die Oberfläche ist entweder trocken, die Haut erscheint, abgesehen von der oben erwähnten Farbenveränderung, normal, oder es findet ein mässiges Nässen statt, wodurch besonders die Nasenöffnungen oft mit Krusten bedeckt sind. Bei geringfügigen Verletzungen bluten diese nässenden Stellen leicht. Spontan ist die Geschwulst meist nicht schmerzhaft, dagegen werden auch durch leichten Druck gewöhnlich heftige Schmerzen verursacht. Ganz besonders aber werden die Patienten, abgesehen von den Athembeschwerden, durch die enorme Entstellung belästigt, welche die anfänglich nach allen Richtungen, später besonders im Breitendurchmesser stattfindende Vergrösserung der Nase bedingt.

Von der Nase kann die Geschwulstbildung durch die Nasengänge nach hinten auf den *weichen Gaumen* und auf die *hintere Pharynxwand*, selbst auf den *Kehlkopf*, durch die Eustachischen Tuben nach Perforation des Trommelfells selbst bis in den *äusseren*

Gehörgang, ferner auf die *Oberlippe*, auf die *inneren Augenwinkel*
(durch die Thränenkanäle), auf die unmittelbar an die Nase angrenzenden Theile der *Wangen* und auf die *Glabella* fortschreiten.
Es bilden sich dann an diesen Stellen flache oder mehr hervorragende, an der Oberfläche ebene oder durch Furchen in einzelne
Höcker getheilte Geschwülste, die in ihren Eigenschaften ganz den
ursprünglichen Herden entsprechen. Oft kommt es zur Anlöthung
des weichen Gaumens an die hintere Rachenwand und zur Retraction desselben, so dass die Communicationsöffnung zwischen Nasen-
und Rachenhöhle sehr verengt wird. Damit sind aber sämmtliche
Localisationen erschöpft, an anderen Stellen ist das Rhinosclerom
bisher noch nicht beobachtet worden.

Das Rhinosclerom zeigt keine Neigung zur regressiven Metamorphose. Fast nie tritt spontane Involution oder eiteriger Zerfall und
Geschwürsbildung ein. Allenfalls kommt es zu ganz oberflächlichen
Erosionen mit Absonderungen von mässigen Secretmengen. Selbst
nach Excisionen tritt auffallend schnell wieder Ueberhäutung auf.
Dagegen kann es durch das Fortschreiten der Geschwulstwucherung
zur Arrosion der sich entgegenstellenden Knorpel und Knochen
kommen und so z. B. zur Perforation des harten Gaumens, zu Zerstörungen des Nasengerüstes.

Der **Verlauf** ist ein ausserordentlich chronischer, es sind Fälle
bekannt geworden, in denen derselbe 10—20 Jahre gewährt hat. —
Irgend welchen Einfluss auf das Allgemeinbefinden hat das Rhinosclerom in keinem der beobachteten Fälle gezeigt.

Bei der **Diagnose** ist besonders die *Localisation*, die *auffallende
Härte*, das *Fehlen* von *Rückbildungsvorgängen*, *Geschwüren und
Vernarbungen* zu berücksichtigen, welche Eigenschaften bei einem
einige Zeit bestehenden Rhinosclerom die Unterscheidung einerseits
von *Syphilis*, andererseits von *Carcinom* leicht machen. Dagegen
dürfte es schwerer sein, ein eben sich entwickelndes Rhinosclerom
von einem frischen, noch nicht zerfallenen Gumma oder einem noch
nicht ulcerirten Carcinomknoten zu unterscheiden. Gegenüber der
Syphilis ist auch in diesen Fällen der sehr viel *langsamere Verlauf*
hervorzuheben, jedenfalls bringt die weitere Entwickelung bald die
sichere Entscheidung.

Die **anatomische Untersuchung** zeigt, dass das Rhinosclerom in seinen
oberen Schichten aus einem äusserst zellreichen und von zahlreichen Gefässen durchzogenen Gewebe besteht, welches in den unteren Schichten
von festen fibrösen Bindegewebszügen durchsetzt ist, die nach der Tiefe

zu an Zahl und Ausdehnung zunehmen und jedenfalls die ausserordentliche Härte der Geschwulst bedingen.

Bezüglich der **Aetiologie** lässt sich der mehrfach vermuthete Zusammenhang mit Syphilis mit vollster Sicherheit zurückweisen. Weder ergiebt der Verlauf der Krankheit den geringsten Anhaltspunkt hierfür, noch haben die oft versuchten antisyphilitischen Kuren irgend einen Einfluss auf die Geschwulst ausgeübt. — Die an Rhinosclerom leidenden Patienten befanden sich meist in den *mittleren Jahren*; bezüglich des Geschlechts stellt sich das Verhältniss für Männer und Frauen annähernd gleich. In einzelnen Ländern — u. A. Oesterreich, Russland — wird das Rhinosclerom häufiger beobachtet, in anderen scheint es sehr viel seltener zu sein oder ganz zu fehlen. — Neuerdings ist die Anwesenheit bestimmter *Bacterien* im Gewebe des Rhinoscleroms constatirt worden. (FRISCH).

Die **therapeutischen Erfolge** sind im Allgemeinen bisher wenig befriedigende gewesen. Eine vollständige Abtragung der Geschwulst wird durch die Localisation in der Regel unmöglich gemacht. In einem Fall hat O. SIMON dadurch einen sehr günstigen Erfolg erzielt, dass zunächst durch eine keilförmige Excision der Anfangstheil des verschlossenen Nasenganges erweitert und dann in die so entstandene Lücke Watte mit 10—20 procentiger Pyrogallussalbe eingelegt wurde. Die Aetzungen mit Pyrogallussäure wurden von Zeit zu Zeit wiederholt und dadurch die vorher hochgradig vergrösserte Nase nicht nur sehr verkleinert, sondern es zeigte sich auch ein auffallendes Weicherwerden der vorher knorpelharten Geschwulstmassen. Ferner hat DOUTRELEPONT über eine Heilung durch Anwendung einer 1 procentigen Sublimat-Lanolinsalbe berichtet.

———

NEUNTES CAPITEL.

Sarcoma.

An der Haut und im Unterhautbindegewebe kommen **Sarcome** der verschiedensten Art vor, die sich ebenso verschieden auch hinsichtlich ihres Verlaufes und ihrer Bösartigkeit verhalten. Vielfach entstehen dieselben aus einer Warze oder einem Naevus, einem Fussgeschwür, einer Paronychie. Oft lässt sich ein Trauma, ein länger einwirkender Reiz als occasionelle Ursache nachweisen. — Da die Behandlung der Sarcome vollständig in das Gebiet der Chirurgie gehört, so soll hier nicht näher auf die Schilderung dieser Geschwülste eingegangen werden. Nur eine seltene Form des Hautsarcoms soll etwas ausführlicher erwähnt werden, die *multiplen melanotischen Sarcome*.

In den bisher beobachteten Fällen dieser Art bildeten sich meist zuerst an der Fusssohle oder dem Fussrücken Knoten von braunrother, blaurother oder blauschwarzer Farbe, von derb-elastischer Consistenz, die sich schnell vermehrten, nach den Füssen am reichlichsten an den Händen und dann an der gesammten übrigen Hautoberfläche auftraten. In vielen Fällen geht die Entwickelung der melanotischen Sarcome von einem *Pigmentmal* aus, sowie ein solches daher sich zu vergrössern beginnt, ist schleunige und gründliche Entfernung dringend angezeigt. Die kleinsten Sarcomknötchen erscheinen oft ungefärbt, erst bei ihrem Grösserwerden stellt sich die charakteristische Färbung ein. Die Tumoren können bis hühnereigross werden. Die starke Schwellung und Infiltration der Haut der Füsse erschwert oder verhindert das Gehen, auch die Hände werden in ihren Bewegungen mehr oder weniger beeinträchtigt. Die Krankheit führt, sich selbst überlassen, ausnahmslos zum Tode und zwar in kurzer, zwei bis drei Jahre nicht überschreitender Frist. Nur die *Arsendarreichung*, innerlich oder subcutan, hat einen nicht zu bezweifelnden günstigen Einfluss; vielleicht kann sogar eine vollständige Heilung durch dieselbe erzielt werden.

Bei den *Sectionen* fanden sich zahlreiche Eruptionen auf Schleimhäuten und in inneren Organen.

Den Sarcomen jedenfalls nahestehend sind die sogenannten **multiplen Granulationsgeschwülste der Haut** (*Mycosis fungoides*, ALIBERT: *Granuloma fungoides*, AUSPITZ), die deshalb an dieser Stelle besprochen werden sollen. In ziemlich übereinstimmender Weise zeigte sich bei den bekannt gewordenen Fällen dieser seltenen Hauterkrankung ein längeres, der Geschwulstbildung voraufgehendes Stadium, welches durch das Auftreten über den ganzen Körper zerstreuter, rother, eczemartig erscheinender und stark juckender Flecken charakterisirt war, die an einem Punkte verschwanden, um an anderen wieder aufzutauchen. Die eigentliche Geschwulstbildung beginnt dann mit dem Auftreten derber, die Haut überragender Infiltrate von flacher oder mehr halbkugeliger, pilzähnlicher Form — daher der ALIBERT'sche Name —, die an der Oberfläche trocken, roth, oder nässend und mit Krusten bedeckt erscheinen. Die Infiltrate können bis flachhandgross werden und durch Confluenz noch grössere

Hautstrecken einnehmen. Gelegentlich ist in der ersten Zeit der Geschwulsteruptionen an einzelnen Knoten eine völlige Rückbildung mit Hinterlassung einer normalen, nicht narbigen Hautstelle beobachtet, im Allgemeinen zeigt die Krankheit aber stets einen progressiven Charakter. Im letzten Stadium der Krankheit wird oft Ulceration der Knoten beobachtet. Nach Köbner können wir zwei Typen unterscheiden, indem in einer Reihe von Fällen sich nur wenige, sesshafte Tumoren entwickeln, die sich nur langsam vergrössern, während in einer grösseren Anzahl von Fällen die Tumoren in sehr grosser Anzahl auftreten und meist regellos über die ganze Körperoberfläche zerstreut sind, seltener einzelne Theile, z. B. das Gesicht, vorwiegend befallen. Die erste Varietät, bei der sich nur eine geringe Anzahl von Geschwülsten bildet, ist jedenfalls die bei weitem gutartigere.

Während die Kranken im Beginne, ausser schmerzhaften Empfindungen in den erkrankten Stellen, keine besonderen Symptome zeigen, tritt jedenfalls bei der zweiten Varietät im weiteren Verlaufe stets zum Tode führender Marasmus ein. Die Sectionen ergeben mit seltenen Ausnahmen keine entsprechenden Geschwulstbildungen innerer Organe.

Die *mikroskopische Untersuchung* der Geschwülste ergiebt den Sarcomen ausserordentlich ähnliche Bilder. Im Wesentlichen bestehen die Infiltrate aus kleinen runden Zellen, die in einem spärlichen Bindegewebsgerüste liegen. Neuerdings sind in den Geschwülsten *Mikrokokken* nachgewiesen worden (Auspitz, Hochsinger, Rindfleisch) und werden dieselben von diesen Autoren als Ursache der Krankheit angesehen. Köbner, der in nicht ulcerirten Knoten niemals Mikroorganismen fand, bestreitet die pathogene Bedeutung der von jenen Autoren gefundenen Bacterien, hält aber doch die zuerst von Neisser angenommene Zusammengehörigkeit der Mycosis fungoides mit den chronischen Infectionskrankheiten für wahrscheinlich.

Bei der **Diagnose** ist gegenüber der *Syphilis* und zwar dem *Hautgumma* zu berücksichtigen, dass die letztere Geschwulst grosse Neigung zum eiterigen Zerfall zeigt, während bei den Granulationsgeschwülsten tiefer greifender Zerfall, abgesehen vom letzten Stadium der Krankheit, nicht vorkommt, wenn derselbe nicht durch äussere, zufällige Irritamente hervorgerufen wird. Gegenüber gewissen Formen der *Lepra* ist, ganz abgesehen davon, dass diese Krankheit in unseren Gegenden autochthon nicht vorkommt, auf die charakteristischen Erscheinungen dieser Krankheit, bestimmte *Localisation der Knoten (Augenbrauenbögen), Anästhesien,* und vor Allem auf den nicht schwer zu erbringenden *Nachweis der Leprabacillen* hinzuweisen.

Bei der **Therapie** der multiplen Sarcombildungen und der Granulationsgeschwülste ist nur von einem Mittel, dem *Arsen*, ein Erfolg zu erhoffen, und in der That sind Besserungen und sogar Heilungen durch subcutane Injectionen der Solutio Fowleri beobachtet worden (KÖBNER, WOLFF).

Im Anschluss hieran mögen die seltenen Fälle von **Lymphomen der Haut** erwähnt werden, die sowohl bei *Leukämie* wie bei HODGKIN-scher *Krankheit* beobachtet wurden. Die Geschwülste sassen theils in der Haut, theils im Unterhautbindegewebe, auch in den Muskeln, und traten seltener vereinzelt, häufiger in grösserer Anzahl auf. Durch Confluenz kam es zur Bildung grösserer Plaques oder diffuser knolliger Schwellungen (*Lymphodermia perniciosa*, KAPOSI). Bei Pseudoleukämie sind prurigoartige, sehr stark juckende Hauterkrankungen beobachtet (E. WAGNER, JOSEPH, ARNING). Auch die zuerst erwähnten Formen sind öfter von starkem Jucken begleitet. — In manchen Fällen hat sich die *Arsendarreichung* als entschieden wirksam erwiesen.

ZEHNTES CAPITEL.

Carcinoma.

Der **Epithelialkrebs der Haut** (*Epitheliom, Cancroid*) tritt in drei klinisch verschiedenen Formen auf, zwischen denen aber Uebergänge häufig vorkommen, schon da oft die Entwickelung der einen aus der anderen Form sich vollzieht.

Der *flache Hautkrebs* (*Ulcus rodens*) entwickelt sich in Form einer einzelnen, seltener mehrerer neben einander liegender derber, hellröthlicher oder weisslicher Papeln, die einen eigenthümlichen perlmutterartigen Glanz zeigen und durchscheinend sind. Bei der allmäligen Vergrösserung bildet sich zunächst in der Mitte eine mit einer kleinen Borke bedeckte Excoriation, die sich im weiteren Verlaufe in ein flaches, mit Granulationen bedecktes Geschwür umwandelt. Der äussere Rand dieses Geschwüres ist wallartig erhaben und zeigt die oben für die ursprünglichen Papeln geschilderten Eigenthümlichkeiten. Die *Form* des Geschwüres ist anfänglich stets rund, ausser bei Vorhandensein mehrerer Ausgangspunkte des Carcinoms, wo dieselbe durch Confluiren der einzelnen Kreise acht- und kleeblattförmig wird. Bei weiterem Wachsthum der Neubildung verwischt sich aber diese anfängliche Regelmässigkeit der Form mehr und mehr, immerhin lassen sich im Allgemeinen noch nach aussen convexe Begrenzungslinien erkennen. Der flache Hautkrebs verläuft ausserordentlich *chronisch,* und es können 10 und 20 Jahre vergehen, bis das Geschwür Flachhandgrösse erreicht hat. Dabei besteht in der Regel keine Neigung, in die Tiefe zu wuchern, in diesen Fällen tritt auch keine Schwellung der nächstgelegenen Lymphdrüsen auf und zeigt die Krankheit überhaupt eigentlich keinen malignen Charakter. Manchmal treten sogar umfangreiche centrale *Vernarbungen* spontan ein, so dass nur in der Peripherie ein geschwüriger, nach aussen von dem erwähnten Wall umgebener Saum übrig bleibt. —

Anders ist der Verlauf in den Fällen, wo ein ursprünglich flacher Krebs nach einiger Zeit in die Tiefe übergreift, oder wo der Krebs von vornherein grössere, bald in Ulceration übergehende Knoten bildet (*knotiger Hautkrebs*). Diese Fälle zeichnen sich durch einen viel schnelleren Verlauf aus, der local und allgemein viel deletärer ist, als bei den flachen Carcinomen. Es werden in kurzer Zeit die unter der Haut liegenden Gebilde, Knorpel, Knochen und andere Theile zerstört, die Lymphdrüsen schwellen an, brechen schliesslich auf und verwandeln sich ebenfalls in carcinomatöse Geschwüre, oft treten *Metastasen* und dadurch bedingte Complicationen an inneren Organen auf, und bald stellt sich ausnahmslos zum Tode führende *Cachexie* ein.

Die dritte Form des Hautkrebses ist die *papillomatöse (Blumenkohlgewächs),* die sich entweder aus einer der vorher erwähnten entwickelt, oder von vornherein als solche auftritt. Die Geschwülste können faustgross und grösser werden, gehen aber oft schon vor Erreichung dieser Dimensionen in eiterigen Zerfall und Geschwürsbildung über.

Localisation. Am allerhäufigsten entwickelt sich das Epithelialcarcinom im *Gesicht,* demnächst an den *Genitalien,* sehr viel seltener an den übrigen Theilen des Körpers. Eine Ursache für diese Localisation liegt sicher in der Neigung des Hautkrebses, *die Uebergangsstellen der Haut zur Schleimhaut,* die *Lippen,* die *Nasenflügel,* die *Glans penis* und das *Praeputium* und die entsprechenden Theile der weiblichen Genitalien zu befallen.

Diagnose. Schwierig ist der eben erst beginnende flache Hautkrebs zu diagnosticiren, bevor Ulceration eingetreten ist. Das Durchscheinen, der Perlmutterglanz, die langsame Vergrösserung der Papeln muss den Verdacht eines Carcinoms wachrufen. Bei eingetretener Ulceration ist eine Verwechselung mit *ulceröser Syphilis* möglich, doch wird hier der charakteristische Wall, das Vorhandensein nur eines oder einiger weniger Geschwüre, das wenigstens häufige Fehlen einer Vernarbung der älteren Partien und der sehr chronische Verlauf vor Verwechselung schützen. An den Genitalien ist, zumal bei der oft vorhandenen Phimose, noch ganz besonders auf die Möglichkeit einer Verwechselung mit einem *syphilitischen Primäraffect* und mehr noch mit einem *Gumma* zu achten. Besteht die Affection schon einige Monate, so spricht das Fehlen secundärer Syphiliserscheinungen gegen Primäraffect, das Vorhandensein einer Schwellung der Inguinaldrüsen gegen tertiäre Syphilis. Auch das Alter der Patienten kann von Wichtigkeit sein, indem Carcinom fast nur bei älteren Leuten auftritt, aber in manchen Fällen wird die sichere Diagnose erst durch *Excision* eines kleinen Theiles der Geschwulst und dessen *mikroskopische Untersuchung* zu stellen sein. In allen zweifelhaften Fällen muss, wenn irgend möglich, dieses Verfahren angewendet werden, da beim Bestehen eines Carcinoms nicht früh genug die radicale Entfernung vorgenommen werden kann. Ist eine Probe-Excision nicht ausführbar, so ist in zweifelhaften Fällen zunächst stets eine antisyphilitische Therapie einzuleiten, damit nicht etwa wegen einer syphilitischen Erkrankung die Amputatio penis vorgenommen werde.

Die **mikroskopische Untersuchung** zeigt, dass bei diesen Formen des Hautkrebses das Neugebilde aus einer Wucherung der tieferen Schicht der Epidermis hervorgegangen ist. Aus den einfachen Retezapfen haben sich voluminöse, vielfach verzweigte Epithelzapfen gebildet, welche durch entsprechend vermehrte Bindegewebssepta getrennt werden. In den Epithelzapfen finden sich vielfach die sogenannten *Cancroidperlen,* aus zwiebelartig geschichteten verhornten Epithelien bestehende Gebilde, die übrigens nicht für den Krebs absolut charakteristisch sind, sondern sich auch in anderen Epithelanhäufungen, z. B. in Milien, finden.

Aetiologie. Der Hautkrebs entwickelt sich meist erst in den *höheren Lebensjahren,* etwa vom 50. Jahre ab; das frühere Vorkommen ist nicht häufig, und das Auftreten von Hautkrebsen bei Kindern wird nur in ganz seltenen Fällen — Xeroderma pigmentosum — beobachtet. Nicht selten lassen sich *äussere, lange Zeit die Haut treffende Reize* als Ursache der Krebsbildung nachweisen (*Lippenkrebse bei Rauchern, Peniskrebs bei angeborener Phimose, Schornsteinfegerkrebs, Paraffinkrebs),* oft bilden sich Krebse aus schon längere Zeit bestehenden *epidermidalen Wucherungen*, aus *Warzen*, besonders aus *Greisenwarzen*, aus *Hauthörnern*. Dann rufen gelegentlich auch Krankheitsvorgänge, die an und für sich nichts mit der Entwickelung des Carcinoms zu thun haben, Hautkrebse hervor, so *Fussgeschwüre, syphilitische Ulcerationen, Lupus*. Offenbar führt hier die krankhaft gesteigerte Thätigkeit der epidermidalen Gewebe bei Herabsetzung der Widerstandsfähigkeit des Bindegewebes schliesslich zur atypischen Wucherung, zur Krebsbildung. Auch auf *Narben* entwickeln sich manchmal Carcinome.

Die **Therapie** des Hautkrebses wird zumeist eine operative sein müssen und die Besprechung derselben gehört daher nicht in den Rahmen dieses Lehrbuches. Nur darauf soll hingewiesen werden, dass für gewisse Formen, besonders für die Anfangsstadien des flachen Hautkrebses, die bei dieser Krankheit obsolet gewordenen *Aetzmittel*, *Argentum nitricum, Chlorzink, Kali causticum* oder der *Thermokauter*, wohl eine häufigere Anwendung verdienten.

Kurze Erwähnung möge hier noch eine sehr seltene *carcinomatöse Erkrankung des bindegewebigen Theiles der Haut* finden, der **infiltrirte Hautkrebs,** der allerdings nicht primär in der Haut auftritt, sondern sich an carcinomatöse Degenerationen anderer Organe anschliesst, am häufigsten an den *Scirrhus der Brustdrüsen*. Die erkrankte Haut erscheint stark verdickt, derb, fest auf der Unterlage aufgeheftet, so dass von der Erhebung einer Falte gar keine Rede sein kann. An der Peripherie sieht man in die angrenzenden Theile der normalen Haut zahlreiche etwa linsengrosse, flache Knoten von normaler Farbe eingestreut, die nach dem Erkrankungsherde zu immer dichter werden und schliesslich confluiren (*Carcinoma lenticulare*). Indem die Infiltration auf diese Weise fortschreitet, wird schliesslich die Haut der ganzen Brust, des Rückens, ja auch der angrenzenden Theile des Halses, der Oberarme und der unteren Körperhälfte starr und unnachgiebig und umgiebt den Körper wie ein Panzer (*Cancer en cuirasse*, Velpeau). Die *mikroskopische Untersuchung* zeigt, dass die Epidermis ganz intact ist, dass dagegen das Corium und das enorm verdickte Unterhautbindegewebe von zahllosen Krebszellennestern und -strängen durchsetzt ist.

Hier anzuschliessen ist eine seltene, zuerst von Paget beschriebene und daher als **Paget's Disease,** Paget's *Krankheit*, bezeichnete Affection, welche bei Frauen jenseits des Klimakterium unter dem Bilde eines von der Brustwarze ausgehenden nässenden Eczems auftritt. Die Krankheit breitet sich langsam nach allen Richtungen weiter aus und unterscheidet sich nun in wesentlicher Weise von einem Eczem durch den äusseren, oft wallartig leicht erhabenen, serpiginös fortschreitenden Rand, durch die in den mittleren Partien eintretenden Vernarbungen und die hierdurch bedingte Retraction der Brustwarze und durch die der üblichen Therapie spottende Hartnäckigkeit. So wird denn im Laufe von Jahren eine flachhandgrosse oder grössere Stelle ergriffen, die Mitte ist von einer flachen Narbe eingenommen, nach aussen wechseln narbige Stellen mit hochrothen, granulirenden, nässenden Flächen oder trockenen, leicht infiltrirten Partien ab (Tafel III). Schwellung der Axillardrüsen kommt vor, kann aber auch fehlen. In der Regel kommt es schliesslich zur Entwickelung eines typischen *Carcinoms.* — Ganz ausnahmsweise ist die Krankheit auch am *Scrotum* und *Penis* beobachtet worden.

Die *mikroskopische Untersuchung* zeigt neben einer kleinzelligen Infiltration des Corium eigenthümliche Veränderungen der Epidermis, Auftreten von Zellen mit stark tingirbarem Kern und hellem Hof um denselben, Epithelperlen, Unregelmässigkeiten, Verlängerungen und selbst Sprossungen der Epithelzapfen, kurz Veränderungen, welche die Krankheit als ganz oberflächliches *Carcinom* charakterisiren (KARG). Während einige Autoren (WICKHAM, DARIER) die oben erwähnten eigenthümlichen Zellen für Parasiten (Psorospermien) halten, sehen andere, so KARG, in ihnen nur metamorphosirte Epithelzellen. Ich kann mich nach den Befunden, welche in dem auf Tafel III abgebildeten Falle erhoben wurden, nur dieser letzteren Meinung anschliessen.

Als Therapie ist lediglich die *Amputatio mammae* zu empfehlen, zumal dieselbe auch wegen der Gefahr eines später sich entwickelnden tiefgreifenden Carcinoms dringend indicirt ist.

ELFTES CAPITEL.

Xeroderma pigmentosum.

Als **Xeroderma pigmentosum** beschrieb zuerst KAPOSI eine eigenthümliche Erkrankung der Haut, die, auf einer *angeborenen Anlage* beruhend, sich stets in der allerersten Zeit des extrauterinen Lebens entwickelt, in ganz analoger Weise, wie z. B. die Ichthyosis. Bei den mit normal erscheinender Haut geborenen Kindern treten zuerst im Laufe des ersten oder zweiten Lebensjahres im Anschluss an die Einwirkung der Sonnenstrahlen auf die Haut und auch nur auf den von diesen getroffenen Stellen, also nur im *Gesicht,* auf dem *Hals,* den *Händen und Vorderarmen,* bei barfuss gehenden Kindern auch an *Füssen und Unterschenkeln* umschriebene rothe Flecken auf, die nach kurzer Zeit unter geringer Abschuppung wieder verschwinden, aber nach einer jedesmaligen weiteren Einwirkung der Sonnenstrahlen immer wieder zum Vorschein kommen. Allmälig kommen nun bleibende Veränderungen hinzu, zunächst eine Veränderung der Pigmentirung. Es treten an den genannten Körperstellen zahlreiche, *sommersprossenähnliche Pigmentflecke* auf, während umgekehrt an den dazwischen gelegenen Partien die Pigmentirung abnimmt, ja an einzelnen Stellen sich manchmal grössere, vollständig pigmentfreie, weisse Inseln bilden. Im Ganzen aber überwiegt die Pigmentirung, so dass die ergriffenen Hautpartien gegenüber der normalen Haut der Oberarme, des Rumpfes, der Oberschenkel dunkel erscheinen; der Uebergang wird nicht durch eine scharfe Grenzlinie gebildet, sondern ist ein allmäliger. Eine weiter hinzukommende Veränderung ist das Auftreten zahlreicher *Gefässausdehnungen*, von den kleinsten flachen Teleangiectasien bis zu angiomartigen Geschwülsten in allen Abstufungen vorkommend. Die Haut im Ganzen wird dabei atrophisch, glatt, die normalen Furchen und Falten verschwinden. Auch die *Schleimhäute* werden afficirt, vielfach ist Conjunctivitis und starke Lichtscheu beobachtet, ferner treten auch auf dem Lippenroth Teleangiectasien auf.

Zu den bisher geschilderten, schon ein sehr buntes Krankheitsbild bedingenden Veränderungen treten im weiteren Verlaufe noch andere Erscheinungen hinzu, die besonders deswegen von grösster Wichtigkeit sind, weil sie die Ursache zu dem schliesslichen letalen Ausgang der Krankheit werden. Es treten nämlich zunächst *warzenartige Gebilde* auf und aus diesen entwickeln sich, manchmal nur an einigen wenigen, andere Male an vielen Stellen, typische *Epithelialcarcinome*, die ganz ebenso wie die gewöhnlichen Epithelialcarcinome stets einen progredienten Charakter zeigen, durch Zerfall zu grossen Ulcerationen führen und durch die allmälig eintretende Cachexie, wie es scheint, ohne Metastasen in inneren Organen, den Tod herbeiführen.

Ganz besonders bemerkenswerth ist der Umstand, dass die Carcinome in einem *jugendlichen Alter* auftreten, welches sonst von Epithelialcarcinomen der Haut gänzlich verschont ist; schon im Alter von 5 Jahren sind dieselben bei Xeroderma pigmentosum beobachtet worden.

Schon oben war erwähnt, dass die Krankheit auf einer *angeborenen Anomalie* beruht. Der wesentlichste Beweis hierfür liegt in der Thatsache, dass die Krankheit fast in allen bisher bekannt gewordenen Fällen bei *mehreren Kindern derselben Familie* beobachtet wurde, so in einem Falle bei 7 Brüdern. Und zwar waren in einzelnen Fälle nur Kinder desselben Geschlechtes, andere Male aber auch wieder beide Geschlechter betroffen, wie wir dies ja in ähnlicher Weise auch bei anderen vererbten Krankheiten finden. — Bei den Eltern haben sich Krankheitszustände, die mit dem Leiden der Kinder in einen sicheren Zusammenhang zu bringen wären, bisher nicht nachweisen lassen.

Die **Prognose** des Leidens ist schlecht, die Mehrzahl der Erkrankten geht in noch jugendlichem Lebensalter an multiplen Carcinomen zu Grunde. — Die **Diagnose** der allerdings sehr seltenen Krankheit ist bei den so auffallenden Merkmalen nicht zu verfehlen, bezüglich der **Therapie** fehlt uns vorläufig noch jede Handhabe zu irgendwie erfolgreichem Eingreifen.

ZWÖLFTER ABSCHNITT.

ERSTES CAPITEL.

Erysipelas.

Das **Erysipel** (*Rose, Rothlauf*) ist eine durch das Eindringen eines infectiösen Stoffes in die Haut hervorgerufene Krankheit, welche fast stets von Allgemeinerscheinungen begleitet ist.

Die vom Erysipel ergriffene Haut ist geröthet und zwar meist lebhaft hellroth, geschwellt, die Oberhaut ist gespannt und glatt. Die Schwellung nimmt in der Regel nur an den Theilen mit lockerem Unterhautgewebe, z. B. den Augenlidern, stärkere Dimensionen an, kann aber bei schweren Erysipelen auch eine sehr beträchtliche Ausdehnung und Intensität erlangen. Spontan, ganz besonders aber bei Berührung ist die erkrankte Haut schmerzhaft. Die Erkrankung zeigt stets die Neigung, an der Peripherie fortzuschreiten, und bildet hier oft einen etwas erhabenen, noch mehr als die centralen Partien gerötheten Saum, der gegen die normale Haut scharf abgesetzt ist. Oefters treten nicht diffuse, sondern fleckförmige und streifenförmige Röthungen auf (*Erysipelas variegatum s. striatum*). Auf der gerötheten Haut schiessen manchmal mit Serum oder Eiter gefüllte Bläschen oder Blasen auf (*Erysipelas vesiculosum, bullosum*), in seltenen Fällen werden einzelne Hautpartien gangränös (*Erysipelas gangraenosum*) und auch die unter der Haut gelegenen Theile können der Zerstörung anheimfallen (*Erysipelas phlegmonosum*). — Auch typische *Lymphangitiden* und *schmerzhafte Schwellungen* der zu dem erkrankten Hautgebiet gehörigen *Lymphdrüsen* kommen bei Erysipel oft vor. Von der Haut geht das Erysipel nicht selten auf die Schleimhaut des Mundes, des Rachens, der Nase und der sich anschliessenden tieferen Organe, ferner der Genitalien über, oder die Krankheit kann auch den umgekehrten Weg nehmen (*Schleimhauterysipele*).

Das Erysipel tritt am häufigsten im *Gesicht* auf und zwar ausgehend von der *Nase*. Hier bilden Rhagaden, die durch chronische Rhinitis oder Eczem hervorgerufen sind, die Eingangspforte für das Virus. Von der Nase breitet sich das Erysipel auf die angrenzenden Theile des *Gesichtes*, die *Ohren*, die *behaarte Kopfhaut* aus, in selteneren Fällen schreitet es über den *Hals* auf den *Rumpf* fort und kann nun, während es an den zuerst ergriffenen Stellen abheilt, successive über den *ganzen Körper* fortschreiten (*Erysipelas migrans*), wobei es auch vorkommt, dass bereits abgeheilte Stellen von Neuem von der Krankheit überzogen werden. — Das Erysipel kann aber auch an jeder beliebigen Körperstelle von irgend einer Continuitätstrennung der Oberhaut ausgehen, und selbstverständlich ist die Localisation dieser Erysipele in jedem einzelnen Falle durch die besonderen Verhältnisse bedingt. Es mag hier nur kurz an die *Wunderysipele*, die sich an zufällige oder chirurgische Verletzungen anschliessen, an die von *Ulcerationen ausgehenden Erysipele* und an die *Puerperalerysipele*, die ebenfalls von den durch die Geburt entstandenen Wunden ihren Ausgang nehmen, erinnert werden.

An dieser Stelle möge eine mit dem Erysipel sicher nicht identische *infectiöse Dermatitis* erwähnt werden, welche häufig an den Händen von Leuten, die mit Fleisch oder anderen thierischen Theilen zu hantiren haben, Köchinnen, Fleischern etc., vorkommt. Es bilden sich unter Jucken an den Fingern oder Handrücken rothe Schwellungen der Haut, ohne jede Störung des Allgemeinbefindens, die peripherisch fortschreiten, während die centralen Partien abblassen, so dass es zur Bildung von Ringen oder Halbkreisen kommt. Nach einer bis einigen Wochen erlischt die Krankheit spontan. J. Rosenbach ist es gelungen, den Mikroorganismus dieses „*Finger-Erysipeloids*" zu züchten und durch Impfung der Cultur die Krankheit experimentell hervorzurufen.

Verlauf. Das Erysipel tritt fast ausnahmslos mit *Fieber* auf, welches oft mit einem Schüttelfrost einsetzt und bis zu einer Temperatur von 40 und 41° steigen kann. In manchen Fällen treten die Fiebererscheinungen kurze Zeit vor dem Sichtbarwerden der Hautveränderung auf. Der Höhe des Fiebers entsprechen die übrigen *subjectiven* wie *objectiven Allgemeinerscheinungen*, auf die hier nicht näher eingegangen werden soll. Unter Weiterbestehen eines intermittirenden oder remittirenden Fiebers breitet sich dann die Hautaffection weiter aus, um in den leichten Fällen nach einigen Tagen, in anderen nach 1—2 Wochen zu erlöschen, und unter dem Rückgange der Allgemeinerscheinungen schwindet auch die Röthung und Schwellung der Haut und nach geringer Abschilferung kehrt dieselbe wieder völlig zur Norm zurück. Bei den schweren Fällen von Erysipelas migrans zieht sich aber der Verlauf oft über Wochen hin und bei diesen erfolgt auch relativ am häufigsten ein ungünstiger Ausgang der Krankheit. — Im Anschluss an Erysipel treten öfter *Abscesse* des Unterhautbindegewebes auf; sehr gewöhnlich folgt den Kopferysipelen starker, oft totaler *Haarausfall*.

Das Erysipel hinterlässt, entgegengesetzt dem Verhalten der meisten anderen Infectionskrankheiten, eine *Neigung zu Recidiven* und solche an „*habituellem Erysipel*" leidenden Patienten bekommen oft in kurzen Intervallen eine grosse Anzahl von Rückfällen. Meist lässt sich in diesen Fällen ein bleibendes, die Erkrankung begünstigendes Moment (chronischer Schnupfen, Fussgeschwüre) nachweisen. Von grosser Wichtigkeit sind ferner die in Folge dieser habituellen Erysipele oft sich ausbildenden *elephantiastischen Veränderungen* (s. das Capitel über Elephantiasis).

An dieser Stelle ist auch noch einer sehr bemerkenswerthen Erscheinung zu gedenken, nämlich des *resorbirenden Einflusses*, den zufällig entstandene Erysipele auf lupöse oder syphilitische Infiltrate, aber auch auf eigentliche Geschwülste, Sarcome, Carcinome, ausüben. Mehrfach hat man selbst umfangreiche Geschwulstbildungen unter dem Einfluss eines Erysipels sich verkleinern oder völlig verschwinden gesehen. Auch andere Ulcerationsprocesse, Fussgeschwüre, serpiginöse Schanker, können durch ein Erysipel zur Heilung gebracht werden (*Erysipèle salutaire* der Franzosen). Der Versuch, in „curativer Absicht" ein Erysipel hervorzurufen, ist zwar stets gefährlich, aber unter Umständen — so bei inoperablen malignen Geschwülsten — gewiss manchmal gerechtfertigt.

Die **Prognose** ist meist günstig, nur bei kleinen Kindern, bei heruntergekommenen Individuen, Potatoren und in den Fällen von

weit ausgebreitetem Erysipel wird sie zweifelhaft. — Die **Diagnose** ist
kaum zu verfehlen, nur mit dem acuten Gesichtseczem wäre bei oberflächlicher Untersuchung eine Verwechselung möglich (s. das Capitel
über Eczem).

Aetiologie. Das Erysipel entsteht durch das Eindringen des
Streptococcus erysipelatis (FEHLEISEN) in den Körper und zwar durch
irgend eine kleine Verletzung der Oberhaut, an welche sich dann
die Hautaffection anschliesst, denn es finden sich nicht nur in der
erysipelatösen Haut, ganz besonders in den Lymphgefässen, diese
Mikroorganismen, sondern es ist auch gelungen, dieselben ausserhalb
des Körpers rein zu züchten und durch Ueberimpfung dieser Reinculturen auf Thiere und auch auf Menschen typisches Erysipel zu
erzeugen.

Therapie. Die interne Behandlung, deren wichtigster Theil die
Anwendung der *Stimulantien* in den schweren Fällen ist, soll hier
nicht weiter berücksichtigt werden. Local genügt Einölen der kranken Haut mit *Carbolöl* oder Bestreuen mit *Streupulver* und Bedecken
mit Watte. Auch Umschläge mit *Liquor Alum. acet.* oder die *Eis-
blase* wirken besonders subjectiv oft günstig. Weder das Umziehen
mit Höllenstein, noch circuläre Carbolinjectionen vermögen mit Sicherheit das Fortschreiten des Processes zu verhindern, dagegen werden
neuerdings multiplen Scarificationen, am besten vielleicht in der gesunden, das Erysipel begrenzenden Haut, mit nachfolgender Carbol-
abspülung und Sublimatverband gute Erfolge nachgerühmt. Von der
grössten Wichtigkeit ist bei den recidivirenden Erysipelen die *pro-
phylactische Behandlung* des ursächlichen Momentes. Meist handelt
es sich hier um die Beseitigung eines chronischen Schnupfens oder
wenigstens um die möglichste Vermeidung der Rhagadenbildung der
Nase durch häufiges Einreiben mit Borlanolin oder schwachem Carbolöl
oder um die Heilung torpider Ulcerationen, so bei Fussgeschwüren.

ZWEITES CAPITEL.

Impetigo herpetiformis.

Als **Impetigo herpetiformis** ist eine von HEBRA, auch schon von
Anderen vorher unter anderen Namen beschriebene, ausserordentlich
seltene Hautkrankheit bezeichnet worden, die fast nur bei *Schwangeren*
oder bei *Wöchnerinnen* beobachtet ist. Indessen sind auch Erkrankungen bei nicht graviden Frauen (DU MESNIL, KAPOSI) und bei Männern
(KAPOSI, DUBRUEILH) vorgekommen. Gewöhnlich zuerst an der Innen-

fläche der Oberschenkel oder der Vorderseite des Rumpfes treten einfache oder mehrfache Kreise von Pusteln auf, in deren Mitte die Haut geröthet, nässend oder mit dicken Borken bedeckt ist. Indem die Kreise sich peripherisch vergrössern und benachbarte Herde confluiren, während in den centralen Theilen der Efflorescenzen Ueberhäutung, niemals Narbenbildung eintritt, breitet sich die Affection über immer grössere Hautpartien aus. Auch die *Schleimhäute*, besonders die Mundschleimhaut, werden befallen. Die Erkrankung wird ebenso wie etwaige Exacerbationen durch Schüttelfröste eingeleitet und von hohem Fieber begleitet.

Die **Prognose** ist ungünstig, jedenfalls ging bei weitem die Mehrzahl der bisher beobachteten Kranken zu Grunde, einzelne nach ein- oder zweimaliger Heilung an Recidiven, die jedesmal bei den folgenden Schwangerschaften auftraten. — Die Sectionen haben keine genügenden Aufschlüsse gegeben; in einigen Fällen waren gleichzeitig puerperale Processe zugegen. — Die **Therapie** kann nach unseren heutigen Kenntnissen nur eine symptomatische sein.

DREIZEHNTER ABSCHNITT.

ERSTES CAPITEL.

Lepra.

Der **Aussatz** (*Elephantiasis Graecorum, Lepra Arabum, Malum mortuum* der Salernitanischen Schule, *Maltzey* und *Ladreric* des Mittelalters, *Spedalskhed* der Norweger, *Melaatschheid* der Holländer, *Leprosy* der Engländer) ist eine *chronische Infectionskrankheit*, welche nach einem im Allgemeinen sehr langwierigen und von schweren localen und allgemeinen Krankheitserscheinungen begleiteten Verlauf fast stets direct oder indirect zum Tode führt und nur in äusserst seltenen Fällen in Heilung übergeht.

Die Krankheitsbilder, unter welchen die Lepra auftritt, sind ausserordentlich mannigfaltig, indessen lassen sich zwei Hauptformen von einander unterscheiden, die *Lepra tuberculosa* und *Lepra anaesthetica* (Danielssen und Boeck), auch als *Lepra cutanea* und *Lepra nervorum* (Virchow) bezeichnet. Das charakteristische Element der ersten Form sind Knotenbildungen in der Haut und den Schleimhäuten, während bei der zweiten Erkrankungen der peripherischen Nerven und Sensibilitätsstörungen der Haut wenigstens anfänglich die Hauptsymptome darstellen. Aber schon hier muss darauf hingewiesen werden, dass eine strenge Trennung zwischen diesen beiden Formen nicht durchgeführt werden kann, schon aus dem Grunde, weil ganz ausserordentlich häufig Combinationen derselben vorkommen, indem zu einer tuberculösen Form Symptome hinzutreten, welche der anästhetischen Form angehören. Dagegen zeigt die anästhetische Form gewöhnlich einen reineren Verlauf. Die verschiedene Form der Krankheit wird lediglich durch die verschiedenartige *Localisation und Entwickelung* des an und für sich ganz gleichartigen Krankheitsprocesses bedingt.

Bei beiden Formen geht den eigentlichen Krankheitserscheinungen ein *Stadium prodromorum* voraus, welches einige Monate bis ein und selbst zwei Jahre währen kann und seinen Namen insofern mit Unrecht trägt, als eine Reihe der Erscheinungen bereits ausgesprochene Leprasymptome sind. Die Kranken fühlen sich matt und schläfrig, ihr Appetit nimmt ab, sie sind unlustig zu jeder Arbeit und überhaupt psychisch deprimirt. Constant scheinen Fieberbewegungen von verschiedenem Typus aufzutreten. Diese Erscheinungen haben nichts für die Lepra absolut Charakteristisches, und die sichere Diagnose ist erst beim Auftreten des Exanthems zu stellen. Dieses *erste Exanthem* besteht in einer Eruption von derben, papulösen, das normale Hautniveau deutlich überragenden Efflorescenzen von Linsen- bis Flachhandgrösse und darüber, die anfänglich lebhaft roth sind, späterhin ein immer mehr braunes Colorit annehmen und an der Oberfläche etwas schuppen (*Lepra maculosa*). Die Flecken sind anfänglich unregelmässig localisirt und können auf allen Körperstellen auftreten, erst im späteren Verlauf tritt die Vorliebe für gewisse Theile, vor Allem für das Gesicht und die Extremitäten immer deutlicher hervor. Das *Allgemeinbefinden* bessert sich in der Regel bei dem Ausbruch des Exanthems. In sehr langsamer Weise vergrössern sich an einzelnen Stellen die Flecken. gewöhnlich mit centraler Resorption und hierdurch bedingter Ringbildung, confluiren mit einander, während sie an anderen Stellen mit Hinterlassung von atrophischen, pigmentirten oder pigmentarmen Stellen verschwinden. In einzelnen Fällen kommt es nach völligem Verschwinden zu Recidiven des Exanthems.

Bei der **Lepra tuberculosa** (*Lepra tuberosa. Knotenaussatz*) entwickeln sich nun entweder auf diesen Flecken oder auch unabhängig von denselben derbe, oft umfangreiche Infiltrate von dunkler, braunrother Farbe oder kleinere Knötchen, die erst ganz allmälig grössere

Dimensionen annehmen. Diese Infiltrate und Knoten entwickeln sich mit ganz besonderer Vorliebe im *Gesicht*, demnächst auf den *Extremitäten*, besonders an den Streckseiten, indess kann auch jede andere Körperstelle ergriffen werden, mit Ausnahme der behaarten Kopfhaut. Am charakteristischsten ist die Veränderung des Gesichtes. Die Stirn, besonders die Gegend der Augenbrauenbögen, wird von wulstigen, durch tiefe Furchen getheilten Infiltraten oder von Knoteneruptionen, bei denen die einzelnen Knoten noch mehr oder weniger deutlich von einander zu unterscheiden sind, eingenommen. Die

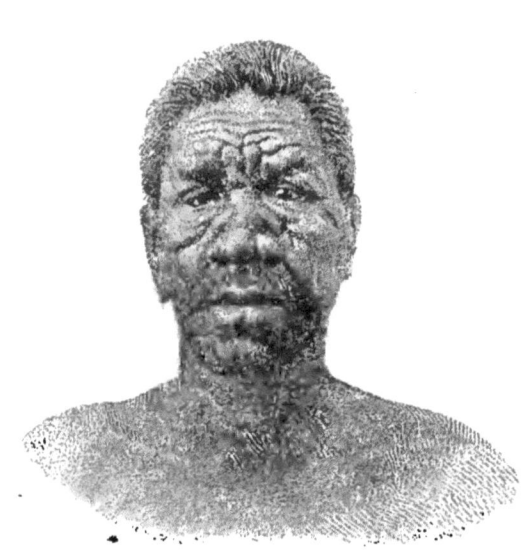

Fig. 15.
Lepra tuberculosa.[1])

Augenbrauen fallen aus, wie alle Haare auf leprösen Infiltraten. Die Backen schwellen an und hängen herab, die Lippen werden aufgeworfen, die Unterlippe hängt nach unten, die Ohrläppchen werden durch die leprösen Infiltrationen erheblich vergrössert und bilden ansehnliche Tumoren. Die hierdurch hervorgerufene ausserordentlich charakteristische Entstellung des Gesichtes (*Facies leontina*, *Leontiasis*) wird oft noch durch Uebergreifen des Erkrankungsprocesses auf die *Conjunctiva* vermehrt, durch Knotenbildung auf derselben, durch Infiltration und Trübung der Cornea oder durch noch schlimmere, durch Perforation der Cornea bedingte Folgen, durch Phthisis des Augapfels. Auch auf die *anderen Schleimhäute* greift die Erkrankung über, auf der Mund- und Nasenschleimhaut bilden sich Geschwüre mit infiltrirter Basis, die Stimme wird heiser durch Affection der Kehlkopfschleimhaut, ja es kommt gelegentlich zu Suffocationserscheinungen. Auch tiefergreifende Zerstörungen, Exfoliationen von Knorpeln und Knochen, werden an diesen Stellen durch die lepröse Erkrankung hervorgerufen. — Zu allen diesen Verän-

---

1) Fig. 15 ist nach einer von Herrn Dr. E. Arning auf Hawai aufgenommenen und mir freundlichst zur Veröffentlichung überlassenen Photographie angefertigt.

derungen gesellt sich in der Regel noch eine beträchtliche *Schwellung der Lymphdrüsen* am Hals und unter dem Unterkiefer.

An den übrigen Körpertheilen kommt es in der Regel nicht zu so massenhaften Knoteneruptionen, wie im Gesicht, immerhin kann z. B. auch an den Händen durch Anhäufung von Knoten eine starke Schwellung und völlige Unbeweglichkeit der Finger hervorgerufen werden. Auch die zu anderen Körperregionen gehörigen Lymphdrüsen schwellen an.

Die Knoten vermehren sich entweder in einer ganz allmäligen Weise, oder es erfolgen unter lebhaftem Fieber und erysipelartigen Röthungen der Haut acute, über grössere Strecken ausgedehnte Eruptionen. während gleichzeitig vielfach eine Resorption älterer Herde stattfindet. Im Ganzen zeichnet sich jedenfalls die lepröse Neubildung durch eine sehr grosse Beständigkeit aus, der ulceröse Zerfall kommt selten vor, die durch denselben gebildeten, scharfgeschnittenen Geschwüre zeigen eine sehr geringe Tendenz zur Heilung.

Von *leprösen Erkrankungen innerer Organe* sind, abgesehen von den Nerven, bisher die des *Hoden*, der *Leber*, *Milz*, *Niere*, *Lunge*, des *Knochenmarks*, des *Ovariums* und des *Rückenmarks* sicher bekannt; eine Betheiligung auch der anderen Organe ist indess wohl wahrscheinlich.

Bei der **Lepra nervorum** gehen ebenfalls dem Auftreten der charakteristischen Krankheitserscheinungen die oben geschilderten Prodromalsymptome voraus, an welche sich als eines der frühesten Symptome dann die Entwickelung von Blasen, der *Pemphigus leprosus*, anschliesst. Ohne jede Veranlassung bilden sich in sehr acuter Weise meist an den Extremitäten bis hühnereigrosse und grössere Blasen mit klarem, hellgelbem oder gelbgrünlichem Inhalt, und zwar entstehen selten gleichzeitig mehrere Blasen, meist entwickelt sich nur eine einzige. Nach dem Platzen der Blasendecke bleibt eine erodirte nässende Fläche zurück, die sich sehr langsam überhäutet und eine helle, manchmal auch stärker pigmentirte, narbige und mehr oder weniger anästhetische Stelle hinterlässt. Diese Blaseneruptionen können sich Jahre hindurch wiederholen, werden aber in den späteren Phasen der Krankheit immer seltener. Die Blasenbildungen sind offenbar *trophische Störungen,* welche durch die gleich zu erwähnenden Erkrankungen der peripherischen Nerven hervorgerufen werden, analog den manchmal bei Nervenverletzungen und bei progressiver Muskelatrophie beobachteten Blaseneruptionen. Es zeigen sich nun ferner helle oder andererseits stärker pigmentirte Stellen, die grossentheils Residuen des vorher bestandenen Exanthems darstellen und an welchen ebenfalls eine Abnahme der Sensibilität zu constatiren ist. Diese Veränderungen sind vielfach als *Morphaea* bezeichnet worden.

Das wichtigste Symptom ist die *Anästhesie,* welcher Hyperästhesien und Parästhesien oft voraufgehen und die entweder auf einzelne, unregelmässig begrenzte und sehr verschieden grosse Hautstellen localisirt bleibt oder schliesslich die ganze Körperoberfläche betrifft. Oft ist nur die Schmerz- und Wärmeempfindung herabgesetzt oder erloschen — *Analgesie und Thermanästhesie* —, während die Empfindung selbst leiser Berührungen erhalten bleibt, in anderen Fällen besteht Anästhesie in allen ihren Qualitäten, die Kranken fühlen weder Berührungen noch Verletzungen der Haut, sie können sich an einen glühenden Ofen anlehnen und sich einen tiefen Schorf in die Haut brennen, ohne es zu merken. Zum Theil jedenfalls in Folge dieser Anästhesie, resp. der in Folge derselben stattfindenden Verletzungen kommt es besonders an den Händen und Füssen, meist über den Gelenken zu *Ulcerationen,* die einen äusserst torpiden Verlauf nehmen, oft in die Tiefe greifen, die Gelenkhöhlen eröffnen und schliesslich zur Absetzung einzelner Theile, eines Fingers, einer Zehe, ja selbst der ganzen Hand oder des Fusses führen (*Lepra mutilans*). Sicher spielen aber bei diesen Vorgängen auch *trophische Störungen* eine Rolle, was auch durch das Vorkommen von Atrophie der Knochen, so der Phalangen, ohne Ulceration und Necrose bewiesen wird, wie sie ähnlich z. B. bei Sclerodermie beobachtet werden.

Die wichtigste trophische Störung betrifft aber die *Muskeln,* an denen eine immer mehr und bis zu den höchsten Graden zunehmende *Atrophie* und eine mit dieser gleichen Schritt haltende Functionsstörung bis zur völligen *Lähmung* eintritt. Eigentliche motorische Lähmungen bei intacten Muskeln sind dagegen bei Lepra selten. Die Ballen an der Hand und die Zwischenräume zwischen den Metacarpalknochen sinken ein, die Finger werden in Flexionsstellung fixirt — *Klauenhand* —, die Bewegungen der Beine werden immer weniger ausgiebig, durch die Atrophie der Gesichtsmusculatur und die cachectische Färbung der Haut erhält das Gesicht einen greisenhaften Ausdruck, die Unterlippe, das untere Augenlid hängen nach unten, Speichel und Thränen fliessen über dieselben herab, und durch das dauernde Offenstehen der Lidspalte kommt es zu Trübungen und Ulcerationen der Hornhaut.

Alle diese Veränderungen lassen den Sitz des Leidens in den peripherischen Nerven vermuthen und, in der That lässt sich meist schon bei Lebzeiten eine *Schwellung* der der Betastung zugänglichen Nerven (N. ulnaris, Cervicalplexus, N. peroneus u. a.) nachweisen. Während anfänglich diese verdickten Nervenstämme auf Druck äusserst empfindlich sind, schwindet diese Schmerzhaftigkeit im weiteren Verlauf immer mehr, um schliesslich einer völligen Unempfindlichkeit zu weichen. Die lepröse Wucherung in den Nerven — durch diese werden die Anschwellungen gebildet, wie wir später sehen werden — bedingt anfänglich Reizerscheinungen und führt schliesslich zu einer Atrophie der Nervenfasern, Vorgänge, welche nun zu den oben erwähnten trophischen und functionellen Störungen führen. — Von anderer Seite wird angenommen, dass auch bei der anästhetischen Lepra die primären Veränderungen in der Haut auftreten, dass erst von diesen aus die Nerven ascendirend erkranken, und dass es dann durch descendirende Atrophie bis dahin noch nicht erkrankter Nervenfasern auch zu Störungen in primär nicht erkrankten Theilen der Haut, der Muskeln u. s. w. komme (DEHIO).

Der **Verlauf** der Lepra ist meist ein sehr chronischer und führt fast ausnahmslos nach einer Reihe von Jahren, nach ein bis zwei Jahrzehnten und selbst erst nach noch längerer Zeit zum Tode. Die anästhetische Form ist die bei weitem langsamer verlaufende. Selten kommen acuter verlaufende, „galoppirende" Fälle vor, doch bestehen in dieser Hinsicht unter den einzelnen Lepragegenden zum Theil erhebliche Verschiedenheiten. Die Krankheit beginnt selten in frühester Kindheit, die meisten Erkrankungen fallen nach DANIELSSEN und BOECK in die Zeit zwischen dem 10. und 20. Lebensjahre, doch sind die Erkrankungen etwa bis zum 40. Jahre immer noch häufig. Schon oben war erwähnt, dass sich zu der tuberculösen Form häufig im weiteren Verlauf Symptome der anästhetischen Form hinzugesellen und so *Mischformen* gebildet werden. Die reine anästhetische Form ist dagegen seltener. Der tödtliche Ausgang wird keineswegs immer durch die Lepra selbst in directer Weise herbeigeführt, sehr häufig bedingen denselben mehr *indirecte Folgen der Krankheit, Marasmus, Erschöpfung* in Folge langdauernder Diarrhöen, intercurrente Erkrankungen, wie *Nephritis* und *Phthisis*. Der lepröse Krankheitsprocess ist, so paradox dies auch klingen mag, dem Leben des Organismus relativ wenig gefährlich — leider! müssen wir sagen, im Hinblicke auf jene Zerrbilder menschlicher Gestalt, die an Gesicht und Extremitäten auf das entsetzlichste verstümmelt, des Augenlichtes beraubt, empfindungslos, unfähig zu jeder Bewegung, vielleicht noch Jahre hinvegetiren, ehe sie der Tod erlöst.

Von besonderen *Complicationen* ist lediglich zu erwähnen, dass manchmal *elephantiastische Verdickungen* einzelner Körpertheile in Folge der Lepra vorkommen, und ferner ist hier an die eigenthümliche Form der Scabies zu erinnern, die bei Leprösen, aber auch bei anderen mit Hautanästhesie verbundenen Krankheitszuständen vorkommt, die *Scabies crustosa s. norwegica* (Boeck).

Die **Prognose** ist schlecht, unter günstigen Bedingungen gelingt es vielleicht, den Verlauf aufzuhalten, aber wirkliche Heilungen sind nur in äusserst seltenen Fällen beobachtet.

Bei der **Diagnose** ist zunächst zu berücksichtigen, dass bei uns — ebenso wie in anderen völlig leprafreien Ländern — die Lepra *niemals autochthon*, sondern nur in verschleppten, aus Lepragegenden stammenden Fällen vorkommt. Am leichtesten ist die ausgebildete anästhetische Form zu diagnosticiren, da ein derartiger Symptomencomplex bei anderen Krankheiten nicht vorkommt; nur die *Syringomyelie* zeigt eine Reihe ähnlicher Erscheinungen. Bei der tuberculösen Form sind dagegen Verwechselungen mit *Lupus*, mit *multiplen Sarcomen* oder *Granulationsgeschwülsten*, vor Allem aber mit *Syphilis* möglich. Früher besonders sind diese Verwechselungen vielfach vorgekommen, und in den Leproserien sind Syphilitische und Kranke mit chronischen Hautausschlägen verschiedenster Art neben den Leprösen internirt worden. Die Sarcome und Granulationsgeschwülste zeigen einen viel schnelleren Verlauf, der Lupus bildet nur selten grössere Knoten und kommt gewöhnlich in umschriebeneren Eruptionen vor. Gewisse Formen der Syphilis, besonders das *Knotensyphilid*, ferner das *ulceröse Syphilid* haben aber gelegentlich nicht unbedeutende Aehnlichkeit mit Lepra, und ganz besonders bei dem ersteren sind die einzelnen Knoten oft nicht ohne Weiteres von Lepraknoten zu unterscheiden. Hier ist zunächst die bei der Lepra so charakteristische Localisation zu berücksichtigen und ferner der Verlauf, welcher bei Syphilis ein ungleich rascherer ist. Das ulceröse Syphilid unterscheidet sich durch die grössere Tiefe, besonders aber durch die serpiginösen Formen der Geschwüre hinreichend von den übrigens ja seltener bei Lepra aus dem Zerfall der Knoten hervorgehenden Ulcerationen. Zu bemerken ist übrigens noch, dass auch bei Syphilis in ganz vernachlässigten Fällen manchmal förmliche Mutilationen der Hände und Füsse vorkommen (*„lepraähnliche Syphilide"*). In allen Fällen von tuberculöser Lepra lässt sich schliesslich die Diagnose durch den leicht zu erbringenden *Bacillennachweis* (s. weiter unten) stets absolut sicher stellen.

Die **anatomischen Untersuchungen** der leprösen Neubildung zeigen,
dass dieselbe im Wesentlichen auf Anhäufung von Granulationszellen —
daher die Zugehörigkeit zu den *Granulationsgeschwülsten* VIRCHOW's —
beruht. Diese Zellenanhäufungen zeigen zwar eine sehr lange, selbst
jahrelange Beständigkeit, schliesslich aber gehen sie doch in Zerfall und
Resorption mit Hinterlassung von Pigmentirungen über. Wenn wir von
dem gleich zu besprechenden, allerdings wichtigsten Bestandtheil der leprösen Wucherung, den Leprabacillen, absehen, so ist anatomisch eine
gewisse Aehnlichkeit mit der lupösen und syphilitischen Neubildung nicht
zu verkennen. Diese Zellenanhäufungen finden sich nicht nur in den
Flecken und Knoten der Haut und der Schleimhäute, in den Lymphdrüsen, im Hoden, in der Milz, Niere und Leber, sondern sie bilden auch
den eigentlichen Krankheitsherd bei der Lepra anaesthetica, die spindel-
förmigen Anschwellungen der Nerven, welche ihrem Bau nach völlig den
Hautknoten entsprechen und im weiteren Verlauf mit Hinterlassung schwieliger Bindegewebsmassen und gleichzeitiger Atrophie der Nervenfasern resorbirt werden.

Der wichtigste und die Aetiologie dieser Jahrtausende alten Krankheit endlich aufklärende Befund ist aber der *Nachweis von specifischen
Mikroorganismen, von Bacillen,* in der leprösen Neubildung. Der *Bacillus
leprae* ist zuerst von HANSEN gesehen worden, aber erst die Untersuchungen
NEISSER's (1879) haben die Anwesenheit dieses Bacillus in allen leprösen
Neubildungen auf unzweifelhafte Weise dargethan und demselben seinen
berechtigten Platz in der Pathologie geschaffen.

Die mit Fuchsin oder Gentianaviolett leicht zu färbenden *Bacillen,*
deren Länge die Hälfte eines rothen Blutkörperchens oder etwas mehr
beträgt, und die ihrer Form nach den Tuberkelbacillen ähnlich sind,
liegen hin und wieder frei, meist in Zellen entweder von gewöhnlicher
Grösse oder von das normale Mass um das vier- und fünffache und mehr
übersteigenden Dimensionen, den *Leprazellen* VIRCHOW's, welche entweder
einzelne, durch die Invasion der Bacillen gewucherte Zellen darstellen
oder durch das Verschmelzen mehrerer bacillengefüllter Zellen gebildet
sind. Nachdem anfänglich die Leprabacillen nur bei der tuberculösen
Form der Krankheit gefunden wurden, ist es neuerdings gelungen, dieselben auch bei reiner anästhetischer Lepra in den erkrankten Nerven
nachzuweisen und so die allerdings ja schon vorher angenommene Iden-
tität dieser Lepraform mit der klinisch von ihr so abweichenden Lepra
tuberculosa unzweifelhaft zu bestätigen (HANSEN, ARNING).

Diese Bacillenbefunde sind von der allergrössten Bedeutung für
unsere Auffassung von der **Aetiologie** der Lepra geworden, denn wenn
auch der zu postulirende Nachweis, dass durch die Einimpfung einer
Reincultur dieser Bacillen Lepra hervorgerufen wird, noch nicht erbracht ist, so dürfen wir doch aus dem so massenhaften Vorkommen
eines specifischen Bacillus in den leprösen Neubildungen — und zwar
nur in diesen, aber auch in allen ohne Ausnahme — zum min-
desten mit grösster Wahrscheinlichkeit schliessen, dass dieser Bacillus

die *Ursache der Krankheit* ist, dass die Lepra eine *bacilläre Infectionskrankheit* ist, welche mit der *Tuberculose* und der *Syphilis*
in derselben Gruppe zu vereinigen ist. Hiermit stehen auch eine
Reihe von Eigenthümlichkeiten des Verlaufes der Krankheit unter
verschiedenartigen äusseren Bedingungen, auf die wir gleich noch
zurückkommen werden, in vollstem Einklange. Die weitere Frage,
ob die Krankheit im eigentlichen Sinne *contagiös* sei, ob das Virus
etwa ähnlich wie bei der Syphilis von Person zu Person übertragen
werde, ist vor der Hand noch nicht mit Sicherheit zu entscheiden,
irgend eine Localerkrankung an der Eingangspforte des Virus, ein
„Primäreffect", ist bei Lepra bisher noch nicht beobachtet.

Mit dieser Auffassung stehen auch die Ergebnisse, welche die
Erforschung der *geographischen Verbreitung und der historischen
Entwicklung* der Lepra geliefert hat, in vollstem Einklang, während dieselben mit den früheren Anschauungen über die Aetiologie
der Lepra, nach welchen die Krankheit auf klimatische Verhältnisse,
auf bestimmte Ernährungsweisen oder auf hereditäre Uebertragung
zurückzuführen sei, nicht in Uebereinstimmung gebracht werden
können. Denn die Gegenden, in denen heutzutage die Lepra hei-
misch ist, zeigen weder in Rücksicht auf die klimatischen Bedingungen, noch auf die culturellen Zustände irgendwie analoge Verhältnisse. In *Europa* sind vor Allem einige Theile Norwegens stark
von der Krankheit heimgesucht, in geringerem Grade Island, die
schwedische, finnische und russische Ostseeküste, ferner einige Küsten-
gebiete*der iberischen Halbinsel, die Riviera und einzelne Küsten-
strecken Griechenlands und der Türkei. Von den Binnenländern sind
nur Ungarn, Galizien und Rumänien zu nennen, in denen seltene Fälle
von Lepra vorkommen. Alle übrigen europäischen Länder, also im
Wesentlichen ganz Mitteleuropa ist vollständig leprafrei. Die haupt-
sächlichsten aussereuropäischen Lepraherde sind in *Asien* Vorder- und
Hinterindien, China, die Inseln des indischen Archipels, einige Theile
Kleinasiens, in *Afrika* Aegypten, Abessynien, Marokko, die Azoren,
Madeira, Senegambien, Guinea, Capland und die Inseln an der Ost-
küste, in *Amerika* Californien, Mexiko, viele der westindischen Inseln,
Venezuela, Guiana, die brasilianische Küste und schliesslich in *Austra-
lien* Neu-Süd-Wales, Victoria, Neu-Seeland, vor Allem aber die Sandwichinseln.

Wenn nun auch an allen diesen Orten die Krankheit im Wesentlichen die gleichen Formen zeigt, so bestehen doch andererseits nicht
unbeträchtliche Verschiedenheiten des Verlaufes. Am wichtigsten

ist die Beobachtung, dass in Ländern, in welche die Krankheit erst
kürzlich eingeschleppt ist, die Lepra eine weit grössere Intensität
und Extensität entwickelt, als an alten Lepraherden. Das beste Beispiel hierfür bilden die Sandwichinseln, nach welchen die Krankheit
in den dreissiger Jahren unseres Jahrhunderts durch eingewanderte
Chinesen gebracht wurde und wo sich dieselbe in einer viel rapi-
deren Weise ausbreitete und auch im einzelnen Fall durchschnittlich einen rascheren Verlauf zeigt, als z. B. in den Lepragegenden
Norwegens. Die Einschleppung der Lepra durch Kranke aus Aus-
satzherden in bis dahin völlig freie Gegenden, in denen sich nun
trotz des vollständigen Gleichbleibens der klimatischen und culturellen Verhältnisse eine intensive Lepra-Epidemie entwickelt, ist
anders als durch die Annahme einer infectiösen Natur der Krankheit nicht zu erklären, nur durch erbliche Uebertragung würde
eine Krankheit in so kurzer Zeit nicht so grosse Verbreitung erlangen können. Nicht so sicher beweisend sind die häufigen Erkrankungen von Individuen, so auch von Europäern, die aus völlig
leprafreien Orten stammen, nach längerem Aufenthalt in Lepragegenden. Noch einmal mag hervorgehoben werden, dass spora-
dische Erkrankungen in leprafreien Ländern nicht vorkommen, die
angeblich gegentheiligen Beobachtungen beruhen auf diagnostischen
Irrthümern.

So wie wir auch jetzt in verhältnissmässig kurzen Zeiträumen
die Verbreitung der Lepra sich ändern sehen, so haben im Laufe
der historischen Zeit ganz gewaltige Aenderungen in der Ausbreitung der Krankheit stattgefunden, die wir natürlich nur bis zu
einem gewissen Grade sicher verfolgen können. Ueber das Vorkommen der Krankheit in Aegypten, in Indien, in China liegen
Nachrichten vor, die bis zwei Jahrtausende vor Christi Geburt
zurückreichen. In Europa scheint dagegen eine stärkere Ausbreitung der Lepra erst in der zweiten Hälfte des ersten Jahrtausends
unserer Zeitrechnung erfolgt zu sein, wenigstens sind erst aus dem
7. und den folgenden Jahrhunderten Verordnungen bekannt, welche
der Zunahme der Krankheit entgegentreten sollten. Die grösste
Verbreitung erreichte die Lepra aber erst gegen Ende des 11. Jahrhunderts, von welcher Zeit ab sie durch mehrere Jahrhunderte als
furchtbarste Seuche ganz Europa beherrschte. Ueberall, selbst in
ganz kleinen Orten, wurden Leproserien errichtet, in denen die
Kranken eingesperrt, „ausgesetzt" wurden, ein eigener Orden wurde
zur Pflege der Aussätzigen gegründet, der Orden des heiligen Lazarus,

an dessen Thätigkeit auch heute der Name „Lazareth" noch erinnert, die strengsten und grausamsten Gesetze wurden erlassen, um die Berührung der Aussätzigen mit den Gesunden zu verhüten. Aber diese harten Massregeln sind nicht ohne Erfolg geblieben, denn wir dürfen die Abnahme und das Erlöschen der Krankheit in den meisten Theilen Europas im 16. Jahrhundert wohl in erster Linie auf jene Massnahmen zurückführen.

Therapie. Es ist leider kein Mittel bekannt, welches die Lepra zur Heilung zu bringen vermag. Hunderte und aber Hunderte von Mitteln sind natürlich im Laufe der Zeiten gegen diese Geissel des Menschengeschlechtes angewendet worden bis zu den allermodernsten Medicamenten, aber der Beweis, dass durch eines derselben ein sicherer Erfolg zu erzielen sei, steht noch aus. Der einzige Weg, durch welchen wenigstens in der Regel eine relative Besserung, eine Verzögerung des Krankheitsverlaufes erzielt werden kann, ist die Uebersiedelung eines Kranken in eine leprafreie Gegend. Auf die allgemeinen Massregeln, die *Internirung der Leprösen* in Krankenhäusern oder Colonien und die *Absperrung der Länder* gegen die Einwanderung von Leprösen, mag an dieser Stelle nur hingewiesen werden, da diese Massnahmen für uns kein actuelles Interesse haben, während sie allerdings für Lepragegenden von der einschneidendsten Wichtigkeit sind.

ZWEITES CAPITEL.

Lupus.

Der **Lupus** (*Lupus vulgaris* im Gegensatz zum Lupus erythematodes, *Lupus excedens, die fressende Flechte*) beginnt mit dem Auftreten kleiner stecknadelkopf- bis hanfkorngrosser Knötchen von heller, gelbbrauner oder dunklerer, brauner oder braunrother Färbung. Die kleineren Knötchen fühlen sich weich an, während die grösseren in der Regel eine derbere Consistenz zeigen. Diese Knötchen liegen zunächst in der Tiefe der Haut, überragen das Niveau derselben nicht und erscheinen als Flecken von den oben genannten Farben (*Lupus maculosus*). Dann aber, grösser werdend, erheben sie sich als wirkliche Knötchen über das Hautniveau, von glatter, gespannter, glänzender Epidermis überzogen (*Lupus prominens, tuberculosus*). Die einzelnen Knötchen können dabei bis etwa erbsengross werden. Diese Vorgänge, wie überhaupt der ganze lupöse Krankheitsprocess sind von ausserordentlicher Chronicität.

Sehr häufig kommt es zum Confluiren benachbarter Knötchen, so dass grössere, meist rundliche, scheibenförmige, oft aber auch ganz unregelmässig gestaltete Lupusinfiltrate entstehen, während an der Peripherie jüngere Knötchen in unregelmässiger Weise zerstreut sind (*Lupus disseminatus*), oder aber die Knötchen reihen sich in Bogenlinien an, welche nach der einen Richtung weiter fortschreiten, während andererseits in den älteren Partien die gleich zu erwähnenden regressiven Vorgänge stattfinden (*Lupus serpiginosus*). — In manchen Fällen erreichen die lupösen Wucherungen erhebliche Dimensionen; es kommt gelegentlich zu förmlichen Geschwulstbildungen (*Lupus tumidus, hypertrophicus*) und in seltenen Fällen führt der Lupus durch erhebliche Wucherungen des cutanen und subcutanen Bindegewebes zu einer typischen *Elephantiasis*. — Manchmal entwickeln sich mehr oder weniger starke papilläre Wucherungen (*Lupus verrucosus, papillomatosus*).

Im weiteren Verlauf des Lupus kommt es regelmässig zu *regressiven Vorgängen*, die im Wesentlichen nach zwei Haupttypen auftreten. Einmal nämlich beginnen die Knötchen, nachdem sie lange Zeit als solche bestanden haben, allmälig in Resorption überzugehen. Sie verlieren ihre frühere Derbheit, die vorher glatt gespannte Epidermis wird runzelig und unter leichter oberflächlicher Abschuppung schrumpfen sie ein und verschwinden schliesslich gänzlich, an ihrer Stelle eine seichte, narbige Vertiefung zurücklassend (*Lupus exfoliativus*).

In einer zweiten, grösseren Reihe von Fällen geht die regressive Metamorphose in einer anderen, meist schnelleren Weise vor sich. Das Knötchen erweicht, es tritt Zerfall ein, und es entwickelt sich so ein *Geschwür* (*Lupus exulcerans*). Diese kleineren oder, was gewöhnlich der Fall ist, grösseren Geschwüre, da meist grössere, aus vielen Knötchen zusammengesetzte Infiltrate dem geschwürigen Process anheimfallen, zeigen ganz bestimmte Eigenthümlichkeiten. Ihr Rand ist in der Regel zwar scharf, meist rundlichen Formen entsprechend, aber das Geschwür ist nur wenig oder gar nicht vertieft, so dass die den äusseren Geschwürsrand begrenzende nicht ulcerirte Haut, in demselben Niveau bleibend, in die Geschwürsfläche übergeht, ja manchmal ist der Geschwürsgrund sogar über das normale Hautniveau erhaben. Die Geschwüre sind meist mit dicken gelben oder durch Blutbeimengung dunkel gefärbten Krusten bedeckt. Werden die Krusten entfernt, so erscheint die Geschwürsfläche fast stets ohne stärkeren eiterigen Belag, entweder glatt roth, feuchtglänzend,

oder von granulirter, höckeriger Beschaffenheit, ähnlich den Wund-
granulationen, und sehr leicht blutend.

Diese *Lupusgeschwüre* zeigen, sich selbst überlassen, eine äusserst
geringe Tendenz zur Heilung. Sie können Monate und Jahre bestehen, ohne dass es zu einer spontanen Heilung kommt. Auch ihr
peripherisches Wachsthum ist meist ein sehr langsames. Die Haupt-
gefahr liegt aber in der Neigung des Lupus, sich nicht nur in die
Peripherie, sondern auch in die Tiefe auszubreiten, die tieferen Partien der Haut, sowie die darunter befindlichen Gebilde in den Erkrankungsprocess hineinzuziehen. So kommt es denn je nach der
Localisation, abgesehen von ausgedehnten Zerstörungen der Haut
selbst, durch Uebergreifen auf Perichondrium und Periost zur Necrose und Exfoliation von Knorpeln und Knochen, unter Umständen
in recht umfangreichem Massstabe, und dadurch oft zu den beträcht-
lichsten Verstümmelungen, die deswegen um so schwerwiegender
sind, weil bei weitem am häufigsten das Gesicht, demnächst die Extremitäten, besonders die Hände ergriffen werden. Auch nach der
Heilung der Geschwüre können durch die Retraction der Narben
Entstellungen und Functionsstörungen bedingt werden.

Im einzelnen Fall kommen die mannigfachsten Combinationen
aller dieser verschiedenen Entwickelungsformen entweder neben einander oder nach einander vor.

Localisation. Am häufigsten wird das *Gesicht* vom Lupus ergriffen und auch hier wieder lassen sich noch besondere Prädilectionsstellen nennen, es sind dies die *Wangen,* die *Nase* und die *Oberlippe.* —
Auf den *Wangen* wie im Gesicht überhaupt entwickelt sich meist
die disseminirte Form des Lupus. Es entstehen durch Confluenz
scheibenförmige Infiltrate, die im Lauf von vielen Jahren, oft von
Jahrzehnten sich nur langsam vergrössern, während die centralen
Theile sich entweder involviren oder nach langdauernder Ulceration
vernarben. Aber auch in den Narben kommt es fast stets zu Recidiven, zur Bildung frischer Knötchen, die nun denselben Verlauf
wieder durchmachen. Wenn die Narbenbildung grössere Dimensionen
annimmt, so bildet sich oft durch Retraction Ectropium des unteren
Augenlides, ein Ereigniss, welches natürlich noch leichter in den
Fällen eintritt, in denen der Lupus von der Wange bis zum Augenlid gelangt ist und dieses mitergriffen hat. — An der *Nase* werden
in der Regel die vordersten Partien, die Nasenspitze und die unteren
Theile der Nasenflügel zuerst ergriffen. Kommt es ohne bedeutendere Substanzverluste zur Heilung, so sieht die Nase durch die Re-

traction der Haut wie durch einen festen Zügel nach hinten gezogen, spitz, verschmächtigt aus. Bei länger dauerndem Lupus der Nase kommt es aber fast stets zum Fortschreiten des Processes in die Tiefe und in Folge der geringen Mächtigkeit des subcutanen Gewebes zur Zerstörung der tieferen Theile, und zwar sind es auch wieder die vorderen Theile der Nase, die zuerst und oft allein von der Zerstörung betroffen werden. Bei der durch Lupus zerstörten Nase fehlt in der Regel die Spitze, das Septum cutaneum, die unteren Theile der Flügel, so dass die Nase dadurch wie „abgegriffen" erscheint. Das knöcherne Nasengerüst bleibt dagegen in der Regel, gerade entgegengesetzt dem Verhalten bei Syphilis, erhalten und zeigt eben daher auch die Lupusnase eine ganz andere Form, als die durch syphilitische Zerstörungen gebildete „Sattelnase" (Tafel I). Nur in sehr vorgeschrittenen Fällen von Lupus kommt es auch zu umfangreicher Zerstörung des knöchernen Nasengerüstes. — In der ersten Zeit führt der Lupus der Nase manchmal zu einer erheblichen Schwellung und Vergrösserung des

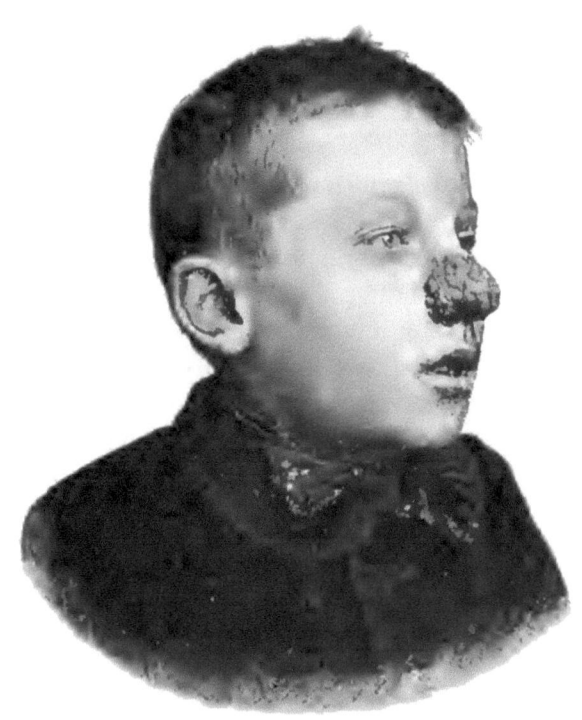

Fig. 16.
Lupus hypertrophicus nasi.

Organs. Werden aber die kranken Theile entfernt, so übersieht man erst die schon zu dieser Zeit bestehenden Substanzverluste, und um Enttäuschungen zu vermeiden, ist es gut, die Patienten vor der Behandlung auf den zu erwartenden Defect aufmerksam zu machen.

Von der Nase breitet sich der Lupus oft nach der *Oberlippe* seltener nach der *Stirn* zu aus. Auch an den *Ohren* ist der Lupus häufig localisirt. An den Ohrläppchen kommt es in Folge des Lupus relativ oft zu jenen oben erwähnten geschwulstartigen Bildungen, in Folge deren das Ohrläppchen zu einem beträchtlichen, bis wall-

nussgrossen und grösseren Tumor heranwachsen kann. Selten wird
die behaarte Kopfhaut ergriffen.

Während im Gesicht der Lupus meist in disseminirter Form
vorkommt, ändert sich dieses Verhalten, sowie der Lupus, gewöhnlich von den Wangen aus, auf die Haut des *Halses* übergreift. Hier
ordnen sich gewöhnlich die Knötchen in nach aussen hin convexen
Bogenlinien an, die nun auch in dieser Weise weiter fortkriechen,
so dass hierdurch das Bild des Lupus serpiginosus entsteht. Ganz
ebenso verhält sich der im Ganzen seltenere Lupus des *Stammes*.
Fast stets sind es serpiginöse Formen, die manchmal grosse Körperstrecken überwandern, hinter sich Narben zurücklassend, in denen
sich oft frische Eruptionen entwickeln. Häufiger kommt wieder der
Lupus an den *Extremitäten* vor und zwar entweder in disseminirter
oder in serpiginöser Form. Ganz besonders wichtig wird die lupöse
Erkrankung der *Füsse* und noch mehr der *Hände* durch die Functionsbehinderungen und Zerstörungen, die an diesen Theilen oft auftreten. Zunächst kommt es schon bei Erkrankung der Haut allein
zu eigenthümlichen Krallenstellungen, Dislocationen der Gelenke, die
die Functionsfähigkeit der Finger sehr beeinträchtigen können. Häufiger aber greift der krankhafte Process in die Tiefe, es kommt zur
Erkrankung der Sehnen, des Periostes und schliesslich zur Necrose
und Exfoliation von Knochen. In der Regel sind die der Mittel-
hand nächstgelegenen Phalangen betroffen, während die Nagelglieder
normal bleiben. Es kommt nach theilweisem oder vollständigem Verlust der Phalanx durch die Narbenretraction zu beträchtlicher Verkürzung der Finger, zu functioneller oder wirklicher Ankylose und
so unter Umständen zu vollständiger Unbrauchbarmachung des erkrankten Gliedes. — An den Extremitäten, besonders an den Händen und Füssen entwickelt sich häufig die verrucöse Form des Lupus.
— An den Vorderarmen, besonders an den Unterschenkeln kommt
es in seltenen Fällen, gewöhnlich combinirt mit den oben beschriebenen Veränderungen der Finger oder Zehen, zu wirklicher Elephantiasis. — Die Haut der Genitalien erkrankt nur ganz ausnahmsweise
an Lupus.

Es kommen nun die mannigfachsten Combinationen dieser Localisationen vor, und zwar am häufigsten gleichzeitige oder successive
Erkrankung der verschiedenen oben angeführten Theile des Gesichtes. Häufig ist dann aber auch die Combination von Gesichts-
lupus mit Erkrankung anderer Körperstellen, seltener das Auftreten
von Lupus an anderen Stellen, während das Gesicht frei bleibt. —

Meist sind nur ein oder einige wenige Lupusherde vorhanden, selten treten eine grössere Anzahl völlig von einander getrennter Herde auf.

Eine besondere Besprechung erfordert der Lupus der *Schleim-häute,* weil an diesen das Krankheitsbild ein wesentlich anderes ist, als auf der allgemeinen Decke. Es bilden sich meistens diffuse Infiltrate, in deren Bereich die Schleimhaut grau, uneben, wie granulirt erscheint, und in denen sich Ulcerationen oder tiefe Rhagaden entwickeln. In der Umgebung dieser diffusen Infiltrate sind manchmal kleine graue Knötchen, theilweise mit gelblich verfärbter Spitze, ein Zeichen des beginnenden Zerfalles, in die normale Schleimhaut eingesprengt. Manchmal, besonders auf der Nasen- und Kehlkopfschleimhaut, entwickeln sich papillomatöse, maulbeerförmige Wucherungen. Nach Ablauf des Processes entstehen auch hier, wie an der Haut, Narben. Der Schleimhautlupus bildet fast stets eine unmittelbare Fortsetzung des Lupus der Haut — oder die Erkrankung nimmt vielleicht oft auch den umgekehrten Weg —, und hieraus ergiebt sich sofort, dass am häufigsten die Schleimhaut der Nase und demnächst der Lippen ergriffen wird, da die benachbarten Hautpartien am häufigsten erkranken. Von den Lippen kann die Erkrankung sich dann aber weiter auf den harten und weichen Gaumen, den Racheneingang, die hintere Rachenwand, die Tuben, ja bis auf den Kehlkopf, in sehr seltenen Fällen auch auf die Zunge fortsetzen. Bei diesen schon an und für sich nicht häufigen Vorkommnissen tritt seltener eine Zerstörung der tieferen Theile, eine Exfoliation von Knochentheilen ein, auch wieder im Gegensatz zur Syphilis. — Von den Augenlidern kann sich die Erkrankung auf die Conjunctiva fortpflanzen und hier zu schweren Erkrankungen der Cornea und der inneren Theile des Auges führen. — Primäres Auftreten des Lupus an Schleimhäuten ist wahrscheinlich nicht so selten, als früher angenommen wurde, ganz besonders an der Nase scheint der Beginn der Erkrankung, die „Infection", oft von der Schleimhaut auszugehen und erst später auf die äussere Haut überzugreifen. Wenigstens sind die Fälle nicht selten, bei denen chronische Rhinitis, Erosionen und Ulcerationen der Nasenschleimhaut, denen keine besondere Bedeutung beigelegt wird, lange Zeit bestehen, bis die Entwickelung typischer Lupusknötchen auf der Haut der Nase jene Symptome in ihrem wahren Lichte erscheinen lässt (NEISSER). Aber auch auf der Gaumen- und Kehlkopfschleimhaut und auf der Conjunctiva kommt der Lupus primär, wenn auch nur sehr selten, vor.

Verlauf. Der Lupus beginnt fast stets im jugendlichen Alter, oft in den ersten Lebensjahren, und zeigt von vornherein eine ausserordentliche Langsamkeit der Weiterentwickelung. Es vergehen oft Jahre, ehe der primäre Lupusherd die Grösse eines Thalers erreicht hat. Auch der weitere Verlauf ist stets ein ausserordentlich chronischer. Während im Centrum durch Vernarbung nach Involution oder Ulceration, welche Vorgänge auch an kleinen Herden ohne Eingreifen der Therapie Jahre erfordern können, Heilung eintritt, werden durch peripherische Ausbreitung benachbarte Hautgebiete ergriffen, öfters treten auch an von dem primären Herde entfernten Hautgebieten scheinbar ganz unabhängige Lupuseruptionen auf, deren Entstehung wohl in der Regel auf eine Autoinoculation zurückzuführen ist. Inzwischen kommt es in den vernarbten Stellen zu Recidiven, zu frischen Knötcheneruptionen, zu erneutem Zerfall, und so können sich alle diese Vorgänge im Verlauf von Jahrzehnten immer und immer wiederholen. Durch jedes einzelne Lupusknötchen geht ein Theil des Gewebes, in dem es sich entwickelt, unwiederbringlich verloren und so kommt es schliesslich zu den ausgedehntesten Zerstörungen. — Oft betheiligen sich auch die nächstgelegenen *Lymphdrüsen*, sie schwellen an, vereitern und geben Veranlassung zur Bildung fistulöser, ausserordentlich langwieriger Geschwüre.

Wenn auch der Lupus in vielen Fällen auf das *Allgemeinbefinden* keinen Einfluss ausübt und Lupuskranke nach Ausheilung oder unter dem Fortbestehen und Weiterschreiten der Krankheit das höchste Alter erreichen können, so werden doch jetzt bei sorgfältig darauf gerichteter Untersuchung immer mehr Fälle bekannt, in welchen bei Lupösen sich *tuberculöse Erkrankungen anderer Organe* oder allgemeine *Miliartuberculose* entwickelten, manchmal im unmittelbaren Anschluss an blutige, gegen den Lupus unternommene Operationen. — In sehr seltenen Fällen entwickeln sich auf lange Zeit bestehenden Lupusherden *Carcinome.*

Wenn daher auch die **Prognose** quoad valetudinem et vitam im Allgemeinen günstig zu stellen ist, so darf doch nie vergessen werden, dass *jeder Lupöse tuberculöse Keime in sich trägt,* die unter Umständen in ein lebenswichtiges Organ oder selbst zu allgemeiner Verbreitung (Miliartuberculose) gelangen können. Eine dauernde Heilung der Krankheit als solcher ist dagegen eigentlich nur in denjenigen Fällen zu erzielen, bei welchen eine Totalexcision möglich ist. Bei schon länger bestehendem, ausgebreitetem Lupus werden auch bei der besten und sorgfältigsten Therapie Recidive nicht ausbleiben, dagegen lässt sich die augenblicklich bestehende Erkrankung, falls

dieselbe nicht zu ausgedehnt ist, durch zweckmässiges Verfahren
fast stets zur Heilung bringen.

Die **Diagnose** stützt sich in erster Linie auf die charakteristischen
Erscheinungen der Lupusknötchen, der Lupusgeschwüre, auf die
Localisation und den Verlauf des ganzen Krankheitsprocesses. Am
leichtesten kann die Verwechselung mit tertiären Erscheinungen der
Syphilis und zwar sowohl den papulösen, mit Narbenbildung heilenden,
als den ulcerösen Formen dieser Krankheit vorkommen. Am wichtigsten ist hierbei der Unterschied der Geschwürsbildung; bei Lupus
flacher oder sogar über das Hautniveau erhabener, rother, glatter
oder granulirter, leicht blutender Grund, bei Syphilis tiefer, eiterig
belegter Grund mit steil abfallenden Rändern. Die Zerstörungen
der Nase, die ja auch von Syphilis mit Vorliebe befallen wird, bieten
ebenfalls sehr wichtige differentielle Merkmale. Bei Syphilis betrifft
die Erkrankung häufig nur die Schleimhaut und führt zur Zerstörung der Knochen des Nasengerüstes, die Haut bleibt oft ganz
intact, bei Lupus erkrankt gewöhnlich die Haut in ganz besonders
hervorragendem Masse, auch die Knorpel werden oft zerstört, das
knöcherne Gerüst bleibt gewöhnlich intact, daher ist die typische
Form für Syphilis die Sattelnase, für Lupus die ihrer Spitze beraubte, abgegriffene Nase. Sehr wichtig ist ferner die *Differenz im
zeitlichen Verlauf*. Die Syphilis, wenn auch an und für sich chronisch
verlaufend, setzt ihre Veränderungen im Verhältniss zum Lupus in
einer rapiden Weise. Umfangreiche Zerstörungen des Gesichtes, die
im Verlauf von Monaten oder wenigen Jahren auftreten, gehören
fast immer der Syphilis, nicht dem Lupus an, der hierzu eines viel
längeren Zeitraumes, oft von Jahrzehnten bedarf. In irgendwie
zweifelhaften Fällen ist stets eine *antisyphilitische Behandlung* (Jodkalium) jeder anderen Therapie vorauszuschicken, da die Verwechselung einer tertiären Syphilis mit Lupus sonst zu schweren Miss-
griffen führen kann. — Mit *Carcinom* werden nicht leicht Verwechselungen vorkommen. *Lupus erythematodes discoides* hat mit dem
Lupus vulgaris gar keine Aehnlichkeit, abgesehen von der gleichen
Localisation; eher schon wäre eine Verwechselung mit der *disseminirten Form* des Lupus erythematodes möglich. Die Unterscheidung
von *Lepra* ist im vorigen Capitel besprochen. — Am schwierigsten
sind manchmal jene ganz alten Fälle von Lupus zu beurtheilen, bei
denen sich nur Narben und Geschwüre und gar keine Knötchen
vorfinden. Hier kann sich die Diagnose nur auf das Aussehen der
Geschwüre, auf die Localisation derselben und ebenso der Narben

und auf die anamnestischen Daten stützen. — Bei dem *Lupus der Schleimhäute* ist gegenüber der *Syphilis* die granulirte oder papillomatöse Beschaffenheit der erkrankten Stellen, das Fehlen von ausgedehnten, tiefen Ulcerationen und in der Regel auch von umfangreichen Perforationen und Knochenzerstörungen zu berücksichtigen. Die Unterscheidung von der *Schleimhauttuberculose* — im engeren Sinne — ist oft sehr schwierig oder ganz unmöglich, da das Aussehen beider Affectionen ein ausserordentlich ähnliches sein kann. Uebrigens handelt es sich ja auch um einander ausserordentlich nahestehende Krankheitsprocesse. Die sicherste Bestätigung wird die Diagnose natürlich durch den Nachweis der Tuberkelbacillen im Geschwürssecret oder in excidirten Gewebsstückchen finden, doch ist derselbe wegen der geringen Anzahl der Bacillen nicht leicht zu erbringen.

Anatomie. Die anatomische Untersuchung zeigt, dass die sich zuerst im bindegewebigen Theile der Haut entwickelnden Lupusherde in ihrem Bau völlig den Miliartuberkeln gleichen, dass sie wie diese eine reticulirte Stützsubstanz besitzen und aus epithelioiden Zellen oder Rundzellen zusammengesetzt sind. Die grösseren Lupusknötchen enthalten constant Riesenzellen. Bei der weiteren Ausbreitung folgen diese lupösen Infiltrate zunächst den Blutgefässen, und auf diese Weise gelangt die Infiltration einmal bis an die Epidermis, andererseits in die Tiefe, wo besonders die Umgebungen der Drüsen und Follikel zuerst infiltrirt werden. Die Epidermis bleibt zunächst intact; schliesslich wird aber auch sie in den Process hineinbezogen, es kommt zur Infiltration und zum Untergang derselben. Oft treten zunächst hyperplastische Vorgänge auf, beträchtliche Wucherungen der interpapillären Zapfen, so dass ähnliche mikroskopische Bilder wie bei Epithelialcarcinom entstehen können. Schon früher ist auf die histologische Aehnlichkeit zwischen dem Lupusknötchen und dem Tuberkel hingewiesen worden (FRIEDLÄNDER). Die sich hieran und an die klinischen Erfahrungen knüpfenden Vermuthungen über die *Zusammengehörigkeit des Lupus mit den tuberculösen Affectionen* im allgemeinen Sinne haben in der letzten Zeit ihre sichere Bestätigung durch den *Nachweis der Tuberkelbacillen im Lupusgewebe* gefunden (DEMME, PFEIFFER, SCHUCHARDT und KRAUSE, DOUTRELEPONT, KOCH u. A.). Die Zahl der in den lupösen Herden vorhandenen Bacillen ist meistens eine geringe, so dass oft das Auffinden derselben erst nach langem Suchen gelingt.

Aetiologie. Durch die eben angeführten Befunde ist erwiesen, dass der Lupus eine durch das *Eindringen und Weiterwuchern des Tuberkelgiftes* hervorgerufene Erkrankung der Haut ist. Hiermit steht in vollständigstem Einklang das schon früher sicher festgestellte häufige Coincidiren des Lupus mit Erscheinungen der *Scrophulose*, jener ebenfalls dem weiten Gebiet der Tuberculose im Allgemeinen

angehörigen Erkrankung. Ausser den schon erwähnten Drüsenver-
eiterungen sind es besonders häufig scrophulöse Erkrankungen der
Augen. resp. deren Residuen, wie Cornealtrübungen und, wenn auch
seltener, tuberculöse Erkrankungen der Knochen und der Lungen,
die bei Lupus zur Beobachtung kommen; in einzelnen Fällen ist,
wie schon erwähnt, auch Miliartuberculose im Anschluss an Lupus
beobachtet. Ebenso verhält es sich mit dem in einer Reihe von
Lupusfällen nachweisbaren Vorkommen von Tuberculose in der
Familie der Patienten. Allerdings sehen wir auch eine ganze Anzahl von vollständig gesunden Menschen ohne jede hereditäre Be-
lastung an Lupus erkranken, aber ganz dasselbe ist bei anderen
Formen der Tuberculose zu beobachten und ist dies, da es sich um
eine übertragbare Krankheit handelt, ja auch ohne Weiteres verständlich. In manchen Fällen entwickelt sich bei einem gesunden
Individuum der Lupus von einer Narbe aus, die sich nach einer Verletzung oder einer sonstigen Erkrankung der Haut gebildet hat, und
müssen wir annehmen, dass hier eine Infection der Wunde mit tuber-
culösem Virus stattgefunden hatte (*Inoculationslupus*). Neuerdings
sind Fälle beobachtet worden, bei denen in der That dieser Hergang auf das sicherste nachgewiesen werden konnte (JADASSOHN,
WOLTERS u. A.). Ueberhaupt lässt sich aber die in der grossen Mehrzahl der Fälle zu constatirende Localisation des primären Lupusherdes an *unbedeckten Körperstellen* (Gesicht, Hände) in diesem Sinne
deuten, und dasselbe gilt für den Schleimhautlupus, der am häufigsten
an der Nasenschleimhaut beginnt. In einer Anzahl von Fällen lässt
sich die *Infectionsquelle* mit mehr oder weniger grosser Wahrscheinlichkeit nachweisen. Zusammenleben mit Phthisikern, Hantiren mit
Wäsche, die mit tuberculösen Sputis beschmutzt ist u. A. m.

So habe ich zwei Kranke mit primärem Lupus der Nasen- resp.
Gaumenschleimhaut gesehen, welche beide jahrelang in intimem Verkehr
mit Tuberculösen gelebt hatten.

In den nicht so seltenen Fällen, in welchen der Lupus in einer
nach Vereiterung scrophulöser Drüsen zurückgebliebenen Narbe beginnt. hat offenbar eine Infection der Haut mit den aus der Drüse
stammenden Tuberkelbacillen stattgefunden. — Zu erwähnen ist
noch. dass das weibliche Geschlecht eine erheblich grössere Disposition zur Erkrankung an Lupus zeigt, als das männliche, das Verhältniss der weiblichen zu den männlichen Lupuskranken stellt sich
etwa wie 2:1. Auffallend ist. dass nur selten mehrere Mitglieder
derselben Familie an Lupus erkranken. - Irgend welcher Zusammen-

hang des Lupus mit Syphilis, für dessen Bestehen auch nicht der
geringste Beweisgrund vorliegt, muss auf das Entschiedenste in Abrede gestellt werden.

Therapie. Die vollkommenste Behandlung besteht in der *Excision* der ganzen lupösen Hautpartie, denn nur auf diese Weise
lässt sich mit Sicherheit eine vollständige, dauernde Heilung erzielen. Während früher diese Behandlung nur in den allerseltensten
Fällen durchführbar war und bei weitem in der Mehrzahl der Fälle
sich entweder durch den Umfang oder die Localisation der lupösen
Herde von selbst verbot, ist dieselbe neuerdings von THIERSCH so
modificirt worden, dass sie selbst bei ausgedehntem, im Gesicht
localisirtem Lupus anwendbar ist. THIERSCH lässt nämlich der hinreichend im Gesunden ausgeführten Excision die sofortige *Transplantation* folgen und erzielt hierdurch in kurzer Zeit vollständige
und nach den bisherigen Erfahrungen dauernde Heilung. Es ist
nicht zu bezweifeln, dass diese Methode rasch eine grosse Verbreitung erlangen wird.

Aber trotzdem werden immer noch eine grosse Anzahl von
Lupusfällen übrig bleiben, bei welchen wegen der Localisation oder
der zu grossen Ausdehnung der Erkrankung oder aus anderen Gründen diese Behandlung nicht durchführbar ist, und bei welchen wir
auf die *Zerstörung der lupösen Infiltrate* angewiesen sind, denn hierdurch lässt sich eine wenigstens zeitweise andauernde Heilung erzielen.
Diese Zerstörung lässt sich auf *chemischem Wege, durch Aetzmittel,*
auf *mechanischem Wege* und durch die *Glühhitze* bewerkstelligen.

Von den ausserordentlich zahlreichen gegen den Lupus empfohlenen *Aetzmitteln* sollen hier nur die wichtigsten und zuverlässigsten
besprochen werden, zunächst das *Arsenik* und die *Pyrogallussäure.*
Die Anwendung des Arsenik geschieht in Form einer Paste (Acid.
arsen. 1,0, Hydrarg. sulf. rubr. 3,0, Vaselin. flav. oder Lanolin 15,0),
welche messerrückendick auf einen Leinenlappen von der Grösse
der zu behandelnden Hautpartie aufgetragen und durch einen gut
anliegenden Verband auf dem Lupusherd befestigt wird. Nach
24 Stunden wird ein anderer, mit frischer Paste bestrichener
Lappen aufgelegt und in derselben Weise verbunden und nach wieder 24 Stunden dieselbe Procedur noch einmal wiederholt. Nach
der Abnahme dieses dritten Verbandes ist mit fast absoluter Con-
stanz der gewünschte Zweck erreicht, sämmtliche lupöse Infiltrate,
seien es Knötchen oder grössere Herde, sind verschorft, während die
zwischen ihnen liegende normale Haut zwar etwas geröthet und

geschwellt ist, sonst aber vollständig intact bleibt und niemals wirklich angeätzt wird. Unter einer indifferenten Salbe, z. B. Borvaseline, tritt in wenigen Tagen die Abstossung der grauen necrotischen Schorfe und nach einiger Zeit die völlige Ueberhäutung ein. Unangenehm sind bei diesem Verfahren die am zweiten Tage auftretenden und am dritten gewöhnlich sehr heftig werdenden Schmerzen. Ferner ist bei der Anwendung auf grösseren Flächen die Gefahr einer Arsenikintoxication vorhanden, so dass es gerathen ist, gleichzeitig nie eine mehr als flachhandgrosse Stelle zu behandeln. — Denselben Vortheil, dass nämlich die normale Haut völlig intact bleibt, abgesehen von schnell wieder verschwindenden Entzündungserscheinungen, bietet die *Pyrogallussäure*, bei deren Anwendung die Schmerzen gewöhnlich geringer sind. Die Application geschieht in derselben Weise mit einer 10 procentigen Salbe, nur lässt sich die nöthige Zeit nicht in einer so mathematischen Weise vorher bestimmen, wie beim Arsenik. Bei ulcerirtem Lupus tritt die Wirkung schneller ein, als bei Erhaltung der Epidermis über den Lupusknötchen. Die volle Wirkung ist erzielt, wenn die lupösen Herde etwas eingesunken und vollständig schwarz erscheinen, und tritt dies manchmal nach 3, andere Male erst nach 5 und 6 Tagen ein, so dass die mit Pyrogallussäure behandelten Patienten auf das genaueste controlirt werden müssen. Der weitere Verlauf ist derselbe, wie bei Anwendung der Arsenikpaste. Eine Intoxication ist, da es sich meist um kleinere Flächen handelt, nicht zu befürchten. — Die Anwendung dieser Aetzmittel ist besonders in den Fällen angezeigt, wo zahlreiche einzelne Knötchen in normale Haut oder Narben eingesprengt sind.

Bei nicht sehr massigen Lupusinfiltraten lässt sich durch lange Zeit fortgesetzte Bedeckung mit *Emplastrum Hydrargyri* oft vollständige Resorption erzielen. Eine noch schnellere und oft sehr günstige Wirkung entfaltet der von UNNA empfohlene *Salicylcreosotpflastermull,* der natürlich auch durch andere Salicylpflaster ersetzt werden kann (Acid. salicyl. 5,0—10,0, Empl. saponat 35,0, Lanolin, Ol. Terebinth. ana 2,5). — Auch bei längerem Gebrauche starker *Resorcinsalben* (Resorc. resublim. 10,0, Lanolin. 20,0) habe ich günstige Resultate gesehen, eine Behandlungsmethode, die zuerst von A. BERTARELLI empfohlen wurde. Ferner ist auch die *Milchsäure* als Aetzmittel bei Lupus empfohlen worden.

Gewissermassen einen Uebergang zur mechanischen Behandlung bildet die Aetzung mit *Argentum nitricum* in Substanz. Der spitze

Stift — am empfehlenswerthesten sind die englischen Aetzstifte
(Lunar Caustic) — wird auf das Lupusknötchen aufgesetzt und unter
drehenden Bewegungen in dasselbe eingeschoben, wozu nur ein
mässiger Druck erforderlich ist, da das lupöse Gewebe ausserordentlich nachgiebig, morsch ist. Die Procedur ist ziemlich schmerzhaft.
Diese Behandlung ist da angebracht, wo es sich nur um vereinzelte
Knötcheneruptionen handelt, besonders bei frischen Recidiven nach
ausgeheiltem Lupus. —

Unter den *mechanischen Behandlungsmethoden* sind besonders
die *multiple punktförmige Scarification* und die *Auskratzung mit dem
scharfen Löffel* (VOLKMANN) hervorzuheben. Die Scarificationen müssen
in Zwischenräumen von 8—14 Tagen mehrfach wiederholt werden,
ehe das Lupusgewebe necrotisch abgestossen wird, dagegen führt die
Auslöffelung stets in einer Sitzung zum Ziel. Am besten in der Nar-
cose wird mit dem scharfen Löffel an den lupösen Stellen Alles, was
sich überhaupt abkratzen lässt, entfernt. Man braucht nicht zu befürchten, hierbei normale Hauttheile mit zu zerstören, denn diese
leisten selbst bei kräftiger Anwendung des Löffels einen hinreichenden
Widerstand. Nach Stillung der oft beträchtlichen Blutung durch Compression mit feuchten Wattebäuschen wird die ganze ausgekratzte
Stelle mit concentrirtester Höllensteinlösung (ana partes aequales)
betupft und dann mit feuchten Carbolcompressen verbunden. Nach
1—2 Tagen wird der Verband fortgelassen und ein mit Borvaseline
bestrichenes Läppchen aufgelegt und mehrmals täglich gewechselt.
Es tritt hiernach mit Sicherheit, je nach der Grösse des Lupusherdes
schneller oder langsamer, in einigen Wochen Heilung ein. — Diese
Methoden eignen sich besonders bei grösseren Infiltraten oder ulcerirten Flächen. — Ganz ähnlich der multiplen Scarification ist die
Kauterisation mit ganz dünnen, mehrspitzigen Galvanokauteren empfohlen worden (BESNIER). — Und schliesslich wird der *Paquelin*
vielfach zur Zerstörung der lupösen Infiltrate in Anwendung gezogen.

Es ist nun aber nach unseren neugewonnenen Kenntnissen über
die Aetiologie des Lupus nicht von der Hand zu weisen, dass die
blutigen, zur Bekämpfung des Lupus vorgenommenen Operationen
eine schwere Gefahr mit sich bringen, die der Beförderung des tuberculösen Giftes in die Blut- und Lymphbahnen und mithin die Hervorrufung einer Verschleppung der Tuberkelbacillen in andere Organe
oder einer allgemeinen tuberculösen Infection des Organismus, und
in der That sind solche Fälle — ebenso wie auch nach Auskratzung
tuberculöser Herde im Knochen — neuerdings mitgetheilt worden

(Demme, Doutrelepont). Wenn dieser üble Ausgang auch nach den vorliegenden Erfahrungen als äusserst selten vorkommend bezeichnet werden kann, so muss die Möglichkeit einer Weiterverbreitung des Virus uns doch veranlassen, wenn thunlich, die Methoden anzuwenden, bei welchen diese Gefahr vermieden wird, die Aetzung oder die Anwendung der Glühhitze. Von den operativen Methoden ist jedenfalls die Auskratzung mit unmittelbar nachfolgender energischer Aetzung die ungefährlichste, weil eben durch die Aetzung Alles bis zu einer gewissen Tiefe zerstört wird, und wir können diese Methode als eine der zuverlässigsten bei der Behandlung ausgedehnterer Lupusherde auch nicht gut entbehren.

Innerlich sind von jeher bei Lupus *Roborantien, Eisen* und besonders *Leberthran* gegeben worden. Auch *Arsenik* ist vielfach angewendet worden, ohne dass früher der internen Behandlung ein besonderer Werth beigelegt wurde. Nach neueren Erfahrungen hat aber dieses letztere Mittel, in hohen Dosen und lange Zeit gegeben — in derselben Weise wie bei Lichen ruber —, einen ganz entschiedenen Einfluss auf die Resorption der lupösen Infiltrate, wenn es allein dieselben auch nicht völlig zur Heilung bringt. Es erscheint daher indicirt, in allen Lupusfällen neben der geeigneten Localbehandlung das Arsen in der eben angegebenen Weise anzuwenden.

Von der grössten Wichtigkeit ist es nun bei der Behandlung des einzelnen Falles, dass, nachdem die vorhandenen Lupusherde auf die eine oder andere Weise zerstört sind und Heilung eingetreten ist, der Patient auf das sorgfältigste beobachtet wird und jedes auftretende Recidiv — dieselben sind, abgesehen von den vollständig excidirten Fällen, fast sicher zu erwarten — sofort in geeigneter Weise behandelt wird, ehe dasselbe grössere Dimensionen annimmt. Auf diese Weise gelingt es, weitere, umfangreiche Zerstörungen zu verhindern.

Ganz neue Aussichten eröffneten sich für die Behandlung des Lupus durch die Entdeckung des *Tuberculins* durch Koch. Aber wenn auch die Wirkung des Mittels auf den Lupus eine besonders im Anfang ganz auffallend günstige ist, so muss doch nach dem jetzigen Stande unserer Erfahrungen zugegeben werden, dass durch das Mittel allein eine vollständige Heilung nicht erzielt werden kann. Bei vielen mit Tuberculin behandelten Lupuskranken traten nach anfänglicher erheblicher Besserung auffallend rasch ausgebreitete Recidive auf. Damit soll nicht gesagt werden, dass nicht vielleicht weitere Modificationen der Methode, vor Allem die Combination der Tuberculinbehandlung mit energischer Localbehandlung, später bessere Erfolge zu Wege bringen werden. — Am günstigsten scheint das Tuberculin bei Schleimhautlupus zu wirken.

DRITTES CAPITEL.
Leichentuberkel.

Die **Leichentuberkel** treten nur an den Händen, und zwar hauptsächlich an ihrer Dorsalfläche, und allenfalls an den Vorderarmen von Personen auf, die vielfach mit Leichen zu hantiren haben, also hauptsächlich bei Anatomen und den in Anatomien Beschäftigten und Bediensteten. Dieselben stellen warzenartige Infiltrate der Haut dar, von livide rother Farbe, die an ihrer Oberfläche mit festen, vielfach zerklüfteten Hornmassen bedeckt sind. Ihre Form ist unregelmässig, ihr Wachsthum ein ausserordentlich langsames, sie können aber bis thalergross werden, zumal es oft zur Confluenz benachbarter Herde kommt. — Die schon früher ausgesprochene Vermuthung, dass es sich beim Leichentuberkel um eine wirkliche Infection mit dem Virus der Tuberculose, um eine *locale Tuberculose* im allgemeinen Sinne des Wortes handelt, zu welcher ja bei der Beschäftigung der in Frage kommenden Personen die reichlichste Gelegenheit gegeben ist, hat neuerdings durch den Nachweis der Tuberkelbacillen im Leichentuberkel seine volle Bestätigung gefunden (KARG, RIEHL und PALTAUF). — Die **Behandlung** ist in der Regel nur erfolgreich, wenn die Beschäftigung mit Leichenmaterial aufhört. Dann gelingt die Beseitigung durch Auskratzen mit dem scharfen Löffel, durch Aetzungen mit geeigneten Mitteln, aber auch schon durch längere Zeit fortgesetztes Auflegen von Emplastrum hydrargyri ohne Schwierigkeit.

Hier anzuschliessen ist die zuerst von RIEHL und PALTAUF als *Tuberculosis verrucosa cutis* beschriebene Affection. Auf der Rückenfläche der Hände, den Streckseiten der Finger, selten an der Vola und den angrenzenden Theilen des Vorderarmes zeigen sich rundliche Herde, deren Centrum von papillären, warzigen Infiltraten eingenommen wird, welche nach der Peripherie zu niedriger werden und schliesslich in eine glatte geröthete, manchmal mit kleinen Pustelchen besetzte Zone übergehen. Die Heilung beginnt im Centrum und führt zur Bildung ganz flacher, wie siebförmig durchlöcherter oder fein netzförmiger Narben. Die anatomische Untersuchung ergab als wesentlichen Befund aus Granulationszellen bestehende Infiltrationsherde, die Riesenzellen und Tuberkelbacillen enthielten. Die Affection wurde nur bei Individuen, die mit Hausthieren oder thierischen Producten zu hantiren hatten, bei Fleischern, Köchinnen u. s. w. beobachtet und ist als *locale Impftuberculose* aufzufassen, ähnlich wie der Leichentuberkel. Der *Verlauf* ist sehr chronisch, therapeutisch erwiesen sich Auskratzung und nachfolgende Aetzung als wirksamste Mittel. Diese Affectionen haben eine so grosse Aehnlichkeit mit dem Lupus verrucosus, dass sie von manchen Autoren, so von DOUTRELEPONT, lediglich als Formen des Lupus aufgefasst werden.

VIERTES CAPITEL.
Scrophuloderma.

Als **Scrophuloderma** (*Gomme scrofuleuse* der Franzosen) werden Affectionen der Haut bezeichnet, welche gleichzeitig mit scrophulösen Erkrankungen anderer Theile, der Augen, der Drüsen, der Knochen oder im Gefolge derselben auftreten. Es bilden sich am häufigsten im Gesicht, am Hals, an den Vorderarmen und Händen oder an den Unterschenkeln, seltener an anderen Körperstellen Knoten in oder unter der Haut, die sich langsam vergrössern, in letzterem Falle allmälig mit der Haut verschmelzen und die, wenn sie von den Lymphdrüsen ausgehen, was nicht selten der Fall ist, eine beträchtliche Grösse erreichen können. Nach einiger Zeit tritt eine Erweichung im Centrum des Knotens ein, die livide rothe Haut über demselben wird verdünnt und schliesslich durchbrochen, und nach der Entleerung eines dünnflüssigen, mit käsigen Brocken gemischten Eiters entsteht ein Geschwür mit tiefem Grunde und schlaffen, unregelmässigen, sinuösen, von livide rother, unterminirter Haut gebildeten Rändern. Der Ulcerationsprocess schreitet sowohl der Fläche nach, wie in die Tiefe fort und kann zu umfangreichen Zerstörungen der Haut und der tieferen Theile Veranlassung geben. Andererseits kommen vollständige oder theilweise Vernarbungen vor, und sind die Narben entsprechend den Eigenthümlichkeiten der Geschwüre sehr unregelmässig, gewulstet und oft brückenförmig. Unter allen Umständen zeichnet sich der ganze Process durch seine ungemeine Torpidität aus. — Auch in den scrophulösen Hautinfiltraten sind neuerdings die Tuberkelbacillen nachgewiesen worden, und somit ist ihre Zugehörigkeit zu den tuberculösen Affectionen endgültig festgestellt.

Bei der **Diagnose** ist gegenüber dem *Lupus* das Fehlen der Knötchen, gegenüber der ulcerösen *Syphilis* das Fehlen des festen, infiltrirten Walles und der äusserst chronische Verlauf zu berücksichtigen, weiter gewähren die anderweiten Zeichen der Scrophulose in letzterer Beziehung wenigstens einen gewissen Anhaltspunkt. Bei der **Therapie** hat sich auch hier die innere Darreichung des *Arsen* in der bei der Lupusbehandlung besprochenen Weise als nutzbringend erwiesen; äusserlich sind bei bereits bestehenden Ulcerationen Jodoform, Perubalsam, Arg. nitr. in geeigneter Form zu verwenden, eventuell nach Zerstörung der erkrankten Theile durch Auskratzen, Aetzmittel oder das Cauterium actuale.

FÜNFTES CAPITEL.
Tuberculose der Haut.

Die bisher als **Tuberculose der Haut** bezeichnete Affection ist sehr selten und stets im Anschluss an weit vorgeschrittene tuberculöse Erkrankungen innerer Organe beobachtet. Dass hier ein directes Abhängigkeitsverhältniss der Hauterkrankung von den inneren Affectionen besteht, wahrscheinlich auf einer Autoinoculation der von diesen herrührenden virulenten Massen in die Haut beruhend, beweist in unzweideutiger Weise die Localisation der tuberculösen Hautgeschwüre, die sich fast regelmässig in der Umgebung der natürlichen Körperöffnungen, des Mundes, des Afters und der Genitalien gefunden haben, vielfach sich anschliessend an tuberculöse Affectionen der betreffenden Schleimhäute. Es treten in diesen Fällen an den oben erwähnten Orten ohne vorhergehende auffällige Infiltration Hautgeschwüre auf, mit seichtem, mit Granulationen bedecktem Grund und unregelmässigem, durch kleine Ausbuchtungen gezacktem Rand. Wirklich miliare Tuberkelknötchen kommen nur ganz ausnahmsweise zur Beobachtung. Die Geschwüre vergrössern sich nur langsam und erreichen schon aus dem Grunde keine grosse Ausdehnung, weil meist bald nach dem erst im letzten Stadium stattfindenden Auftreten der Hauttuberculose die Kranken ihrem Leiden erliegen.

Die **Diagnose** wird sich im Wesentlichen auf die anderweiten tuberculösen Erkrankungen stützen müssen, übrigens aber jetzt auch durch den Nachweis der Bacillen im Geschwürssecret mit Sicherheit zu erbringen sein. **Prognostisch** ist die Hauttuberculose nach dem oben Gesagten wohl stets als Signum mali ominis aufzufassen, und von einer Therapie wird daher kaum die Rede sein können.

SECHSTES CAPITEL.

Milzbrand, Rotz, Actinomykosis.

Der **Milzbrand** (*Charbon*) ist eine bei verschiedenen Hausthieren, besonders bei Rindern und Schafen, seltener bei Pferden, ferner von wilden Thieren besonders bei Hirschen und Rehen vorkommende schwere Infectionskrankheit, bekanntlich die erste Krankheit, bei welcher der Nachweis eines bacteriellen Krankheitserregers, des *Milzbrandbacillus*, gelang (POLLENDER [1856], BRAUELL [1857], DAVAINE). Die Krankheit wird gelegentlich vom Thier auf den Menschen, der im Ganzen weniger empfänglich als die oben genannten Thierspecies zu sein scheint, übertragen und betrifft, abgesehen von Zufälligkeiten, natürlich nur bestimmte Berufsarten, vor Allem Menschen, die mit kranken Thieren in Berührung kommen, Hirten, Schäfer, Viehknechte, Thierärzte, ferner Schlächter und dann Arbeiter, welche mit thierischem Material zu hantiren haben. Denn da die Milzbrandbacillen, resp. die Sporen, eine ausserordentlich grosse Widerstandsfähigkeit besitzen, so kann auch durch Felle, Haare, Borsten, Wolle, ja selbst durch bereits verarbeitetes Leder die Ansteckung vermittelt werden, und so erkranken weiter Leder- und Wollarbeiter, Bürstenbinder, Tapezirer gelegentlich an Milzbrand. Die Mehrzahl der Erkrankungen entfällt natürlich auf das männliche Geschlecht. — Die Art des Infectionsmaterials ist nicht ohne Einfluss auf die Schwere der Erkrankung, und von lebenden oder frisch getödteten Thieren stammende Erkrankungen verlaufen gewöhnlich viel schwerer, als die Fälle, bei welchen das Gift von bereits längere Zeit aufbewahrten Häuten, Haaren oder dgl. stammt. — Die Infection erfolgt entweder durch directe oder indirecte (Insectenstiche) Einimpfung in die *Haut* oder, in sehr viel selteneren Fällen, durch interne Aufnahme durch die *Lungen* (Einathmung sporenhaltigen Staubes) oder durch den *Darmkanal* (Genuss des Fleisches oder der Milch milzbrandiger Thiere).

Von der Schilderung der schweren, meist tödtlich verlaufenden Erkrankungen bei Infection durch die Lungen oder den Darm (*Intestinal-Mykose*) muss natürlich an dieser Stelle ganz abgesehen werden.

Bei der cutanen Infection werden zwei nicht unwesentlich von einander verschiedene Krankheitsformen beobachtet, die *Milzbrandpustel* und das *Milzbrandödem*.

Die *Milzbrandpustel* (*Anthrax, Pustula maligna, Carbunculus malignus*) entwickelt sich an der Infectionsstelle nach einer kurzen, meist mehrere Tage dauernden Incubationszeit unter der Empfindung von Stechen und Brennen als kleines rothes Knötchen, in dessen Centrum alsbald ein kleines Blächen mit hämorrhagischem Inhalt aufschiesst. Nach dem Platzen des Bläschens verwandelt sich der Grund desselben in einen schwärzlichen Schorf, welcher sich vergrössert und 1—2 Cm. Durchmesser erreichen kann. Inzwischen ist die Umgebung des Schorfes durch eine teigige entzündliche Infiltration geschwollen und der ganze Herd bildet eine flach halbkugelige, macronenförmige Anschwellung, deren Mitte von dem unter das Niveau der umgebenden Schwellung eingesunkenen Schorf gebildet wird. Auf der den Schorf umgebenden Haut treten oft noch weitere Bläscheneruptionen auf. Die Haut ist meist wenig geröthet oder livide, die weitere Umgebung erscheint cyanotisch, oft treten sich rasch ausbreitende ödematöse Anschwellungen und Lymphangitiden auf. Die Schmerzhaftigkeit der Milzbrandpustel ist eine auffällig geringe. Meist tritt nur eine, selten treten mehrere Pusteln auf. — Die *Localisation* entspricht dem Infectionsmodus: die Milzbrandpustel bildet sich meist auf den *unbedeckten Körperstellen*, Hand, Vorderarm, Gesicht und Hals, sehr viel seltener auf den bedeckten Körpertheilen.

Das *Milzbrandödem* entwickelt sich meist auf den Stellen mit lockerem Unterhautgewebe, so den Augenlidern und den Lippen, und erscheint als teigige, sich rasch ausbreitende Anschwellung, zunächst ohne Pustelbildung. Aber auch bei dieser Form kommt es im weiteren Verlauf zu Bläscheneruptionen und zur Bildung kleinerer oder grösserer, oft multipler brandiger Schorfe.

Der **Verlauf** gestaltet sich in einer Reihe von Fällen so, dass *Allgemeinerscheinungen* völlig fehlen, und müssen wir annehmen, dass in diesen Fällen die Lymph- und Blutbahnen durch die entzündliche Infiltration verschlossen sind und so die Allgemeininfection verhütet wird. Nach einiger Zeit nimmt die Schwellung ab, die Schorfe lösen sich durch demarkirende Eiterung und es tritt Heilung mit Hinterlassung einer tiefen Narbe ein. In den anderen Fällen geht aber das Gift in die Blutmasse über und ruft nun die schwersten, oft tödtlichen Erkrankungszustände hervor, die im Wesentlichen unter dem Bilde einer Darm- oder Lungenaffection oder einer Meningitis verlaufen. Auch das Auftreten zahlreicher kleiner metastatischer Hautpusteln ist bei Allgemeininfection beobachtet. — Wenn auch keineswegs alle Fälle von Allgemeininfection letal verlaufen, so ist trotzdem die **Prognose** stets eine äusserst bedenkliche und auch in den Fällen mit zunächst nur localen Erscheinungen muss dieselbe als sehr zweifelhafte angesehen werden, da in jedem Augenblick noch die Allgemeininfection erfolgen kann.

Bei der **Diagnose** der Milzbrandpustel ist zunächst zu berücksichtigen, ob der Beruf des Erkrankten die Möglichkeit einer Infection bietet. Die Unterscheidung vom *Furunkel* oder *einfachem Karbunkel* wird durch die starke entzündliche Röthung bei diesen beiden Affectionen erleichtert. Das *Milzbrandödem* unterscheidet sich vom *Erysipel* durch das Fehlen des peripherischen rothen Walles und überhaupt einer scharfen Begrenzung und von der *Phlegmone* durch die geringe Neigung zur Vereiterung. Das wichtigste diagnostische Hülfsmittel ist natürlich der nicht schwer zu erbringende *Nachweis der Milzbrandbacillen* im Bläscheninhalt oder in Gewebspartikelchen.

Therapie. Bei ganz frischen Fällen ist der Versuch einer *Abortivbehandlung* durch *Excision, energische Aetzung* oder *Ausbrennung* wohl gerechtfertigt. Bei schon länger bestehenden Erkrankungen bergen aber diese energischen Massnahmen die Gefahr in sich, der Allgemeininfection Vorschub zu leisten, und es empfiehlt sich für diese Fälle daher ein mehr exspectatives Verfahren, *Anwendung von Sublimatumschlägen* u. dgl. Bei bereits eingetretener Allgemeininfection ist vor Allem die Anwendung von *Excitantien* indicirt. — Auf die äusserst wichtigen *prophylactischen Massregeln*, deren Zweck es ist, die Erkrankungen unter dem Thierbestand zu verhüten oder einzuschränken und die selbstverständlich damit auch die Infectionsmöglichkeiten für den Menschen verringern, kann hier natürlich nicht weiter eingegangen werden.

Der **Rotz** (*Malleus, morve, glanders*) ist eine Infectionskrankheit der Pferde, Maulthiere und Esel, die auf sämmtliche Hausthiere, mit Ausnahme des Rindes, künstlich übertragen werden kann (Bollinger) und die auch auf den Menschen übertragbar ist. Als Ursache des Rotzes ist von Löffler und Schütz ein specifischer Bacillus, der *Rotzbacillus*, nachgewiesen worden.

Der menschliche Rotz ist eine wahre Berufskrankheit und kommt fast ausnahmslos bei Leuten vor, die mit rotzkranken Pferden zu thun haben, also bei Pferdeknechten, Kutschern, Thierärzten, Abdeckern u. s. w. Die Erkrankungen bei Frauen sind daher äusserst selten.

In manchen Fällen lässt sich die *Eingangspforte* des Giftes nicht nachweisen, in vielen Fällen aber tritt, gerade wie bei der

Syphilis, mit welcher Krankheit der Rotz überhaupt manche Analogien darbietet, ein „Primäraffect" auf. An der Stelle einer Wunde
oder Erosion, die mit dem Gifte inficirt wurde, bildet sich nach
einer meist nur wenige Tage betragenden Incubationszeit eine Pustel
oder eine Infiltration, der oft Entzündungen der abführenden Lymphgefässe und Schwellungen der entsprechenden Lymphdrüsen folgen.

Der weitere **Verlauf** ist nun in den einzelnen Fällen eine sehr
verschiedenartiger. Beim *acuten Rotz* treten sehr bald starke Muskel-
und Gelenkschmerzen, Fiebererscheinungen, grosse Prostration, kurz
ein sehr bedrohlicher Allgemeinzustand ein. Auf der *Haut* erscheinen
rothe Flecken, Pusteln, seltener Blasen oder grössere Knoten, die
rasch aufbrechen und sich in eiternde Geschwüre mit infiltrirten
Rändern umwandeln. Diese Umwandlung in ein *Rotzgeschwür* ist
in der Regel schon vorher bei dem Primäraffect erfolgt. Von den
Geschwüren gehen weiter Lymphangitiden aus, die Drüsen schwellen
an und brechen auf, es entwickeln sich auch gelegentlich erysipelartige oder phlegmonöse Erkrankungen. Die Rotzinfiltrate befallen
ferner die *Schleimhäute*, besonders des Respirationstractus, auf der
Nasenschleimhaut, im Kehlkopf und in der Trachea entwickeln sich
Geschwüre, auch die Lungen werden ergriffen. In diesen Fällen
führt die Krankheit fast ausnahmslos zum Tode, der meist nach
2—3 Wochen erfolgt.

Die Erscheinungen des *chronischen Rotzes* gleichen im Ganzen
genommen denen des acuten Rotzes, nur dass sie sich viel weniger
stürmisch und unter weit geringerer Betheiligung des Allgemeinbefindens entwickeln. Auch bei dieser Form treten in der Haut und
im subcutanen Gewebe die *Rotzknoten* auf, manchmal zu perlschnur-
artigen Strängen aneinandergereiht. In anderen Fällen entwickeln
sich gewundene fingerdicke Wülste (*Wurm*). Die Knoten brechen
auf und es bilden sich torpide, sehr langsam oder gar nicht heilende
Geschwüre und Fisteln. In ganz leichten Fällen tritt übrigens auch
Resorption der Knoten ohne eiterigen Zerfall ein. Entzündungen
der Lymphgefässe und Lymphdrüsen und ödematöse Anschwellungen
kommen häufig vor. Die Betheiligung der *Schleimhäute* ist keine
so häufige wie beim acuten Rotz. Das *Fieber* kann völlig fehlen,
bei schweren Localaffectionen tritt es aber doch in der Regel ein.
Im Ganzen gewinnt man den Eindruck, dass es sich beim chronischen
Rotz um eine *locale Erkrankung* handelt, während bei dem acuten
Rotz eine Allgemeininfection des Körpers vorliegt. Hiermit steht
auch völlig im Einklang, dass bei chronischem Rotz in jedem Augen-

blick das Auftreten schwerer Allgemeinsymptome in Folge einer „Generalisation" des Giftes stattfinden kann, Verhältnisse, wie wir sie in ganz gleicher Weise bei der Tuberculose beobachten.

Der **Verlauf** des chronischen Rotzes ist ein langwieriger und zieht sich oft durch Jahre hin. Etwa in der Hälfte der Fälle tritt Genesung ein (BOLLINGER). Die **Prognose** ist demnach bei acutem Rotz schlecht, bei chronischem Rotz stets zweifelhaft zu stellen.

Bei der **Diagnose** ist auch wieder in erster Linie die Möglichkeit der Infection in Folge des Berufes des Kranken zu berücksichtigen. Verwechselungen können am leichtesten mit *Syphilis* und *Tuberculose* vorkommen.

Bei der **Therapie** sind die Rotzinfiltrate, sowie es zum Durchbruch durch die Haut gekommen ist, durch *Auskratzung* und *energische Aetzung* möglichst zu zerstören, im Uebrigen müssen wir uns auf eine symptomatische Behandlung beschränken.

Nicht so klar wie bei den beiden bisher besprochenen Krankheiten ist die Herkunft der Krankheitserreger bei der dritten der in diesem Capitel vereinigten mykotischen Affectionen, bei der **Actinomykose**. Denn wenn auch die Krankheit häufig bei verschiedenen Hausthieren, besonders bei Rindern und Schweinen, vorkommt, so muss nach den bisherigen Erfahrungen jedenfalls für gewöhnlich die Uebertragung vom Thier auf den Menschen ausgeschlossen werden, da die Mehrzahl der Erkrankten gar nicht mit Thieren in Berührung gekommen waren. Viel wahrscheinlicher ist es, dass der *Strahlpilz (Actinomyces)*, welcher die Actinomykose hervorruft, auf verschiedenen Pflanzen schmarotzt, und dass diese die gemeinsame Infectionsquelle sowohl für die Thiere, wie für die Menschen bilden.

Die *actinomykotischen Erkrankungen der Haut*, welche uns an dieser Stelle allein interessiren, können auf der einen Seite *secundär* zu den Affectionen anderer Organe hinzutreten. So sehen wir bei den am häufigsten primär auftretenden Erkrankungen der Kiefer, der Lungen und des Darmes Infiltrate am Kiefer oder am Halse, am Brustkorb oder am Abdomen entstehen, die zunächst subcutan sind, dann aber auf die Haut übergreifen und nach dem Durchbruch derselben unregelmässig geformte Geschwüre oder Fisteln bilden.

Auf der anderen Seite kann die Actinomykose aber auch als *primäre Erkrankung der Haut* auftreten, wenn die Infection durch eine Hautverletzung zu Stande kommt. Auch hier bilden sich Infiltrate, knollige Geschwülste, welche sich nach dem Aufbruch in torpide, allmälig weiter greifende Geschwüre mit gezackten und oft unterminirten Rändern umwandeln. Der Krankheitsprocess schreitet aber auch in die Tiefe fort und strangförmige Granulationsmassen durchbrechen die Fascien und Muskeln, das Periost und führen schliesslich zu Knochendefecten.

Wenn auch eine *specifische Allgemeininfection* wie beim Milzbrand und Rotz nicht vorzukommen scheint, so macht das Auftreten multipler Herde an räumlich entfernten Stellen doch manchmal das Vorkommen einer Verschleppung der Krankheitserreger durch die Blutcirculation wahrscheinlich.

Der **Verlauf** ist ein sehr torpider und bei den ausgebreiteteren Fällen stets ungünstiger. Je nach der Dignität der erkrankten Organe erfolgt der Tod an der eigentlichen Erkrankung oder lediglich in Folge des durch die langdauernden Eiterungen und das Fieber hervorgerufenen Marasmus oder der amyloiden Entartung der grossen Drüsen. Nur bei circumscripten und günstig gelegenen Krankheitsherden ist bei energischer Therapie eine Heilung möglich.

Bei der **Diagnose** der Hautaffectionen ist vor Allem eine Verwechselung mit *syphilitischen* oder *tuberculösen Infiltraten* oder *Geschwüren* möglich. Den sicheren Aufschluss giebt immer erst die allerdings meist nicht schwierige Auffindung der charakteristischen *Actinomyceskörner*, jener gries- bis hanfkorngrossen, weissen oder gelblichen Gebilde, welche sich im Eiter oder auch in den Granulationsmassen actinomykotischer Herde finden und die aus einem Geflecht von Mycelfäden mit radiär angeordneten, keulenförmigen Enden bestehen.

Die **Therapie** hat in der möglichst energischen Zerstörung alles Krankhaften durch *Auskratzen, Kauterisiren* und *Aetzen* mit concentrirten Lösungen von Sublimat, Chlorzink u. A. zu bestehen. Oft ist eine Heilung erst nach mehrfacher Wiederholung dieser Proceduren erreichbar.

VIERZEHNTER ABSCHNITT.

ERSTES CAPITEL.

Favus.

Der **Favus** (*Tinea favosa, Erbgrind*) ist diejenige Krankheit des Menschen, bei welcher zuerst *pflanzliche Parasiten* als Krankheitsursache nachgewiesen wurden, und zwar entdeckte Schönlein im Jahre 1839 den Pilz, dem später Remak den Namen *Achorion Schönleinii* beilegte.

Aehnlich wie bei der später zu besprechenden Pityriasis versicolor bilden beim
Favus die Pilzansammlungen selbst die am
meisten in die Augen fallenden Krankheitserscheinungen, nur dass bei letzterer Krankheit die Pilzmengen noch ungleich massen-
haftere sind, als bei der erstgenannten. Im
Gegensatz dazu sind die Efflorescenzen bei
Herpes tonsurans viel weniger durch die verhältnissmässig unbedeutenden Pilzwucherun-
gen, als vielmehr durch die entzündliche

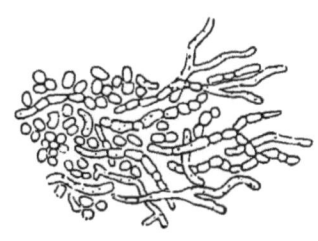

Fig. 17.
Achorion Schönleinii aus einem
Scutulum. Vergr. 300 : 1.
(Hartnack. Ocul. 3. Obj. IX.)

Reaction der Haut gebildet. Daher ist das Auffinden der Pilzelemente bei den ersten beiden Krankheiten leicht, bei der letzteren
Krankheit im Allgemeinen viel schwieriger. Besonders beim Favus
bilden die gleich zu besprechenden *Scutula* geradezu Reinculturen
des Favuspilzes, so dass ein Partikelchen eines solchen Scutulum,
mit Wasser oder Glycerin angerührt, ohne Weiteres bei der mikroskopischen Untersuchung (mit ca. 300facher Vergrösserung) die
charakteristischen Eigenschaften des Achorion Schönleinii erkennen
lassen wird.

Die Pilze bilden ein ausserordentlich dichtes Mycelgeflecht aus
kurz verzweigten, nicht gerade, sondern mit vielen Biegungen verlaufenden Fäden, die nicht überall die gleiche Stärke haben, vielfach auch kleine runde Auftreibungen zeigen. Dazwischen liegen
runde oder ovale, manchmal nicht ganz regelmässig geformte Sporen,
oft in grossen Massen, und vielfach lässt sich das Zerfallen der
Fäden in Sporen verfolgen.

Die Annahme einzelner Autoren, dass die Pilze des Favus und
des Herpes tonsurans identisch seien und bald das eine, bald das
andere Krankheitsbild hervorrufen könnten, ist endgültig durch die
Untersuchungen von Grawitz widerlegt, der zunächst die Verschiedenheit der Reinculturen beider Pilze nachwies und feststellte, dass
durch Impfung dieser Reinculturen stets nur das dem ursprünglichen
Material entsprechende Krankheitsbild hervorgerufen wird.

Am allerhäufigsten kommt der Favus auf dem *behaarten Kopfe*
vor, und daher sollen die Erscheinungen bei dieser Localisation zuerst beschrieben werden. Es bildet sich an der Haarbalgmündung

unter der Hornschicht ein kleiner gelber Punkt, und in diesem
Stadium macht die Efflorescenz den Eindruck einer kleinsten, von
einem Haar durchbohrten Pustel, natürlich nur scheinbar, da keine
Flüssigkeit in derselben vorhanden ist. Da die Pilzkeime von aussen
in die Follikelmündung kommen, so müssen sie, um unter die Hornschicht zu gelangen, in einer gewissen Tiefe die Haarwurzelscheiden
seitlich durchbrechen. Oefters, aber keineswegs immer, und häufiger
noch auf der Körperhaut als auf dem behaarten Kopfe zeigen sich
um die in der Entwickelung begriffenen Favusscutula geröthete und
schuppende, peripherisch fortschreitende Ringe, die eine gewisse
Aehnlichkeit mit den Efflorescenzen des Herpes tonsurans haben
(*herpetisches Vorstadium*, Köbner), in sehr seltenen Fällen sind acute,
über den ganzen Körper ausgebreitete Eruptionen braunrother,
schuppender Flecken, aus welchen sich später Scutula entwickelten,
beobachtet worden (Kaposi, Pick). In den Schuppen dieser „herpe-
tischen" Efflorescenzen finden sich stets Favuspilze. — Die weitere
Entwickelung des Scutulum geschieht nun in der Weise, dass sich
das gelbe Pünktchen nach allen Seiten hin langsam vergrössert und
nach einiger Zeit eine kleine, etwas ausgehöhlte Scheibe, ein „Schildchen" (*Scutulum*), bildet, welches in der vertieften Mitte von dem Haare
durchbohrt ist, falls dasselbe nicht inzwischen ausgefallen ist. Die
Farbe ist charakteristisch schwefel- oder strohgelb. Die schüssel-
förmige Vertiefung kommt offenbar dadurch zu Stande, dass im Centrum die an das Haar fest angeheftete Hornschicht eine Erhebung
nicht zu Stande kommen lässt, während an den peripherischen
Theilen die an der unteren Fläche sich immer vermehrenden Pilzmengen das Scutulum in der Richtung des geringsten Widerstandes
emporheben. Das Scutulum lässt sich leicht in toto herausheben,
indem man von der Seite mit einer Myrthenblattsonde oder dgl.
unter dasselbe eindringt. Noch leichter geht diese Lösung, oft schon
durch das Kratzen der Patienten, von Statten, nachdem die Hornschicht, welche die Efflorescenz bedeckt, eingetrocknet ist, was stets
nach einer gewissen Zeit geschieht, und nun die Oberfläche des
Scutulum völlig frei zu Tage liegt. Unter dem frisch ausgehobenen
Scutulum zeigt sich eine kleine, mit rother, etwas feuchter Epidermis
ausgekleidete Vertiefung, die sich aber bald wieder füllt und mit
trockener Hornschicht überzieht. Bei grösseren und älteren Favus-
herden ist allerdings der Restitutionsvorgang kein vollständiger,
sondern es tritt eine *narbige Atrophie* ein.

Die Scutula vergrössern sich langsam, höchstens etwa bis zu

Fünfpfennigstückgrösse, und bei diesen grösseren Favusschildchen
zeigt die Oberfläche häufig concentrische Kreislinien, die auf die nicht
stets gleichmässige Vegetation der Pilze zurückzuführen sind. Haben
die Scutula diese Grösse erreicht, so lockert sich ihre Verbindung
mit der Haut, die Haare sind ausgefallen, und die ursprünglich das
Scutulum bedeckende Hornschicht ist längst verschwunden. Spontan
oder durch unbedeutende mechanische Veranlassungen fällt das
Scutulum ab, eine kleine Grube hinterlassend, die mit glatter, narben-
artiger Haut bedeckt ist. Die Mehrzahl der Follikel ist zerstört
und die Stelle daher dauernd mehr oder weniger vollständig kahl.
— Da gewöhnlich gleichzeitig zahlreiche Scutula zur Entwickelung
kommen, tritt oft Confluenz der benachbarten Herde und dadurch
Bildung umfangreicher Favusborken ein, die an der Peripherie stets
noch ihre Entstehung aus runden Favusschildchen erkennen lassen,
und in den hochgradigsten Fällen kann fast die ganze Kopfhaut
überzogen werden. — Bei Anwesenheit grösserer Pilzmengen macht
sich der Favus auch für die Nase durch einen eigenthümlichen Geruch „wie nach Schimmel" geltend.

Auch die *Haare* werden ergriffen und erscheinen makroskopisch
matt, glanzlos, sie splittern leicht, brechen vielfach dicht über dem
Austritt aus der Haut ab und sind durch gelinden Zug aus ihrem
Follikel zu entfernen, gewöhnlich mit den gequollenen, gelblich undurchsichtig erscheinenden Wurzelscheiden. Mikroskopisch zeigt sich,
dass die Pilzelemente zwischen die Fasern des Schaftes hineinwuchern
und dieselben auseinanderdrängen. Ob die Pilze seitlich von der Wurzelscheide aus oder von der Papille her in das Haar hineinwuchern,
ist noch nicht sicher entschieden. — Die erkrankten Wurzelscheiden
sind mit Pilzelementen geradezu vollgepfropft.

Nur selten zeigt der Favus auf dem behaarten Kopfe eine andere
Form, indem es nicht zur Ausbildung typischer Schildchen kommt,
sondern die Kopfhaut in diffuser Weise mit festen gelben Schuppenmassen bedeckt ist, die sich im Wesentlichen als aus Pilzen zusammengesetzt erweisen.

An der *Haut des übrigen Körpers* kommt Favus nur sehr selten
vor, und zwar bilden sich entweder auch von den Haaren ausgehende
typische Scutula oder aber unregelmässigere trockene Krustenanf-
lagerungen von der charakteristischen schwefelgelben Farbe. Auch an
vollständig haarlosen Stellen kommt Favus vor, so an der Corona glandis
und im Sulcus coronarius (Pick). In äusserst vernachlässigten Fällen
ist fast der ganze Körper mit Favusmassen bedeckt gefunden worden.

An den *Nägeln* zeigt sich die Erkrankung entweder in Form circumscripter gelber Einlagerungen, oder die Nägel erscheinen im Ganzen verändert, undurchsichtig, bröckelig und verdickt. In den abgeschabten Theilen finden sich zahlreiche Pilzelemente. Die Erkrankung wird nur an den Fingernägeln beobachtet (*Onychomycosis favosa*).

Subjectiv besteht an den Stellen frisch sich entwickelnder Eruptionen das Gefühl von Jucken, während lange bestehende Herde gewöhnlich keine besonderen Empfindungen hervorrufen. — Einmal wurde bei einem an fast universellem Favus leidenden Patienten eine auf der Entwickelung von Pilzen in der Schleimhaut beruhende Gastroenteritis beobachtet (KUNDRAT).

Verlauf. Der Favus des behaarten Kopfes verläuft ausserordentlich chronisch, indem er meist in der Jugend beginnt und nun durch 20 und 30 Jahre besteht, oft trotz der Behandlung, je nach der Reinlichkeit des Patienten oder der ihm zu Theil gewordenen Behandlung geringere oder grössere Ausbreitung erlangend. In der Regel tritt das spontane Erlöschen erst ein, nachdem die Mehrzahl der Follikel, der günstigsten Keimstätten für die Pilze, zerstört und demgemäss fast völlige Kahlheit eingetreten ist. Die Kopfhaut ist in diesen Fällen verdünnt, glatt, die Mehrzahl der Follikel ist verschwunden, und nur einzelne spärliche Haare ragen noch aus intact gebliebenen Bälgen hervor. Die Atrophie der Haut ist auf den lange wirkenden Druck der Favusscutula zurückzuführen. Tiefere Zerstörungen, wirkliche Ulcerationen scheinen beim Menschen nicht vorzukommen — die Fälle von angeblich durch Favus bedingter Knochenatrophie sind nicht zweifellos festgestellt —, während bei Mäusen Ulcerationen und Zerstörungen tieferer Theile, so der Knorpel, häufig beobachtet sind. — Einen sehr viel schnelleren Verlauf nimmt dagegen der Favus der übrigen Körperhaut, der bei nur einigermassen zweckmässiger Behandlung in der Regel schnell erlischt, während der Nagelfavus wieder sehr hartnäckig ist und den Favus des behaarten Kopfes noch überdauern kann.

Der Favus ist eine im mittleren Deutschland sehr seltene, in den östlicheren Ländern und einigen Theilen Frankreichs dagegen noch häufigere Krankheit.

Die **Prognose** muss insofern vorsichtig gestellt werden, als nur durch eine consequent und hinreichend lange durchgeführte Behandlung eine definitive Heilung zu erzielen ist.

Die **Diagnose** ist bei den fast stets so charakteristischen Erscheinungen gar nicht zu verfehlen; überdies lässt die ausserordentliche Leichtigkeit des Nachweises der Pilze einen ernstlichen Zweifel nicht aufkommen.

Aetiologie. Der Favus ist selbstverständlich als parasitäre Erkrankung übertragbar, und zwar nicht nur von Mensch auf Mensch, sondern auch von Thieren — es ist bei Hühnern, Mäusen, Katzen, Kaninchen, Hunden Favus beobachtet — auf Menschen und umgekehrt. Auch die experimentelle Uebertragung ist vielfach gelungen. Aber die Ansteckungsfähigkeit des Favus muss als geringe bezeichnet werden, vielleicht wegen einer gewissen für die Haftung der Pilze nothwendigen und im Ganzen seltenen Disposition der Haut. Denn die Fälle von Favus bei mehreren Geschwistern und überhaupt von nachweisbarer Uebertragung der Krankheit von einem Favösen auf die mit ihm in enger Gemeinschaft, in Kasernen, in Krankenhäusern u. s. w. zusammen Lebenden sind nicht häufig. — Künstlich kann durch lange fortgesetzte warme Umschläge die Disposition der Haut local jedenfalls sehr gesteigert werden.

So sah ich bei zwei Kranken mit Epididymitis, denen die Kataplasmen meist von einem in demselben Krankenzimmer liegenden und zu leichten Diensten herangezogenen Favuspatienten aufgelegt wurden, Favus sich auf der Haut des Scrotum entwickeln.

Der alte Name Erbgrind deutet darauf hin, dass im Volke das Bewusstsein von der „Vererbbarkeit", d. h. Uebertragbarkeit des Favus schon lange besteht, während in der wissenschaftlichen Welt die contagiöse Natur der Krankheit zuerst von den Brüdern MAHON, die sich um die Abschaffung der Pechkappe und Einführung einer humanen, rationellen Therapie grosse Verdienste erworben haben, erkannt wurde (1829).

Therapie. Die Behandlung des Favus der behaarten Kopfhaut ist eine ausserordentlich mühsame Aufgabe, die hohe Anforderungen an die Geduld und Ausdauer des Patienten, aber auch des Arztes stellt. Zunächst ist die *Entfernung der Favusborken oder Scutula* vorzunehmen und durch reichliche Einölung der Kopfhaut mit nachfolgender energischer Seifenwaschung leicht zu bewerkstelligen. Das wichtigste weitere Mittel zur Entfernung der Pilze ist die *Epilation*, da wenigstens bei der Mehrzahl der Haare auch die Wurzelscheiden, die ganz besonders mit Pilzen vollgepfropft sind, beim Ausziehen mitfolgen. Die früher übliche barbarische Epilationsmethode mit der Pechkappe, einer ledernen, innen mit erwärmtem Pech bestrichenen und über den kurz geschorenen Kopf gestülpten Kappe, die nach dem Festwerden des mit den Haaren verklebten Pechs mit einem Ruck heruntergerissen wurde, ist jetzt — hoffentlich überall — verlassen, und es wird statt dessen die zwar mühsamere und zeitraubendere Epilation der einzelnen Haare mit der Pincette angewendet, die dafür aber wenig schmerzhaft ist und niemals die Folgen jener Methode, ausgedehnte Zerreissungen und Blutungen im subcutanen Gewebe, nach sich ziehen kann. Mit der täglich auf anderen Stellen vorzunehmenden Epilation sind ausgiebige *Seifenwaschungen* und Einreibungen parasiticider Mittel zu verbinden. Als solche sind *Carbolsäure, Salicylsäure, Theer* in öliger Lösung oder mit Kalilösung gemengt (Kal. caustic. 5,0, Ol. Rusci, Aqu. destill. ana 50,0). *Sublimatspiritus* (1 Proc.), *Naphtol* (5 procentige Salbe), *Schwefel, Bals. peruvianum, Pyrogallussalbe* (10 Proc.), 10 procentige *Chrysarobinsalbe* (WOLFF), Unguent. ciner. zu nennen.

Nachdem diese Behandlung 5 bis 6 Wochen durchgeführt ist, wird dieselbe sistirt und nun der Patient einige Zeit ohne jede Therapie beobachtet. Sind nicht alle Pilzkeime entfernt oder getödtet, so zeigen sich nach 3—4 Wochen die Recidive in Gestalt der kleinen gelben Pünktchen an den Haaren. Nun muss die Behandlung mit besonderer Berücksichtigung dieser Stellen wieder aufgenommen werden, und so können noch mehrfache Wiederholungen nöthig werden, ehe es gelingt, die Krankheit definitiv zu beseitigen. Unter allen Umständen werden in der Regel selbst in günstigen Fällen mehrere Monate zur Erreichung eines definitiven Resultates nöthig sein. — Die Beseitigung des Körperfavus gelingt leicht, meist schon durch regelmässige einfache Seifenwaschungen. Dagegen macht die Heilung des Nagelfavus auch erhebliche Schwierigkeiten. Hier sind durch den scharfen Löffel oder die Schere die erkrankten Theile möglichst zu entfernen und die oben erwähnten Mittel in geeigneten Lösungen anzuwenden.

_____

ZWEITES CAPITEL.
Herpes tonsurans.

Der **Herpes tonsurans** (*Ringworm*) wird durch die Wucherung des von GRUBY (1844) und MALMSTEIN (1845) entdeckten *Trichophyton tonsurans* in der Haut oder ihren Anhangsgebilden, den Haaren und Nägeln hervorgerufen.

Dieser Pilz wird aus langgliederigen Mycelfäden gebildet, mit relativ spärlichen Verzweigungen und Sporenketten, die durch ihre

Anordnung in der Regel noch ihre Entstehung aus Fäden erkennen lassen; sehr viel seltener finden sich grössere Sporenanhäufungen, denen jene charakteristische Anordnung fehlt. Nur bei der Erkrankung der Haare finden sich oft massenhafte Sporenansammlungen in den Wurzelscheiden. Wie die übrigen Dermatophyten zeigen auch die Trichophytonfäden einen auffallenden, etwas ins Bläuliche spielenden Glanz. Die Grössenverhältnisse sind annähernd dieselben, wie beim Achorion Schönleinii, doch findet man manchmal breitere Fäden. — Die Pilzelemente lassen sich am besten nach Aufhellung

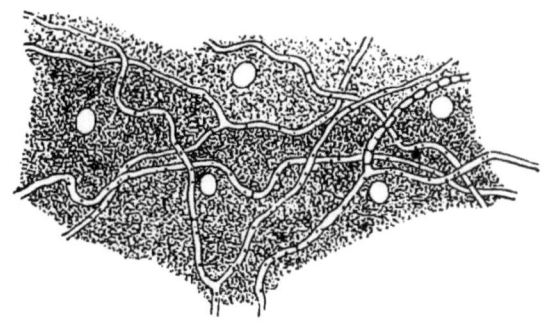

Fig. 18.
Trichophyton tonsurans, aus einer Epidermisschuppe.
Vergr. 800 : 1. (Hartnack. Ocul. 3. Obj. IX.)

der betreffenden Objecte mit einer 10 procentigen Lösung von Kali causticum bei 300 bis 400 facher Vergrösserung auffinden.

Die grosse Verschiedenheit der klinischen Bilder, unter welchen der Herpes tonsurans auftritt, im Gegensatz zu dem viel einförmigeren Favus, legt den Gedanken nahe, dass es sich auch um verschiedene Varietäten des Pilzes handeln könnte. Einige Autoren, besonders SABOURAUD, haben nun auch in dieser Richtung wichtige Beobachtungen gemacht, nach welchen zwischen einer grosssporigen und kleinsporigen Varietät des Trichophyton unterschieden werden muss, die auch verschiedene Krankheitsbilder hervorrufen. Indessen sind diese Untersuchungen augenblicklich noch nicht so weit gediehen, um eine Klarstellung dieser Frage für sämmtliche Formen des Herpes tonsurans herbeizuführen.

Die Erscheinungen, die durch die Pilzwucherung in der *Haut* — dieselbe findet gewöhnlich nur in den oberen Schichten der Epidermis statt — hervorgerufen werden, bestehen im Wesentlichen in einer *Abschuppung* der obersten Schichten der Oberhaut und mässiger *entzündlicher Schwellung*, ohne oder mit geringer, selten mit starker *Exsudatbildung*, und dementsprechend mit der Bildung kleiner Krüstchen oder bei höheren Graden der entzündlichen Reizung mit Bläschen- oder Pustelbildung. Die ergriffenen *Haare* werden durch das Hineinwachsen der Pilze zwischen die Zellen der Rindensubstanz brüchig, die *Nagelsubstanz* wird aufgelockert, bröckelig. Selbstverständlich ist das klinische Bild ausserordentlich verschieden, je nach-

dem der eine oder der andere dieser Theile ergriffen ist, und daher
wollen wir der Reihe nach schildern:

1. den Herpes tonsurans der nicht (d. h. nur mit Lanugo) behaarten Haut;

2. den Herpes tonsurans der behaarten Theile;

3. den Herpes tonsurans der Nägel.

An der *nicht behaarten Haut* tritt der Herpes tonsurans in zwei
von einander verschiedenen Formen auf, nämlich entweder circum-
script und dann meist langsamer verlaufend, oder über den ganzen
Körper disseminirt und dann gewöhnlich in viel acuterer Weise.

Herpes tonsurans circumscriptus. An beliebigen Stellen der Haut
treten eine oder mehrere kleine rothe, etwas erhabene Flecken auf,
die sich im Laufe einiger Tage zu runden Scheiben vergrössern,
welche im Centrum mit spärlichen Schuppen bedeckt sind. Nach
der Peripherie zu hört die Schuppung an einer ziemlich scharfen,
kreisrunden Linie plötzlich auf und der noch weiter peripherisch
gelegene Theil der Efflorescenz bildet einen gerötheten Ring, der dann
unmittelbar in die nor-
male Haut übergeht.
Indem sich die Efflores-
cenz nun weiter ver-
grössert, hört das
Schuppen in dem mitt-
leren Theile auf, die
Haut daselbst erscheint
wieder normal, wenn

Fig. 19.
Herpes tonsurans, mit Bildung dreier concentrischer Ringe.

auch in der Regel noch etwas geröthet oder ganz leicht pigmentirt,
und auf diese Weise bildet sich ein mit Schuppen oder kleinen, durch
Eintrocknung exsudirter Flüssigkeit entstandenen Krüstchen bedeckter Ring. Durch Zusammenfliessen benachbarter Efflorescenzen
bilden sich grössere Herde, die nach aussen durch die den einzelnen
Kreisen entsprechenden Bögen begrenzt werden, während die centrale Partie die oben beschriebenen Eigenschaften darbietet. Auf
diese Weise können Herde von Flachhandgrösse und darüber gebildet werden. In seltenen Fällen geht von dem bereits abgeheilten
Centrum eines Ringes eine neue Pilzvegetation aus, von der aus
sich nun wieder ein neuer Ring entwickelt, während der ursprüngliche Ring sich entsprechend vergrössert. Durch Wiederholung dieses
Vorganges sind drei und vier concentrische Ringe beobachtet worden,
Formen, die man *Tinea imbricata* genannt hat, und die in tropischen

Ländern besonders häufig vorkommen. Manchmal tritt keine centrale Abheilung ein, und die Efflorescenzen bilden peripherisch sich vergrössernde Scheiben. Bei stärkerer entzündlicher Reizung trocknet das Exsudat nicht ein, sondern es kommt zur Erhebung von kleinen, stecknadelkopfgrossen Bläschen oder Pustelchen, die entweder in regelmässiger Weise den äusseren Wall besetzen und so einen zierlichen Kreis bilden oder aber nicht so regelmässig gestellt sind und auch in den centralen Theilen sich finden können (*Herpes tonsurans vesiculosus*). Dass diese Verschiedenheit nur durch mehr zufällige Ursachen, z. B. die Zartheit der Haut an einzelnen Stellen, bedingt wird, beweist am besten der Umstand, dass sich manchmal bei demselben Individuum gleichzeitig schuppende und bläschentragende Kreise an verschiedenen Körperstellen finden. — In nicht ganz seltenen Fällen habe ich diese Exsudation sich derart steigern sehen, dass grössere rasch zu Krusten eintrocknende Blasen und Blasenringe sich bildeten, welche so vollständig der Impetigo contagiosa glichen, dass eine Unterscheidung nach dem Aussehen allein ganz unmöglich war. Nur der Umstand, dass bei diesen Fällen an einer Stelle ein typischer Herd von Sycosis parasitaria war, veranlasste die Untersuchung der Krusten auf Pilze und führte zur Auffindung des Trichophyton auch in den impetigoartigen Krusten. Auffallender Weise zeigten diese Fälle auch einen der Impetigo contagiosa gleichen Verlauf, indem sie — abgesehen natürlich von den Sycosisherden — unter einer indifferenten Salbe in wenigen Tagen abheilten (*Herpes tonsurans bullosus*). Ich glaube hiernach, dass die von Anderen und mir öfter gesehenen Fälle von „Impetigo contagiosa" im Barte, die auf Uebertragung durch das Rasiren zurückzuführen sind, wohl ebenfalls Herpes tonsurans waren. — Nur ganz ausserordentlich selten treten an der nicht behaarten Haut tiefere entzündliche Erscheinungen, entsprechend den gleich zu beschreibenden Kerionbildungen behaarter Theile, auf. — Während die erstentstandenen Efflorescenzen sich im Laufe von Tagen und Wochen vergrössern, treten in der Umgebung oder auch an entfernten Körperstellen neue Herde auf und so kann sich die Krankheit durch lange Zeit hinziehen. Besonders der tropische „Ringworm" zeichnet sich durch eine ausserordentliche Chronicität aus. Es können in dieser Weise oft grössere Hautstrecken und ganze Körperregionen ergriffen werden, niemals aber wird durch diese Form des Herpes tonsurans die ganze Körperoberfläche in gleichmässiger Weise und in so kurzer Zeit überschüttet, wie durch die folgende Form.

Herpes tonsurans disseminatus. Bei dieser Form treten in viel
acuterer Weise gleich über ganze Körperstrecken, z. B. den ganzen
Rumpf, kleinste rothe Flecken oder Papeln auf, die sich rasch vergrössern, während sich im Centrum ein Schüppchen bildet, das sich
entsprechend dem Wachsthum der Efflorescenz ebenfalls nach der
Peripherie ausdehnt. Die grösseren Efflorescenzen bilden dann ebensolche Ringformen, wie bei den vorher beschriebenen Fällen, während
inzwischen auf den noch unberührten Hautstellen frische Herde zum
Vorschein kommen. Oft lässt sich ein Fortschreiten der Affection
von einem zum anderen Punkte beobachten, so dass z. B. zuerst der
Rumpf, nach diesem die Oberarme und Oberschenkel und zuletzt die
von dem ursprünglichen Herde am weitesten entfernten Theile, die
Vorderarme und Unterschenkel befallen werden, und so wird schliesslich die ganze Körperoberfläche mit grösseren und kleineren Efflorescenzen besetzt. Oft findet man einen älteren, grösseren Herd, einen
„Primäraffect" (BROCQ), von dem die Eruption ausgegangen ist. — Die
disseminirte Form ist bei uns jedenfalls sehr viel seltener, als die circumscripte. *Subjectiv* besteht gewöhnlich Juckgefühl, dessen Stärke sich
natürlich mit der Ausbreitung und der Acuität der Affection steigert
und daher bei den Fällen von Herpes tonsurans disseminatus am
stärksten ist.

Diese Form stimmt völlig mit der *Pityriasis rosea* (GIBERT)
überein und wird von Vielen nicht als Herpes tonsurans anerkannt.
Ich glaube nicht, dass diese Anschauung richtig ist, wenn ich auch
zugeben muss, dass es nicht immer gelingt, Pilze zu finden.

Herpes tonsurans der behaarten Theile. Auf dem *behaarten Kopf*
tritt der Herpes tonsurans in Gestalt von rundlichen oder ovalen
rothen, schuppenden Stellen auf, die vor allen Dingen dadurch auf-
fallen, dass an ihnen die Haare fehlen oder vielmehr gewöhnlich
dicht über dem Austritt aus der Haut abgebrochen sind, so dass
zwischen den Schuppen die kurzen, wie Stoppeln auf dem Felde
wirr durcheinander stehenden Haarstümpfe zum Vorschein kommen.
Daher stammt der Name der Krankheit — Herpes tonsurans, sche-
rende Flechte. Aber auch die nicht abgebrochenen Haare an der
Peripherie dieser Stellen zeigen ein verändertes Aussehen, sie haben
ihren Glanz verloren und erscheinen grau, wie bestaubt. In derselben Weise sind auch die kurzen Haarstümpfe verändert. Dieses
matte Aussehen der Haare und ebenso ihre Brüchigkeit wird durch
das Hineinwuchern der Pilze und die hierdurch hervorgerufene
Auflockerung der Haarsubstanz bedingt. Während des Weiter-

schreitens der Efflorescenzen tritt auf dem Kopf ein Ausheilen in der Mitte nicht ein, so dass es nicht zur Bildung der von der nicht behaarten Haut beschriebenen Ringformen kommt. Durch allmälige Ausbreitung des Processes kann schliesslich die ganze Kopfhaut in diffuser Weise ergriffen werden. In anderen Fällen sieht man trotz langer Dauer des Processes die Krankheit auf zahlreiche kleine Herde beschränkt bleiben. — In sehr seltenen Fällen kommt es zu

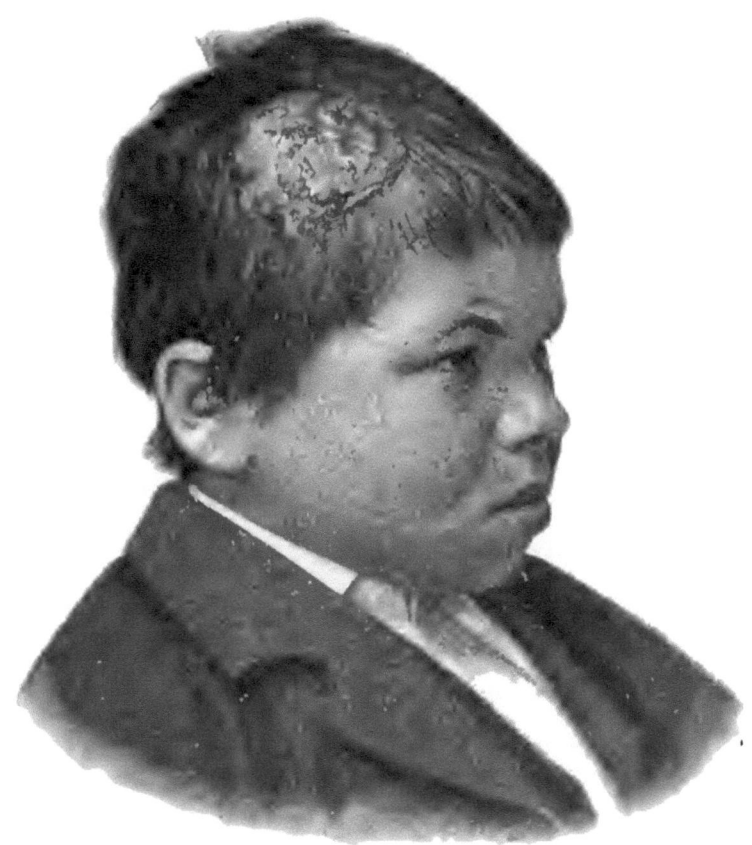

Fig. 20.
Kerion Colsi.

stärkeren entzündlichen Erscheinungen der tieferen Theile der Kopfhaut. Es bilden sich dann statt der vorhin beschriebenen flachen schuppenden Stellen beträchtlich das normale Niveau überragende Anschwellungen der Haut, deren Oberfläche stark geröthet, mit Krusten bedeckt und von zahlreichen Eiterpunkten, entsprechend den erweiterten Haarfollikelmündungen, besetzt ist. Diese, wie eine „Macrone" der Kopfhaut aufsitzenden Wucherungen sind mit einer scharfen und meist regelmässig kreisrunden Linie gegen die normale Haut begrenzt. Drückt man auf die Anschwellung, so quillt aus jeder der oben erwähnten Oeffnungen ein Tropfen Eiter hervor (*Kerion Celsi*).

Etwas anders stellt sich der *Herpes tonsurans des Bartes* dar. Einmal nämlich kommen im Bart, besonders bei Menschen, die sich regelmässig rasiren, sehr oft kreisförmige Herde ganz in derselben Weise wie auf der nicht behaarten Haut vor. Andererseits sind aber im Barte die auf dem Kopfe so seltenen tieferen entzündlichen Erscheinungen ein ganz gewöhnliches Ereigniss. Sehr häufig treten entweder einzelne Pusteln mit stark infiltrirter Umgebung, wie Acnepusteln. auf, oder diese Pusteln fliessen zu grösseren, von Eiter durchsetzten Infiltraten zusammen (*Sycosis parasitaria*). — Diese tiefgreifenden Infiltrate können sehr umfangreich werden und schliesslich den ganzen Bart einnehmen und sind entweder von normaler, meist aber

Fig. 21.
Sycosis parasitaria.

von getötheter und mit zahlreichen Pusteln besetzter Haut bedeckt. Dann treten auch im Barte dem oben beschriebenen Kerion ähnliche Bildungen auf, runde, stark erhabene Anschwellungen mit rother, nässender Oberfläche, die gegen die normale Haut scharf begrenzt sind und eine gewisse Aehnlichkeit mit grossen, nässenden syphilitischen Papeln haben. Bei der gewöhnlichen Sycosis treten diese Bildungen nicht auf, und die als solche trotzdem beschriebenen Fälle sind sicher nicht erkannte Fälle von Sycosis parasitaria gewesen, deren Existenz bekanntermassen von HEBRA noch 1874 in Abrede gestellt wurde, obwohl schon aus viel früherer Zeit genaue Schilderungen der Krankheit vorlagen (KÖBNER) und sogar die experimentelle Erzeugung durch Uebertragung der Pilze gelungen war

(v. ZIEMSSEN). — Die Sycosis parasitaria ist keine ganz gleichgültige Krankheit, da die Kranken oft wirklich schauderhaft entstellt werden, so dass sie sich nirgends sehen lassen können, und überdies die Affection vielfach recht schmerzhaft ist.

Nach der Abheilung der Sycosis para-sitaria, ebenso des Kerion Celsi, tritt in der Regel eine völlige oder fast völlige Wiederherstellung der Behaa-rung ein.

Herpes tonsurans der Nägel (*Ony-chomycosis trichophytina*). Meist an den *Fingernägeln* wird durch das Eindrin-gen der Pilze die Nagelsubstanz an einzelnen Stellen oder in toto trübe, undurchsichtig weisslich oder gelblich und bröckelig, wodurch es zu Ab-blätterungen grösserer oder kleinerer Theile derselben kommt. Diese Nagel-affection ist sehr viel hartnäckiger als

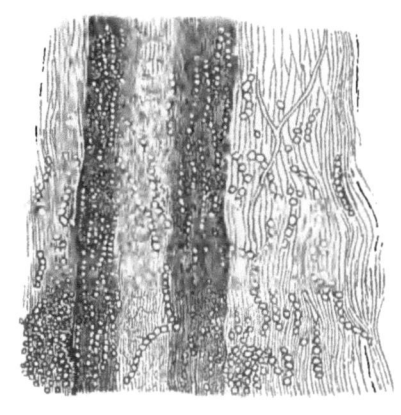

Fig. 22.
Haar mit Pilzelementen im Haarschaft und den Wurzelscheiden bei Sycosis parasitaria. Vergr. 180 : 1. (Hartnack. Oc. 3. Obj. VII.)

die Hautaffection und kann die letztere nach ihrem spontanen oder durch die Therapie herbeigeführten Verschwinden noch um Jahre überdauern.

Die **Diagnose** des *Herpes tonsurans circumscriptus* ist stets eine leichte. Bei der vesiculösen Form könnte höchstens an eine Ver-wechselung mit *Herpes circinatus* gedacht werden, doch schützt hier-vor die bestimmt ausgeprägte Localisation der letzteren Krankheit. Die Gefahr der Verwechselung mit *Impetigo contagiosa* ist schon oben erwähnt. Die schuppende Form kann eine gewisse Aehnlichkeit mit *Psoriasis annularis et gyrata* haben, doch sind bei letzterer die Schuppenanhäufungen viel beträchtlicher und derber, der Verlauf ist ein ganz ausserordentlich chronischer im Vergleich zu Herpes ton-surans, so dass schon aus diesen Gründen eine Verwechselung kaum möglich ist. Eine grosse Aehnlichkeit besteht manchmal mit den fast nur im Gesicht vorkommenden *circinären papulösen Syphiliden,* doch bilden diese nur kleine zarte Kreise, während bei Herpes tonsurans die älteren Efflorescenzen grössere Dimensionen zeigen und überdies die Eruption kaum jemals auf die Prädilectionsstellen jenes Exan-thems beschränkt bleibt. — Vor Allem ist der beim Herpes tonsurans circumscriptus stets leicht zu führende *Nachweis der Pilzelemente* das sicherste Hülfsmittel für die Diagnose. — Sehr viel grössere

Schwierigkeiten macht in dieser Hinsicht die Diagnose der zweiten Form, des *Herpes tonsurans disseminatus*. Die Pilze sind oft so schwer auffindbar, dass es wünschenswerth ist, auch nach dem Exanthem allein die Diagnose sicher stellen zu können. Besonders leicht werden diese Fälle mit *Roseola syphilitica* und *Psoriasis*, und zwar den Fällen allgemeiner, acuter Eruption der letzteren Krankheit verwechselt. Die Roseola unterscheidet sich dadurch, dass sie einmal gar keine oder nur ganz unbedeutende Schuppenbildung zeigt, dass sie ferner niemals das beim Herpes tonsurans immer mehr oder weniger heftige Jucken hervorruft, und dann sind die Roseolaflecken, wenn sie auch in verschiedenen Fällen in Bezug auf Grösse und Anordnung sehr differiren können, in jedem einzelnen Falle doch im Ganzen gleichartig, während sich beim Herpes tonsurans in der Regel einige ältere, grössere ringförmige Efflorescenzen mit abgeheiltem Centrum neben den jüngeren und kleineren vorfinden. Auch das Fortschreiten des Exanthems von einem Körpertheil zum anderen lässt sich bei der Roseola nicht beobachten, wie es — wenigstens oft — beim Herpes tonsurans stattfindet. — Bei Psoriasis sind die Efflorescenzen meist viel derber, es sind wirkliche flache Papeln, während beim Herpes tonsurans gewöhnlich nur ganz wenig erhabene rothe Flecken vorhanden sind. Die Schuppen sind meist bei Psoriasis viel reichlicher, doch kann dieses Merkmal gerade im Beginn der Eruption fehlen. Aber an der Art der Schuppenbildung ist auch in diesen Fällen stets ein Unterschied nachweisbar. Bei Psoriasis liegt das dünne Schüppchen einfach auf der papulösen Erhebung auf und lässt sich von der Peripherie her leicht abheben, beim Herpes tonsurans gehen die Schuppen an der Peripherie in die normale Hornschicht über und lassen sich nur vom Centrum her abheben und zwar immer nur in kleinen Fragmenten, nie in zusammenhängenden Lamellen, wie bei Psoriasis. — Der *Herpes tonsurans des behaarten Kopfes* ist nicht leicht zu verwechseln. Bei *Alopecia areata* bleiben die übrigen Haare und die Kopfhaut normal im Gegensatz zu dem matten Aussehen der Haare und den Schuppen und Krusten der Kopfhaut bei Herpes tonsurans. Immerhin kommen, wenn auch sehr selten, Fälle von Herpes tonsurans vor, bei denen fast alle Haare auf den ergriffenen Stellen ausfallen und die Haut der kahlen Partien nur ganz unbedeutende Abschuppung zeigt; hier ist genaue mikroskopische Untersuchung zur Sicherung der Diagnose unbedingt erforderlich. *Favus* und *Lupus erythematodes* werden, ganz abgesehen von allen anderen Differenzen, allein schon durch die narbige Beschaffenheit der abge-

heilten Stellen von Herpes tonsurans sicher unterschieden, da es bei
letzterem nie zur Narbenbildung kommt. Nur bei diffuser Ausbreitung ist leicht eine Verwechselung mit einem schuppenden Eczem
möglich, doch fehlt bei letzterer Erkrankung die eigenthümliche Veränderung der Haare, dann erleichtern sehr oft auf benachbarten Hautstellen, der Stirn oder auch an anderen Orten auftretende charakteristische Scheiben oder Ringe die Diagnose. Bei Kerion Celsi wird
bei Unbekanntschaft mit der Affection vielleicht an nässendes Eczem
oder Furunkel oder Abscessbildung gedacht werden; charakteristisch
ist besonders die runde Form, übrigens ist das Auffinden der Pilze
in Haaren und Borken in diesen Fällen ausserordentlich leicht. —
Die Diagnose der *Sycosis parasitaria* kann nur im Beginne der Krankheit Schwierigkeiten machen, welche aber leicht durch den Nachweis der Pilze in den Haaren und Wurzelscheiden gehoben werden.
Später erleichtern die schnell sich bildenden und umfangreichen Infiltrate, eventuell die schwammartigen Bildungen die Unterscheidung
von der stets viel chronischer verlaufenden *nicht parasitären Sycosis*.
— Die *Onychomycosis trichophytina* ist überhaupt nur bei gleichzeitigem Bestande anderer Herde von Herpes tonsurans resp. durch
anamnestische Feststellung, dass diese früher bestanden haben, und
durch den Nachweis der Pilze in der Nagelsubstanz zu diagnosticiren.

Aetiologie. Der Herpes tonsurans ist natürlich übertragbar, und
zwar ist er eine relativ leicht übertragbare Krankheit. Er wird
vom Menschen auf den Menschen, aber vielfach auch von Thieren
auf Menschen und umgekehrt übertragen, und wir kennen entsprechende, durch denselben Pilz hervorgerufene Krankheiten bei
vielen Hausthieren, so bei Pferden, Rindern, Katzen und Hunden.
Im einzelnen Falle lässt sich oft die Art der Uebertragung nicht
nachweisen; verhältnissmässig häufig kommt die Uebertragung bei
Gelegenheit des Rasirens vor, und hiermit steht in Zusammenhang,
dass die Localisation im rasirten Bart, auf Backen, Kinn und Hals,
eine sehr gewöhnliche ist. — Da die Uebertragung leicht stattfindet,
so kommt es unter günstigen Verhältnissen zu förmlichen *Endemien,*
so in Kasernen, Schulen, Pensionaten u. s. w., und manchmal tritt
die Krankheit in geradezu epidemischer Weise auf, ganz besonders
in Folge der Uebertragung beim Rasiren. In gewissen Klimaten
scheint der Herpes tonsurans häufiger zu sein, als er bei uns für gewöhnlich ist, so in England und ganz besonders in den Tropen, wo
die grössere Wärme und Feuchtigkeit der Luft einen begünstigenden
Einfluss auf die Vegetation des Pilzes ausübt, wie sich dort in ganz

analoger Weise alle Ledersachen, z. B. die Stiefeln, mit Schimmel
bedecken. Indess kommt es auch bei uns gelegentlich der eben erwähnten Epidemien zeitweise zu einer enormen Verbreitung der
Krankheit.

Therapie. Zunächst sind diejenigen Mittel zu nennen, welche die
obersten Schichten der Epidermis und mit ihnen die Pilzelemente
zur Abstossung bringen. Das wichtigste dieser Mittel ist *Sapo kalinus,* der wie eine Salbe entweder auf die erkrankten Stellen eingerieben oder auf Läppchen aufgestrichen durch einen Verband auf
denselben befestigt wird. Das letztere Verfahren ist das sehr viel
energischere, aber auch sehr viel schmerzhaftere von beiden und nur
bei ganz umschriebenen Eruptionen anwendbar. Aehnlich wirkt *Chrysarobin,* welches ebenfalls ausgedehnte Abstossung der obersten Schichten hervorruft, am besten als Salbe (1:5) oder mit Traumaticin (1:10)
anzuwenden. — Eine zweite Kategorie bilden diejenigen Mittel, welche
direct vernichtend auf die Pilze einwirken. Von den vielen para-
siticiden Mitteln haben sich beim Herpes tonsurans am besten *Sublimat,* das in 1 procentiger Lösung 1—2 mal täglich auf die erkrankten Stellen bis zu deren Heilung aufgepinselt wird, und das ganz
besonders empfehlenswerthe *Naphtol* bewährt, welches hier in der
Regel auch nur sehr geringe Reizung der Haut hervorruft. Regelmässige Einreibung einer 5 procentigen Naphtolsalbe bringt in der
Regel in kurzer Zeit einen ohne tiefere Entzündung einhergehenden
Herpes tonsurans zum Schwinden. Sehr wirksam ist eine Kaliseife
enthaltende Naphtolsalbe (Naphtol. 1,5, Sap. kal.. Vaselin. flav. oder
Lanolin. ana 15,0). — Bei Herpes tonsurans des behaarten Kopfes
sind nach Entfernung der Schuppen die Haare möglichst zu *epiliren,*
welche Procedur häufig wiederholt werden muss, und dann ebenfalls
Naphtol oder 5 procentiges *Carbolöl* anzuwenden. — Bei Sycosis parasitaria und ebenso bei Kerion Celsi ist regelmässiger Verband mit
Flanelllappen, die mit 5 procentigem Carbolöl getränkt sind, oder mit
Liquor Alumin. acet. (1 Theil auf 8 Theile Wasser) anzuwenden;
bei Kerion ist die Epilation nicht nöthig, da die Haare in der Regel
von selbst ausfallen. Auch bei Sycosis parasitaria lässt sich meist
ohne Epilation die Heilung erzielen, stets sind aber die vorhandenen
Haare mit der Scheere möglichst kurz abzuschneiden, damit der Verband der Haut gut aufliegt. Bei Sycosis parasitaria bewährt sich
auch die Einreibung mit Wilkinson'*scher Salbe* (Ol. Rusci. Flor. sulf.
ana 5,0, Sap. vir., Lanolin. ana 10,0). Selbstverständlich müssen besonders die behaarten Stellen stets sorgfältig gewaschen werden. —

Die Onychomycosis ist ebenso zu behandeln wie beim Favus. — Stets sind die Kranken nach völliger Abheilung noch einige Zeit zu beobachten, da von zurückgebliebenen Pilzelementen ausgehende Recidive sehr häufig vorkommen, ganz besonders auf den behaarten Stellen.

Eczema marginatum. Dem Herpes tonsurans schliesst sich eine nicht häufige Hautkrankheit an, welche durch einen mit dem Trichophyton tonsurans entweder identischen oder demselben jedenfalls ausserordentlich ähnlichen Pilz hervorgerufen wird, das *Eczema marginatum*. Die Krankheit beginnt in Gestalt rother, erhabener schuppender Stellen, die sich langsam zu runden Scheiben vergrössern, deren peripherischer Saum durch einen erhabenen, stark gerötheten, mit kleinen Bläschen oder mit Schuppen und Krüstchen besetzten Wall gebildet wird, während im centralen Theil die Haut nicht, wie gewöhnlich beim Herpes tonsurans, zur Norm zurückkehrt, sondern infiltrirt und geröthet bleibt, hier und da auch kleine Pustelchen oder Schuppen trägt. In den Schuppen lassen sich regelmässig Pilzelemente nachweisen. Indem sich nun der Krankheitsprocess in äusserst chronischer Weise ausbreitet, entstehen durch Vergrösserung der einzelnen Herde oder durch Confluenz derselben flachhandgrosse und noch grössere in der oben geschilderten Weise veränderte Stellen, die dann ihre runde Form verlieren, unregelmässig gestaltet sind, aber am Rande noch durch nach aussen convexe Linien, die Reste der früheren Kreise, begrenzt werden. In dieser Weise kann die Affection durch viele Jahre und sogar durch Jahrzehnte bestehen, sich ganz allmälig ausbreitend, ohne dass es zu einer spontanen Heilung käme. — Die Krankheit ruft stets ein sehr heftiges Jucken hervor und werden hierdurch die von ihr befallenen Patienten besonders bei der grossen Hartnäckigkeit des Uebels sehr belästigt.

Localisation. Wenn auch das Eczema marginatum sich unter Umständen an allen Körperstellen entwickeln kann, so zeigt dasselbe doch eine leicht zu erklärende Prädilection für ganz bestimmte Orte. Das Eczema marginatum entwickelt sich nämlich niemals auf vollständig normaler Haut, sondern nur auf einer solchen Haut, die durch Schweiss oder andere Flüssigkeiten oberflächlich macerirt ist, auf der gewissermassen hierdurch der Boden für diese eigenthümliche Pilzwucherung vorbereitet ist. Hiernach ist es leicht verständlich, dass das Eczema marginatum bei weitem am häufigsten von denjenigen Stellen ausgeht, an denen die Haut zweier gegenüberliegender

Körpertheile sich berührt und durch Schweiss und andere Secrete die Gelegenheit zur Maceration der Oberhaut gegeben ist, das sind die *Umgebungen der Genitalien und des Afters, die Achselhöhlen, die Falten unter herabhängenden Brüsten* oder bei fettleibigen Personen die *Hautfalten überhaupt.* In gewissermassen künstlicher Weise werden dieselben Bedingungen an anderen Stellen der Haut unter lange getragenen Leibbinden, durch den Hemdkragen, durch lange fortgesetzte feuchte Umschläge u. s. w. hervorgerufen. — Das Eczema marginatum kommt bei *Männern* viel häufiger zur Beobachtung, als bei Frauen, und beginnt bei jenen nach dem oben Gesagten am häufigsten an der Haut zwischen Scrotum und Oberschenkel. Hat die Krankheit aber gewissermassen erst einmal festen Fuss gefasst, so verbreitet sie sich auch über Hautgegenden, an denen die für die erste Entwickelung nothwendige, oben geschilderte Beschaffenheit der Haut fehlt, sowohl per contiguitatem, als auch durch frische Aussaat in Herden, die von dem ursprünglichen völlig getrennt sind. So findet sich in Fällen, die hinreichend lange Zeit bestehen, die Haut, die, um einen ungefähren Vergleich zu gebrauchen, in Form einer grossen Schwimmhose die unteren Partien des Bauches und Rückens, die Nates, die Genitalien und die oberen Theile der Oberschenkel überzieht, in toto ergriffen, und gleichzeitig sind jüngere kleinere Herde an anderen näher oder ferner gelegenen Körperstellen zerstreut.

Obwohl das Uebel ein parasitäres ist, so zeigt es doch nur eine sehr geringe Contagiosität und findet z. B. unter Ehegatten, von denen der eine erkrankt ist, die Uebertragung gewöhnlich nicht statt.

Der **Therapie** gegenüber zeigt sich das Eczema marginatum als recht hartnäckig, und es erfordert seine Heilung die Anwendung energischer Mittel. Als solche sind zu nennen die methodische Einreibung des *Sapo kalinus,* die von Hebra modificirte Wilkinson'sche *Salbe* (Ol. Rusci, Flor. sulf. ana 10,0 Sapon. kal., Vaselin. flav. ana 20,0). *Chrysarobin* in der oben angegebenen Form, vor Allem aber scheint sich hier das *Naphtol* ausserordentlich zu bewähren. Doch sind nach vollständiger Abheilung immer noch Recidive zu befürchten, deren Beseitigung, solange sie noch beschränkt sind, mit den eben erwähnten Mitteln allerdings keine besonderen Schwierigkeiten macht.

DRITTES CAPITEL.
Pityriasis versicolor.

Die **Pityriasis versicolor** wird durch den 1846 von Eichstedt entdeckten Pilz, das *Microsporon furfur*, hervorgerufen. Die Pilze
bilden kurz verzweigte Mycelien, die den anderen Dermatophyten
sehr ähnlich sind, sich von ihnen aber ohne
Weiteres durch die in traubenförmigen Gruppen reichlich zwischen ihnen angehäuften
Sporenmassen unterscheiden.

Die Pilzwucherung, die nur in den obersten Schichten der Epidermis stattfindet, niemals in die Haarbälge, Haare oder Drüsen
übergeht, bedingt auf der Haut zunächst
kleine rundliche Flecken von hellbrauner
Farbe (sehr treffend von französischen Autoren mit der Farbe des „café au lait" ver-

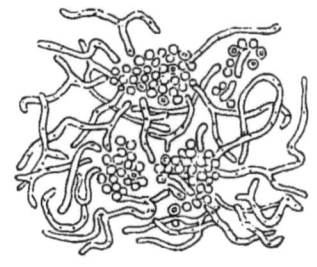

Fig. 23.
Microsporon furfur. Vergr. 300 : 1.
(Hartnack. Oc. 3 Obj. IX.)

glichen), deren Oberfläche matt, leicht abschilfernd erscheint. Von
früheren Autoren sind diese Flecken vielfach fälschlich als Chloasma,
von Laien als „Leberflecken" bezeichnet. Bei starkem Schwitzen
können die Flecken auch mehr roth und dann manchmal etwas
prominirend erscheinen. In sehr langsamer Weise vergrössern sich
die Efflorescenzen zu fünf- bis zehnpfennigstückgrossen Scheiben.
In selteneren Fällen erlischt der Vegetationsprocess der Pilze im
Centrum und es kommt dadurch zu ringförmigen Bildungen. Oft
kommt es durch Confluenz der einzelnen Herde zu umfangreicheren
Fleckenbildungen, ja es kann die Haut fast des gesammten Rumpfes
von der Pilzwucherung überzogen werden, so dass nur noch wenige
Inseln normaler Haut dazwischen übrig bleiben. Die Grenzen der
Pilzwucherung sind in diesen Fällen unregelmässige, aber stets ganz
scharfe.

Subjectiv rufen die Pityriasisflecken öfters gar keine Erscheinungen, meist aber ein mässiges Jucken hervor. — Kratzt man mit
einem scharfen Instrument, mit dem Nagel oder dergleichen, die afficirten Hautstellen, so lösen sich einzelne kleinere oder grössere zusammenhängende Schuppen ab, in denen nach Kalilaugezusatz bei
etwa 300 facher Vergrösserung sofort die stets in grosser Menge vorhandenen Pilzelemente nachweisbar sind.

Localisation. Die Pityriasis versicolor tritt am häufigsten am
Rumpf, seltener am *Hals*, an den *Oberarmen* und *Oberschenkeln*,

mur äusserst selten im *Gesicht* auf und ist an den Händen und Füssen
noch nicht beobachtet. Wenn die Eruptionen nicht sehr verbreitet
sind, so lässt sich meist eine gruppenförmige, von einzelnen Centren
ausgehende Anordnung der Flecken, entsprechend der Dissemination
der Pilze, erkennen.

Der **Verlauf** der Pityriasis versicolor ist ein ausserordentlich
chronischer. Die ersten Flecken pflegen in den 20er Jahren aufzutreten, um sich dann in sehr langsamer Weise durch Jahre und
Jahrzehnte zu vergrössern, während im höheren Alter die Krankheit spontan erlischt. — Die Pityriasis versicolor ist natürlich eine
übertragbare Krankheit, auch experimentell ist dies festgestellt (Köbner), trotzdem lässt sich doch in Wirklichkeit diese Uebertragung
z. B. bei Ehegatten meist nicht nachweisen[1]), so dass wir eine besondere, die Vegetation des betreffenden Pilzes begünstigende Prädisposition annehmen müssen, die allerdings sehr verbreitet ist, da
die Pityriasis versicolor eine ausserordentlich häufige Erscheinung
ist. Jedenfalls neigen stark schwitzende Personen mehr zu dieser
Erkrankung als andere und dieser Umstand mag wohl ihr häufiges
Vorkommen bei Phthisikern erklären.

Die **Diagnose** ist bei dem so ausserordentlich leichten Nachweis
der Pilze nicht zu verfehlen. Bei den in einzelnen runden Flecken
auftretenden Formen wird oft an *Roseola syphilitica* gedacht; bei
auch nur einiger Aufmerksamkeit ist gemäss den oben angegebenen
Eigenthümlichkeiten der Pityriasisflecken eine Verwechselung nicht
möglich.

Therapie. Es gelingt leicht, durch Mittel, welche die Epidermis
zur Abstossung bringen (*Kaliseife, Chrysarobin*) oder durch parasi-
ticide Mittel (*Sublimat*, s. die Behandlung des Herpes tonsurans.
10 proc. Salicylspiritus oder längere Zeit gebrauchte *Schwefelbäder*)
die Flecken zum Schwinden zu bringen, aber fast regelmässig treten
nach einiger Zeit Recidive auf, die höchst wahrscheinlich aus zurückgebliebenen Pilzen sich entwickeln, da sie gewöhnlich von früher
erkrankten Stellen ausgehen.

Als **Erythrasma** (Burchardt, v. Bärensprung) ist eine der Pityriasis versicolor jedenfalls sehr ähnliche Krankheit von dieser abge-

---

1) Ich sah nur einmal bei der Frau eines Mannes, der an einer sehr ausgebreiteten, fast den ganzen Rumpf bedeckenden Pityriasis versicolor litt, eine
Anzahl von Pityriasisflecken auf der Brust, die erst mehrere Jahre nach der Ver-
heirathung aufgetreten waren. Auch die Localisation spricht hier für die Ansteckung.

trennt worden, die bei weitem am häufigsten an der Innenfläche der Oberschenkel, da wo diesen das Scrotum anliegt — bei Frauen kommt die Erkrankung ebenfalls an der entsprechenden Stelle, aber sehr viel seltener, vor —, seltener in der Achselhöhle auftritt. Es bilden sich hier bis flachhandgrosse, unregelmässig, aber scharf begrenzte Flecken von brauner oder braunrother (Indianer-) Farbe, die gewöhnlich gleichmässig gefärbt sind, seltener im Centrum heller als am Rande erscheinen. Die Oberfläche ist matt, wenig schuppend, durch Kratzen gelingt es stets, feine Schuppen abzulösen. Jucken wird fast gar nicht hervorgerufen. Die Affection verläuft sehr chronisch, die Flecken vergrössern sich nur ausserordentlich langsam; manchmal entwickeln sich im Anschluss an das Erythrasma *intertriginöse Eczeme*. In den Schuppen finden sich Pilze, die dem Microsporon furfur ausserordentlich ähnlich sind, sich von diesem Pilz aber durch sehr viel geringere Grössenverhältnisse — etwa die Hälfte jener betragend — unterscheiden und daher als *Microsporon minutissimum* bezeichnet sind. — Die Behandlung ist dieselbe wie bei Pityriasis versicolor.

——————

VIERTES CAPITEL.
Impetigo contagiosa.

Die **Impetigo contagiosa** zeigt so viele Analogien mit den durch pflanzliche Parasiten hervorgerufenen Hautkrankheiten, dass sie, obwohl es bisher noch nicht gelungen ist, Pilze als ursächliches Moment nachzuweisen, an dieser Stelle ihre Besprechung finden soll.

Im *Gesicht,* auf den *Handrücken* und *Vorderarmen*, seltener auf dem *Hals* und den angrenzenden Theilen der *Brust* und des *Rückens* und auf den *Füssen* und *Unterschenkeln*, kurz auf den stets oder doch zeitweise entblösst getragenen Körpertheilen, sehr selten auf den stets bedeckten Theilen des Rumpfes entstehen auf gerötheter und etwas infiltrirter Basis kleine, prall gefüllte Bläschen, die sich bald in runde flache und schlaffe Blasen bis Fünfpfennigstückgrösse und darüber verwandeln und deren zunächst durchsichtiger oder nur wenig getrübter Inhalt nach kurzem Bestande eiterig wird und nach dem gewöhnlich bald erfolgenden Platzen der sehr zarten Blasendecke zu einer dicken, gelben oder grünlichen Borke eintrocknet. Auf dem ebenfalls häufig ergriffenen *behaarten Kopf* zeigen sich die Efflorescenzen in etwas anderer Form, indem hier keine Blasen entstehen, sondern nur kleine gelbe oder gelbgrüne, die Haare ver-

klebende Borken, nach deren Ablösung nässende Stellen zu Tage
treten. Die Blasen, resp. Borken sind in einigen Fällen in geringer,
in anderen in grösserer Anzahl vorhanden und in letzterem Falle
confluiren oft mehrere zu grösseren, mit nach aussen convexen Linien
begrenzten Herden, wie bei anderen serpiginösen Affectionen. In
vielen Fällen und ganz besonders bei reichlicherer Entwickelung
des Exanthems lässt sich das peripherische Fortschreiten bei centraler Abheilung aufs deutlichste beobachten, indem grosse ringförmige Blasen- oder Borkenwälle gebildet werden, die fünfmarkstückgross und selbst noch grösser werden können. Besonders in den
Fällen, in welchen auch der Rumpf ergriffen ist, entwickeln sich
häufig derartige grosse ringförmige Blasen. Nach einigen Tagen
fallen die Borken ab und hinterlassen eine bereits wieder mit zarter
Hornschicht bedeckte, livide roth erscheinende Stelle, die im weiteren
Verlauf eine bräunliche Färbung annimmt, und nach dem freilich
meist erst nach einiger Frist erfolgenden Verschwinden dieser Pig-
mentation erscheint die Haut wieder völlig normal. Der Process ist
ausserordentlich oberflächlich, das beweist die auffallend schnell eintretende Ueberhäutung der afficirten Stellen. Dadurch aber, dass
während einer bis mehrerer Wochen fortdauernd frische Blasennach-
schübe erfolgen, zieht sich der Gesammtverlauf oft in die Länge. —
Einen Einfluss auf das Allgemeinbefinden hat die Krankheit nicht,
auch subjective Erscheinungen können ganz fehlen, in anderen Fällen
wird ein geringes Juckgefühl hervorgerufen.

Bei weitem am häufigsten werden *Kinder* und *jugendliche Personen*, und zwar am häufigsten aus den niederen Volksschichten,
sehr viel seltener Erwachsene von der Krankheit befallen. In der
Mehrzahl der Fälle lässt sich die Uebertragung, die *Contagiosität*
der Krankheit auf das sicherste nachweisen. Nicht nur erkranken
sehr häufig Geschwister, auch in Schulen findet die Weiterverbreitung der Krankheit statt und ferner lässt sich in den selteneren
Fällen, wo Erwachsene erkrankt sind, gewöhnlich die von Kindern
herrührende Uebertragung der Krankheit constatiren. Für die Contagiosität spricht auch das vielfach zu beobachtende gehäufte, epidemieartige Auftreten der Krankheit, wofür die im Anschluss an die
Vaccination aufgetretenen Epidemien auf der Insel Rügen, in der
Rheinprovinz und an anderen Orten lehrreiche Beispiele geben.

Bei der **Diagnose** ist am meisten die leicht mögliche Verwechselung mit den impetiginösen Formen des *Eczems* zu berücksichtigen.
Zumal die Herde auf dem behaarten Kopf sind bei beiden Affec-

tionen ausserordentlich ähnlich und nur das gleichzeitige Vorhandensein von Efflorescenzen auf anderen Stellen ermöglicht die Unterscheidung. Auf der nicht behaarten Haut aber ist das Auseinanderhalten der beiden Krankheiten nicht so schwierig. Beim Eczem fehlt die Bildung grösserer Blasen, es fehlt die regelmässig runde Form der Herde, es kommt dagegen gewöhnlich hier oder dort zu diffuser Ausbreitung der Affection, welche letztere Eigenthümlichkeit wieder der Impetigo abgeht. — Bei starker Entwickelung der Blasen ist in der That eine Verwechselung mit *Pemphigus* möglich. Gegenüber dem Pemphigus acutus giebt das Fehlen aller Allgemeinerscheinungen, gegenüber dem eigentlichen Pemphigus der Nachweis der Uebertragbarkeit und meist die Localisation auf den erwähnten Prädilectionsstellen den Ausschlag; überdies sind die Blasendecken bei Impetigo viel zarter, es kommt nie zur Bildung so grosser und dabei praller Blasen, wie meist beim Pemphigus. — Die Möglichkeit der Verwechselung mit *Herpes tonsurans* ist schon erwähnt.

Die **Behandlung** ist ausserordentlich einfach. Das Exanthem heilt unter einem einfachen Verband oder schon nach öfterem Einreiben mit einer indifferenten Salbe (Borlanolin, Wismuthsalbe) fast stets in ganz überraschend schneller Zeit, meist in wenigen Tagen, und nur die etwaigen Nachschübe verzögern manchmal etwas die definitive Heilung.

FÜNFZEHNTER ABSCHNITT.

ERSTES CAPITEL.

Scabies.

Die **Krätze** (*Scabies*) wird durch die Anwesenheit eines der Klasse der Acarinen angehörigen Schmarotzers, des *Acarus scabiei hominis* (*Sarcoptes hominis*) hervorgerufen.

Die Kenntniss des Vorhandenseins kleiner Thierchen in der Haut von Krätzekranken ist eine sehr alte. Die erste ganz unzweifelhafte Angabe hierüber ist in der Physica SANCTAE HILDEGARDIS, dem Werke einer Kloster-Aebtissin (Mitte des 12. Jahrhunderts), enthalten. In zahlreichen späteren Schriften wurden ferner die Suren oder Süren, Syrones, Cirons (die damaligen Namen für die Krätzmilben) erwähnt. Als wichtigste Untersuchungen der uns näher liegenden Zeitepochen seien hier nur die von BONOMO und CESTONI (1687) und vor Allem WICHMANN's „Aetiologie der Krätze" (1786)

21*

genannt, indem durch diese Arbeiten die Milben bereits als einziges ursächliches Moment der Krätze hingestellt werden, gegenüber der damals allgemein verbreiteten Anschauung der Entstehung der Krätze aus verdorbenen Säften, aus einer „Acrimonia sanguinis". Aber diese durch genaue Beschreibungen und sogar durch Zeichnungen illustrirten Mittheilungen gelangten so wenig zur allgemeinen Anerkennung der wissenschaftlichen Welt, dass im Anfang unseres Jahrhunderts in Paris mehrfach ein Preis auf die Wiederauffindung der Krätzmilbe ausgesetzt wurde — und zwar zunächst ohne Erfolg. Erst 1834 demonstrirte Renucci, ein corsikanischer Student, den Pariser Aerzten die Milben, deren Kenntniss von nun an nicht wieder verloren ging. Hauptsächlich verdanken wir aber unsere Kenntniss von dem Wesen der Krätze den Untersuchungen Hebra's

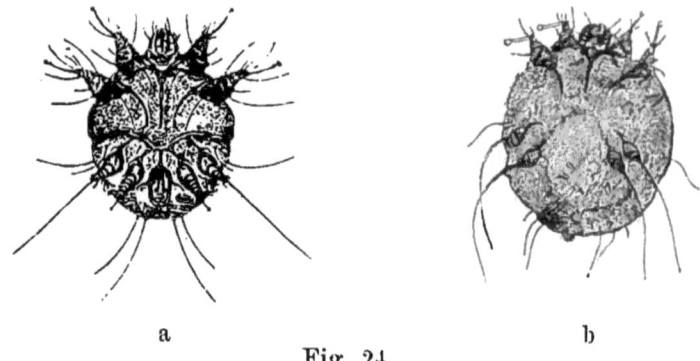

a   b

Fig. 24.

Acarus scabiei. a) Männliche Milbe (nach H. v. Hebra), b) Weibliche Milbe (nach Küchenmeister und Zürn, Die Parasiten des Menschen). Vergr. 48 : 1.

die, nebenbei bemerkt, sehr wesentlich dazu beigetragen haben, die Irrlehre der Humoralpathologen zu stürzen.

Der *Acarus scabiei* ist im geschlechtsreifen Zustande mit blossem Auge eben noch als etwa grieskorngrosses, grauröthliches, etwas längliches Kügelchen erkennbar, welches auf einem erwärmten Objectträger oder auf dem Fingernagel sich ziemlich schnell bewegt. Nach Zusatz von etwas Glycerin oder verdünnter Kalilauge sieht man bei 80- bis 100facher Vergrösserung aufs deutlichste die feineren Structurverhältnisse, deren Schilderung hier mit Hinweis auf die beigefügten Abbildungen übergangen werden kann. Es möge nur erwähnt werden, dass beim Weibchen nur die vorderen zwei Beinpaare Haftscheiben tragen, während die vier hinteren Beine mit Borsten versehen sind, dass dagegen bei dem um 1/3 kleineren Männchen auch das mittlere hintere Beinpaar mit Haftscheiben versehen ist und nur die äusseren beiden Hinterbeine Borsten tragen. Die junge Milbe vor vollendeter Geschlechtsreife hat nur sechs Beine, vier Vorderbeine mit Haftscheiben, zwei Hinterbeine mit Borsten.

Die augenfälligsten Veränderungen an der Haut, die *Milbengänge*, werden durch die Milbenweibchen hervorgerufen, indem sich diese durch die obersten Schichten der Epidermis bis in die saftreichen Lagen des Rete mucosum einbohren und nun in einer der Oberfläche parallelen Richtung weiter dringen, nachdem sie — wahrscheinlich erst nach dem Einbohren unter die Haut — von dem Männchen befruchtet sind. Hierdurch werden die Milbengänge gebildet, und indem die Milbenweibchen im Vordringen ans dem Rete mucosum ihre Nahrung beziehen, lassen sie hinter sich Eier und Faeces zurück. An der Stelle, wo sich die Milbe in die Haut eingebohrt hat (*Kopfende* des Ganges, HEBRA), entsteht gewöhnlich ein kleines Bläschen oder Pustelchen, welches nach kurzer Zeit eintrocknet und zu einer oberflächlichen, etwa birnförmigen Epidermisexfoliation Veranlassung giebt, deren Ränder an dem Anfangspunkte des Ganges unter spitzem Winkel zusammenlaufen. Die Milbengänge selbst erscheinen an denjenigen Stellen, wo sie am deutlichsten entwickelt sind, an den Händen und Füssen, als je nach ihrem Alter kürzere oder längere,

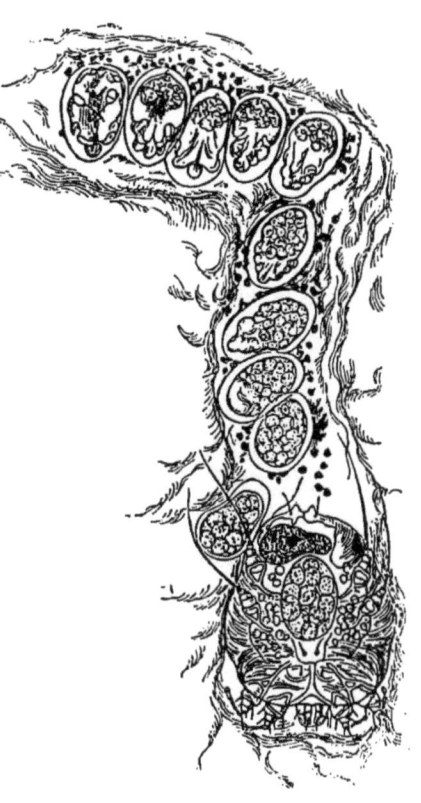

Fig. 25.
Milbengang (nach NEUMANN).

durchschnittlich etwa 1 Cm. und nur ganz ausnahmsweise mehr als 3 Cm. lange, unregelmässig S-förmig gekrümmte oder einfach gebogene Linien, die aus einzelnen helleren oder dunkleren, oft geradezu schwarzen Punkten — die dunkle Färbung wird wesentlich durch von aussen in die gelockerte Epidermis hineingedrungene Schmutzpartikelchen bedingt — bestehen, deren Anfang von der eben erwähnten Epidermisexfoliation gebildet wird. Am anderen Ende, dem *Schwanzende des Milbenganges*, ist bei dünner Epidermis die Milbe als kleines weissliches Pünktchen unter der Hornschicht sichtbar. An anderen Körperstellen sind die Milbengänge von nicht so charakteristischem Aussehen, dieselben zeigen sich vielmehr als langgestreckte papulöse, geröthete Erhebungen, die an ihrer Oberfläche wie mit einer Nadel geritzt erscheinen.

Es gelingt nun ausserordentlich leicht, die Milbe aus einem solchen Gange herauszuheben, indem man eine Nadel am Schwanzende ganz oberflächlich unter der Oberhaut entweder der Längsrichtung des Ganges entsprechend oder auch senkrecht zu derselben hindurchführt, wobei meist die Milbe sich an die Nadel anheftet und nun in der oben geschilderten Weise schon mit blossem Auge erkenntlich ist. Bei nur einiger Uebung gelingt es fast stets, auf diese Weise der Milbe habhaft zu werden, und die vielen Misserfolge zu der Zeit, als die Anwesenheit der Milben noch bezweifelt wurde, sind hauptsächlich darauf zurückzuführen, dass die Milben nicht am Schwanzende des Ganges, sondern am entgegengesetzten Ende, in den Pusteln, gesucht wurden, an dem Punkte, wo die Milbe sich in die Haut eingebohrt hatte, von dem sie aber inzwischen unter der Haut schon weitergekrochen war. Jene Methode des Milbenfanges wurde früher sogar in therapeutischer Absicht geübt und die alten Weiber im Mittelalter verstanden sich besser auf das „Sürengraben", als die gelehrten Pariser Aerzte im Anfang des 19. Jahrhunderts.

Aber auf eine noch viel einfachere Weise lässt sich die Milbe mit dem ganzen Gange demonstriren, indem man mit einer Lancette am Anfange des Ganges einsticht und nun die ganze Epidermis mit dem Gange flach abträgt, mit etwas verdünnter Kalilauge zwischen zwei Objectträger legt und bei 50 — 100 facher Vergrösserung besichtigt. Bei einem gut gelungenen Präparate sieht man hier am Ende des Ganges die Milbe, oft ein Ei im Inneren beherbergend, liegen und hieran den Gang in den erwähnten Krümmungen sich anschliessen. Der Gang ist erfüllt von den ovalen, meist annähernd senkrecht zu seiner Achse stehenden Eiern, von denen die jüngsten, der Milbe zunächst liegenden, einen gleichmässig körnigen Inhalt zeigen, während in den folgenden sich successive die verschiedenen Entwickelungsstadien bis zur Ausbildung völlig entwickelter Embryonen vorfinden. In älteren Gängen sind aus den dem Kopfende nächstgelegenen, ältesten Eiern die Milbenlarven schon ausgekrochen, mit Hinterlassung der meist in longitudinaler Richtung geplatzten, tiaraförmigen Eierschalen. In einem Gange finden sich oft 20 und mehr Eier. Zwischen den Eiern, resp. Eierschalen liegen zahlreiche

Kothballen. in Gestalt kleiner rundlicher brauner oder schwärzlicher Körnchen. — Die jungen Milben — die sechsbeinigen Milbenlarven — kriechen aus diesen Gängen entweder durch das offene Ende oder durch selbstgebohrte Oeffnungen aus und sind, nach wahrscheinlich zweimaliger Häutung, zu geschlechtsreifen, achtbeinigen Thieren entwickelt. Die Männchen halten sich zeitweilig jedenfalls auch in diesen „Nestgängen" auf, werden aber nur äusserst selten in denselben angetroffen und befinden sich, wie es scheint, meist in eigenen kleinen Gängen. — Die Zeit, welche für die Entwickelung der Larve aus dem Ei erforderlich ist, beträgt nur einige, 4—6—7 Tage, während die Entwickelung des geschlechtsreifen Thieres aus der Larve etwa 14 Tage in Anspruch nimmt.

Localisation. Die Milben zeigen eine ganz bestimmte Vorliebe für gewisse Körperstellen, so dass sie sich nur an diesen oder doch jedenfalls hier in grösster Anzahl vorfinden, ein Umstand, der natürlich für die Diagnose der Scabies von der allergrössten Wichtigkeit ist. Diese Körperstellen sind die *Seitenränder der Finger, die Interdigitalfalten,* die Gegend über der *Handgelenkbeuge,* die Umgebung des *Ellenbogengelenkes, die vordere Achselfalte, die Mamilla* und ihre Umgebung bei Frauen, der *Nabel, die Glans penis, das Präputium und die Haut des Penis,* die Haut über den *Sitzhöckern* bei im Sitzen arbeitenden Leuten, *die Kniebeuge, der innere Fussrand* und bei Kindern und Personen mit zarter Epidermis die *ganzen Handteller und Fusssohlen.* Die übrigen Theile der Körperoberfläche werden stets nur in geringerem Grade heimgesucht, und das Gesicht und überhaupt der Kopf bleiben fast ausnahmslos völlig frei. Die Ursachen dieser Prädilection lassen sich nicht leicht erklären, indem einzelne dieser Stellen sich durch zarte, andere durch derbe Epidermis auszeichnen, einzelne durch die Kleidung geschützt sind, andere wieder, wie die Hände, offen getragen werden und durch Waschen u. s. w. die Haut an denselben fortwährend äusseren Irritationen ausgesetzt ist, so dass es schwer fällt, ein gemeinsames Merkmal für alle diese verschiedenen Punkte herauszufinden.

Während die bisher geschilderten Veränderungen der Haut lediglich durch die Anwesenheit und die Lebensvorgänge der Milben hervorgerufen waren, kommt in jedem Fall von Scabies eine Folgeerscheinung hinzu, die einen viel wesentlicheren Antheil als jene an dem eigentlichen klinischen Bilde der Krankheit hat, das gewissermassen *secundäre Eczem,* welches dem *Kratzen* in Folge des durch die Anwesenheit der Milben ausgelösten *Juckreizes* seine Entstehung verdankt. Dieses Eczem zeigt sich unter sehr verschiedenen Bildern, als papulöses, vesiculöses, pustulöses Eczem, je nach der Empfindlichkeit der Haut, dasselbe besitzt aber doch zwei Eigenthümlichkeiten, die es in der Regel sofort von jedem gewöhnlichen, nicht durch Scabies hervorgerufenen Eczem unterscheiden lassen. Einmal nämlich tritt das Krätze-Eczem fast ausnahmslos *in einzelnen, von einander getrennten Eruptionen* auf, so dass überall isolirt stehende Papeln, Bläschen oder Pusteln erscheinen und es nur ausnahmsweise, bei langer Dauer, an einzelnen Stellen zur Bildung grösserer confluirender Eczemflächen kommt, und dann treten die Eczemeruptionen selbstverständlich zunächst *an den Prädilectionssitzen der Milben* auf und zeigen auch im weiteren Verlauf, in dem stets eine Ausbreitung des Eczems über einen grossen Theil des Körpers erfolgt, an jenen Stellen die stärkste Entwickelung. An den Händen und Füssen treten am häufigsten vesiculöse und pustulöse, am übrigen Körper mehr papulöse Eczemformen auf. Auch von dem Eczem bleibt das Gesicht fast stets frei. — Bei heruntergekommenen Personen entwickeln sich manchmal, besonders an den Unterextremitäten, *tiefere Entzündungserscheinungen,* furunkelartige Bildungen, und im Anschluss an die Mamillareczeme bei Frauen entsteht manchmal *Mastitis.*

Subjectiv ist von Beginn der Erkrankung an ein lebhaftes *Juckgefühl* vorhanden, welches zunächst durch die Bewegungen und das Einbohren und Beissen der Milben bedingt wird und die Patienten zum Kratzen — daher der Name: Krätze, Scabies — zwingt. Weiter aber wird durch das arteficielle, durch das Kratzen hervorgerufene Eczem der Juckreiz noch gesteigert. Das Juckgefühl ist natürlich je nach der Ausbreitung — dem Alter — der Krankheit verschieden und äussert sich bei torpiden Individuen oft weniger als bei leicht erregbaren. In der Wärme, besonders in der Bettwärme, durch welche die Milben zu lebhafteren Bewegungen angeregt werden, tritt eine Steigerung des Juckens ein. Die Kranken kratzen sich zunächst an den Stellen, wo sich die Milben hauptsächlich aufhalten, später aber auch an anderen und besonders den dem kratzenden Finger am bequemsten zugänglichen Orten.

Zwei Formen der Scabies bedürfen noch einer besonderen kurzen Besprechung. In einzelnen seltenen Fällen kommt es in Folge stärkerer Exsudation zu umfangreicheren Epidermisabhebungen, so dass an Stelle der kleinen Pusteln am Anfange der Gänge bis haselnussgrosse Blasen, die mit durchsichtiger oder eiteriger Flüssigkeit gefüllt sind, entstehen. in deren Decke oft der Milbengang deutlich sichtbar ist (*Scabies bullosa*). In anderen, ebenfalls seltenen Fällen, bei sehr torpiden Personen, die sich wenig kratzen, bei Hautanästhesie (daher bei Leprösen) kommt es zur Anhäufung von Borkenmassen auf der Haut, die eine Höhe von mehreren Centimetern erreichen können (*Scabies crustosa s. norwegica*, weil sie zuerst von BOECK bei Aussätzigen in Norwegen beschrieben wurde). In diesen Fällen leben die Milben nicht nur in der Epidermis wie gewöhnlich, sondern sie siedeln sich auch in den Krusten an, die schliesslich Milben in ganz enormer Anzahl enthalten, weibliche sowohl, wie die sonst so schwer auffindbaren männlichen Milben.

Verlauf. Da bei der Uebertragung der Scabies in der Regel wohl nur einige wenige Milben auf das inficirte Individuum gelangen, so sind die Erscheinungen in der ersten Zeit nach der Infection unbedeutende und, da es natürlich noch nicht zur Ausbildung von deutlichen Milbengängen gekommen sein kann, nicht charakteristische. An dieser oder jener Stelle, zwischen den Fingern, an der Handwurzel, am Penis erscheinen einige kleine rothe Knötchen, die stark jucken, gewöhnlich stellt sich aber gleichzeitig oder bald nachher auch auf anderen Körperpartien, an denen objectiv keine Veränderung nachweisbar ist, Jucken ein. Etwa 6 Wochen nach der Infection ist das klinische Bild der Scabies so zu sagen voll ausgebildet, nachdem die hierzu erforderliche Vermehrung der Milben stattgefunden hat. Wird die Krankheit nicht oder nicht richtig behandelt, so kann sie lange, durch viele Jahre, weiterbestehen, indem die Symptome, sowohl die eigentlichen Krätzeefflorescenzen wie auch die Eczemerscheinungen, zunächst zunehmen, aber allerdings eine immer weitere Steigerung derselben, die man a priori vermuthen könnte, tritt in der Regel nicht ein, indem durch Kratzen und Waschen, meist ja auch durch die, wenn auch nicht direct für die Beseitigung der Scabies zweckmässigen therapeutischen Massregeln die in infinitum sich fortsetzende Vermehrung der Milben verhindert wird. Nur unter besonderen Umständen findet eine derartige excessive Vermehrung der Milben statt, bei der schon oben erwähnten Scabies crustosa. — Es ist wohl kaum nöthig, darauf hinzuweisen, dass selbst durch noch so langes Bestehen der Krätze ein nachtheiliger *Einfluss auf das Allgemeinbefinden* nie ausgeübt wird, abgesehen natürlich von der Störung des Wohlbefindens durch die Schlaflosigkeit in Folge des besonders Nachts zunehmenden Juckreizes. — Werden nach richtiger Erkenntniss der Krankheit die

Milben durch ein geeignetes Verfahren getödtet, so tritt unter weiterer
zweckmässiger Behandlung in kurzer Zeit vollständige Heilung.
d. h. Verschwinden sowohl der der Krätze angehörigen Efflorescenzen
wie des Eczems ein. Nur selten bleiben für einige Zeit noch Nach-
krankheiten zurück, entweder *Pruritus*, ohne objectiv wahrnehm-
bare Veränderungen der Haut, oder *Eczeme*, besonders an bestimmten
Stellen, so in der Umgebung der Mamilla bei Frauen und am Nabel.
oder *multiple Furunkelbildungen*.

Die **Prognose** ist demgemäss absolut gut zu stellen. Die **Diagnose**
ist bei ausgebildeten Fällen von Scabies bei aufmerksamer Untersuchung eigentlich nicht zu verfehlen, und doch muss an dieser
Stelle darauf hingewiesen werden, dass dies oft genug vorkommt.
Das in seinen Erscheinungen und in seiner Localisation mehr oder
weniger charakteristische Eczem wird in diesen Fällen auf die Diagnose hinleiten, und das Auffinden von Milbengängen an den Prädilectionsstellen wird dieselbe über jeden Zweifel erheben. Von einer
fast pathognomonischen Bedeutung in dieser Hinsicht sind die Eczeme
an der vorderen Achselfalte und bei Frauen um die Mamilla; bei
letzteren ist nur zu berücksichtigen, dass sie oft eine bereits abge-
laufene Scabies noch lange überdauern und dass sie gelegentlich
auch ohne Scabies bei stillenden Frauen vorkommen können. Zu empfehlen ist auch indess in diesen „sicheren" Fällen die mit so geringer
Mühe zu bewerkstelligende mikroskopische Bestätigung der Diagnose.
da diese auch einen jeden etwa später von anderer Seite vorge-
brachten Zweifel vernichtet. Bei sehr reinlichen Personen, die sich
viel waschen, wird man manchmal an den Händen aus diesem Grunde
vergeblich nach Gängen suchen und muss dann die anderen Prädilectionssitze einer genauen Untersuchung unterziehen. Wirkliche
Schwierigkeiten machen dagegen einerseits die Fälle von eben beginnender Scabies, bei denen es wirklich lediglich vom Zufall abhängig ist, ob man in einem der wenigen sichtbaren Knötchen eine
Milbe oder sichere Spuren derselben — Eier, Faeces — findet. In
solchen Fällen ist stets Abtragung und genaueste mikroskopische
Untersuchung aller verdächtigen Hautstellen unbedingt erforderlich.
Selbst wenn es aber in einem solchen Falle nicht gelingt, eine Milbe
zu finden, ist es immer zweckmässiger, wenn die Wahrscheinlichkeit
oder auch nur die Möglichkeit der Acquisition von Scabies vorliegt.
zunächst eine antiscabiöse Therapie anzuordnen, denn eine unnöthige
Krätzkur kann keinen nennenswerthen Nachtheil veranlassen, während
eine unterlassene Krätzkur dem Patienten eventuell durch Weiter-

verbreiten der Krankheit sehr unangenehme Folgen bringen kann und in der Regel dem Rufe des betreffenden Arztes auch nicht förderlich ist. — Dann aber kann die Entscheidung schwierig werden, ob es sich nach bereits angewandter Krätzkur um ein noch zurückgebliebenes Krätze - Eczem oder um ein frisches Krätze - Recidiv handelt. Hier ist nur der Nachweis einer lebenden Milbe oder nicht abgestorbener Eier entscheidend.

Aetiologie. Die Krätze wird durch das *Ueberwandern einer befruchteten weiblichen Milbe oder mehrerer verschieden geschlechtlicher Milben* übertragen. Dieses Ueberwandern findet in der Regel nur unter besonderen Umständen statt, nämlich bei intimerer körperlicher Berührung und in der Wärme. Daher sehen wir bei Erwachsenen die Uebertragung der Krätze fast ausschliesslich im Bett stattfinden, während bei Kindern sowohl die Uebertragungen von Erwachsenen auf Kinder und umgekehrt und von Kindern auf Kinder auch sonst häufig vorkommen, was ja durch die grössere Intimität des körperlichen Verkehrs mit Kindern und unter Kindern ohne Weiteres erklärt wird. Natürlich kommen auch bei Erwachsenen unter besonderen Bedingungen bei länger dauernden und oft wiederholten Berührungen, z. B. bestimmten Beschäftigungen, Uebertragungen vor. Im Allgemeinen aber acquiriren Erwachsene die Scabies nur durch Zusammenliegen in demselben Bett, und daher sehen wir die Uebertragung sich einmal an das Zusammenschlafen von Dienstmädchen, Lehrlingen u. s. w. und dann an den geschlechtlichen Verkehr, sei es den ehelichen oder ausserehelichen, anschliessen. Eine Immunität oder andererseits eine Prädiposition gegen oder für die Krätze giebt es nicht, alle Menschen sind gleich empfänglich. Wenn gleichwohl die Krätze eine in den unteren Schichten der Bevölkerung viel häufigere Krankheit ist, so liegt dies an den bei diesen so viel günstigeren Bedingungen für die Uebertragung, an dem engen Zusammenwohnen, an dem so gewöhnlichen Mangel einer der Familienmitgliederzahl entsprechenden Anzahl von Betten. Aber auch in den höheren Ständen ist die Krätze nicht so selten, wie dies besonders von Laien geglaubt wird, in Familien mit Kindern wird oft durch Dienstboten die Krätze hineingebracht, und bei unverheiratheten Männern jeder Gesellschaftsschichte ist die Krankheit nun ganz und gar nicht selten, da die Prostituirten, was ja von vornherein zu erwarten ist, häufig an Krätze leiden.

Auch von zahlreichen Thieren, von Hunden, Katzen, Pferden u. a. m., bei denen der Menschenmilbe identische oder nahe verwandte

Milben eine „Räude" hervorrufen, kommen Uebertragungen auf den
Menschen vor.

Therapie. Die erste und wichtigste Indication ist natürlich die
Tödtung der Milben; in zweiter Linie ist auf die *Heilung des
durch die Krätze hervorgerufenen Eczems* Rücksicht zu nehmen. Die
gebräuchlichsten zur Erfüllung der ersten Aufgabe geeigneten Mittel
sind *Schwefel, Theer, Naphtol, Styrax* und *Perubalsam*, die entweder
in Salbenform (von WEINBERG modificirte WILKINSON'sche Salbe:
Styracis, Flor. sulf. ana 20,0, Sapon. virid., Vaselin. ana 40,0, Cretae
10,0; Naphtol in 10 procentiger Salbe ohne oder mit Zusatz von
33⅓ Proc. Sapo viridis; Styrax mit überfetteter Seife) oder in geeigneten flüssigen Formen (Styrax mit Ricinusöl, Perubalsam mit
Alcohol abs. zu gleichen Theilen) verwendet werden. Die früher
übliche Anwendung der grünen Seife allein, durch welche eine Abstossung der Epidermis und der in dieser befindlichen Milben und
Milbenbrut bewirkt wurde, und der ebenso wirkenden, noch hero-
ischeren Kalilauge ist wohl jetzt völlig verlassen. Dagegen findet
die grüne Seife zweckmässig als Zusatz der oben genannten Salben
Verwendung. Die Anwendung aller dieser Mittel hat nun in der
Weise zu geschehen, dass ohne weitere Vorbereitungskur der Patient
den ganzen Körper mit Ausschluss des Kopfes sorgfältig einreibt,
resp. einreiben lässt, mit möglichst besonderer Berücksichtigung der
Hauptmilbensitze. Diese Einreibung wird im Ganzen zweimal, oder
wenn man der genauen Ausführung nicht so ganz sicher ist, lieber
dreimal im Laufe von 24 Stunden gemacht, während welcher Zeit
der Kranke entweder zu Bett liegt und dann am besten zwischen
wollene Decken gelegt wird, oder wenn er nicht die ganze Zeit im
Bett verbringen will, jedenfalls das Unterzeug nicht wechseln darf.
Nach Ablauf dieser 24 Stunden legt der Kranke, ohne sich — abgesehen von den Händen — zu waschen, vollständig frische Kleidung
vom Kopf bis zu den Füssen an, ebenso wird die Bettwäsche gewechselt und wird in den nächsten Tagen, am besten bis zum Ablauf der ersten Woche weiter nichts gemacht, als dass die Haut mit
Amylum eingepudert wird, besonders an den durch die Einreibung
etwas irritirten Beugen und in der Umgebung der Genitalien. Erst
am Ende der ersten Woche lässt man den Kranken ein einfaches
warmes Bad nehmen, welches von nun an 1—2 mal wöchentlich
unter gleichzeitiger Fortsetzung des Einpuderns wiederholt wird.
Es hält oft sehr schwer, die Kranken vom früheren Baden abzuhalten,
da sie nach der Einreibung das dringende Bedürfniss fühlen, ihre

Haut durch ein Bad zu reinigen. Aber die Erfahrung zeigt, dass durch zu frühes Baden die Heilung des Eczems gewöhnlich verzögert wird. — Vielfach wird die Kur aber auch in der Weise vorgenommen, dass nach einem voraufgehenden Bade und Abreibung mit grüner Seife nur *eine* Einreibung mit der Krätzsalbe erfolgt. Dies ist besonders da üblich, wo zahlreiche Krätzkranke ambulant behandelt werden müssen. — Die Wäsche braucht nicht besonders desinficirt zu werden, da sich die Milben nicht lange ausserhalb des Körpers lebend erhalten. Es genügt, dieselbe 8—14 Tage liegen und dann einfach waschen zu lassen.

Unter dieser Behandlung ist die Mehrzahl der Scabiesfälle in 2—3 Wochen vollständig zur Heilung zu bringen, ohne dass noch besondere Massnahmen für die Beseitigung des durch das Kratzen hervorgerufenen Eczems nöthig wären. Nach der Tödtung der Milben — cessante causa — verschwindet eben auch dieses arteficielle Eczem, wie so viele aus anderer Ursache entstandenen, von selbst. Nur in sehr hochgradigen Fällen wird es nöthig, das Eczem an den am meisten erkrankten Stellen noch besonders durch Salbenverbände zu behandeln. Die Heilung der bei länger bestehender Scabies manchmal sehr ausgebreiteten pustulösen Eczeme, besonders der Hände, wird in prompter Weise durch mehrfach zu wiederholende locale *Sublimatbäder* (1—2 Grm. pro balneo) befördert.

Welches von den oben genannten Mitteln angewendet werden soll, ist insofern mehr nach den Bedingungen des einzelnen Falles zu entscheiden, als sie in ihrer Wirkung im Allgemeinen gleich sicher sind. Bei stärker entwickeltem Eczem sind die Schwefel-Styraxsalben vorzuziehen, bei kleinen Kindern Perubalsam, bei armen Leuten der Billigkeit wegen der Styrax. Bei der Anwendung des Perubalsams ist nicht zu vergessen, dass derselbe schwer austilgbare Flecken in die Wäsche macht.

Ein Umstand ist aber noch zu erwähnen, nämlich dass mehrere dieser Mittel, vor Allem Styrax und Naphtol, keine völlig indifferenten Mittel sind, sondern, wenn auch im Ganzen selten, bei dieser diffusen Anwendung zu *acuten Nephritiden* Veranlassung geben. Ganz besonders gefährdet sind in dieser Hinsicht Kranke mit ausgebreiteten pustulösen Eczemen, weil bei diesen eine grosse Anzahl erodirter, resorptionsfähiger Stellen besteht. Die Untersuchung des Urins ist daher empfehlenswerth — man darf sich aber nicht durch den Niederschlag einer bei der Anwendung des Styrax in den Urin übergehenden harzigen Substanz, die auch durch Kochen und Salpetersäure gefällt wird, aber im Gegensatz zum Eiweiss in Alkohol und Aether löslich ist, täuschen lassen —, und bei Scabiösen, die ein Nierenleiden haben, wird man von der Anwendung dieser Mittel am besten ganz absehen und die WILKINSON'sche Schwefel-Theer-salbe brauchen (Ol. Rusci, Flor. sulf. ana 20,0, Sap. virid., Vaselin. flav. ana 40,0, Cretae alb. 10,0) oder eine einfache *Schwefelsalbe* (Sulfur. praecip. 30,0, Axung. porc. 150,0 oder Sulfur. praecip. 25,0. Kal. carbon. 12,5, Axung. porc. 150,0). Die zuletzt erwähnte Behand-lung, die seit langer Zeit im Hôpital St. Louis üblich ist, verwende ich jetzt ausschliesslich und bin mit dem Erfolg derselben zufrieden.

In einer Anzahl von Fällen und besonders natürlich bei weniger sorgfältiger Einreibung kommt es nun aber doch zu *Recidiven,* und es ist dies ja auch leicht erklärlich, da eine einzige am Leben blei-bende Milbe genügen kann, um ein solches hervorzurufen. Nachdem zuerst die Erscheinungen abgenommen haben, tritt nach einiger Zeit wieder eine Zunahme ein, und bei sorgfältiger Untersuchung findet man nun auch lebende Milben. Wird das Recidiv gleich im Beginn behandelt, so genügt oft eine entsprechend regionäre Einreibung. Wohl zu unterscheiden sind hiervon jene Fälle, die man als *Scabio-phobie* bezeichnen könnte, in denen die Patienten, nachdem das Jucken unmittelbar nach der ersten Krätzkur nachgelassen, dann aber, da das Eczem noch nicht völlig geheilt war, doch wieder auf-getreten war, entweder aus eigenem Antriebe oder auf Anrathen eines Arztes, oft eines anderen als des zuerst consultirten, eine neue Krätzkur durchmachen. Das noch bestehende Eczem wird gesteigert, die Kranken glauben um so mehr an das Nochvorhandensein der Krätze, und so machen sie durch Monate eine Krätzkur nach der anderen durch, ohne geheilt zu werden, d. h. die „Krätze" ist längst geheilt, es besteht nur noch das durch die Kuren immer weiter ge-steigerte Eczem. Sowie diese Kranken dann in die richtige Be-handlung kommen, die lediglich im Einstreuen mit Streupulver unter Fortlassung aller anderen irgendwie reizenden Mittel und allenfalls in der Anwendung einiger warmer Bäder besteht, tritt in kurzer Zeit vollständige Heilung von dem körperlich und psychisch gleich unangenehmen Leiden ein.

Und schliesslich muss noch auf eine Massregel hingewiesen wer-den, die bei der Behandlung der Scabies nie ausser Acht gelassen werden sollte, nämlich nie ein in einer Familie lebendes Mitglied derselben oder sonst zu derselben gehöriges Individuum *allein* zu behandeln, *ohne gleichzeitige Untersuchung und eventuelle Behand-*

lung sämmtlicher übriger Familienmitglieder. Wird dies nicht befolgt, so kommt nach der Heilung des ersten ein anderes Familienmitglied mit Krätze und so fort, und die zuerst geheilten werden inzwischen von Neuem durch die noch unbehandelten angesteckt. Auf diese Weise sind natürlich alle Bemühungen fruchtlos, die Krätze ist aus der betreffenden Familie auf diesem Wege nicht auszurotten. Aber natürlich, die Vorwürfe treffen schliesslich den Arzt und eigentlich nicht mit Unrecht, und daher ist es nur rathsam, in solchem Falle die Behandlung, falls die Untersuchung aller zu einem Haushalt gehörigen Personen aus irgend einem Grunde verweigert wird, überhaupt völlig abzulehnen.

<hr>

ZWEITES CAPITEL.

Cysticercus cellulosae.

Der **Cysticercus cellulosae,** die *Finne der Taenia solium,* findet sich so wie im Gehirn, im Auge, in anderen inneren Organen, in den Muskeln, auch im Unterhautbindegewebe und bildet hier äusserlich fühl- und sichtbare Geschwülstchen. Dieselben erscheinen als unter der Haut verschiebliche, etwa erbsengrosse, selten grössere, prall elastische Knoten, die keinerlei subjective Empfindungen verursachen. Wird die Haut über einer solchen Geschwulst vorsichtig durchschnitten, so lässt sich leicht eine entsprechend grosse Blase von etwas länglicher Form und durchscheinendem Aussehen herausschälen, die an einer Stelle eine Einziehung zeigt. Die Blase ist mit klarer Flüssigkeit gefüllt, und in dieselbe ist von der eingezogenen Stelle her der Bandwurmkopf eingestülpt, wie man durch Aufschneiden der Blase oder durch Einlegen in lauwarme Milch oder Wasser, wobei der Kopf ausgestülpt wird, leicht nachweisen kann.

Die Cysticerken können sich nur dann bilden, wenn Bandwurmeier in den Magen gelangen. Dies geschieht einmal, wenn durch einen Zufall die Eier oder solche enthaltende Bandwurmglieder in Speisen und Getränke gerathen, in noch unmittelbarerer Weise bei Koprophagen, dann aber vielleicht auch dadurch, dass bei Leuten, die einen Bandwurm beherbergen, reife Glieder vom Darm in den Magen gelangen.

Der Cysticercus des Unterhautbindegewebes ist an und für sich von keiner Bedeutung. Wohl aber kann derselbe in Fällen, wo Cysticerken in inneren Organen, z. B. im Gehirn, vermuthet werden, für die Diagnose von grösster Wichtigkeit sein.

DRITTES CAPITEL.

Acarus folliculorum.

Der **Acarus folliculorum**, die *Haarbalgmilbe*, wurde fast gleichzeitig von BERGER, HENLE und G. SIMON entdeckt (1841/42). Derselbe ist 0,3—0,4 Millim. lang, von wurmförmiger

Gestalt und deutlich in Kopf, Brusttheil und Hinterleib getheilt. Der Brusttheil trägt die vier Fusspaare. Der Acarus hält sich in den Haarbälgen und Talgdrüsen auf, einzeln oder zu mehreren, manchmal bis zu 15 und 20 in einem Balge. Er lässt sich leicht in dem fettigen Secret finden, welches man durch Ueberstreichen mit einem Spatel oder dergleichen über Hautpartien, die reichlich mit Talgdrüsen ausgestattet sind, erhält; so besonders an der Stirn, Nase, an den Wangen, zumal bei Personen, die an Seborrhoea oleosa leiden. Irgend welche Symptome oder subjective Empfindungen ruft die Anwesenheit dieses Parasiten nicht hervor, vor Allem hat er gar keinen Einfluss auf die Entstehung der Comedonen oder der Acne, wie man anfänglich anzunehmen geneigt war. Anders ist dies bei Thieren, indem bei Hunden, Schweinen, Katzen, Pferden u. a. m. durch nahe verwandte und sehr ähnliche Parasiten Räude, Furunkel- und Abscessbildungen hervorgerufen, ja sogar der Tod herbeigeführt werden kann.

Fig. 26.
Acarus folliculorum.
(Nach NEUMANN.)

Das Vorkommen des Acarus beim Menschen ist ein sehr gewöhnliches und bei darauf gerichteter sorgfältiger Untersuchung wird man nur selten bei einem Individuum vergeblich nach dem unschädlichen Schmarotzer suchen.

VIERTES CAPITEL.

Pediculus capitis.

Die **Kopfläuse** bewohnen ausschliesslich das *Capillitium*, wo sie sich auf der Haut und zwischen den Haaren aufhalten. Die weibliche Kopflaus befestigt ihre Eier — *Nisse* — an den Haaren mit Hülfe einer das Haar umfassenden Chitinscheide und zwar dicht über der Kopfhaut, manchmal zu mehreren hinter einander an dem-

selben Haar, wo dann das unterste Ei immer das älteste ist. Nach
wenigen Tagen schlüpft die junge Kopflaus aus dem Ei heraus, indem sie das obere Ende wie einen Deckel abstösst, während die
sehr feste, ebenfalls aus Chitin bestehende Eihülle am Haare haften
bleibt. Durch das Wachsen des Haares entfernen sich diese leeren
Nisse immer weiter von der Kopfhaut, während, falls die Läuse
nicht entfernt werden, unten wieder frische Eier an das Haar an-
gesetzt werden. Hiernach lässt es sich besonders bei Frauen leicht
beurtheilen, ob das betreffende Individuum die Läuse kürzere oder
schon längere Zeit beherbergt. Die Vermehrungsfähigkeit der Läuse
ist eine enorme, und ein Weibchen kann, wenn die Thiere ungestört
sind, einer ungefähren Berechnung nach in 8 Wochen 5000 Abkömm-
linge haben.

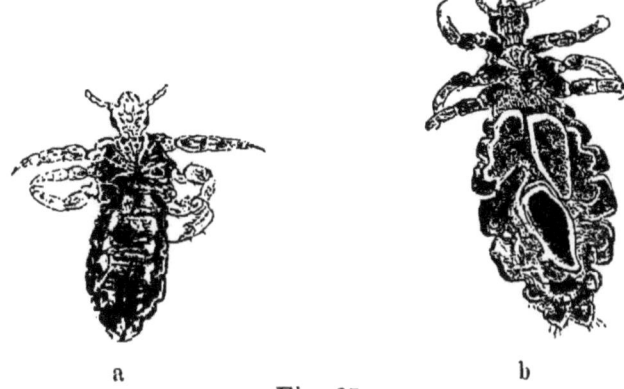

a   b

Fig. 27.

Pediculus capitis. a) Männchen. b) Weibchen (nach KÜCHENMEISTER und ZÜRN, Die Parasiten des Menschen). Vergr. 13 : 1.

Zu erwähnen ist noch, dass die Kopfläuse, ebenso übrigens auch
die Filzläuse, sich in ihrer *Farbe* den einzelnen Raçen angepasst
haben (Mimicry) und bei Eskimos weiss, bei Europäern hellgrau, bei
Chinesen und Japanern gelbbraun und bei Negern schwarz sind.

Die Anwesenheit der Kopfläuse ruft zunächst *heftiges Jucken*
hervor, welches durch den Biss der Thiere, die Blut aus den Capillaren saugen, und durch ihre Bewegungen bedingt ist. Weiter
werden hierdurch die Träger der Parasiten zum Kratzen veranlasst,
und dieses Kratzen ruft *Eczemerscheinungen* hervor, die durch ihre
Localisation und ihre Erscheinungen an und für sich schon charakteristisch sind. Es treten zunächst kleine disseminirte, stets nässende
und borkenbildende, impetiginöse Eczemherde an verschiedenen Stellen
der Kopfhaut, besonders aber am Nacken an und unter der Haar-

grenze auf. Werden die Thiere nicht gestört, so vergrössern sich
die eczematösen Herde, die Secretion nimmt zu und die Haare werden durch das eintrocknende Secret mit einander verfilzt. Je mehr
diese Erscheinungen zunehmen, desto weniger pflegen die betreffenden
Individuen vom Kamm und gar von Waschungen Gebrauch zu machen,
desto ungestörter entwickeln sich die Parasiten weiter. Das Eczem
greift nun auch auf andere Theile über, besonders auf das Gesicht,
die benachbarten Lymphdrüsen, die Jugular- und Nuchaldrüsen
schwellen an und das Krankheitsbild wird vervollständigt durch
einen eigenthümlichen, höchst widerlichen Geruch, der durch die Zersetzung der Hautsecrete hervorgerufen wird. Und schliesslich kommt
es zur vollen Ausbildung der *Plica polonica*, wie dies bei der Besprechung des chronischen Eczems ja bereits ausgeführt ist. — Neuerdings ist auf das häufige Vorkommen von *Blepharitis* und *Conjunctivitis catarrhalis* und *phlyctaenulosa* bei Pediculosis capitis hingewiesen worden (GOLDENBERG, L. HERZ). Dass es sich hier wirklich
um einen ursächlichen Zusammenhang handelt, beweist die schnelle
Heilung jener Augenaffectionen nach Beseitigung der Pediculi, und
zwar bringen sich die Kranken wahrscheinlich die reizenden Absonderungen der Läuse durch das Reiben mit den Fingern in die
Augen.

Am häufigsten werden aus leicht erklärlichen Gründen *Kinder*
von Kopfläusen befallen und zwar meist aus den niederen Volks-
klassen. Letzteres gilt noch mehr für die Erwachsenen, aber freilich, man darf nicht vergessen, dass unter Umständen auch einmal
in höheren Gesellschaftsschichten der plebejische Parasit vorkommen
kann, jedenfalls darf die sociale Stellung des Patienten den Arzt
nie von der ad hoc vorzunehmenden Untersuchung abhalten.

Die **Diagnose** ist ausserordentlich leicht. Wird durch ein Eczem
von den vorher geschilderten Eigenthümlichkeiten der Verdacht erregt, so genügt bei einigermassen reichlichem Vorhandensein der
Thiere das Auseinanderhalten der Haare, um die Läuse oder deren
Eier zu Gesicht zu bringen. Bei nur wenigen Läusen kann schon
eine sorgfältigere Untersuchung erforderlich sein, und bei Patienten
aus höheren Ständen, „bei denen so etwas nicht vorkommt", ver-
säume man, um Unzuträglichkeiten zu vermeiden, niemals, dem Patienten, resp. den Angehörigen desselben das Corpus delicti ad oculos
zu demonstriren. — Bei flüchtiger Untersuchung ist es dagegen wohl
möglich, an *Impetigo contagiosa* oder an *Scrophulose* zu denken. Die
letzere, oft genug vorkommende Verwechselung wird besonders durch

die oben erwähnten Augenerkrankungen und die Drüsenschwellungen begünstigt.

Therapie. Zunächst sind natürlich die Parasiten und deren Brut zu tödten, wozu als sicherstes und bestes Mittel Petroleum ohne weiteren Zusatz oder mit Oleum Oliv. und Bals. peruv. (100:50:10) zu empfehlen ist. Der Kopf wird hiermit reichlich getränkt, natürlich ist Vorsicht bezüglich der Feuergefährlichkeit zumal bei Ungebildeten ausdrücklich anzurathen, und durch 12—24 Stunden mit einer wollenen Haube oder einem Tuch fest bedeckt. Hierdurch werden fast stets alle Thiere und Eier getödtet. Darauf wird der Kopf gründlich mit warmem Seifenwasser gewaschen und weiter das Eczem in geeigneter Weise behandelt. Die Heilung tritt dann in verhältnissmässig kurzer Zeit ein, vorausgesetzt natürlich, dass keine Läuse am Leben geblieben sind und dass keine frische Uebertragung stattfindet. Die Entfernung der leeren oder abgestorbenen Nisse gelingt dagegen schwer, da sie sehr fest an den Haaren haften und nur an den Haaren entlang abgestreift werden können, was am besten mit einem Staubkamm geschieht.

FÜNFTES CAPITEL.

Pediculus vestimenti.

Die **Kleiderlaus** (*Pediculus vestimenti s. corporis*), die sich von der Kopflaus durch ihre etwas längere, schmälere Form unterscheidet, hält sich nicht auf der Haut, die sie lediglich zur Nahrungsaufnahme aufsucht, sondern *nur in den Kleidern* auf und zwar in den dem Körper zunächst anliegenden, vor Allem also im Hemde. Hier bevorzugt sie wieder die Falten, so z. B. die Falten am Halsausschnitt und die durch den Leibgurt gebildeten, in denen auch die Eier niedergelegt werden.

Wie schon gesagt, begiebt sich die Kleiderlaus nur zur Nahrungsaufnahme auf die Haut, durchbeisst die Epidermis und zieht nun mit ihrem Rüssel das Blut aus dem Papillarkörper. Hierdurch wird sehr intensives Jucken erregt, und das in Folge davon stattfindende heftige Kratzen bringt die auffälligsten Merkmale hervor. Es entstehen nämlich mehrere Centimeter lange und, da meist gleichzeitig mit zwei oder drei Fingern gekratzt wird, während der Daumen als Stützpunkt dient, zu zweien oder dreien parallele, striemenförmige *Excoriationen*, die an dem Punkte, wo der kratzende Nagel über die durch den Biss gelockerte Epidermis gegangen ist, eine

besonders tiefe Excoriation zeigen. Die excoriirten Stellen heilen
bald wieder, am spätesten die tiefste Excoriation an der Stelle des
Bisses, zum grossen Theil mit Hinterlassung von Narben, die zunächst eine braune, nach längerer Zeit heller und schliesslich weiss
werdende Farbe zeigen, während in der unmittelbaren Umgebung
hier und da dunklere Stellen für immer zurückbleiben.

Diese Excoriationen und ebenso natürlich die zurückbleibenden
Narben zeigen eine ganz bestimmte *Localisation*, entsprechend den
Stellen, wo die Leibwäsche die meisten Falten bildet, indem sie sich
bei Anwesenheit nur weniger Pediculi vor Allem in der *Gegend
zwischen den Schulterblättern,* in der *Hüftgegend* und auf den *Nates*
vorfinden. Bei ungestörter Vermehrung der Pediculi können sie auf
allen bedeckten Körperstellen zur Entwickelung kommen, immer
aber sind jene Punkte am reichlichsten damit besetzt.

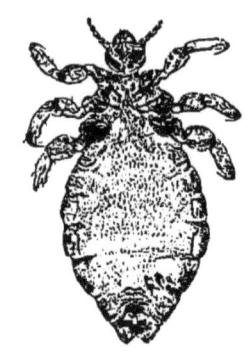

Bei längerer Anwesenheit zahlreicher Kleiderläuse kommen nun noch andere Erscheinungen hinzu, *Eczem, Pustelbildungen, tiefergreifende Entzündungen, Furunkel, Abscesse*
und in Folge der sich immer mehr häufenden,
bleibenden Pigmentansammlungen eine schliesslich diffuse *dunklere Färbung der Haut,* die
in den hochgradigsten Fällen, bei jahrzehnte-
langem Behaftetsein mit den Parasiten, fast das
Colorit der Negerhaut erreichen kann (*Melasma.*

Fig. 28.

Pediculus vestimenti. Weibchen (nach KÜCHENMEISTER
und ZÜRN, Die Parasiten des
Menschen). Vergr. 9:1.

Melanodermie phthiriasique der Franzosen).
Solchen Individuen kann man wirklich, wie
HEBRA sagte, ihre Lebensschicksale von der
Haut ablesen, denn die Serien der durch Pedi-
culi hervorgerufenen Erscheinungen von den ältesten Narben und
Pigmentirungen bis zu den frischen Excoriationen zeigen, wie sie
aus dem socialen Elend und Schmutz sich nicht oder immer nur auf
kurze Zeit zu erheben vermochten.

Die Kleiderläuse gehören in viel höherem Grade als die Kopfläuse den *niedersten Volksschichten* an, und selbst unter diesen sind
es hauptsächlich die in den allerelendesten Verhältnissen lebenden,
die Bettler und Vagabunden, die Gäste der gemeinsamen Schlafsäle
in grossen Städten, die diese Parasiten oft durch ihr ganzes Leben
beherbergen. Aber freilich unter Umständen, in Eisenbahncoupés,
Schiffskajüten, in Badeanstalten, kann die Kleiderlaus auch gelegentlich in ihr sonst fremde Kreise gelangen. Unter besonderen Ver-

hältnissen, so bei im Felde befindlichen Armeen, erlangen die Kleiderläuse aus leicht verständlichen Ursachen eine enorme Verbreitung.

Bei der **Diagnose** ist zunächst zu berücksichtigen, dass die Parasiten *stets in der Leibwäsche* an den vorhin genannten Stellen zu
suchen sind, da nur ausnahmsweise, bei schnellem Entkleiden, auf
der Haut selbst eine Laus zurückbleibt. Daher ist es oft, wenn die
Kranken unmittelbar vor der Untersuchung reine Wäsche angezogen
haben, nicht möglich, ein Thier zu finden, und man ist in diesen
Fällen auf die besonders durch ihre Localisation charakteristischen
Excoriationen angewiesen. — Auch hier darf die sociale Stellung des
Patienten den Arzt nicht vor der Diagnose zurückschrecken lassen,
aber noch mehr als bei den Kopfläusen ist hier die Demonstration
empfehlenswerth.

Die **Behandlung** ist an sich ausserordentlich einfach, denn es genügt, die Kranken zu baden, ihre Wäsche vollständig zu wechseln
und die alte, mit Läusen behaftete Wäsche einige Zeit einer Wärme
von 70—80° C. auszusetzen („Kesseln"), um zunächst die Parasiten
zu beseitigen. Auch in einer mit Blech ausgeschlagenen Kiste, in
welcher durch Verbrennen von Schwefel schweflige Säure erzeugt ist,
lässt sich die Desinfection der Kleider ausführen. Die Excoriationen
heilen dann schnell unter geeigneten Massnahmen, und nur die aller-
schlimmsten Fälle mit umfangreicheren Furunkel- oder Abscessbildungen werden eine etwas längere Behandlung in Anspruch nehmen.
Aber freilich, der „geheilt" aus dem Krankenhause entlassene Patient kommt draussen wieder in dasselbe sociale Elend hinein, und
es dauert nicht lange, so haben die unvermeidlichen Begleiter dieses
Elends, die Pediculi, wieder Besitz von ihm genommen.

SECHSTES CAPITEL.
Phthirius inguinalis.

Die **Filzlaus** (*Pediculus pubis, Morpion* der Franzosen) bewohnt alle
mit Haaren bedeckten Theile des Körpers, ausser der behaarten Kopfhaut, die sie nie betritt, sondern der anderen, nahe verwandten Art
überlässt. Nur einmal wurden bei einem 14 Monate alten Kinde Phthirii
auch an den Kopfhaaren gefunden, die offenbar „aus Versehen" dorthin
gelangt waren. Die Thiere halten sich mit Hülfe der hakenförmigen
Krallen an den Haaren — entweder an einem oder an zweien — so
fest, dass beim Abziehen derselben, z. B. mit der Pincette, eine gewisse
Gewalt angewendet werden muss. Der hellbräunlich erscheinende

Körper liegt dabei flach auf der Haut auf, so dass er bei ungenauer Betrachtung leicht übersehen werden kann. Die Eier werden, in ganz ähnlicher Weise wie bei den Kopfläusen, an den Haaren befestigt.

Die Filzläuse kommen am häufigsten und fast ausschliesslich zuerst an den *Schamhaaren* vor, kriechen aber von hier an den *Beinen* hinunter, andererseits über den *Rumpf* nach den *Achselhöhlen*, in den *Bart*, in die *Cilien* und *Augenbrauen*. Bei Kindern kommen sie auch primär an den Cilien vor.

Das *Jucken*, welches die Filzläuse hervorrufen, ist nicht so heftig, wie das durch die Kleiderläuse veranlasste, aber es besteht, entsprechend der mehr sesshaften Lebensweise der Parasiten, continuirlicher auf denselben Stellen. Daher zeigt sich das *consecutive Eczem* auch mehr auf die Prädilectionssitze der Filzläuse beschränkt.

Fig. 29.
Phthirius inguinalis. Männchen (nach KÜCHENMEISTER u. ZÜRN, Die Parasiten des Menschen). Vorgr. 13 : 1.

Eine diagnostisch sehr wichtige Folgeerscheinung der Anwesenheit der Phthirii bilden die **Maculae caeruleae** (*Taches bleues, ombrées, Pelioma typhosum, Exanthema caeruleum*), die allerdings keineswegs in allen Fällen, sondern nur in einer geringeren Anzahl derselben zur Beobachtung kommen, und deren Abhängigkeitsverhältniss von den Phthiriis erst in neuerer Zeit erkannt ist (FALOT, DUGUET O. SIMON), während dieselben früher irrthümlicher Weise als besondere Form der Roseola typhosa oder der Roseola syphilitica angesehen worden waren. Dieselben stellen linsen- bis fünfpfennigstückgrosse, oft noch etwas grössere, rundliche oder längliche Flecken dar von einer röthlichblauen oder eigenthümlich mattblauen Färbung, welche nicht über das Niveau der Haut erhaben sind und auf Fingerdruck nicht verschwinden. Dieselben finden sich gewöhnlich an bestimmten Körpergegenden localisirt, besonders auf den vorderen und seitlichen Partien des Bauches, an den seitlichen Partien des Thorax, an der vorderen und inneren Fläche der Oberschenkel, an den Nates, seltener auf dem Rücken, den Armen und Unterschenkeln. Bei keinem Fall, in dem diese Flecken vorhanden sind, wird man vergeblich nach Filzläusen suchen, oder wenn dies doch geschehen sollte, lässt sich anamnestisch feststellen, dass der betreffende Kranke die Phthirii vor der Untersuchung entfernt hat. Auch die Anordnung der Flecken um die Localitäten, die den gewöhnlichen Aufenthaltsort der Phthirii bilden, lässt auf den oben schon erwähnten Causalnexus schliessen. Noch deutlicher wird dies durch die Wahrnehmung, dass die Flecken gerade auf den Wegen, welche die Phthirii von einem Lieblingsplatz zum anderen zurücklegen, gewissermassen als Spuren zurückbleiben, so an den vorderen und seitlichen Partien des Rumpfes zwischen Inguinalgegend und Achselhöhle. Von noch grösserer Beweiskraft ist die Beobachtung, dass bei Personen, bei welchen nur in einer Achselhöhle Phthirii sind, auch nur an der entsprechenden Thoraxseite sich Maculae caeruleae finden. Den definitiven Beweis des Zusammenhanges zwischen dem Vorhandensein der Phthirii und der fraglichen Hautaffection aber hat Duguet erbracht, indem er mit dem Brei, der durch Zusammenreiben einiger Filzläuse mit einem Tropfen Wasser hergestellt war, eine Lanzette armirte und mit derselben ganz flache Einstiche in die Haut verschiedener Personen machte. In promptester Weise erschienen an den betreffenden Stellen — frühenstens nach 6 Stunden — Maculae caerulae, die sich von den natürlichen durch nichts, als durch die kleine, durch den Impfstich gebildete Excoriation in der Mitte unterschieden.

Wenn es nun demnach auch absolut sicher ist, dass die Maculae caeruleae durch den Aufenthalt der Phthirii auf der Haut und höchst wahrscheinlich durch die Bisse der Thiere hervorgerufen werden, so ist doch das eigentliche Wesen des Vorganges noch keineswegs aufgeklärt. Sicher ist jedenfalls, dass es nicht einfache Hyperämien oder Hämorrhagien sind, da sich diese Flecken durchaus anders verhalten, als die durch jene Vorgänge in der Haut gesetzten Veränderungen, vor Allem, da sie ohne den für Hämorrhagien charakteristischen Farbenwechsel von ihrem Auftreten bis zu dem spontanen, etwa nach zehn Tagen erfolgenden Verschwinden bestehen. Jedenfalls scheint eine gewisse Prädisposition zu ihrem Erscheinen nothwendig zu sein, da keineswegs alle mit Filzläusen behafteten Individuen auch Maculae caeruleae zeigen. Auch die Impfungen sind in allen Fällen geglückt nur bei den Individuen, die vor der Impfung schon in Folge der Phthirii Maculae caeruleae hatten. Bei solchen, die keine Filzläuse und natürlich auch keine Maculae hatten, glückte die Impfung nur in einzelnen Fällen, in anderen schlug sie fehl. Die ersteren waren eben die Prädisponirten, die auch bei Invasion von Filzläusen allein Maculae bekommen hätten. Im Allgemeinen scheinen es meist blonde Individuen mit zarter Haut zu sein, die die Erscheinung zeigen, doch kommen auch gegentheilige Fälle vor.

Die *Uebertragung* der Phthirii findet bei weitem am häufigsten gelegentlich des *Geschlechtsverkehres* statt und erklärt sich daraus ohne

Weiteres der gewöhnliche Beginn der Invasion derselben von den Schamhaaren aus. Bei *Kindern* kommt die Uebertragung, und zwar auf Augenbrauen oder Cilien, wohl durch das Zusammenschlafen im gleichen Bett mit Personen, die mit Filzläusen behaftet sind, zu Stande.

Die **Diagnose** erfordert bei Anwesenheit nur weniger Phthirii allerdings eine aufmerksame Betrachtung, da die Parasiten sonst leicht übersehen werden können. Von grosser Wichtigkeit ist die richtige Erkenntniss der Maculae caeruleae, die bei der vielfach noch herrschenden Unbekanntschaft mit dieser Erscheinung oft verfehlt wird. Besonders leicht wird dieses Exanthem mit *Roseola syphilitica* verwechselt, zumal ja die Patienten in geschlechtlicher Hinsicht stets ein schlechtes Gewissen haben. Die eigenthümliche Farbe und Localisation der Flecken wird aber auch in dieser Beziehung einen Irrthum vermeiden lassen und wird selbstverständlich zur Sicherstellung der Diagnose stets die Anwesenheit der Phthirii nachgewiesen werden müssen. Natürlich ist insofern Vorsicht geboten, als ja auch gleichzeitig mit einer Roseola syphilitica Phthirii vorhanden sein können.

Die **Therapie** ist sehr einfach, denn es genügt in der Regel eine einmalige gründliche Einreibung mit *Ung. hydrargyri cinereum* und ein darauf folgendes warmes Bad, um die Thiere zu tödten und damit alle durch dieselben hervorgerufenen Erscheinungen zu beseitigen. In der besseren Praxis empfiehlt sich mehr das *Ung. hydrarg. praec. alb.,* welches zwar nicht so sicher wirkt wie die graue Salbe, weshalb öfters eine ein- oder zweimalige Wiederholung der Einreibung nöthig wird, welches aber andererseits nicht die Unannehmlichkeiten der grauen Salbe, das Beschmutzen der Wäsche, mit sich bringt und auch so gut wie nie die bei Anwendung der letzteren Salbe nicht so seltenen Hautentzündungen hervorruft. Auch durch *Perubalsam* und ähnliche Mittel lassen sich die Thiere beseitigen.

SIEBENTES CAPITEL.

Ixodes ricinus. Pulex irritans.
Cimex lectularius. Culex pipiens.

Schliesslich mögen noch einige andere Parasiten der menschlichen Haut kurze Erwähnung finden.

Der **Holzbock,** *Ixodes ricinus,* und zwar das weibliche Thier bohrt sich ab und zu mit seinem Kopf in die Haut ein und schwillt nun durch Blutaufsaugung zu einer kirschkerngrossen Blase an. Durch Betupfen mit Terpentin bringt man das Thier zum Loslassen, während beim gewaltsamen Abreissen der Kopf leicht in der Haut stecken bleibt.

Der **Floh,** *Pulex irritans,* ruft durch seinen Biss zunächst Quaddeln hervor, nach deren schneller Resorption eine kleine centrale Hämorrhagie mit hyperämischem Hof zurückbleibt. Nach dem Abblassen des letzteren wird der Stich nur noch durch die Hämorrhagie gekennzeichnet. Oft sind diese Hämorrhagien so zahlreich, dass eine Verwechselung mit Purpura möglich ist (*Purpura pulicosa*), doch wird es stets gelingen, einige frische Efflorescenzen zu finden, an denen der hyperämische Hof noch sichtbar ist.

Aehnlich sind die Erscheinungen, die durch den Biss der **Wanze** (*Cimex lectularius*) hervorgerufen werden. Die grosse Intensität des Juckens erklärt sich daraus, dass das Thier das Secret seiner mächtigen Giftdrüse in die Bissstellen entleert. Die Diagnose kann Schwierigkeiten machen, da die durch das Kratzen entstandenen Excoriationen nichts absolut Charakteristisches haben, und auch das Auffinden der Thiere selbst kann sogar bei genauer Nachforschung misslingen. Wichtig ist das Verschwinden der Quaddeln und des Juckens während des Tages und die immer nur Nachts stattfindende Wiederholung der Eruptionen.

Durch **Mücken** (*Culex pipiens*) und verwandte Thiere werden ebenfalls heftig juckende Quaddeln erzeugt, die den Lebensbedingungen dieser Thiere entsprechend sich nur auf den unbedeckten Stellen, Gesicht, Händen und Vorderarmen oder allenfalls noch auf mit dünnen, das Durchstechen gestattenden Kleidungsstücken bedeckten Theilen, z. B. den Unterschenkeln, finden. — Das Jucken in allen diesen Fällen wird durch Betupfen mit concentrirter Ammoniaklösung gelindert.

Mehr zufällig gelangen einige andere Parasiten auf die menschliche Haut, so die *Vogelmilbe, Dermanyssus avium,* und die *Erntemilbe, Leptus autumnalis,* die ebenfalls Jucken und Irritationszustände daselbst hervorrufen.

ANHANG.

Receptformeln.

1. Streupulver.

1. Zinc. oxyd. alb. 5,0
   Amyl. Tritici 10,0.
   M. D. in scatula. S. Streupulver.
2. Talc. venet. 20,0.
   D. in scatula. S. Streupulver.
3. Amyli Oryzae 15,0
   Pulv. rhiz. Iridis 1,0.
   M. D. in scatula. S. Streupulver.
4. Acid. salicyl. 1,5
   Amyl. Tritici 5,0
   Talc. venet. 43,5.
   M. D. S. Streupulver bei Fussschweiss.
   (Pulvis salicylicus cum Talco).

2. Salben.

5. Empl. Litharg. simpl.
   Ol. Oliv. opt. ana 25,0.
   M. l. a. D. S. Aeusserl.
   (Unguentum diachylon Hebrae).
6. Empl. Litharg. simpl.
   Vaselin. flav. ana 25,0.
   M. l. a. D. S. Aeusserl.
   (Ung. Vaselini plumbicum).
7. Bismuth. subnitr. 3,0.
   Vaselin. flav. oder Lanolin. 30,0.
   M. D. S. Aeusserl.
8. Zinc. oxyd. alb. 6,0.
   Adip. benzoinat. 30,0.
   M. D. S. Aeusserl.
   (Wilson'sche Salbe).
9. Zinc. oxyd. alb.
   Amyl. Tritici ana 5,0
   Vaselin. flav. oder Lanolin. 10,0.
   M. D. S. Zinkpaste.
   (Bei Eczem).
10. Acid. carbol. 0,05—0,1
    Bals. peruv. 2,0
    Ungt. Glycerin. 20,0.
    M. D. S. Aeusserl.
    (Bei chron. Eczem).

11. Acid. boric. 1,0
    Vasel. flav. oder Lanolin. 30,0.
    M. D. S. Aeusserl.
12. Ol. Amygdalar.
    Aq. Rosar. ana 10,0
    Cetacei
    Cerae alb. ana 1,0.
    M. D. S. Aeusserl.
    (Unna'sche Kühlsalbe).
13. Menthol. 2.0
    Vaselin. flav. oder Lanolin. 50,0.
    M. D. S. Aeusserl.
    (Bei Pruritus).
14. Kreosot. 0,5—1.0
    Vaselin. flav. oder Lanolin. 50,0.
    M. D. S. Aeusserl.
    (Bei Pruritus).
15. Naphtol. 1,5
    Vaselin. flav. 30,0.
    M. D. S. Aeusserl.
16. Hydrg. praecip. alb. 2,0
    Vaselin. flav. oder Lanolin. 18,0.
    M. D. S. Aeusserl.
    (Weisse Präcipitatsalbe).
17. Hydrg. bichlor. corros. 0,1—0,2
    Acid. carbol. 4,0
    Ungt. diachylon 100,0.
    M. D. S. Aeusserl.
    (Bei Lichen ruber. — Unna).
18. Argt. nitric. 0,3
    Bals. peruv.
    Lanolin. ana 3,0
    Vaselin. flav. 30,0.
    M. l. a. D. S. Aeusserl.
19. Chrysarobin. 5,0
    Vaselin. flav. oder Lanolin. 20,0
    M. D. S. Aeusserl.

20. Resorcin. resublim. 10,0
    Lanolin. 20,0.
    M. D. S. Aeusserl.
    (Bei Lupus vulgaris und erythema-
    todes).

21. Resorcin. resublim. 2,0
    Zinc. oxyd. alb.
    Amyl. Tritici ana 5,0
    Vaselin. flav. 10,0.
    M. D. S. Abends aufzulegen.
    (Bei Acne).

22. Jodoform. desodor. 2,0
    Vaselin. flav. 20,0.
    M. D. S. Aeusserl.
    (Bei Hautgeschwüren).

23. Sublimat. 0,2
    Lanolin. 20,0.
    M. D. S. Aeusserl.
    (Bei Rhinosclerom. — DOUTRELEPONT).

3. Theermittel.

24. Ol. Rusci
    Spirit. Vini ana 15,0.
    M. D. S. Aeusserl.

25. Ol. Rusci 3,0.
    Traumaticin. 30,0.
    M. D. S. Aeusserl.

26. Ol. Rusci 3,0
    Liniment. exsicc. 30,0.
    M. D. S. Aeusserl.

27. Ol. Rusci
    Cerae alb. ana 5,0
    Vaselin. flav. 20,0.
    M. D. S. Theersalbe.

28. Ol. Cadin. 5,0
    Ol. Olivar. opt. 25,0.
    M. D. S. Theeröl.

29. Ol. Rusci
    Spir. Vini ana 25,0
    Aether.
    Ol. Rosmarin.
    Ol. Caryophyll.
    Ol. Bergamott. ana 1,0
    M. D. S. Aeusserl.
    (Theertinctur. — v. HEBRA).

30. Ol. Rusci
    Sulf. praecip. ana 10,0
    Sapon. virid.
    Vaselin. flav. ana 20,0.
    M. D. S. Aeusserl.
    (v. HEBRA's modificirte WILKINSON'sche
    Salbe).

31. Kali. caustic. 5,0
    Ol. Rusci
    Aqu. destill. ana 50,0.
    M. D. S. Aeusserl.
    (Bei Favus).

4. Schwefelmittel.

32. Sulf. praecip. 3,0
    Lanolin. oder Adipis benzoin. 30,0.
    M. D. S. Aeusserl.

33. Sulfur. praecip. 3,0
    Vaselin. flav. 20,0
    Ol. Olivar. opt. 10,0
    Ol. Aurant. Flor. 0,05
    M. D. S. Schwefelpomade.
    (Bei Pityriasis capitis).

34. Naphtol. 2,5
    Sulfur. praecip. 12,0
    Vaselin. flav.
    Sapon. virid. ana 6,0.
    M. D. S. Aeusserl.
    (Naphtolschwefelpaste. — LASSAR).

35. Sulf. praecip.
    Aq. Laurocer. ana 10,0
    Aq. Calcar. 50,0.
    M. D. S. Der Bodensatz Abends auf-
    zupinseln.

36. Calcii oxysulfurati 25,0
    Aq. bullient. 300,0
    coque ad col. 100,0
    D. S. Aeusserl.
    (Solutio Vlemingkx).

37. Kal. sulfurati ad balneum 100—200,0
    D. tal. Dos. No. 5.
    S. Eine Dosis in heissem Wasser auf-
    gelöst dem Bade zuzusetzen.
    (Schwefelbad).

38. Ichthol. 3,0
    Lanolin. 30,0.
    M. D. S. Aeusserl.
    (Bei Acne rosacea und vulgaris).

5. Aetzmittel.

39. Acid. arsenicos. 1,0
    Hydrarg. sulfurat. rubr. 3,0
    Vaselin. flav. 15,0.
    M. D. S. sub sign. veneni. Aeusserl.
    (Arsenikpaste).

40. Acid. pyrogall. 3,0
    Vaselin. flav. 30,0
    M. D. S. Aeusserl.

41. Jodi puri 2,0
    Kal. jodat. 1,0
    Glycerin. 10,0.
    M. D. S. Zum Einpinseln.

12. Zinc. chlor.
    Tinct. opii simpl. ana 15,0
    Amyl. Tritici 6,0
    Aqu. dest. 4,0.
    M. D. S. Aeusserl.
    Aetzpaste (PAGET's disease).

6. Antiparasitäre Mittel.

43. Acid. carbol. 5,0
    Ol. Olivar. opt. 10,0.
    M. D. S. Aeusserl.
    (Bei Sycosis parasitaria).

44. Acid. salicyl. 10,0
    Spirit. Vini 90,0.
    M. D. S. Aeusserl.
    (Bei Pityriasis versicolor).

45. Hydrg. bichlor. corros. 1,0
    Spirit. Vini oder Aq. dest. 99,0.
    M. D. S. Aeusserl.
    (Gegen pflanzliche Parasiten der Haut).

46. Naphtol. 1,5
    Sapon. virid.
    Vaselin. flav. ana 15,0
    M. D. S. 1—2 mal täglich einzureiben.
    (Bei Herpes tonsurans).

47. Naphtol. 15,0
    Sapon. virid. 50,0
    Vaselin. flav. 100,0.
    M. D. S. Aeusserl.
    (Krätzsalbe).

48. Bals. peruv.
    Alcohol. absol. ana 20,0.
    M. D. S. Aeusserl.

49. Styracis liquid.
    Ol. Ricini ana 30,0
    M. D. S. Zu dreimaliger Einreibung.

50. Sulfur. praecip.
    Styrac. liquid. ana 20,0
    Sapon. virid.
    Vaselin. flav. ana 40,0.
    Cretae alb. 10,0.
    M. D. S. Aeusserl.
    (WEINBERG'sche Krätzsalbe).

51. Sulfur. praecip. 30,0.
    Axung. porc. 150,0
    M. D. S. Aeusserl.
    (Krätzsalbe).

52. Sulfur. praecip. 25,0
    Kal. carbon. 12.5
    Axung. porc. 150,0
    M. D. S. Aeusserl.
    (Krätzsalbe).

53. Petrolei 100,0
    Ol. Olivar. crud. 50,0
    Bals. peruv. 10,0.
    M. D. S. Aeusserl.
    (Gegen Kopfläuse).

7. Interne Mittel.

54. Acid. arsenicos. 0,5 (!)
    Ferr. reduct. 5,0
    Pip. nigr. 3,0.
    Mucil. Gumm. q. s.
    ad pil. No. 100.
    D. S. 1—4—6 Pillen tägl. zu nehmen.
    (Arsen-Eisenpillen). [1]

55. Acid. arsenicos. 0,5 (!)
    Pip. nigr. 5.0
    Succ. Liquir. 3,0.
    Mucil. Gumm. q. s.
    ad pil. No. 100.
    D. S. 1—6—10 Pillen tägl. zu nehmen.
    (Pilul. asiaticae).

56. Liqu. Kal. arsenic.
    Aq. destillat. ana 10,0
    M. D. S. 2 mal tgl. 6—10—20 (!) Tropf.
    zu nehmen.

57. Atropini sulf. 0,015
    Succ. et pulv. Liquir. ana 1,5
    M. f. pil. No. 30.
    D. S. 1—2—4 Pillen tägl. zu nehmen.

58. Fol. Jaborandi 20,0
    Infunde cum Aqua dest. q. s. ad colat. 40,0
    Sacchari 60,0.
    M. l. a. f. syrupus. S. 1 Theelöffel bis
    1 Esslöffel zu nehmen.
    (Syrupus Jaborandi).

8. Mittel zur subcutanen Injection.

59. Liq. Kal. arsen. 5.0
    Aq. destillat. 10,0.
    M. D. S. Zur subcutanen Injection.
    1—2 Grm. pro injectione.

60. Pilocarpin. muriat. 0,4
    Aq. destillat. 20.0.
    M. D. S. Zur subcutanen Injection.
    ½—1 Grm. pro injectione.

---

[1] Sehr zweckmässig ist die von LANG empfohlene Pillenmasse aus Lanolin und Sacchar. lactis im Verhältniss von 1 zu 2—3, je nach Menge und Art der übrigen Bestandtheile.

9. Varia.

61. Zinc. oxyd. alb. 3,0
Liniment. exsicc. 30,0.
M. D. S. Aeusserl.
(Bei Eczem).

62. Acid. salicyl. 1,5
Empl. saponat. 30,0.
M. D. S. Auf Leinwand gestrichen auf-
zulegen.
(Bei Eczem).

63. Acid. salicyl. 5,0—10,0
Empl. saponat. 35,0
Lanolin.
Ol. Terebinth. ana 2,5
M. f. empl. D. S. Aeusserl.
(Bei Lupus).

64. Acid. salicyl. 3,0
Collod. elast. 30,0.
M. D. S. Aeusserl.
(Hühneraugenmittel).

65. Sapon. virid. 35,0
S. in Spirit. Vini
Spirit. Lavand. ana 35,0
filtra. D. S. Spiritus saponatokalinus
Hebrae.

66. Liqu. Ammon. caust.
Glycerin. ana 7,5
Tinct. canthar. 4,0
Aquae Rosar. 120,0.
M. D. S. Kopfwaschwasser.

67. Sol. Natr. bicarb. (3,0) 170,0
Glycerin.
Spirit. Lavand. ana 15,0.
M. D. S. Kopfwaschwasser.

68. Ol. Macidis 2,0
Ol. Oliv. opt. 25,0.
M. D. S. Aeusserl.

69. Acid. acet. glacial. 1,0—5,0
Chloralhydrat. 5,0
Aether. sulf. 25,0
M. D. S. Aeusserl.
(Bei Alopecia areata. — BESNIER).

70. Bismuth. subnitr. 1,0
Talc. venet. 15,0
Aq. Rosar. 150,0.
M. D. S. Mit einem Läppchen die Haut
einzureiben. Umschütteln!
(Prinzessinnenwasser).

71. Chlorali hydrati
Camphor. ana 7,5.
M. l. a. D. S. Aufzupinseln.

72. Naphtol. 10,0
Spir. Vin. gall. 175,0
Spir. coloniens. 15,0.
M. D. S. Aeusserl.
(Bei Handschweiss. — KAPOSI).

73. Zinc. chlorati 0,5
Aq. destillat. ad 200,0.
M. D. S. Verbandwasser.
(Bei Hautgeschwüren).

74. Chrysarobin. 3.0
Traumaticin. 30,0.
M. D. S. Mit einem Borstenpinsel 1 bis
2 mal täglich aufzutragen.

75. Arsen. sulfurat. flav.
Amyl. Tritici ana 2,5
Calcar. ustae 15,0.
M. D. S. Beim Gebrauch mit heissem
Wasser anzurühren. — Rusma
Turcorum.

76. Herb. Thymi
Herb. Marrubii ana 50,0.
M. D. S. Verbandthee.
(Bei Ulcus cruris).

REGISTER.

Frisch 255.

Frostbeulen 85. —, Unterscheidung ders. von Erythema exsudativum multiforme 144.

Frostbeulenartige Knoten bei Lupus erythematodes disseminatus 78.

Füsse, Eczem ders. 13. 14. —, Elephantiasis ders. 110. —, Erfrierung ders. 85. —. Erythema exsudativum multiforme ders. 142, nodosum 145. —, Hühneraugen an dens. 240. —, Ichthyosis congenita ders. 236. —, Impetigo contagiosa ders. 321. —, Lepra ders. 272. —, Lupus ders. 282. —, Malum perforans ders. 91. —, multiple melanotische Sarcome ders. 256. —, Scabies ders. 327. —, Schwielen ders. 238. —, Xeroderma pigmentosum ders. 263.

Furunkel 191. —, Aetiologie ders. 191. —, Behandlung ders. 192. —, Complication ders. mit Acne 180. —, Hautgangrän bei dens. 88. — als Nachkrankheit des Eczems 23. — durch Pediculi vestimenti 191. 340. — bei Scabies 330. —, Staphylokokken in dens. 196. — bei Sycosis 189. —, Unterscheidung ders. von Pustula maligna 297.

Fussgeschwüre 93. —, Diagnose ders. 95. —, Eczem bei dens. 20. 94. —, Entstehung von Carcinom aus dens. 261, von Sarcomen 255. —, Therapie ders. 95.

Fussschweiss, stinkender 169.

Fusssohlen, Dermatitis exfoliativa ders. 76. —, Dysidrosis ders. 172. —, Eczem ders. 20. —, Epidermolysis bullosa hereditaria ders. 75. —, Erythema exsudativum multiforme ders. 142. —, Hühneraugen ders. 240. —, Ichthyosis ders. 232. —, Lupus erythematodes ders. 78. —, Pityriasis rubra pilaris ders. 57. —, Pruritus ders. 116. —, Scabies ders. 327. —, Schwielen ders. 238. —, übermässige Schweisssecretion ders. 168.

Galvanokaustik bei Acne rosacea 166. — bei Angiomen 161. — bei Lupus 290. — bei Teleangiectasien 159.

Ganglion Gasseri, Entzündung dess. bei Herpes zoster 126.

Gangraena cutis 87. —, Behandlung ders. 88, der symmetrischen 90. —, Formen ders. 88. —, multiple cachectische 88. —, neurotische 89. —, spontane 89. 91, bei Sclerodermie 105. —, Ursachen ders. 87. 88.

Gangrän bei Diabetes mellitus 88. —

bei Erysipel 264. — bei Herpes zoster 123. —, Vorgänge bei ders. analog solchen bei Herpes zoster 128. — bei Karbunkeln 88. 193. — bei Pemphigus 68. — bei Pityriasis rubra 55. —, senile 87. —, symmetrische s. Symmetrische Gangrän.

Gastrische Krisen bei Oedema cutis circumscriptum 141.

Gastroenteritis bei Favus 304.

Geber 209.

Gefässobliteration, Ursache von Hautgeschwüren 92.

Gefässtonus, Herabsetzung desselben durch Combustio 83.

Gehirnkrankheiten, Beziehung ders. z. Herpes zoster 126. 127.

Gelenkbeugen, Eczem ders. 19. —, Pityriasis rubra ders. 55. —, Scabies ders. 327.

Gelenke bei Elephantiasis 111. — bei Erythema nodosum 146. — bei Herpes zoster 124. —, Ichthyosis an dens. 232. —, Immobilisation ders. durch Verbrennungen 83. —, Krallenstellung ders. bei Lupus 282. — bei Purpura rheumatica 148. — bei Scleroderma 103. 104. 105. — bei symmetrischer Gangrän 90. 124.

Gelenkrheumatismus in Beziehung zur Purpura rheumatica 149. —, Complication dess. mit Erythema nodosum 146. 150, Miliaria crystallina 171.

Genitalien s. Geschlechtsorgane.

Geographische Verbreitung der Elephantiasis 114. — der Lepra 276.

Gerhardt 131. 222.

Geschlecht, Verhältniss des männl. zum weiblichen bei Acne rosacea 165. — bei Alopecia areata 198, pityrodes 201. — bei Eczema marginatum 318. — bei Erythema nodosum 147. — bei Lichen ruber 51. — bei Lupus erythematodes 80, vulgaris 287. — bei Pemphigus 72. — bei Pityriasis capitis 173, rubra 56. 58. — bei Prurigo 63. — bei Purpura rheumatica 149. — bei Sclerodermie 107. — bei Striae atrophicae 97. — bei Sycosis 188. — bei Unterschenkelgeschwüren 93.

Geschlechtsorgane, Cornu cutaneum an den männlichen 237. —, Eczem ders. 13. 19. 318. —, Elephantiasis ders. 111. —, Epithelialkrebs ders. 259. —, Erythema exsudativum multiforme ders. 142. —, Herpes ders. 121. 128. 130. —, Milien ders. 194. Molluscum contagiosum ders. 243. —, Noma ders. 88. —, Pruritus ders. 116. —, Seborrhoe ders. 174. 175. —, Stö-

INHALTSVERZEICHNISS.

VERZEICHNISS DER ABBILDUNGEN.

TAFELN.

Druckfehler:

S. 90	Zeile 13	von unten	lies	Krankheit	statt	Kraukeit.
= 156	= 11	= =	=	grossesse	=	grosesse.
= 157	= 5	= =	=	Taches	=	Tâches.
= 198	= 10	= oben	=	deealvans	=	devalvans.
= 242	= 12	= =	=	Aetzmittels	=	Aetzmittel.

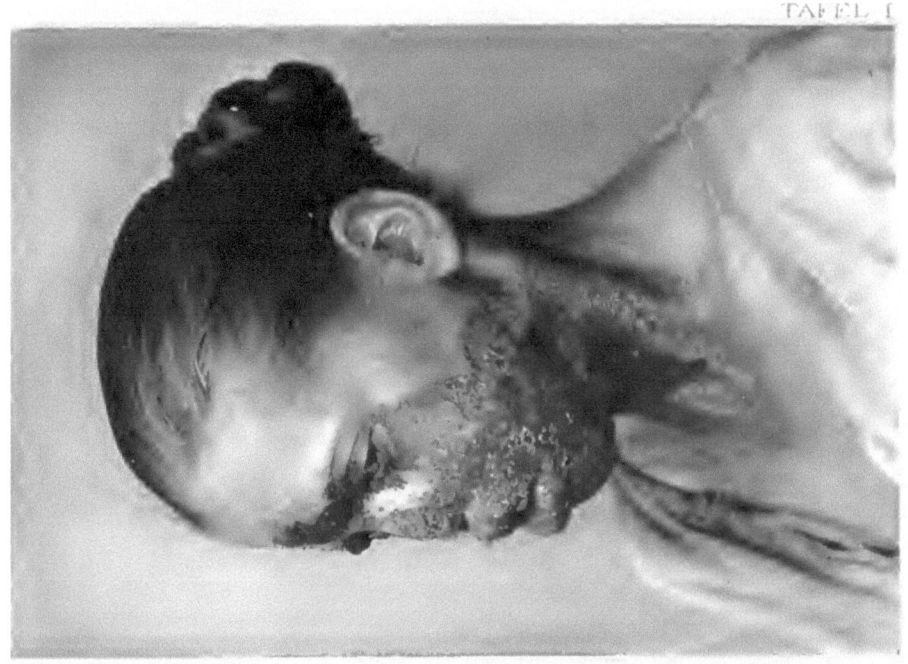

LUPUS

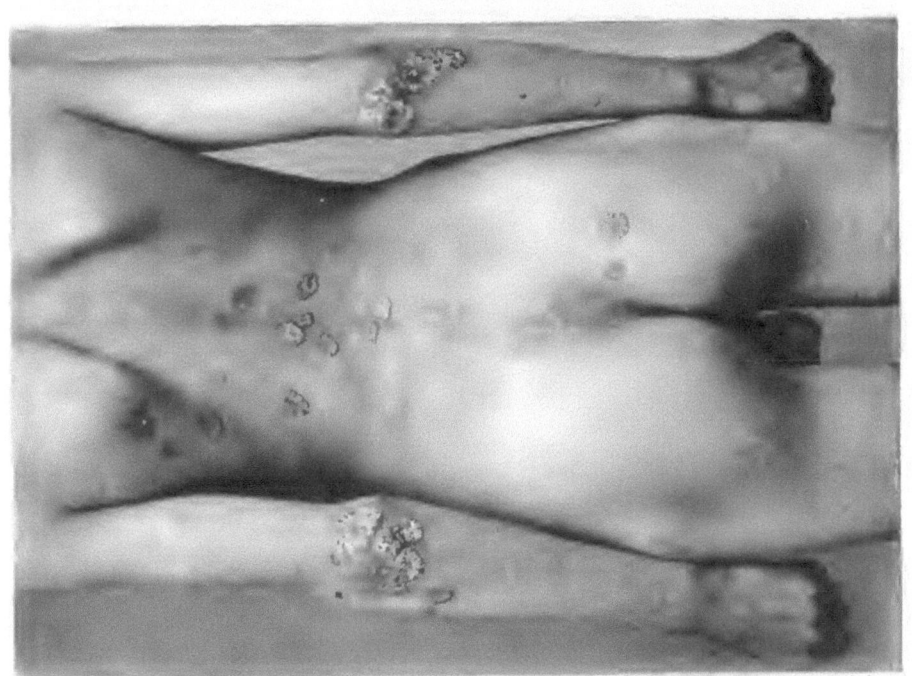

PSORIASIS

Lesser I.   Meisenbach Riffarth & Co Berlin heliogr.

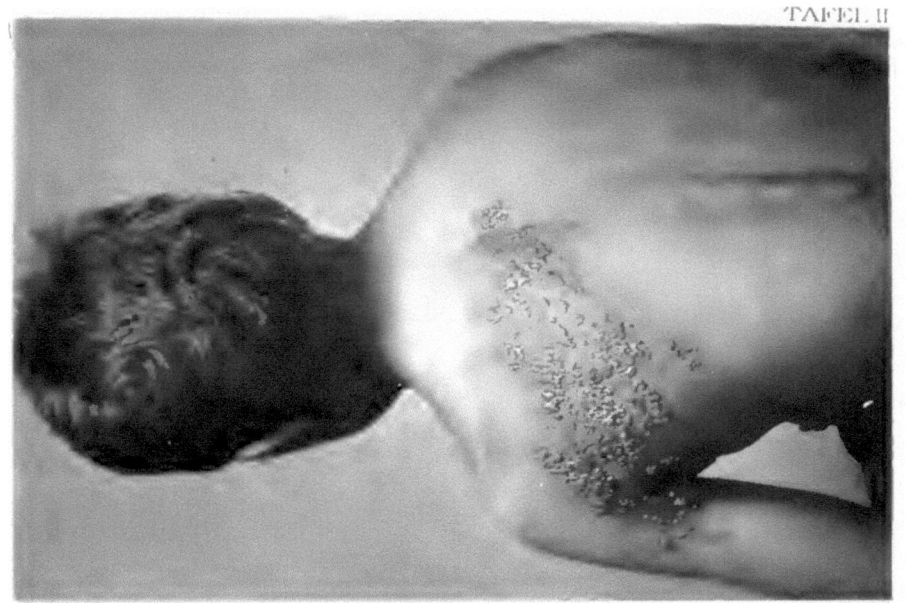

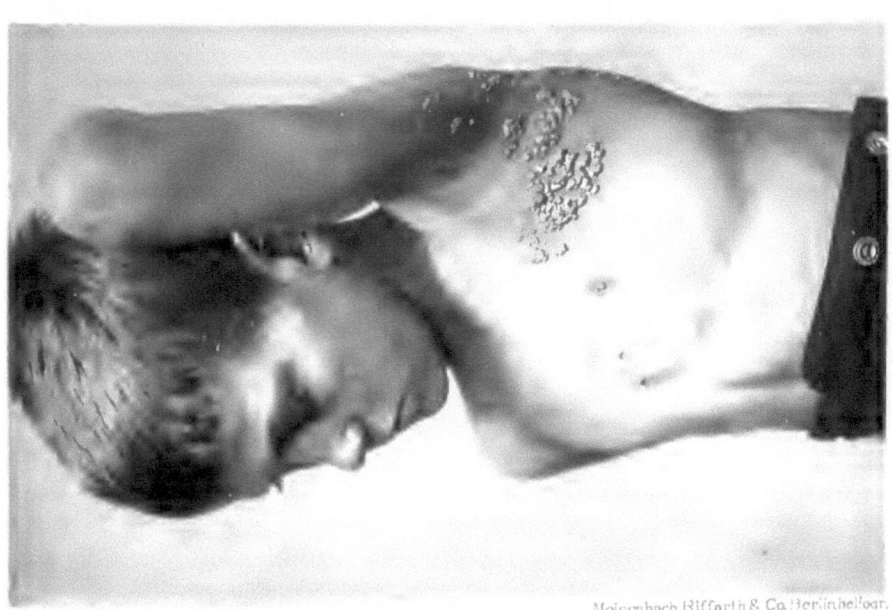

HERPES ZOSTER

Meisenbach Riffarth & Co. Berlin.Heliogr.

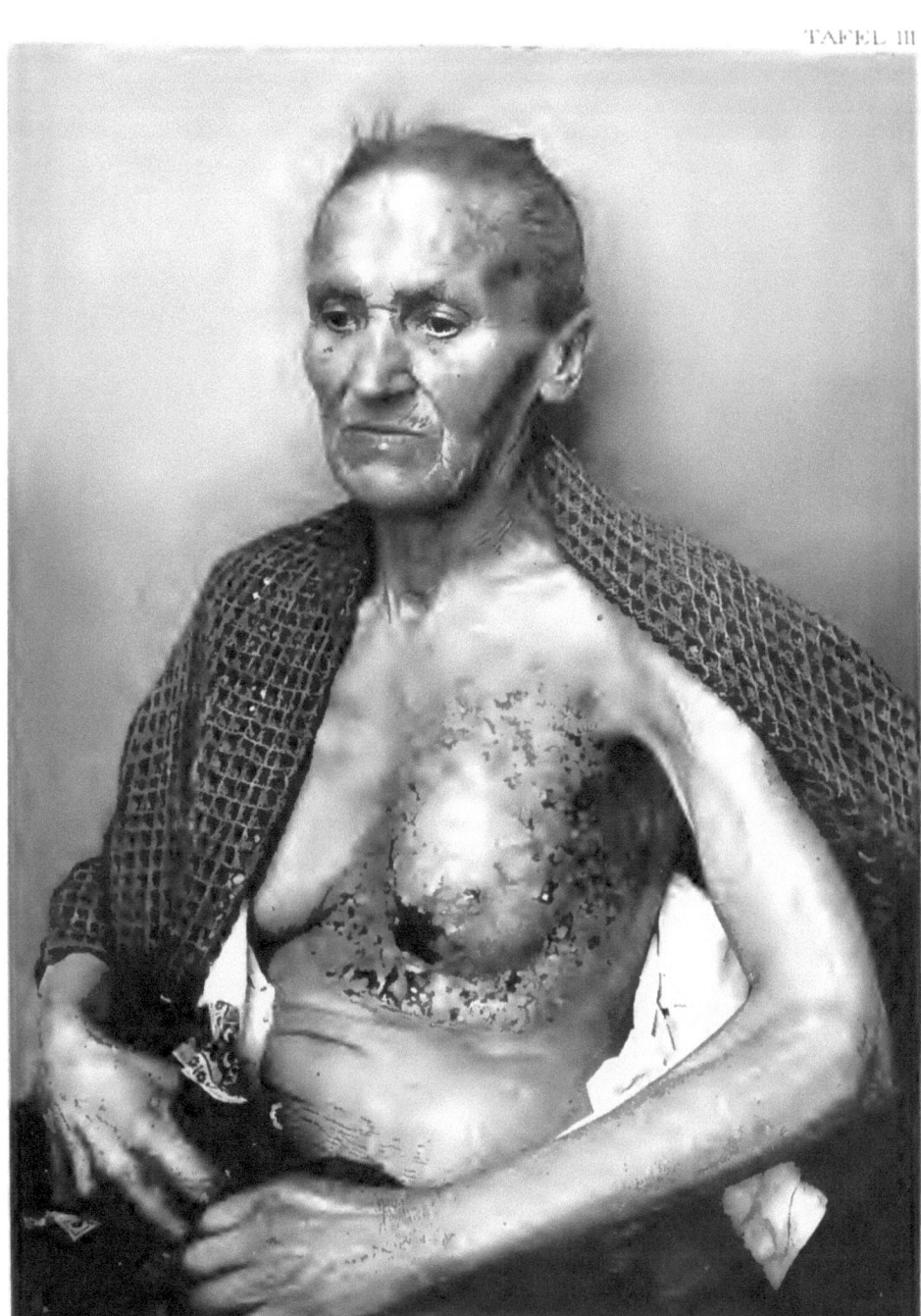

Meisenbach Riffarth & Co Berlin heliogr

PAGET'S KRANKHEIT